D1731760

Friedhelm Maßong: **Wärmeschutz nach EnEV 2009 im Dach- und Holzbau**

Wärmeschutz nach EnEV 2009 im Dach- und Holzbau

Sichere Konstruktionen, Projekte, Energieausweise

3., überarbeitete Auflage

mit zahlreichen Abbildungen und Arbeitshilfen

Friedhelm Maßong

Dipl.-Bauingenieur (FH),
Energieberater und Fachingenieur für Energieeffizienz,
Dachdeckermeister, Sachverständiger für Dachkonstruktionen,
freier Dozent und Trainer

Bibliografische Information der Deutschen Nationalbibliothek
Die Deutsche Nationalbibliothek verzeichnet diese Publikation in der Deutschen National-
bibliografie; detaillierte bibliografische Daten sind im Internet über http://dnb.ddb.de abrufbar.

3., überarbeitete Auflage 2010

© Verlagsgesellschaft Rudolf Müller GmbH & Co. KG, Köln 2010

Maßgebend für das Anwenden von Normen ist deren Fassung mit dem neuesten
Ausgabedatum, die bei der Beuth Verlag GmbH, Burggrafenstraße 6, 10787 Berlin, erhältlich
ist. Maßgebend für das Anwenden von Regelwerken, Richtlinien, Merkblättern, Hinweisen,
Verordnungen usw. ist deren Fassung mit dem neusten Ausgabedatum, die bei der jeweiligen
herausgebenden Institution erhältlich ist. Zitate aus Normen, Merkblättern usw. wurden,
unabhängig von ihrem Ausgabedatum, in neuer deutscher Rechtschreibung abgedruckt.

Das vorliegende Werk wurde mit größter Sorgfalt erstellt. Verlag und Autor können dennoch
für die inhaltliche und technische Fehlerfreiheit, Aktualität und Vollständigkeit des Werkes und
seiner elektronischen Bestandteile (CD-ROM) keine Haftung übernehmen.

Wir freuen uns Ihre Meinung über dieses Fachbuch zu erfahren. Bitte teilen Sie uns Ihre
Anregungen, Hinweise oder Fragen per E-Mail: fachmedien.dach@rudolf-mueller.de oder
Telefax: (02 21) 54 97 6207 mit.

Lektorat: Elke Wolf, Mechernich

Umschlaggestaltung: Designbüro Lörzer, Köln

Satz: Kerstin Maßong, Überlingen

Druck und Bindearbeiten: AZ Druck und Datentechnik GmbH, Kempten

Printed in Germany

ISBN: 978-3-481-02598-4

Vorwort zur 1. Auflage

Liebe Leserinnen, liebe Leser,

baulicher Wärmeschutz ist der Schlüssel zu Energieeinsparung und Minderung der CO_2-Emissionen in Deutschland. Die Energieeinsparverordnung (EnEV) greift diese Erkenntnis auf und formuliert daraus die energetischen Anforderungen, die von den Verantwortlichen am Bau (Bauherr, Planer, Handwerker) umgesetzt werden sollen. Gleichzeitig müssen die energetisch hocheffizienten Konstruktionen bauphysikalisch funktionieren, denn niemand will die Energieeinsparung mit Schimmelbildung bezahlen.

Und nebenbei wäre es nützlich, wenn sich der Bauherr von Sinn und Wirtschaftlichkeit des energiesparenden Bauens überzeugen lässt. Schließlich muss er es ja bezahlen.

Dieses Buch will Ihnen helfen, folgende Zielsetzungen unter einen Hut zu bringen:

- Energiesparende Konstruktionen bauen.
- Sichere Konstruktionen bauen.
- Den Kunden vom Nutzen des Wärmeschutzes überzeugen.

Haben Sie, liebe Leserinnen und Leser, Verbesserungsvorschläge? Dann besuchen Sie doch den Onlineservice zum Buch unter www.ddh.de und nutzen Sie dort das vorbereitete Feedbackformular. Der Verlag und ich begrüßen jede Rückmeldung zum Werk.

Überlingen, im Juli 2004   Friedhelm Maßong

Vorwort zur 3. Auflage

Liebe Leserinnen, liebe Leser,

Ihnen verdanken wir, dass dieses Buch sich als Praxisratgeber und Nachschlagewerk für den Wärmeschutz im Dach- und im Holzbau bewährt hat. Dafür danke ich Ihnen an dieser Stelle herzlich.

Die EnEV 2009 (Energieeinsparverordnung 2009) machte nun eine Überarbeitung erforderlich. Im Vordergrund stehen dabei die gegenüber der EnEV 2007 verschärften Anforderungen, aber auch die Umstellung der Nachweisverfahren bei der ganzheitlichen Bilanzierung des Wohngebäudes.

Das in der Vergangenheit wegen seiner Anschaulichkeit liebgewonnene, vereinfachte Verfahren für Wohngebäude (Heizperiodenbilanzverfahren nach EnEV) wurde vom Verordnungsgeber gestrichen. Neben das bekannte Monatsbilanzverfahren nach DIN V 4108-6 wurde die iterative Bilanzierung nach DIN V 18599 gestellt. Beide Verfahren sind sinnvoll nur mittels EDV zu bewältigen.

Dies machte eine Neustrukturierung der Kapitel 3 „Energieeinsparverordnung" und Kapitel 4 „Projekte" erforderlich.

Überlingen, im Dezember 2009   Friedhelm Maßong

Dank und Wunsch

Mein Dank gilt allen, die zur Entstehung dieses Werkes – sichtbar oder unsichtbar – beigetragen haben. Stellvertretend seien genannt

- die angehenden Handwerksmeister und Gebäudeenergieberater der Bildungsakademien des Handwerks für das kritische Testen der Arbeitshilfen,
- die Kollegen in Dozenten- und Gutachterkreisen für die fachlichen Hinweise, insbesondere Herrn Hans-Joachim Rüpke, Sachverständigenbüro für Holzschutz, Hannover,
- das Team der Verlagsgesellschaft Rudolf Müller, insbesondere Frau Schikorra und Frau Hagen-Merten,
- Frau Vilz und Herr Schettler-Köhler, Bundesamt für Bauwesen und Raumordnung,
- Frau Wolf, Lektorin, und Herr Lörzer, Coverdesigner,
- engagierte Firmen, insbesondere
  - Gann Mess- und Regeltechnik GmbH, Gerlingen, für die Unterstützung im Bereich Holzfeuchtemessung,
  - Testo AG, Lenzkirch, für die Unterstützung im Bereich Baudiagnostik,
  - SIGA Cover AG, Schachen/Schweiz, für die Unterstützung mit wertvollem Bildmaterial,
  - Moll bauökologische Produkte GmbH, Schwetzingen, für die Unterstützung mit wertvollem Bildmaterial,
  - BlowerDoor GmbH, Springe-Eldagsen, für die Unterstützung im Bereich Blower-Door,
  - Hottgenroth Software GmbH & Co. KG, Köln, für die Unterstützung im Bereich softwaregestützte Gebäudebewertung,
  - Baukosteninformationszentrum Deutscher Architektenkammern GmbH, Stuttgart, ebenfalls für die Unterstützung im Bereich softwaregestützte Gebäudebewertung.

Die Arbeit mit Ihnen allen hat mir großen Spaß gemacht. Und sie bestätigt mich in dem Wunsch, dass die Politik in naher Zukunft die immer lauter werdende Botschaft der Beratungs- und Baupraxis begreift und beherzigt: Verständliche und konsequente Vorschriften und Bewertungsverfahren dienen den gemeinsamen Zielen der Energieeinsparung und des Klimaschutzes eher als die jetzt gültige, unnötig komplexe, in wesentlichen Teilen unausgereifte und widersprüchliche EnEV 2009.

Der Erfolg der EnEV hängt nicht von kurzlebigen Novellen oder schärferen Sanktionen im Form von Bußgeldern ab, sondern von der breiten Akzeptanz bei allen Beteiligten. Daran ist dringend zu arbeiten.

Überlingen, im Dezember 2009   Friedhelm Maßong

Das kompakte Nachschlagewerk zur EnEV 2009

Über 100 Antworten auf die wichtigsten Fragen zum Energieausweis

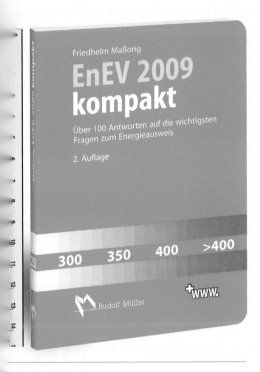

Friedhelm Maßong

EnEV 2009 kompakt

Über 100 Antworten auf die wichtigsten Fragen zum Energieausweis

2. Auflage

300   350   400   >400

Rudolf Müller

+www.

Die EnEV 2009 bringt noch einmal eine Verschärfung der Vorschriften um 30 % mit sich. Im Arbeitsalltag ist hier ein schneller Überblick gefragt. Die Neuauflage von „EnEV kompakt" liefert Ihnen diesen Überblick.

Mit dem aktualisierten Fachbuch haben Sie eine übersichtliche **Zusammenfassung der wichtigsten Fragen und Antworten zur energetischen Sanierung** für das Bauherrengespräch und die Planung griffbereit. Die Kurzdarstellung der EnEV erläutert Ihnen Ziele und Verantwortlichkeiten.

Übersichten zu Bauteil, Konstruktion und U-Wert bieten eine aktuelle Entscheidungshilfe für Ihre Planung und Ausführung. Mit den vorgestellten **einfachen und praxisnahen Rechenverfahren** können Sie die Wirkung energetischer Sanierungsmaßnahmen anschaulich nachvollziehen. Dadurch berechnen Sie mühelos vorab die entsprechende Energie- und Kostenersparnis durch die Sanierungsmaßnahme.

Das Buch bietet **schnelle Antworten und Tipps** für die **Umsetzung der neuen EnEV in Ihrer täglichen Praxis.** Durch das handliche DIN A6 Format ist das **kompakte Nachschlagewerk** immer griffbereit.

EnEV 2009 kompakt
Über 100 Antworten auf die wichtigsten Fragen zum Energieausweis.
Von Dipl.-Ing. (FH) Friedhelm Maßong.
2009. DIN A6. Kartoniert.
232 Seiten mit zahlreichen Abbildungen und Tabellen.
ISBN 978-3-481-02597-7.
€ 39,–

DAMIT SIE BESCHEID WISSEN

Rudolf Müller

Verlagsgesellschaft
Rudolf Müller GmbH & Co. KG
Postfach 410949 • 50869 Köln
Telefon: 0221 5497-120
Telefax: 0221 5497-130
service@rudolf-mueller.de
www.rudolf-mueller.de
www.baufachmedien.de

Inhalt

Inserenten

0 Hinweise zur Nutzung dieses Buches

Folgende Konventionen gelten:

Fettdruck steht allgemein für Hervorhebung.
Kursivschrift wird für Querverweise verwendet.
Fette Kursivschrift wird in den Berechnungsbeispielen für Eintragungen in den Formblättern verwendet.

Elemente wie Abbildungen, Diagramme, Tabellen, Formblätter und Beispielrechnungen in Formblättern sind kapitelweise durchnummeriert. Dabei wird nicht zwischen der Art der Elemente unterschieden – die Reihenfolge lautet also beispielsweise in Kapitel 1: Abbildung 1-1, Tabelle 1-2, Diagramm 1-3, Tabelle 1-4 und so weiter. Dies erleichtert das Auffinden der Elemente.

Für alle vorgenannten Elemente finden Sie Verzeichnisse in Anhang 5.4 bis 5.8 ab Seite 419.

Die linke Textspalte (Marginalspalte) enthält Zwischenüberschriften, welche sowohl beim Querlesen als auch beim systematischen Arbeiten das Auffinden bestimmter Inhalte erleichtern.

Beim Verfassen des Buches wurde Wert auf die Verständlichkeit der Ausführungen gelegt. Insbesondere die Grundlagen des Kapitels 1 lassen sich relativ leicht „durchlesen". Das Streben nach Verständlichkeit und einfacher Lesbarkeit stößt allerdings an Grenzen, wenn es um Berechnungen geht. Die leider recht komplexen Berechnungsverfahren sind aber grundlegender Bestandteil dieses Buches, denn sie bilden das Handwerkszeug zur Planung des baulichen Wärmeschutzes.

Dem geneigten Leser sei also empfohlen, die Berechnungen nicht nur durchzulesen. Vielmehr bietet es sich an, die Beispiele mit den im Buch vorhandenen Arbeitshilfen (insbesondere Rechenformblättern) selbst durchzurechnen und dabei das Buch parallel als Hilfsmittel und Wegweiser zu nutzen.

Einige Begriffe, z. B. der sd-Wert, kommen an mehreren Stellen im Buch vor, sind aber nicht immer aufs Neue umfassend erklärt. Wenn Sie auf einen Begriff stoßen, der erklärungsbedürftig ist, schlagen Sie diesen am besten in *Anhang 5.3 (Rechengrößen) ab Seite 416 oder Anhang 5.11 (Stichwortverzeichnis) ab Seite 432* nach, und folgen Sie ggf. dem Seitenverweis.

Speziell in Berechnungen ist es bisweilen unumgänglich, mit Abkürzungen zu arbeiten. Nur so wird klar, um welche Größe es geht. Wenn etwa aus dem vorhandenen und dem zulässigen U-Wert eine erforderliche Dämmstoffdicke berechnet wird, dann müssen die beiden U-Werte in der Formel auseinandergehalten werden. Im vorliegenden Fall wird deshalb der vorhandene U-Wert mit „vorh *U*" bezeichnet, der zulässige U-Wert dagegen mit „zul *U*". Diese Kürzel sind stets möglichst selbsterklärend gewählt, dennoch kann es zu Verwechslungen kommen, weil manche Kürzel mehrfach verwendet werden müssen. Der begleitende Text ermöglicht Ihnen in solchen Fällen die Unterscheidung.

Bewusst wurden maximal zulässige Werte im Buch mit „zul" gekennzeichnet statt mit „max", wie etwa die Energieeinsparverordnung EnEV dies tut. Dies betrifft z. B. U-Werte. Der maximal zulässige U-Wert heißt also im Buch regelmäßig „zul U" statt „max U". Der Grund: Bei der Bezeichnung „max U" wird nicht klar, ob es sich um einen maximal vorhandenen oder einen maximal zulässigen U-Wert handelt.

Das Kürzel „n.b." in Berechnungen steht für „nicht berücksichtigt", z. B. wenn eine Schicht in einem Bauteil nicht in der U-Wert-Berechnung berücksichtigt wird.

Gelegentlich wird auf Einheiten verzichtet, z. B. bei U-Werten. Dies geschieht vorwiegend in Textabschnitten, um diese übersichtlicher zu halten. Und es geschieht nur da, wo die Einheit sich aus dem Kontext zwangsläufig ergibt, z. B. beim U-Wert, der stets die Einheit $W/(m^2 \cdot K)$ hat.

In den einschlägigen Normen und Verordnungen sind die Bezeichnungen für Rechengrößen leider nicht immer übergreifend konsistent. Dieselbe Größe trägt in einem Regelwerk manchmal eine andere Bezeichnung als in einem anderen. In diesem Buch wird so weit wie möglich stets eine Bezeichnung konsistent beibehalten. Es kann also vorkommen, dass Sie bei Recherchen in den originalen Regelwerken auf andere Bezeichnungen stoßen.

In Anhang 5.3 ab Seite 416 finden Sie ein Verzeichnis der verwendeten Rechengrößen samt Einheit und kurzer Erklärung.

Temperatureinheiten
In Berechnungen werden Temperaturen in °C (Grad Celsius) angegeben, Temperaturdifferenzen dagegen in K (Kelvin). Ein K entspricht einer Temperaturdifferenz von 1 °C. Es handelt sich also nur um eine andere Bezeichnung. Diese wird gewählt, damit z. B. die Temperatur 30 °C nicht mit der Temperaturdifferenz von 30 K (z. B. zwischen 20 °C und –10 °C) verwechselt werden kann.

Normbezeichnungen
Normen (z. B. „DIN V 4108-10, Wärmeschutz und Energieeinsparung in Gebäuden – Anwendungsbezogene Anforderungen an Wärmedämmstoffe – Teil 10: Werkmäßig hergestellte Wärmedämmstoffe") sind im Interesse der Übersichtlichkeit im Text meist nicht ausgeschrieben, sondern nur als Nummer (z. B. „DIN V 4108-10") angegeben.

In Anhang 5.9 ab Seite 427 finden Sie ein Verzeichnis der in Bezug genommenen Normen mit den vollständigen Namen und Ausgabedaten.

CD-ROM
Die CD-ROM ist für die Arbeit mit diesem Buch grundsätzlich nicht erforderlich. Allerdings erleichtert sie die Arbeit und gibt Ihnen vor allen Dingen die Möglichkeit, alle im Buch erörterten Probleme praxisnah und mit zeitgemäßen Mitteln zu lösen.

Die CD-ROM enthält u. a.:

• alle Formblätter des Buches als Druckvorlage
• einige Formblätter als Aktivformblatt für Microsoft Excel

- Fachunternehmererklärung nach § 26a EnEV als Aktivformular
- Nachweis des sommerlichen Wärmeschutzes nach DIN 4108-2 (Begrenzung des Sonneneintragskennwerts) für Microsoft Excel
- Testversion der Software „K für Excel" zur Berechnung des bauteilbezogenen Wärmeschutzes, darin Module für
  - U-Wert-Berechnung
  - Tauwassernachweis
  - Energieeinsparung durch Dämmmaßnahmen
  - Gefälledämmung
- wichtige Rechtsvorschriften und Texte rund um die Energieeinsparverordnung, darunter
  - EnEV im Volltext
  - Energieeinsparungsgesetz EnEG
  - Vollzugsvorschriften der Bundesländer
  - veröffentlichte Fragen und Antworten (Auslegungen) zur EnEV

Die CD-ROM enthält weitere Features, die Sie bitte dem Startmenü entnehmen wollen. Wenn das Startmenü beim Einlegen der CD-ROM nicht automatisch erscheint, lesen Sie bitte die Datei „Liesmich.txt" auf der CD-ROM.

Systemvoraussetzungen für die Nutzung der CD-ROM:

- Microsoft Windows 2000/XP/Vista/7
- Internet-Browser (für bestimmte Inhalte der CD-ROM)
- Microsoft Excel ab Version 2000 (für die Rechenprogramme)
- Adobe Reader (für die Texte und Druckvorlagen, Installationsprogramm auf der CD-ROM enthalten)

Zur Testversion von „K für Excel" kann der Eigentümer dieses Buches ein Upgrade auf die Vollversion mit 50 % Nachlass auf den Normalpreis erwerben. Informationen dazu sind auf der CD-ROM enthalten.

Windows und Excel sind eingetragene Warenzeichen der Microsoft Corporation. Adobe Reader ist ein eingetragenes Warenzeichen der Adobe Systems Incorporated.

Microsoft Excel Alle auf Excel basierenden Inhalte der CD-ROM sind für die Excelversionen 2000, 2002 und 2003 optimiert. Bei der Nutzung unter anderen Versionen können Einschränkungen auftreten.

Onlineservice Einen Onlineservice zu diesem Buch finden Sie im Internet unter **www.ddh.de, Rubrik Fachmedien, Unterrubrik Fachbücher**.

Neben Ergänzungen und Updates zum Buch finden Sie dort die Möglichkeit, Fragen zum Buch zu stellen.

Haftungsbeschränkung Trotz sorgfältiger Recherche können Fehlerfreiheit und Aktualität der Inhalte dieses Buches und der damit verbundenen Medien (CD-ROM und Onlineservice) nicht garantiert werden. Die Nutzung des Buches erfolgt daher stets auf Gefahr des Nutzers, soweit das anzuwendende Recht dies zulässt. Autor und Verlag haften für Schäden nur, soweit diese auf grobe Fahrlässigkeit oder Vorsatz seitens des Autors oder des Verlags zurückzuführen sind.

1 Grundlagen

Der Wärmeschutz ist eine Hauptdisziplin der Bauphysik, und er ist untrennbar mit dem Feuchteschutz verbunden. Denn eine feuchte Wärmedämmung dämmt schlechter als eine trockene, und umgekehrt wird ein Haus ganz ohne Wärmedämmung nie trocken sein. Innerhalb der letzten 30 Jahre hat der Wärmeschutz allerdings einen Wandel in seinen Zielsetzungen erlebt.

Ursprünglich stand die Sicherstellung eines einigermaßen angenehmen und hygienischen Raumklimas im Vordergrund. Dazu sind vergleichsweise geringe Dämmstoffdicken von wenigen cm ausreichend.

Spätestens mit der Ölkrise in der ersten Hälfte der 1970er Jahre rückte die Energieeinsparung mehr und mehr in das Bewusstsein der Menschen. Heute betragen die Dämmstoffdicken, welche zum Zwecke der Energieeinsparung eingebaut werden, ein Vielfaches dessen, was ursprünglich aus raumklimatischen Gründen eingebaut wurde.

1.1 Motivation zum Wärmeschutz

Zum Beheizen des Wohnraumes benötigen wir Energie. Der weitaus größte Teil der Heizenergie wird derzeit direkt (bei Zentralheizungen) oder indirekt (z. B. bei Elektroheizungen oder Fernwärme) durch Verbrennungsprozesse bereitgestellt. Alle konventionellen Verbrennungsprozesse erzeugen Emissionen, welche die Umwelt belasten.

Guter Wärmeschutz vermindert den Heizenergieverbrauch, senkt den daraus resultierenden Schadstoffausstoß und entlastet die Umwelt.

Wärmeschutz kostet Geld. Deshalb wird ein Bauherr nur dann in den Wärmeschutz investieren, wenn er von dessen Vorteilen überzeugt ist.

Nutzenergie, Endenergie, Primärenergie

In diesem Buch geht es immer wieder um Energie. Allerdings muss man den Begriff Energie differenzieren: Reden wir von Nutzenergie, von Endenergie oder von Primärenergie? Auf die Frage „Wie viel Energie brauchen wir für die Gebäudeheizung?" gibt es also mehrere Antworten – je nachdem, welche Energiegröße gesucht ist.

Nutzenergie
Die Nutzenergie ist die Energie, die der Erfüllung des eigentlichen Bedürfnisses dient. Im Falle der Gebäudeheizung besteht die Nutzenergie aus der Wärmeenergie, die zur Herstellung und Aufrechterhaltung behaglicher Temperaturen benötigt wird. Die Nutzenergie ist also die Energie, welche von der Heizung an den Wohnraum abgegeben wird.

Endenergie
Die Endenergie ist die Energie, welche einem System zur Verfügung steht, um den Bedarf an Nutzenergie zu decken. Der Endenergiebetrag liegt i. d. R.

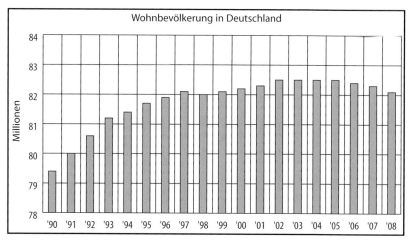

Diagramm 1-1: Entwicklung der Wohnbevölkerung in Deutschland 1990 bis 2008 (Quelle: Bundesministerium für Wirtschaft und Technologie)

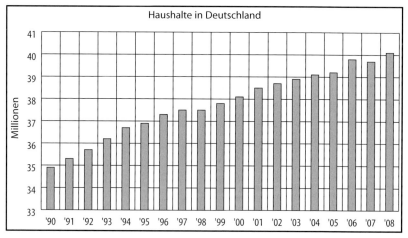

Diagramm 1-2: Entwicklung der Haushalte in Deutschland 1990 bis 2008 (Quelle: Bundesministerium für Wirtschaft und Technologie)

höher als der Nutzenergiebetrag, da bei der Umwandlung und Verteilung Verluste auftreten. Im Falle der Gebäudeheizung besteht die Endenergie also aus der Energie (z. B. Brennstoffenergie), die dem Heizsystem zugeführt werden muss. Die Endenergie lässt sich als Brennstoffmenge, z. B. m³ Gas, darstellen. Der Endenergiebetrag kann unter dem Nutzenergiebetrag liegen, wenn ein Teil der Nutzenergie von der Sonne gedeckt wird, z. B. in Form einer solarthermischen Anlage zur Brauchwassererwärmung.

Primärenergie
Primärenergie umfasst den gesamten energetischen Aufwand, also einschließlich Gewinnung, Umwandlung und Transport. Betrachtet wird nach EnEV nur der nicht erneuerbare Anteil. Dieser ist ein Maß für die Ressourcen- und Klimabelastung. Im Falle fossiler Energien (Erdöl, Erdgas, Kohle) ist der Primärenergiebetrag größer als der Endenergiebetrag. (Der Primärenergiefaktor ist größer als 1, *siehe auch Diagramm 1.5 auf Seite 19.*) Im Falle

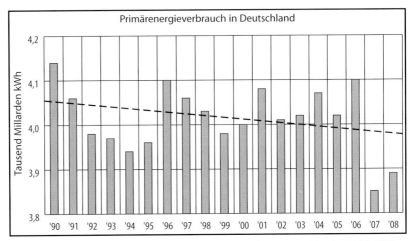

Diagramm 1-3: Entwicklung des Primärenergieverbrauchs in Deutschland 1990 bis 2008 (gestrichelt: linearer Trend; Quelle: Bundesministerium für Wirtschaft und Technologie)

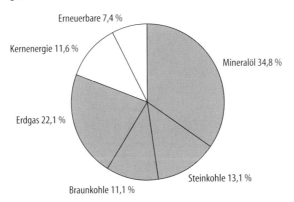

Diagramm 1-4: Aufteilung des Primärenergieverbrauchs in Deutschland 2008 auf die Energieträger (grau unterlegt: fossile Brennstoffe; Quelle: Bundesministerium für Wirtschaft und Technologie)

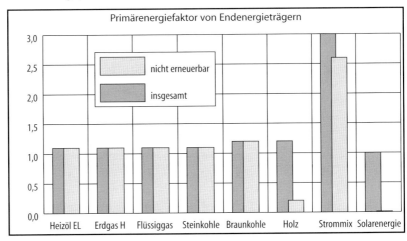

Diagramm 1-5: Primärenergiefaktoren im Vergleich (nach DIN V 18599-1 i. V. m. EnEV)

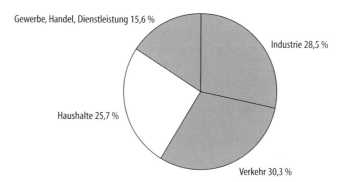

Diagramm 1-6: Aufteilung des Endenergieverbrauchs in Deutschland 2007 auf die Verbrauchsbereiche (Quelle: Bundesministerium für Wirtschaft und Technologie)

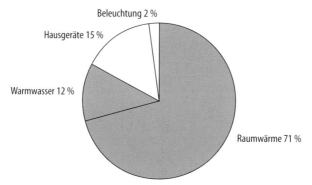

Diagramm 1-7: Differenzierung des Endenergieverbrauchs der Haushalte 2007 (Quelle: Bundesministerium für Wirtschaft und Technologie)

erneuerbarer Brennstoffe (Pellets, Hackschnitzel usw.) ist der Primärenergiebetrag kleiner als der Endenergiebetrag. (Der Primärenergiefaktor ist kleiner als 1.) Der Primärenergieverbrauch eines Gebäudes kennzeichnet also den Ressourcenverbrauch insgesamt, sozusagen „all inclusive".

Energieverbrauch   Mehr Menschen verbrauchen mehr Energie, solange die Energieeffizienz unverändert bleibt. In Deutschland ist dank erhöhter Energieeffizienz der Primärenergieverbrauch im Trend leicht rückläufig, obwohl die Zahl der Haushalte wächst. (Schwankungen sind in erster Linie witterungsbedingt: In kalten Wintern erhöht sich der Heizenergieverbrauch, beispielhaft im Winter 2005/2006. In milden Wintern reduziert er sich, beispielhaft im Winter 2006/2007.)

Die Entwicklung verläuft unterschiedlich: Während in der Industrie der Energieverbrauch seit 1990 relativ stark sank, nahm er in den privaten Haushalten zu. Dies liegt u. a. an der Zunahme der Klein- und Singlehaushalte und der damit verbundenen Zunahme der Wohnfläche je Bewohner.

In Deutschland herrschen als Primärenergieträger nach wie vor die fossilen Brennstoffe Mineralöl, Erdgas, Steinkohle und Braunkohle mit einem Anteil von zusammen 81 % vor, wobei Erdgas im Aufwärtstrend liegt und Kohle im Abwärtstrend.

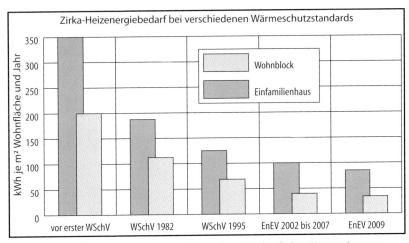

Diagramm 1-8: Vergleich des Heizenergiebedarfs unterschiedlicher Wärmeschutzstandards

Die Haushalte liegen mit 25,7 % Anteil an dritter Stelle der Endenergiever-braucher, verbrauchen also rund ¼ der gesamten Endenergie. Die Diffe-renzierung des Endenergieverbrauches der Haushalte zeigt, dass der ganz überwiegende Teil, nämlich beinahe ¾, auf die Gebäudeheizung entfällt. Dies ist ein Durchschnittswert über alle Haushalte. Je nach Ausführung des baulichen Wärmeschutzes und der Anlagentechnik schwanken die Werte in weiten Bereichen.

> **Der Durchschnittswert macht deutlich, dass im Bereich des Wärme-schutzes und der Anlagentechnik ein erhebliches Einsparpotenzial für den Energieverbrauch in Deutschland liegen kann.**

Tatsächlich sind bei Altbauten mit schlechtem Wärmeschutz durch konse-quente Sanierung Reduzierungen des Heizenergieverbrauchs um 50 bis 80 % möglich.

Ressourcen und Reserven Die fossilen Brennstoffe sind endlich und nicht regenerativ, d. h., sie sind ir-gendwann unwiederbringlich aufgebraucht. Eine sichere Prognose, wie lange die Vorräte reichen werden, ist nicht möglich. Problemlos möglich ist ledig-lich die Nennung der so genannten „statischen Reichweite"; das ist diejenige Reichweite, welche bei gleich bleibender, heutiger Förderung gilt. Dabei wird unterschieden zwischen Reserven und Ressourcen.

Reserven sind sicher gewinnbare Vorräte.
Ressourcen enthalten neben den Reserven zusätzlich

- bekannte Vorkommen, die technisch und/oder wirtschaftlich derzeit und in absehbarer Zukunft nicht erschließbar sind, und
- vermutete Vorkommen.

Die statische Reichweite der Reserven, also der sicher verfügbaren Vorräte, beträgt weltweit aus heutiger Sicht und bei konstanter Förderung ca.

- 41 Jahre für Erdöl,
- 60 Jahre für Erdgas sowie
- 152 Jahre für Stein- und Braunkohle.

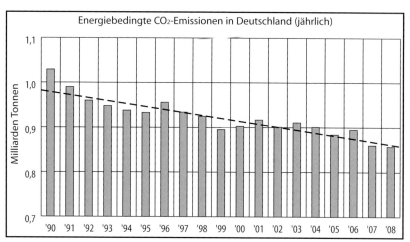

Diagramm 1-9: Entwicklung der CO₂-Emissionen in Deutschland 1990 bis 2008
(gestrichelt: linearer Trend; Quelle: Bundesministerium für Wirtschaft und Technologie)

Man ging bisher davon aus, dass bis zum Jahr 2020 aus heutiger Sicht nicht mit einem Mangel an kostengünstigen Energieträgern zu rechnen sei. Die Ölpreisentwicklung im Jahr 2008 ließ daran Zweifel aufkommen: Der Preis für ein Barrel Rohöl (159 l) stieg zwischen Juli 2007 und Juli 2998 von rund 60 um rund 150 % auf fast 150 US-Dollar. Infolge der im Herbst 2008 einsetzenden Weltwirtschaftskrise brach der Preis wieder ein. Die Preisspitze war insofern eine vorübergehende Erscheinung. Langfristig dürften die fossilen Brennstoffe allerdings dauerhaft teurer werden. Und irgendeine der nach uns kommenden Generationen wird vor leeren Lagern stehen.

Deutschland verfügt nur über geringe Vorkommen an Erdöl und Erdgas, gemessen am Bedarf. Deshalb ist Deutschland stark von Importenergien abhängig; Erdöl wird fast vollständig, Erdgas zu ca. 80 % importiert. Politische Veränderungen und Krisen können bei so großer Importabhängigkeit sehr schnell zu unvorhersehbaren Preiserhöhungen führen.

Treibhauseffekt   Seit Jahren ist er in aller Munde: der Treibhauseffekt. Was steckt hinter dem Treibhauseffekt? Welche Folgen kann er haben?

Unsere Atmosphäre besteht aus einer Vielzahl von Gasen, deren Wirkmechanismen in einem äußerst komplexen Zusammenhang stehen. Kohlendioxid (CO₂) steht im Verdacht, der Hauptverursacher des anthropogenen (= menschenverursachten) Treibhauseffekts zu sein. Der Anteil von Kohlendioxid in der Atmosphäre hat sich seit Beginn der Industrialisierung (ca. 1750) um über ein Drittel von ca. 0,028 auf ca. 0,038 % erhöht. Experten gehen davon aus, dass dies der höchste Stand der letzten 20 Millionen Jahre ist.

Der dem Menschen zuzurechnende Ausstoß von Kohlendioxid resultiert überwiegend aus der Verbrennung der fossilen Brennstoffe Mineralöl, Erdgas und Kohle (Stein- und Braunkohle). Bei ihrer Verbrennung wird Kohlendioxid freigesetzt, welches über Hunderte Millionen Jahre in den Vorräten gebunden wurde und im heutigen Stoffkreislauf keinen Platz hat.

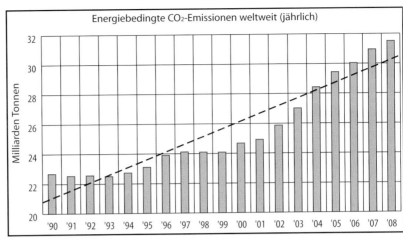

Diagramm 1-10: Entwicklung der energiebedingten CO_2-Emissionen weltweit 1990 bis 2008 (gestrichelt: linearer Trend; Quelle: Bundesministerium für Wirtschaft und Technologie)

Anmerkung: Auch bei der Verbrennung von nachwachsenden Brennstoffen (Holz, Pellets, Hackschnitzel, Stroh usw.) wird Kohlendioxid freigesetzt, aber mit einem entscheidenden Unterschied: Bei der Verbrennung dieser Brennstoffe wird nicht mehr Kohlendioxid freigesetzt, als während des Wachstums gebunden wurde. Der Kohlendioxidgehalt der Luft verändert sich deshalb bei Nutzung nachwachsender Brennstoffe im Wesentlichen nicht.

Wir müssen allerdings zwischen dem natürlichen Treibhauseffekt und dem anthropogenen Treibhauseffekt unterscheiden.

Natürlicher Treibhauseffekt Der natürliche Treibhauseffekt wird durch die natürliche Gashülle der Atmosphäre erzeugt. Die Sonne versorgt die Erde permanent mit energiereicher, kurzwelliger Strahlung. Diese Strahlung passiert die Atmosphärenschichten und wird zu einem großen Teil in der Luft und auf der Erdoberfläche in Wärme umgewandelt. Umgekehrt verlässt langwellige Wärmestrahlung (Infrarotstrahlung) die Atmosphäre. Sie ist für die kurzwellige Einstrahlung von der Sonne durchlässiger als für die abgestrahlte Infrarotstrahlung. Beim Verlassen der Atmosphäre wird die Wärmestrahlung daher teilweise zurückgehalten und verbleibt als Wärme auf der Erde (wie beim Glasdach eines Treibhauses – daher der Name „Treibhauseffekt").

Ohne den natürlichen Treibhauseffekt läge die globale, bodennahe Mitteltemperatur auf der Erde bei ca. – 18 °C, so dass Leben auf der Erde, wie wir es kennen, nicht existieren könnte. Energiezufuhr und Energieabfuhr sind heute insgesamt ausgeglichen, so dass die globale, bodennahe Mitteltemperatur konstant bei etwa 15 °C bleibt.

Anthropogener Treibhauseffekt Die von den Menschen verursachten Emissionen führen zu einer Zunahme der Konzentration von Treibhausgasen in der Atmosphäre. Diese Treibhausgase, darunter Kohlendioxid, bewirken in der Atmosphäre eine erhöhte Absorption von Infrarotstrahlung und behindern so die Energieabfuhr mit der Folge einer zusätzlichen Erhöhung der globalen, bodennahen Mitteltemperatur. In den vergangenen 100 Jahren stieg diese um 0,74 °C. In Deutschland stieg sie in den vergangenen 100 Jahren um 0,6 °C und liegt nun im

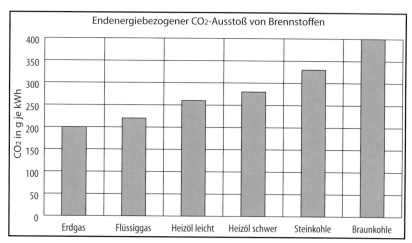

Diagramm 1-11: Spezifische CO_2-Emissionen verschiedener Energieträger im Vergleich

langjährigen Mittel bei 8,3 °C. Erste Auswirkungen sind sichtbar: Einige Blumen blühen früher. Bäume treiben früher aus, und zwar um ca. 5 Tage je Jahrzehnt.

Folgen des Treibhauseffekts

Die Tatsache, dass es insgesamt wärmer wird, stellt an sich kein unmittelbares Problem dar. Aber mit der Erwärmung sind neben den oben erwähnten, ungefährlichen Erscheinungen möglicherweise weitere Konsequenzen verbunden, die uns erhebliche Probleme bereiten können:

- Anstieg des Meeresspiegels (aktuell um 3 mm pro Jahr) um 18 bis 59 cm bis zum Jahr 2100. Der Anstieg kann deutlich höher ausfallen, da die Abschmelzrate der Eisschilde Grönlands und der Antarktis möglicherweise zunimmt. Grundlage der Schätzung sind Prognosen des IPCC (Intergovernmental Panel on Climate Change = Zwischenstaatlicher Ausschuss über den Klimawandel).
- Veränderung der Niederschläge zeitlich und örtlich mit der Gefahr von Dürren und Ernteausfällen.
- Zunahme extremer Wettererscheinungen wie Dürren, Sturm- und Flutkatastrophen.
- Großräumige klimatische Umstellungen aufgrund veränderter Meeresströmungen. Europa könnte dadurch den milden maritimen Einfluss des Golfstromes langfristig verlieren und sich klimatisch Kanada oder Sibirien annähern.

> **Aufgrund der komplexen Zusammenhänge des globalen Klimageschehens ist eine sichere Vorhersage der Folgen nicht möglich. Es ist nicht einmal zweifelsfrei geklärt, inwieweit die Erwärmung der letzten 100 Jahre durch den Menschen verursacht bzw. maßgeblich beeinflusst ist.**

Andererseits ist genauso wenig bewiesen, dass es nicht noch zahlreiche Folgen gibt, von denen wir bis heute nichts ahnen. Insgesamt erscheint das Vorsorgeprinzip angebracht, denn wenn die negativen Prognosen sich erst bewahrheitet haben, ist es zum Handeln zu spät.

Politische
Handlungsebene

Auf dem Weltklimagipfel im Dezember 1997 in Kyoto, Japan, wurde von der Weltgemeinschaft das Ziel formuliert, den Ausstoß der sechs wichtigsten Treibhausgase zu reduzieren, welche sind: Kohlendioxid (CO_2), Methan (CH_4), Distickstoffoxid (N_2O), teilhalogenierte Fluorkohlenwasserstoffe (H-FKW/HFC), perfluorierte Kohlenwasserstoffe (FKW/PFC) und Schwefelhexafluorid (SF_6).

Das Kyoto-Protokoll trat im Februar 2005 in Kraft. Fast alle Staaten haben es ratifiziert, ausgenommen die USA. Australien hat es nach langem Zögern 2007 ebenfalls ratifiziert. Die EU übernimmt im Kyoto-Protokoll die Verpflichtung, die Emission dieser Gase um 8 % zu reduzieren. Innerhalb der EU wurde diese Minderungsverpflichtung unter Berücksichtigung nationaler Besonderheiten in unterschiedliche Minderungsziele auf die EU-Mitgliedsländer aufgeteilt. Die Treibhausgasemissionen sollen danach in Deutschland bis zum Zeitraum 2008/2012 um 21% gegenüber dem Jahr 1990 reduziert werden. Von diesem Ziel ist Deutschland mit einem Zwischenergebnis in 2006 von 18,2 % nicht weit entfernt.

Derzeit wird an einer Nachfolgevereinbarung für das Kyoto-Protokoll gearbeitet, welches 2012 ausläuft. Darin sollen deutlich verschärfte Reduktionsziele definiert werden.

Die EU fordert die Festschreibung einer weltweiten „2 °C-Leitplanke", um die Folgen des Klimawandels in Grenzen zu halten: Die globale, bodennahe Mitteltemperatur soll sich maximal um 2 °C gegenüber dem vorindustriellen Niveau erhöhen. (Zur Erinnerung: Die Erhöhung beträgt bisher 0,74 °C.) Dazu muss bis zum Jahr 2050 die Wirtschaft der Industrienationen weitgehend CO_2-neutral sein. Ein ehrgeiziges Ziel, denn während in Deutschland die CO_2-Emissionen langsam sinken, nehmen sie weltweit deutlich zu.

Klimaschutz ist also nicht nur eine nationale Aufgabe. Vielmehr muss jede nationale Maßnahme sich in einen internationalen Konsens einfügen. Ein Land alleine kann den Klimawandel nicht aufhalten.

Energiesparpotenzial bei Gebäuden

Für Deutschland gilt: Eine wesentliche Maßnahme zur weiteren Reduzierung der Emissionen ist die energetische Sanierung des Gebäudebestandes, also die Verbesserung des Wärmeschutzes und der Anlagentechnik. Gleichzeitig müssen neue Gebäude so energiesparend wie möglich errichtet werden, damit die durch sie zusätzlich verursachten Emissionen möglichst gering bleiben und nicht die im Gebäudebestand erzielten Einsparungen wieder auffressen.

> **Fazit aus den bisherigen Überlegungen: Wärmeschutz ist Klimaschutz.**

Heizsystem und
Brennstoffe

Neben dem Wärmeschutz hat die Wahl des Heizsystems und des Energieträgers (Brennstoffs) einen zentralen Einfluss auf die CO_2-Emissionen. Erdgas ist unter den fossilen Brennstoffen der „sauberste". Strom (konventionell) verursacht aufgrund der hohen Verluste bei Verteilung und Umwandlung vergleichsweise hohe Emissionen.

Bei den Heizkesseln für Gas und Öl ist die Brennwerttechnik die emissionsärmste Technik. (Bei der Brennwerttechnik wird zum einen mit geringen Abgastemperaturen und dadurch mit geringen Abgas-Wärmeverlusten

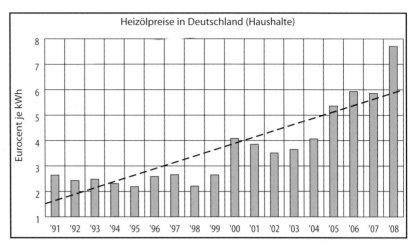

Diagramm 1-12: Entwicklung der Verbraucherpreise für Heizöl in Deutschland von 1991 bis 2008 (gestrichelt: linearer Trend; Quelle: Bundesministerium für Wirtschaft und Technologie)

gearbeitet. Darüber hinaus wird ein Teil des im Abgas vorhandenen Wasserdampfes zur Kondensation gebracht, dadurch wird die zur Verdampfung des Wassers erforderliche Energie zurückgewonnen.)

Kühlung In Deutschland kann in Wohngebäuden meist auf eine Raumluftkühlung verzichtet werden. Wenn in Sonderfällen oder in Nichtwohngebäuden die Raumluft gekühlt wird, bedingt dies zusätzlichen Energieverbrauch und CO_2-Emissionen. Elektrische Raumklimageräte sind diesbezüglich ungünstiger als erneuerbare Wärmesenken (z. B. Erdsonden oder Zisternen).

Steigende Energiepreise Niemand kann die Entwicklung der Energiepreise voraussehen. Vieles spricht dafür, dass die Preise für fossile Energieträger langfristig steigen werden. Die *Diagramme 1-12 auf Seite 26 und 1-13 auf Seite 27* für Heizöl und Erdgas zeigen die Entwicklung der vergangenen 18 Jahre.

Wirtschaftlichkeit Wärmeschutz spart Energie.
Der Bauherr als Entscheider über die Durchführung von Wärmeschutzmaßnahmen wüsste es allerdings gerne etwas genauer und fragt zu Recht: Wie viel Geld spare ich ein, wenn ich den Wärmeschutz meines Hauses verbessere? In wie viel Jahren amortisiert sich der dazu erforderliche Aufwand?

Um eine präzise Antwort geben zu können, müsste man die Zukunft vorhersehen können, die definitiv nicht vorhersehbar ist.

> **Es kann also bei jeder Wirtschaftlichkeitsberechnung nur um die Darstellung der tendenziellen Größenordnung gehen. Dem Kunden gegenüber muss unbedingt deutlich gemacht werden, dass das Rechenergebnis der Orientierung dient und unter Umständen deutlich von der Realität abweichen kann.**

Unabhängig von jeder Berechnung gilt: Jede Verbesserung des Wärmeschutzes nimmt den Energiepreisszenarien ein wenig von deren Schrecken und vermindert die wirtschaftliche Abhängigkeit vom Energiemarkt. Nicht verbrauchtes Heizöl ist nun einmal das preiswerteste.

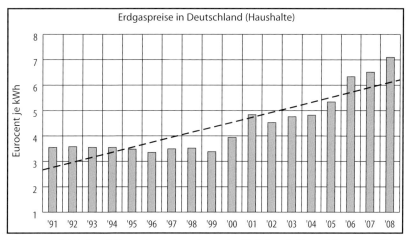

Diagramm 1-13: Entwicklung der Verbraucherpreise für Erdgas in Deutschland von 1991 bis 2008 (gestrichelt: linearer Trend; Quelle: Bundesministerium für Wirtschaft und Technologie)

Viele Wärmeschutzmaßnahmen rechnen sich finanziell schon nach wenigen Jahren, z. B. die nachträgliche Dämmung der obersten Geschossdecke zum unbeheizten Dachraum. Andere, finanziell aufwendige Maßnahmen machen sich rechnerisch nie oder erst nach Jahrzehnten finanziell bezahlt, beispielsweise der Austausch der Fenster.

Die CD-ROM zum Buch enthält ein Tool (Testversion „K für Excel") zur überschlägigen Ermittlung der durch Wärmedämmmaßnahmen erzielbaren Einsparung.

1.2 Raumklima und Hygiene

Wie schon erwähnt, stand ursprünglich das Raumklima im Fokus des Wärmeschutzes und wurde dann von der Energieeinsparung abgelöst.

> **Tatsächlich ist es aber so, dass ein verbesserter Wärmeschutz sich auch günstig auf das Raumklima und damit auf die Wohnqualität auswirkt.**

Allerdings muss man dazu einige Dinge wissen und beachten. Denn eine möglichst dicke Wärmedämmung alleine ist noch kein Garant für ein angenehmes Raumklima.

Welche Faktoren beeinflussen das Raumklima? Was ist angenehm, und was ist weniger angenehm?

1.2.1 Thermische Einflüsse

Temperaturen, Wärmestrahlung

Allgemein konzentriert sich die Überlegung der Nutzer auf die Lufttemperatur als das vermeintliche Maß der Dinge. Die Bedeutung der Wärmestrahlung wird dabei unterschätzt. Tatsächlich hängt die empfundene Temperatur nämlich nicht nur von der Lufttemperatur, sondern auch von den Oberflächentemperaturen der umgebenden Bauteile ab. Kalte Bauteile strahlen weniger, warme Bauteile strahlen mehr Wärme ab (Prinzip des Kachelofens).

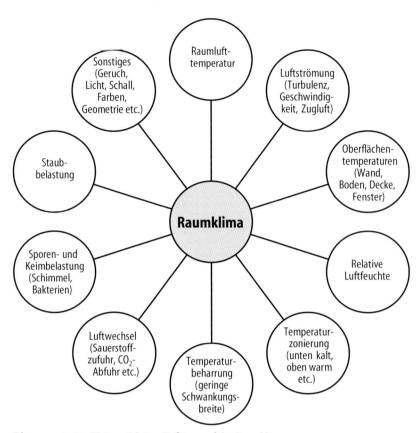

Diagramm 1-14: Einige wichtige Einflüsse auf das Raumklima

Der menschliche Körper strahlt seinerseits Körperwärme ab. In einem Raum mit hoher Lufttemperatur, aber kalten Bauteilen wird man frieren, weil den Strahlungsverlusten des Körpers keine ausreichenden Strahlungsgewinne von den umgebenden Bauteilen entgegenstehen.

Zugluft, Fußwärme   Weiterhin können Zugerscheinungen das thermische Wohlbefinden stören. In Räumen mit direktem Bodenkontakt (Bad, Schlafzimmer, Kinderzimmer) spielt die Temperatur des Fußbodens eine große Rolle. Wenn der Boden nicht über eine Fußbodenheizung verfügt oder anderweitig aufgeheizt wird, sorgen Bodenbeläge mit einer geringen Wärmeleitfähigkeit (z. B. Kork) auch bei niedrigen Fußbodentemperaturen für eine angenehm empfundene Fußwärme, da die Wärme dem Fuß nicht so schnell entzogen wird wie bei Belägen mit hoher Wärmeleitfähigkeit (z. B. Fliesen). Versuchen Sie es: Der Holzstift fühlt sich wärmer an als der Stahlkugelschreiber, wenn beide dieselbe Temperatur haben – und zwar wegen der geringeren Wärmeleitfähigkeit des Holzes im Vergleich zu Stahl.

Wünschenswert ist eine gleichmäßige Temperaturverteilung sowohl in der Raumluft als auch über die Bauteile. Dagegen wird eine starke Zonierung als unangenehm empfunden, insbesondere bei kaltem Fußboden und warmer Decke. Ungünstig kann auch ein Raumverbund über mehrere Geschosse sein: Warme Luft ist leichter als kalte und steigt somit in die oberen Räume, während die unteren deutlich kühler bleiben.

Temperatur-
beharrung

Ein weiterer Faktor für das thermische Wohlbefinden ist die Temperaturbeharrung im Sinne möglichst geringer zeitlicher Schwankungen. Während im Winter durch die Beheizung im Regelfall eine gute Beharrung erreicht werden kann, gibt es im Sommer in zahlreichen Wohnungen Überhitzungsprobleme, in großzügig verglasten Gebäuden auch schon in der Übergangszeit. Besonders betroffen sind oftmals Dachgeschosswohnungen.

Gegen die Überhitzung von Wohnungen gibt es zwei Strategien:

- technische Kühlung (Klimaanlage)
- baukonstruktive Maßnahmen

Die technische Kühlung ist sehr energieaufwendig und gilt im Wohnungsbau in Deutschland als nicht zwingend erforderlich. Baukonstruktive Maßnahmen reichen in unseren Breiten i. d. R. aus, sofern das Nutzerverhalten der jeweiligen Situation angepasst wird.

Wichtige baukonstruktive Maßnahmen sind u. a.:

- Begrenzung der Sonneneinstrahlung über verglaste Flächen
- Nutzung schwerer Bauteile als Wärmespeicher

Weiterführende Informationen zu Wärmegewinnen finden Sie in Kapitel 1.3.6 ab Seite 56.

1.2.2   Luftfeuchte

Feuchtequellen

Im Wohnraum gibt es zahlreiche Wasserdampfquellen:

- Baufeuchte
  - Restfeuchte von Baumaterialien nach Baufertigstellung
  - nach Baufertigstellung außerplanmäßig in die Bauteile eingedrungene Feuchte (z. B. durch Leckage am Dach oder Leitungswasserschaden)
- Nutzfeuchte
  - Bewohner (Verdunstung über Haut und Atmung)
  - Pflanzen (Verdunstung über Blätter)
  - Kochen, Backen, Spülen
  - Duschen und Baden
  - Wäschewaschen und -trocknen
  - besondere Feuchtequellen, z. B. Aquarien oder Zimmerbrunnen

Die genaue Wasserdampfmenge hängt von der Haushaltsgröße und den Nutzergewohnheiten ab und kann kaum genau beziffert werden. Ob es nun täglich 2 oder 10 kg Wasserdampf sind, ist unwichtig. Wichtig ist nur, dass es zur Abführung der Feuchte ausreichender Lüftung bedarf. Über Wasserdampfdiffusion (Wasserdampfwanderung durch geschlossene Bauteile) allein kann jedenfalls nicht einmal annähernd genug Feuchte abgeführt werden.

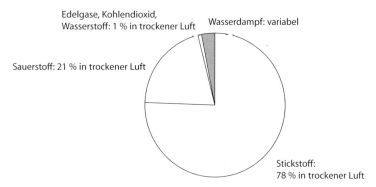

Diagramm 1-15: Bestandteile der Luft

Relative/absolute
Luftfeuchte

Neben der Lufttemperatur ist die Luftfeuchte ein Hauptmerkmal für die Luftqualität. Dabei unterscheiden wir **relative** und **absolute** Luftfeuchte.

Wo liegt der Unterschied?
Zunächst ist festzustellen, dass Luft aus verschiedenen Gasen besteht, darunter auch Wasserdampf. Je wärmer die Luft, desto mehr Wasserdampf kann sie aufnehmen. Die temperaturabhängige, maximal mögliche Wasserdampfmenge wird auch als Wasserdampfsättigungsgehalt bezeichnet.

Die absolute Luftfeuchte in g/m³ gibt an, wie viel Gramm Wasserdampf in einem Kubikmeter Luft enthalten sind. Die relative Luftfeuchte in Prozent gibt an, zu wie viel Prozent die Luft gesättigt ist, wie viel Prozent der maximal aufnehmbaren Dampfmenge also gerade in der Luft enthalten sind.

Den folgenden Beispielen liegt jeweils das *Diagramm 1-16 auf Seite 31* zu Grunde.

Beispiel 1

Wie viel Wasserdampf enthält die Luft bei 20 °C und 50 % relativer Luftfeuchte (Standard-Raumklima)?

Lösung: Bei 20 °C beträgt der Wasserdampfsättigungsgehalt 17,3 g/m³. 50 % davon sind

$$0,5 \cdot 17,3 = 8,65 \text{ g/m}^3$$

Beispiel 2

Wie viel Wasserdampf enthält die Luft bei 2 °C und 90 % relativer Luftfeuchte (nasskalter Wintertag)?

Lösung: Bei 2 °C beträgt der Wasserdampfsättigungsgehalt 5,6 g/m³. 90 % davon sind

$$0,9 \cdot 5,6 = 5,04 \text{ g/m}^3$$

Es fällt auf, dass die winterliche Außenluft aus Beispiel 2 bei 90 % relativer Luftfeuchte weniger Wasserdampf enthält als die Raumluft aus Beispiel 1 bei 50 % relativer Luftfeuchte.

Beispiel 3

Wenn Luft mit 2 °C und 90 % relativer Luftfeuchte auf 20 °C erwärmt wird, welche relative Luftfeuchte stellt sich dann ein?

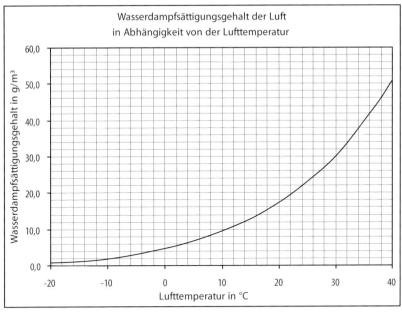

Diagramm 1-16: Wasserdampfsättigungsgehalt der Luft

Lösung: Die Luft enthält bei 2 °C und 90 % relativer Luftfeuchte 5,04 g Wasserdampf je m³ (*siehe Beispiel 2*). Bei 20 °C beträgt der Wasserdampfsättigungsgehalt 17,3 g/m³. 5,04 g/m³ entsprechen

$$\frac{5,04}{17,3} \cdot 100 = 29,13\ \%$$

Beispiel 4 Wenn Luft mit 20 °C und 50 % relativer Luftfeuchte auf 2 °C abgekühlt wird, welche relative Luftfeuchte stellt sich dann ein?

Lösung: Die Luft enthält bei 20 °C und 50 % relativer Luftfeuchte 8,65 g Wasserdampf je m³ (*siehe Beispiel 1*). Bei 2 °C beträgt der Wasserdampfsättigungsgehalt 5,6 g/m³ (*siehe Beispiel 2*). Mehr kann nicht aufgenommen werden. Die Luft hat nach Abkühlung eine relative Luftfeuchte von

$$\frac{5,60}{5,60} \cdot 100 = 100\ \%$$

Die Differenz von

$$8,65 - 5,60 = 3,05\ g/m³$$

kann nicht mehr getragen werden und fällt als Tauwasser aus.

Luftfeuchte und Lüften Bei Erwärmung von Luft sinkt deren relative Luftfeuchte. Bei Abkühlung steigt sie. Wenn nach Erreichen einer relativen Luftfeuchte von 100 % – die entsprechende Temperatur wird Taupunkttemperatur oder kurz Taupunkt genannt – weiter abgekühlt wird, bildet sich Tauwasser.

Dazu einige Erfahrungen aus der Praxis:

- Lüften bei niedrigen Außenlufttemperaturen ist auch dann effizient, wenn die relative Luftfeuchte der Außenluft sehr hoch ist.
- Neubauten trocknen im Winter wesentlich besser als im Sommer, wenn sie beheizt und gelüftet werden.
- Zu trockene Raumluft ist keine Folge dichter Fenster, sondern allenfalls undichter Fenster.
- Kühle Räume mit kühlen Bauteilen (z. B. erdberührte Keller) werden im Sommer durch Lüften feuchter statt trockener.

Als angenehm wird eine relative Raumluftfeuchte zwischen ca. 35 und 70 % empfunden. Sehr trockene Luft deutlich unter 35 % relativer Luftfeuchte wirkt staubfördernd und reizend auf die Schleimhäute und wird kaum langfristig akzeptiert. Sehr feuchte Luft über ca. 70 % relativer Luftfeuchte wird als schwül empfunden. Außerdem begünstigt feuchte Luft Wachstum und Verbreitung von Keimen und kann an kalten Bauteilen zu noch höherer relativer Feuchte bzw. zu Tauwasserbildung führen, was wiederum Schimmelbildung begünstigt.

> **Guter Wärmeschutz führt zu einer Stabilisierung, d. h. Vergleichmäßigung der Temperaturverläufe und sorgt dafür, dass die Oberflächentemperaturen von Außenbauteilen nah an der Lufttemperatur liegen. Damit werden extreme Werte der relativen Luftfeuchte vermieden, ausreichende Lüftung vorausgesetzt.**

Weiterführende Informationen zu Tauwasser und Feuchteschutz finden Sie in Kapitel 1.4 ab Seite 66.

1.2.3   Lüftung

Luftwechsel   Mensch und Gebäude benötigen frische Luft für

- die ausreichende Sauerstoffzufuhr,
- die Abführung von Gerüchen und Schadstoffen,
- das Abführen von Wasserdampf,
- das Kühlen des Wohnraums im Sommer und
- die Vermeidung von Schimmelbildung.

Als ausreichend in diesem Sinne wird ein mittlerer Luftwechsel von 0,5 angesehen. Ein Luftwechsel von 0,5 bzw. ein 0,5facher Luftwechsel bedeutet, dass das gesamte belüftete Volumen des Raumes bzw. Gebäudes stündlich 0,5-mal komplett ausgetauscht wird. Zum Luftwechsel tragen bei:

- Undichtigkeiten in der Gebäudehülle als unbeeinflussbarer Anteil (Fugen, Anschlüsse usw.)
- gezieltes Lüften als beeinflussbarer Anteil (Fensterlüftung, mechanische Lüftungsanlage oder spezielle Außenluftdurchlässe)

Die Undichtigkeiten in der Gebäudehülle sind zur Gewährleistung eines ausreichenden Luftwechsels ungeeignet, denn diese Form der Lüftung ist nicht bedarfsorientiert: Im Winter bei starkem Wind kann dies zu viel sein und zur Auskühlung führen, am frühen Morgen eines Sommertages kann dies zur Kühlung zu wenig sein, zur Mittagszeit eines heißen Tages kann es wieder zu viel sein und zu Überhitzung führen.

> **Diese Lüftungsform ist so weit wie möglich zu unterbinden, indem möglichst luftdicht gebaut wird.**

Alleine das gezielte Lüften kann sich am Bedarf orientieren. Dabei ist Fensterlüftung schwer dosierbar und hängt stark vom Nutzerverhalten ab. Die mechanische Lüftung mit Lüftungsanlagen ist gut steuerbar und kann außerdem mittels Wärmerückgewinnung die Energieverluste im Winter verringern. Sie ist aber auch teuer. Außenluftdurchlässe in der Wand oder in den Fensterrahmen sind kostengünstig und ermöglichen eine kontinuierliche Lüftung, die einerseits besser dosierbar ist als die Fensterlüftung, die andererseits aber nutzerabhängig bleibt.

Beim Neubau geht der Trend in Richtung mechanischer Lüftungsanlagen (zentral mit Lüftungsleitungen oder dezentral mit raumweisen Einzellüftern), im Gebäudebestand wird die Lüftung dagegen in den meisten Fällen weiterhin durch Fensterlüftung erfolgen.

Richtiges Lüften

Kaum eine Frage wird so häufig gestellt wie die nach „richtigem" Lüften. Pauschale Antworten wie „mehrmals täglich" helfen allerdings kaum weiter. Hinweise zu richtigem Lüften müssen vielmehr differenziert auf das Ziel des Lüftens abgestimmt sein.

Eine Lüftung zur sommerlichen Kühlung am frühen Morgen oder in der Nacht muss lange andauern, möglichst mehrere Stunden, um nicht nur kühle Luft in den Wohnraum zu holen, sondern auch eine Kühlung der Bauteile als Wärmepuffer für den Rest des Tages zu erreichen. Tagsüber wird dann nicht mehr oder nur sporadisch und kurzzeitig gelüftet, damit die Lüftungsarbeit der Nacht nicht zunichtegemacht wird.

Die Zielsetzung der Kühlung wird alle anderen weiter oben genannten Ziele überlagern, da zu deren Erreichung meist eine wesentlich kürzere Lüftungsdauer ausreicht. Sie kann insbesondere der Abführung der Nutzungsfeuchte entgegenwirken, da im Sommer unter Umständen mehr Wasserdampf herein- als herausgelüftet wird. In kühlen Räumen, z. B. im nicht bewohnten Keller, besteht im Sommer eine sehr große Tauwassergefahr, weil die Temperatur der Bauteile oft dauerhaft unterhalb der Taupunkttemperatur der Außenluft liegt. Hier sollte man nur dann lüften, wenn die Taupunkttemperatur außen niedriger ist als im kühlen Raum. Ansonsten lieber Keller schließen und auf Frischluftzufuhr verzichten (*siehe Diagramm 1-17 auf Seite 35 mit Ablesebeispiel auf Seite 37*).

Eine Lüftung im Winter soll im Gegenteil dazu möglichst wenig kühlen, sondern vorrangig das Ziel verfolgen, die Nutzungsfeuchte aus dem Gebäude herauszulüften, damit sich kein Schimmel bilden kann. Dazu ist ein mehrmaliges Stoßlüften mit weit geöffneten Fenstern, am besten als Querlüftung mit gegenüberliegenden Fenstern, das beste Vorgehen. Mehrmalig heißt vier- bis sechsmal für drei bis zehn Minuten (je nach Luftdurchsatz) über die Zeit der Feuchteproduktion (i. d. R. die Anwesenheitszeit der Bewohner) verteilt. In zwei Fällen ist dies allerdings schwierig:

- In der Nacht, denn wer steht schon alle zwei Stunden zum Lüften auf?

- Wenn tagsüber Feuchte produziert wird, aber niemand lüften kann. (Wäschetrocknen in der Wohnung, während die Bewohner auf der Arbeit sind.)

Ein paar Grundsätze helfen, im Winter und in der Übergangszeit Fehler bei der Fensterlüftung zu vermeiden:

- Kurzfristige Spitzenwerte der Dampfproduktion sollen mit kurzfristigen Spitzenwerten der Lüftung kompensiert werden. Beispiel Bad: Beim Duschen die Badezimmertür geschlossen halten, damit der Dampf nicht in die Wohnung gelangt. Nach dem Duschen das Fenster für einige Minuten weit öffnen, dann wieder schließen. Sehr nasse Bereiche möglichst trockenwischen und verbleibende Feuchte aus Handtüchern und von Oberflächen durch mehrmaliges Nachlüften entfernen.
- Kontinuierliche Dampfproduktion soll möglichst kontinuierlich kompensiert werden. Beispiel Wohnraum mit dauerndem Aufenthalt von Bewohnern: alle zwei bis vier Stunden kurz lüften.
- Sonderfall Schlafzimmer: kontinuierliche Dampfproduktion, aber Lüften mehrmals in der Nacht unrealistisch. Hier gibt es zwei Möglichkeiten:
  – Wenn das Schlafzimmer nicht bzw. kaum kälter (maximal ca. 3 °C) als die übrige Wohnung ist, kann nach intensiver Stoßlüftung vor dem Zu-Bett-Gehen die Feuchte über offene Zimmertüren und Raumverbund verteilt und am Morgen wieder intensiv herausgelüftet werden.
  – Wer gerne im unbeheizten bzw. deutlich kälteren Schlafzimmer schläft, sollte nur nach außen lüften, weil sonst die warme, feuchtere Luft aus der Wohnung im Schlafzimmer an den kalten Bauteilen kondensieren kann. Die Fenster sollten so weit geöffnet werden (Kipplüftung), dass genug Luftaustausch stattfindet. Das kann in sehr kalten Winternächten durchaus kalt werden. Keinesfalls sollte man die Kipplüftung mit dem Heizen kombinieren – dies wäre unverzeihliche Energieverschwendung. Bei Kipplüftung besteht im Bereich des Fenstersturzes und der Fensterleibung eine erhöhte Tauwasser- und Schimmelgefahr, weil durch den langfristigen Kaltluftstrom die Oberfläche bis unter den Taupunkt abkühlen kann.
- Raumverbund nur bei gleichmäßiger Temperierung: Gleichmäßiges Temperieren mit maximal ca. 3 °C Temperaturunterschied zwischen den Räumen ermöglicht längerfristig eine Feuchteverteilung über den Raumverbund und verlängert die Abstände zwischen den erforderlichen Lüftungsvorgängen, weil ein größeres Luftvolumen mehr Dampf zwischenspeichern kann.
- Nicht von warm nach kalt lüften: Bei deutlicher Zonierung mit stark unterschiedlichen Temperaturen soll möglichst nicht von warmen in kältere Räume gelüftet werden. Denn in den kälteren Räumen besteht wegen der kälteren Bauteile eine erhöhte Tauwassergefahr insbesondere für Luft aus warmen Wohnungsbereichen.

Die Diagramme 1-17 auf Seite 35 und 1-18 auf Seite 36 ermöglichen die Beurteilung sowohl der Feuchtetransportrichtung als auch der Tauwassergefahr.

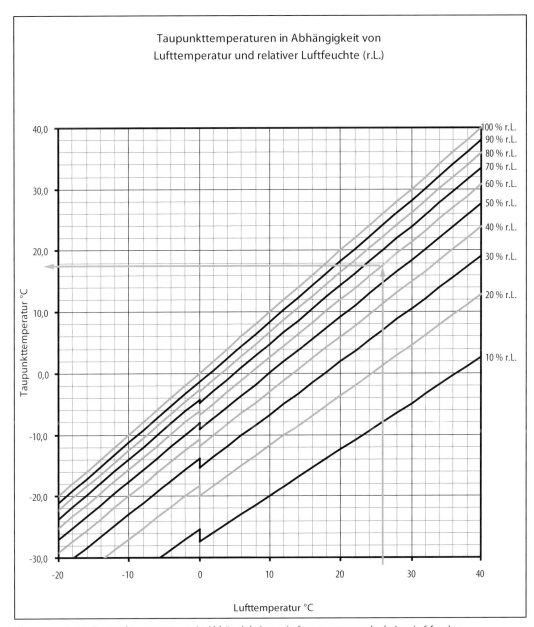

Diagramm 1-17: Taupunkttemperaturen in Abhängigkeit von Lufttemperatur und relativer Luftfeuchte

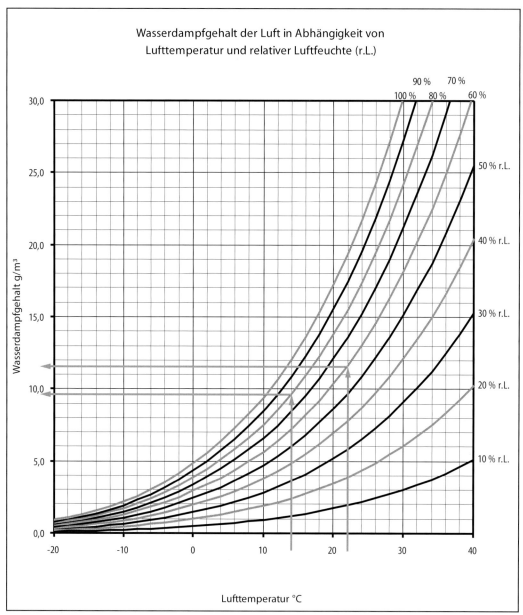

Diagramm 1-18: Wasserdampfgehalt, absolut, in Abhängigkeit von Lufttemperatur und relativer Luftfeuchte

Beispiel   Anwendung von *Diagramm 1-17 auf Seite 35*, Annahmen:

- Außenluft mit 26 °C und 60 % relative Luftfeuchte
- Keller mit 13 °C Wandtemperatur

Ablesung Diagramm:

- Taupunkttemperatur = ca. 17,5 °C

Ergebnis: Da die Wandtemperatur um ca. 4,5 Kelvin unter der Taupunkttemperatur der Außenluft liegt, wird sich beim Lüften des Kellers Tauwasser an der Wandoberfläche bilden.

Beispiel   Anwendung von *Diagramm 1-18 auf Seite 36*, Annahmen:

- Raumluft mit 22 °C und 60 % relative Luftfeuchte
- Außenluft mit 14 °C und 80 % relative Luftfeuchte

Ablesung Diagramm:

- Wasserdampfgehalt der Raumluft = ca. 11,5 g/m³
- Wasserdampfgehalt der Außenluft = ca. 9,5 g/m³

Ergebnis: Es werden beim Lüften mit jedem m³ Luft in der Bilanz ca. 11,5 – 9,5 = 2 g Wasserdampf nach außen befördert.

Weiterführende Informationen zu Tauwasser und Feuchteschutz finden Sie in Kapitel 1.4 ab Seite 66.

1.2.4   Schimmel

Schimmelbildung   Schimmel braucht 4 Voraussetzungen, um zu gedeihen:

- Wasser
- Nahrung
- passendes Milieu (pH-Wert)
- Zeit

Schimmel im Gebäude kann unangenehm bis gefährlich sein. Er kann zu einer Geruchsbelästigung führen, kann Allergien auslösen oder Auslöser schwerer Krankheiten sein. Die genauen Wirkzusammenhänge sind bis heute nicht restlos geklärt, und ein Zusammenhang zwischen Gesundheitsstörungen und Schimmel ist nicht immer zweifelsfrei herzustellen.

> **In jedem Falle muss Schimmelbildung in Gebäuden vermieden bzw. beseitigt werden. Im Falle einer Beseitigung muss auch die Ursache beseitigt werden, da ein oberflächliches Entfernen nur des Schimmels langfristig keinen Erfolg hat und er früher oder später wieder auftritt.**

Die Sporen der unterschiedlichen Schimmelarten (biologisch Pilze) sind allgegenwärtig. Im Sommer erreicht die „natürliche" Sporenkonzentration in der Außenluft ihre Maximalwerte. Wenn diese Sporen im Bauwerk geeignete Lebensbedingungen vorfinden, keimen sie aus und bilden das so genannte Myzel (Zellfäden) und später Fruchtkörper, die wiederum Sporen aussäen. Das erforderliche Wasser kann durch Bauschäden bzw. Baumängel (undichtes Dach, aufsteigende Bodenfeuchte in mangelhaft isolierten Mau-

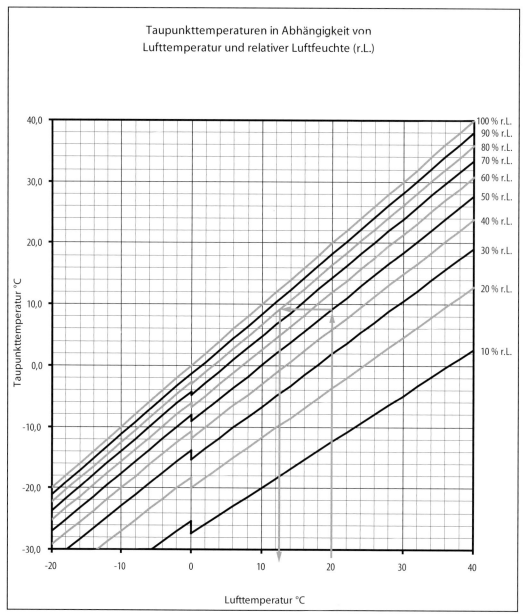

Diagramm 1-19: Taupunkttemperaturen in Abhängigkeit von Lufttemperatur und relativer Luftfeuchte (entspricht Diagramm1-17, nur andere Auswertungstechnik)

ern, ungünstige Schichtenfolge mit der Folge von Tauwasser im Bauteil) ins Gebäude gelangen, oder es bildet sich bei zu hoher Luftfeuchte und/oder mäßigem bis schlechtem Wärmeschutz durch Tauwasserbildung an der Bauteiloberfläche. Das Bauteil muss dabei nicht richtig nass sein, es reicht eine längerfristig anhaltende, relative Luftfeuchte um 80 % direkt an der Bauteiloberfläche.

Untersuchungen zeigen, dass als längerfristig im Sinne von schimmelfördernd ein Erreichen der Grenzfeuchte von 80 % an 5 aufeinander folgenden Tagen für jeweils 12 Stunden gilt.

Als Nahrung für den Schimmel kommen Papier (Tapete, Gipskarton), Kunststoff (Anstriche), Holz, Leder und andere Materialien in Frage. Auch an Beton oder Verputz, welcher an sich keine Nahrung enthält, kann Schimmel wachsen, wenn er z. B. über Staub Nahrung von außen bekommt.

Schimmel meidet im Allgemeinen extrem alkalische Untergründe. Kalkputz wirkt deshalb im Vergleich zu Gipsputz eher schimmelhemmend.

Jede Schimmelart hat ihren bevorzugten Temperaturbereich. Deshalb sind abhängig von der Temperatur unterschiedliche Schimmelarten anzutreffen, aber es gibt keine bauübliche Temperatur, wo kein Schimmel wächst.

Die wichtigsten vorbeugenden Maßnahmen gegen Schimmel sind:

- guter Wärmeschutz bei luftdichter Bauweise für tauwasserfreie Bauteile
- ausreichender Luftwechsel zum Abführen der Nutzfeuchte

Kritische Oberflächentemperatur Die Temperatur der Innenoberfläche eines Außenbauteils liegt bei niedrigen Außentemperaturen umso niedriger, je schlechter der Wärmeschutz des Außenbauteils ist. Je kälter eine Oberfläche ist, desto höher ist die relative Luftfeuchte unmittelbar an der Oberfläche. Wenn die Oberflächentemperatur unter der Taupunkttemperatur der Luft liegt, kondensiert an der Oberfläche Tauwasser. (Die Luftfeuchte an der Oberfläche beträgt dann 100 %.) Schimmelbildung kann schon ab 80 % relativer Luftfeuchte auftreten.

Diagramm 1-19 auf Seite 38 kann verwendet werden, um für das vorhandene Raumklima die kritische Oberflächentemperatur bei 80 % relativer Luftfeuchte zu ermitteln. Die Schritte dafür sind:

1. Die mittlere Raumlufttemperatur auf der waagerechten Achse bestimmen.
2. Von dort eine senkrechte Linie nach oben bis zur Kurve der mittleren relativen Raumluftfeuchte ziehen ➔ Schnittpunkt 1.
3. Vom Schnittpunkt 1 eine waagerechte Linie nach links bis zur Kurve von 80 % relativer Luftfeuchte ziehen ➔ Schnittpunkt 2.
4. Vom Schnittpunkt 2 eine senkrechte Linie nach unten auf die waagerechte Achse ziehen ➔ kritische Temperatur ablesen.

Beispiel Anwendung von *Diagramm 1-19 auf Seite 38*, Annahme:

- Raumluft mit 20 °C und 50 % relative Luftfeuchte

Ablesung Diagramm:

- Taupunkttemperatur = ca. 9 °C
- Temperatur bei 80 % relativer Luftfeuchte = ca. 12,5 °C

Ergebnis: Die für Schimmelpilzbildung kritische Oberflächentemperatur beträgt bei dem gegebenen Raumklima ca. 12,5 °C (rechnerisch genau 12,6 °C).

f_{Rsi}-Wert

Als bauphysikalischer Kennwert für die Beurteilung der Schimmelgefahr dient der f_{Rsi}-Wert (Temperaturfaktor). Dieser muss zur Vermeidung von Schimmel an jeder Stelle der Gebäudehülle (außer an Fenstern) mindestens 0,7 betragen. Dann nämlich ist gewährleistet, dass die schimmelkritische Oberflächenfeuchte von 80 % nicht überschritten wird.

Bauteile, die den Mindestwärmeschutz nach DIN 4108-2 erfüllen (*siehe Tabelle 1-43 auf Seite 75*), sind in der Fläche unkritisch und müssen in der Fläche nicht hinsichtlich f_{Rsi}-Wert untersucht werden. Viel wichtiger ist die genaue Betrachtung von dämmtechnischen Schwachstellen, insbesondere von Wärmebrücken. An Letzteren ist die Oberflächentemperatur jedoch nicht manuell zu berechnen, sondern nur mittels spezieller Wärmebrückensoftware.

Der f_{Rsi}-Wert wird nach DIN 4108-2 aus den Temperaturen der Raumluft, der Außenluft und der inneren Bauteiloberfläche berechnet:

$$f_{Rsi} = \frac{\theta_{si} - \theta_{e}}{\theta_{i} - \theta_{e}}$$

Dabei ist:

f_{Rsi}: Temperaturfaktor
θ_{si}: Oberflächentemperatur innen, in °C (mittels EDV berechnet)
θ_{e}: Lufttemperatur außen, in °C, i. d. R. –5 °C
θ_{i}: Lufttemperatur innen, in °C, i. d. R. 20 °C

Beispiel: Am Übergang einer Außenwand in ein Flachdach ist Flachdachrandaufkantung (Attika) aus Stahlbeton ungedämmt. Hier beträgt die niedrigste innere Oberflächentemperatur 11 °C. Besteht die Gefahr von Schimmelbildung?

$$f_{Rsi} = \frac{\theta_{si} - \theta_{e}}{\theta_{i} - \theta_{e}}$$

$$= \frac{11 - (-5)}{20 - (-5)}$$

$$= \frac{16}{25}$$

$$= 0,64$$

Der f_{Rsi}-Wert ist kleiner als 0,7. Es besteht die Gefahr von Schimmelbildung.

Fazit

Der Idealzustand im Sinne des guten Raumklimas und der Energieeinsparung findet sich in der Kombination aus folgenden Elementen, wobei keines davon fehlen darf:

- hochwertiger Wärmeschutz
- luftdichte Bauweise
- bedarfsgerechte Lüftung

1.3   Wärmehaushalt des Gebäudes

Wer Neubauten oder Rundumsanierungen von Gebäuden plant oder ausführt, für den ist das Wissen um die wärmetechnischen Zusammenhänge
des Gesamtgebäudes eine wichtige Grundlage.

Aber auch derjenige, welcher sich auf die Sanierung einzelner Bauteile
– seien es Dächer, Wände oder Fenster – konzentriert, muss seine Bauteile
als Teil des gesamten Gebäudes verstehen. Anderenfalls ist eine sachgerechte
Beratung des Bauherrn nicht möglich. Außerdem gibt es an allen Schnittstel-
len zu anderen Bauteilen Fehlerquellen, die nur mit einem Gesamtüberblick
ausgeschaltet werden können.

1.3.1   Energetisches Gebäudemodell nach EnEV

Wohngebäude   Nach Energieeinsparverordnung wird für die Beheizung und Warmwasserbereitung des Wohngebäudes (Heizfall) eine Energiebilanz aufgestellt, die bis
zur Primärenergiequelle reicht (*siehe Seite 18*).

Zunächst wird der Wärmebedarf untersucht.

Auf der Verlustseite sind das

- Transmissionswärmeverluste (Wärmeleitung durch geschlossene Bauteile
  hindurch) und
- Lüftungswärmeverluste (Wärmeverluste durch Luftaustausch).

Auf der Gewinnseite sind das

- solare Wärmegewinne (vornehmlich durch verglaste Flächen hindurch)
  und
- interne Wärmegewinne (Wärmeabgabe von Personen und von elektrischen Geräten).

Das Heizsystem muss zur Aufrechterhaltung der gewünschten Temperaturen
also nicht alle Verluste ausgleichen, sondern nur die nach Gegenrechnung
der Gewinne verbleibenden Verluste. Es gilt vereinfacht:

Heizwärmebedarf = Wärmeverluste – Wärmegewinne

Die Brauchwassererwärmung erfolgt meist zentral über die Heizanlage und
ist in die Bilanz einzubeziehen.

Nutzenergiebedarf = Heizwärmebedarf + Brauchwasserwärmebedarf

Das Heizsystem wird nicht die gesamte im Brennstoff enthaltene Energie
als Wärme nutzbar machen können, sondern nur den nach Abzug der an-
lagenspezifischen Verluste (z. B. vom Heizkessel nicht genutzte Energie,
Wärmeverluste von Speicher und Verteilleitungen) verbleibenden Teil. Die
Heizanlage braucht zum Betrieb i. d. R. außerdem Hilfsenergie (z. B. Strom
für Umwälzpumpe und Steuerung). Es gilt vereinfacht:

Endenergiebedarf = Nutzenergiebedarf + Anlagenverluste + Hilfsenergie

Endenergiebedarf   Der Endenergiebedarf ist die Energiemenge, welche am Gebäude angelie-
fert werden muss, z. B. in Form von Brennstoff (Erdgas, Heizöl, Holz) oder
in Form von Wärme (bei Fernwärmeversorgung) oder in Form von elek-

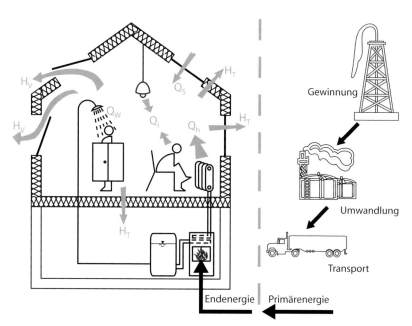

Bild 1-20: Schematische Darstellung des energetischen Gebäudemodells nach EnEV:
H_T: Transmissionswärmeverluste (Wärmeleitung durch geschlossene Bauteile hindurch)
H_V: Lüftungswärmeverluste (Wärmeverluste durch Luftaustausch, bewusste Lüftung und
       Luftströmung durch Undichtigkeiten)
Q_i: interne Wärmegewinne (Wärmeabgabe von Personen und von elektrischen Geräten)
Q_S: solare Wärmegewinne (Sonnenstrahlung durch transparente Bauteile)
Q_h: Heizwärme (von den Heizkörpern zur Verfügung gestellt)
Q_W: Brauchwasserwärmebedarf

trischem Strom (bei Elektroheizungen). Man kann den Endenergiebedarf auch als einen Verbrauchswert des Gebäudes ansehen, ähnlich dem Benzinverbrauch eines Autos.

Der berechnete Endenergiebedarf kann nur mit großen Einschränkungen mit dem tatsächlichen Verbrauch verglichen werden, weil bei der Ermittlung des rechnerischen Bedarfs viele Bedingungen standardisiert werden und weil die Besonderheiten des Einzelfalls (z. B. das Nutzerverhalten) unberücksichtigt bleiben.

Die unterschiedlichen Endenergieträger verursachen unterschiedlich hohe Primärenergieverbräuche, ausgedrückt durch den Primärenergiefaktor (für den nicht erneuerbaren Anteil, *siehe Diagramm 1-4 auf Seite 19*). Es gilt vereinfacht:

$$\text{Primärenergiebedarf} = \text{Endenergiebedarf} \cdot \text{Primärenergiefaktor}$$

Primärenergie-
bedarf   Der nicht erneuerbare Primärenergiebedarf des Gebäudes ist ein Maß für die Ressourcenbelastung durch das Gebäude.

Wenn das Gebäude im Sommer gekühlt wird, etwa durch Einsatz eines Raumklimageräts, dann wird der dafür erforderliche Energiebedarf in der Gesamtbetrachtung berücksichtigt.

| Nichtwohn-gebäude | Für Nichtwohngebäude gilt der Bilanzansatz wie für Wohngebäude, allerdings wird zusätzlich der Energiebedarf für die Beleuchtung berücksichtigt. |

Anforderungen und Nachweise der Energieeinsparverordnung sind in Kapitel 3 ab Seite 197 beschrieben.

1.3.2   Transmission, U-Wert

| Transmission und U-Wert | Bei der Transmission oder Wärmeleitung wird die Wärmeenergie von Teilchen zu Teilchen durch geschlossene Bauteile hindurch weitergeleitet. |

Der Wärmedurchgangskoeffizient U – kurz **U-Wert** (früher k-Wert) – ist das Maß für die Wärmedurchlässigkeit eines Bauteils. Er hat die Einheit

$$\frac{W}{m^2 \cdot K} \quad \text{bzw.} \quad W/(m^2 \cdot K) \quad \left[\text{aus} \quad \frac{Ws}{m^2 \cdot K \cdot s} = \frac{J}{m^2 \cdot K \cdot s} \right]$$

Der U-Wert gibt an, welche Wärmemenge (in Joule) in einer Sekunde durch 1 m² eines Bauteils strömt, wenn der Temperaturunterschied zwischen innen und außen ein Kelvin (entspricht 1 °C) beträgt.

Etwas anschaulicher beschrieben: Der U-Wert gibt an, welche Wärmemenge (in kWh) in einer Stunde durch eine Bauteilfläche von 100 m² transportiert wird, wenn der Temperaturunterschied zwischen innen und außen 10 °C beträgt.

| **Beispiel** | Für eine Wand mit einem U-Wert von 0,40 gilt: |

$$U = 0,40 \frac{W}{m^2 \cdot K} \quad \hat{=} \quad 0,40 \frac{kWh}{100 \ m^2 \cdot 10 \ K \cdot 1 \ h}$$

> **Je niedriger der U-Wert, desto geringer sind die Wärmeverluste und desto besser ist der Wärmeschutz.**

Der U-Wert eines Bauteils hängt wesentlich von der Wärmeleitfähigkeit λ (griechischer Buchstabe Lambda) der verwendeten Materialien ab.

Weitere Hinweise sowie das Rechenverfahren für den U-Wert finden Sie in Kapitel 2.2 ab Seite 109.

| Transmissions-wärmeverlust | Die thermische Hülle wird von der Summe der wärmeübertragenden Außenbauteile gebildet. Jedes Bauteil trägt mit seinem U-Wert flächenanteilig zu den Transmissionswärmeverlusten des ganzen Gebäudes bei – Bauteile mit großer Fläche haben einen größeren Einfluss als Bauteile mit kleiner Fläche. Hinzu kommen die Transmissionswärmeverluste über Wärmebrücken. |

1.3.3   Wärmebrücken

| Arten von Wärmebrücken | Eine **konstruktive Wärmebrücke** liegt vor, wenn aufgrund konstruktiver Zwänge (oder nachlässiger Planung oder Ausführung) der Wärmeschutz eine Lücke bzw. eine Schwächung aufweist. Solche Wärmebrücken sind an Bauteilübergängen oft unvermeidbar. |

Beispiele dafür sind:

● Fensterleibung

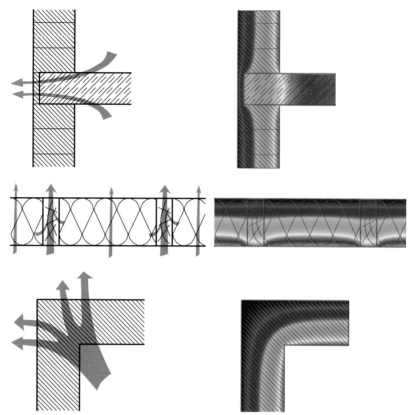

Bild 1-21: Wärmebrücken
Oben: Konstruktive Wärmebrücke – Deckenauflager in Außenwand
Mitte: Materialbedingte Wärmebrücke – Sparren aus Holz zwischen gedämmten Gefachen
Unten: Geometrische Wärmebrücke – Außenwandecke
Jeweils rechts: Thermografische Darstellung, innen warm (rot), außen kalt (violett)

- Massivdeckenauflager in der Außenwand
- Übergang zwischen Dachdämmung und Außenwand im Bereich der Fußpfette

Materialbedingte Wärmebrücken treten bei der Kombination von Materialien unterschiedlicher Wärmeleitfähigkeit auf, z. B. bei Skelettkonstruktionen: Der Sparren aus Holz hat eine höhere Wärmeleitfähigkeit als die zwischen den Sparren liegende Wärmedämmung.

Geometrische Wärmebrücken treten dort auf, wo aufgrund der geometrischen Verhältnisse erhöhte Wärmeverluste zu erwarten sind. Beispielsweise steht in einer Raumecke bestehend aus zwei Außenwänden und einer Dachdecke eine vergrößerte, wärmeabgebende Außenoberfläche der Innenoberfläche gegenüber.

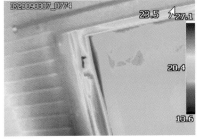

Bild 1-22: Wärmebrücke durch Randverbund und Lufteintritt an einem Dachfenster. Oben Realbild, unten Wärmebild

Bild 1-23: Wärmebrücke durch fehlende Perimeterdämmung an gedämmter Außenwand. Oben Realbild, unten Wärmebild

> **Mit durch die zunehmenden Dämmdicken immer weiter reduzierten Transmissionswärmeverlusten in der Fläche werden die Verluste über konstruktive Wärmebrücken immer bedeutender, weil deren prozentualer Anteil an den Gesamt-Wärmeverlusten steigt.**

Wärmebrücken
in der EnEV

Bei Neubauten wird i. d. R. auf eine Begrenzung der Wärmebrückenverluste geachtet. Beim Nachweis des Primärenergiebedarfs nach EnEV werden die Wärmebrückenverluste berücksichtigt. In Altbauten liegen oft konstruktive Zwänge vor, die eine ideale konstruktive Ausbildung von Wärmebrückendetails unmöglich machen.

Dennoch sollte man sich auch beim Altbau nach Kräften bemühen, Wärmebrücken möglichst gut und durchgehend konstruktiv zu dämmen, denn:

- Schlecht gedämmte Wärmebrücken erhöhen die Wärmeverluste.
- Im Bereich schlecht gedämmter Wärmebrücken sind die Bauteiloberflächen im Winter besonders kalt und deshalb anfällig für Tauwasserbildung und Schimmelbefall.

Konstruktions-
grundsätze

Die optimale Behandlung von Wärmebrücken erfordert nicht immer umfangreiche Berechnungen, sondern oftmals nur logisches Denken.

Bei der Untersuchung einer Wärmebrücke sollte man Folgendes beachten:

- Die Wärme geht den Weg des geringsten (Wärmedurchlass-)Widerstandes. Das ist nicht unbedingt der entfernungsmäßig kürzeste Weg.
- Die Wärme wechselt auch in ein benachbartes Material, wenn sie dort weniger Widerstand findet.
- Die Wärme nimmt weite Umwege in Kauf, um eine Wärmedämmung zu umgehen. Deshalb sollte eine konstruktive Wärmedämmung deutlich (ca.

Tabelle 1-24: Wärmebrückendetails[1] in Anlehnung an DIN 4108 Beiblatt 2

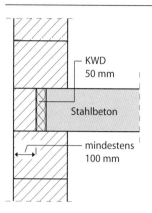

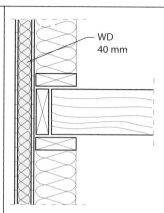

Auflager einer Stahlbetondecke in monolithischer Außenwand. Wenn die konstruktive Wärmedämmung auf der Außenseite der Wand angebracht werden soll, muss sie ca. eine Steinhöhe nach oben und unten durchgezogen werden (sinngemäß wie unten links).

Auflager einer Holzbalkendecke in Holzständerwand. Die außenseitig verlaufende Wärmedämmung macht eine separate konstruktive Dämmung entbehrlich. Wenn auf die außen durchlaufende Dämmung verzichtet werden soll, ist die Auflagertiefe der Decke zu reduzieren und die Decke stirnseitig konstruktiv zu dämmen.

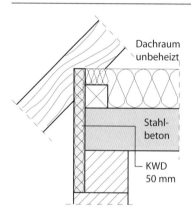

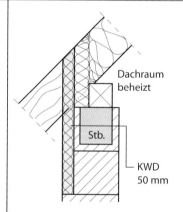

Fußpunkt eines Pfettendaches bei nicht beheiztem Dachraum, Auflager der Stahlbetondecke auf der monolithischen Außenwand.

Fußpunkt eines Pfettendaches bei beheiztem Dachraum, Auflager der Fußpfette auf dem Ringanker (aus Stahlbeton = Stb.) der monolithischen Außenwand.

[1] Es ist jeweils das Prinzip dargestellt. Die Dicke der Wärmedämmung WD bzw. der konstruktiven Wärmedämmung KWD ist angegeben für eine Wärmeleitfähigkeit von 0,04 W/(m² · K). Alle angegebenen Maße sind Mindestdicken. Es sind nur die für die Wärmebrückenbetrachtung relevanten Schichten und Baustoffe dargestellt. Alle anderen Funktionen, z. B. die Luftdichtheit, sind nicht berücksichtigt.

Fortsetzung Tabelle 1-24: Wärmebrückendetails in Anlehnung an DIN 4108 Beiblatt 2

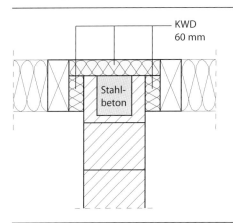

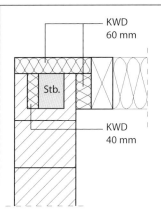

Einbindung einer Trennwand in die oberste Geschossdecke (Holzbalkendecke) bzw. in das Dach. Diese Ausführung gilt auch, wenn kein Stahlbeton-Ringanker vorhanden ist.

Übergang zwischen monolithischer Außenwand mit Ringanker (aus Stahlbeton Stb.) und Flachdach (Holzbalkendecke) bzw. zwischen Giebelwand und Steildach mit Zwischensparrendämmung.

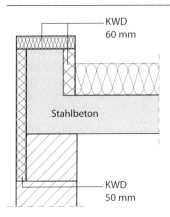

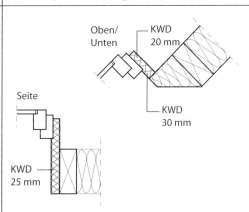

Auflager eines nichtbelüfteten Flachdaches (Stahlbetondecke) auf einer monolithischen Außenwand.

Anschluss eines Dachfensters an ein Steildach mit Zwischensparrendämmung. Die angegebenen konstruktiven Wärmedämmungen sind Anhaltswerte bei handwerklicher Ausführung. Die Systemlösungen der Dachfenster-Hersteller sind i. d. R. mindestens gleichwertig.

25 bis 50 cm) über die scheinbare Grenze der Wärmebrücke hinausgeführt werden.

- Wärmebrücken können und müssen nicht mit der gleichen Dämmstoffdicke belegt werden wie die freie Bauteilfläche. Bei heutigem Dämmstandard reichen für die konstruktive Dämmung von Wärmebrücken Dämmstoffdicken von 50 bis 60 mm aus, notfalls sind auch 30 bis 40 mm ausreichend (alle Dicken bezogen auf eine Wärmeleitfähigkeit von 0,040 W/(m · K)).
- An Problemstellen, beispielsweise Fensterleibungen, können schon 10 bis 20 mm viel bewirken – nämlich den Unterschied zwischen Schimmelbefall und Schimmelfreiheit.

Tabelle 1-24 auf Seite 46 enthält Beispiele zu Wärmebrückendetails in Anlehnung an DIN 4108 Beiblatt 2.

1.3.4   Lüftungswärmeverlust, Luftdichtheit

Lüftungswärmeverluste

Tatsächlich führt schon der notwendige und gewünschte Luftwechsel zu Lüftungswärmeverlusten in nennenswerter Höhe. Mit zunehmendem Wärmeschutzniveau, also zunehmenden Dämmstoffdicken, wächst zwangsläufig der Anteil der Lüftungswärmeverluste an den gesamten Wärmeverlusten (weil die Transmissionswärmeverluste abnehmen, die Lüftungswärmeverluste aber gleich bleiben).

In ungünstigen Fällen und bei schlechter, undichter Bauausführung können die Lüftungswärmeverluste durch Leckstellen so groß werden, dass an kalten, windigen Wintertagen die Heizung ihrer Aufgabe nicht mehr gewachsen ist. Es sind Fälle bekannt, wo an solchen Tagen eine Erwärmung des Raumes über ca. 15 °C hinaus nicht mehr möglich ist.

Argumente für Luftdichtheit

Für die möglichst perfekte Luftdichtheit der Gebäude spricht:

- Das Ziel einer bedarfsorientierten Lüftung verbietet unkontrollierten Luftaustausch von vornherein.
- Unkontrollierter Luftaustausch führt zu erheblichen Wärmeverlusten und verträgt sich nicht mit Energieeinsparung.
- Unkontrollierter Luftaustausch über Leckstellen in Bauteilen kann zu gravierenden Feuchteschäden führen, wenn warme Raumluft auf dem Weg nach außen abkühlt und dabei der in der Luft enthaltene Wasserdampf kondensiert (konvektionsbedingter Tauwasserausfall, *siehe auch Seite 69*).

Laut DIN 4108-2 und EnEV sind Fugen und Leckstellen dauerhaft luftundurchlässig abzudichten. Eine hundertprozentige Luftdichtheit ist allerdings nicht erreichbar. Fenster, die geöffnet werden können, werden auch im geschlossenen Zustand nie ganz dicht sein, Türen ebenfalls nicht. Im Übrigen muss das Gebäude alleine zum Betreten und Verlassen schon geöffnet werden.

Konstruktionsgrundsätze

Es gibt Bauteile, die systembedingt ausreichend luftdicht sind, z. B. Ortbeton oder verputztes Mauerwerk. (Unverputztes Mauerwerk kann insbesondere bei mörtellosen Vertikalfugen erheblich luftundicht sein.) Andere Bauteile sind systembedingt nicht luftdicht, z. B. Fachwerkwände oder Skelettkonstruktionen mit Füllungen (Dachsparren mit Dämmstoff dazwischen). Bei solchen Bauteilen muss die Luftdichtheit im Regelfall durch eine flächige

Zusatzmaßnahme, etwa eine Folie, oder durch eine luftdichte Bekleidung, etwa verspachtelte Gipskartonplatten, hergestellt werden.

Einige Grundsätze helfen bei der Konstruktionswahl:

- Die Luftdichtheit soll durch eine fest definierte Luftdichtheitsebene hergestellt werden.
- Die Luftdichtheit soll nicht auf dem Zusammenwirken mehrerer Ebenen nach dem Motto „Wo die eine Ebene versagt, hält die andere dicht" fußen, sondern in jedem Bauteil genau einer Schicht zugeordnet sein, die im Wesentlichen alleine für die Luftdichtheit verantwortlich ist.
- Die Luftdichtheitsebene muss dauerhaft allen Einflüssen gewachsen sein. Beispielsweise dürfen Bewegungen, wie sie etwa bei Holzbauteilen zwangsläufig auftreten, nicht zu Leckagen führen. Klebebänder dürfen sich nicht aufgrund von Klimaschwankungen und damit verbundenen Änderungen der Materialfeuchte lösen.
- Die Luftdichtheitsebene soll planmäßig nicht von Installationen durchlöchert werden. Deshalb sind Installationen möglichst in einer raumseits der Luftdichtheitsebene angeordneten Installationsebene zu verlegen.
- Die Luftdichtheit soll prüfbar sein und geprüft werden. Eventuelle Fehler sollen lokalisierbar sein. Anderenfalls sind Korrekturen oder Nacharbeiten nicht oder nicht sinnvoll möglich.
- Die sinnvolle Prüfung erfordert es, dass die Luftdichtheitsebene als Ganzes (also möglichst einschließlich Fenster und Außentüren) zu einem Zeitpunkt fertig gestellt ist, an dem noch Nacharbeiten mit vertretbarem Aufwand möglich sind. Es soll also beispielsweise noch nicht die innere Holzbekleidung einer Dachschräge angebracht sein, da dann Lecks in der dahinterliegenden Luftdichtheitsschicht (in Form der Dampfbremse) nicht oder nicht mehr ohne weiteres repariert werden können.
- Über die Bedeutung der Luftdichtheitsebene zu informieren und in die Pflicht zu nehmen sind
  - die direkt an der Ausführung der Luftdichtheitsebene beteiligten Handwerker,
  - die das Ergebnis auf andere Weise beeinflussenden Handwerker (Elektriker, Installateure usw.)

Materialien Aus diesen Grundsätzen, insbesondere aus der Forderung nach Dauerhaftigkeit, lässt sich ableiten, was als luftdichtendes Material bzw. als luftdichtende Maßnahme geeignet ist und was nicht.

Geeignet sind

- Innenputze auf Mauerwerk,
- großformatige Platten auf der Warmseite (OSB-Platten, Spanplatten, Baufurniersperrholz usw.), an den Stößen dauerhaft luftdicht verklebt (mit geeignetem Klebeband) oder vergleichbar abgedichtet, beispielsweise mit vorkomprimiertem Dichtband, auch „Kompriband" genannt,
- großformatige, durchdringungsfreie Innenbekleidungen (beispielsweise Gipskarton- oder Gipsfaserplatten) mit dauerhaft dicht verspachtelten oder verklebten Fugen,
- bahnen- oder planenförmige Folien oder Papiere, in den Nähten verklebt oder vergleichbar gesichert (nicht nur überlappt und getackert),

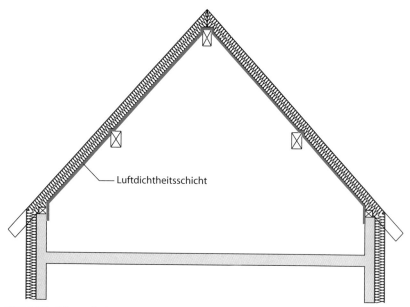

Bild 1-25: Schematische Darstellung einer durchgehenden Luftdichtheitsebene im Dachgeschoss

- für Verbindungen, Nähte, Anschlüsse, Durchbrüche: geeignete Klebebänder, Kleber oder vorkomprimierte Dichtbänder.

Nicht geeignet sind

- Schichten, gleich welcher Art, mit zahlreichen oder schwer abzudichtenden Durchdringungen,
- Verschalungen und Vertäfelungen nach dem Nut-Feder-Prinzip und Vergleichbares sowie
- für Verbindungen, Nähte, Anschlüsse, Durchbrüche: Ortschaum (Dosenschaum) und Dichtmassen, die nicht speziell zu diesem Zweck entwickelt wurden (etwa Sanitärsilikon).

> **Prinzipiell sind die Lösungen mit der geringsten Gefahr der zufälligen oder fahrlässigen Beschädigung vorzuziehen. Alle unvermeidbaren Durchdringungen sind dauerhaft abzudichten, insbesondere wenn eine Innenbekleidung als Luftdichtheitsebene dient.**

An der äußeren Begrenzung einer Fläche ist ein dauerhafter Anschluss an die Luftdichtheitsebene der nächsten Fläche herzustellen, damit sie insgesamt nicht unterbrochen ist.

Beispiel   Wenn im Bereich der Dachschrägen durchdringungsfreie Gipsfaserplatten die Luftdichtheit gewährleisten und die Decke zum Spitzboden wegen zahlreicher Durchdringungen der Gipsfaserplatte (Halogenlampen) eine separate Luftdichtheitsfolie und eine Installationsebene aufweist, dann müssen die Gipsfaserplatten der Dachschräge mit geeignetem Klebeband oder vorkomprimiertem Dichtband an die Luftdichtheitsfolie der Decke angeschlossen werden.

Tabelle 1-26: Details[1] von Luftdichtheitsebenen in Anlehnung an DIN 4108-7

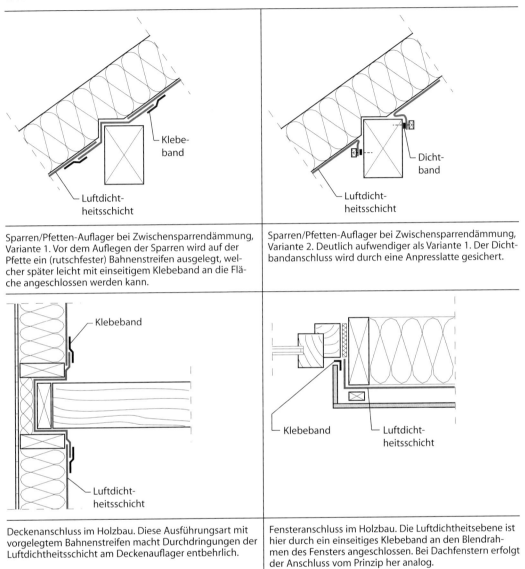

Sparren/Pfetten-Auflager bei Zwischensparrendämmung, Variante 1. Vor dem Auflegen der Sparren wird auf der Pfette ein (rutschfester) Bahnenstreifen ausgelegt, welcher später leicht mit einseitigem Klebeband an die Fläche angeschlossen werden kann.	Sparren/Pfetten-Auflager bei Zwischensparrendämmung, Variante 2. Deutlich aufwendiger als Variante 1. Der Dichtbandanschluss wird durch eine Anpresslatte gesichert.
Deckenanschluss im Holzbau. Diese Ausführungsart mit vorgelegtem Bahnenstreifen macht Durchdringungen der Luftdichtheitsschicht am Deckenauflager entbehrlich.	Fensteranschluss im Holzbau. Die Luftdichtheitsebene ist hier durch ein einseitiges Klebeband an den Blendrahmen des Fensters angeschlossen. Bei Dachfenstern erfolgt der Anschluss vom Prinzip her analog.

[1] Es ist jeweils das Prinzip dargestellt. Dabei steht die Luftdichtheit im Vordergrund, andere Funktionen und die dazu erforderlichen Schichten und Baustoffe fehlen teilweise. Bahnen, welche als Luftdichtheitsschicht dienen, werden durch eine dicke graue Linie dargestellt.

Fortsetzung Tabelle 1-26: Details von Luftdichtheitsebenen in Anlehnung an DIN 4108-7

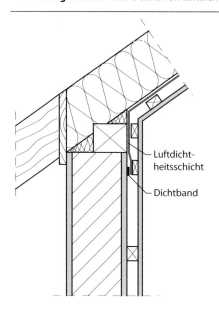

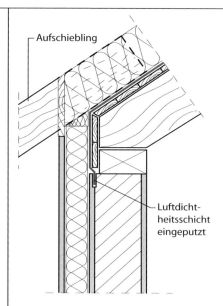

Traufanschluss eines Daches mit Zwischensparrendämmung. Die Luftdichtheitsschicht der Dachschräge (Folie oder Pappe) wird dauerhaft luftdicht an den luftdichten Innenputz des Mauerwerks angeschlossen, hier mit vorkomprimiertem Dichtband und Anpresslatte. Man achte auf Bewegungsmöglichkeiten (Ausgleichsfalte).	Traufanschluss eines Daches mit Aufsparrendämmung. Die eigentlichen Sparren enden auf der Fußpfette, damit die Luftdichtheitsschicht von oberhalb der Schalung auf der Warmseite und ohne Durchdringungen an den luftdichten Putz des Mauerwerks angeschlossen werden kann, hier durch Einputzen unter Verwendung eines Streckmetallstreifens oder Ähnliches.

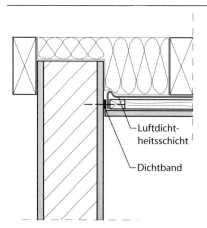

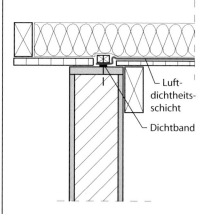

Ortanschluss eines Daches mit Zwischensparrendämmung. Alternativ zum Anschluss mit vorkomprimiertem Dichtband und Anpresslatte kann die Luftdichtheitsschicht auch eingeputzt werden (siehe rechts oben).	Ortanschluss eines Daches mit Aufsparrendämmung. Wichtig: Die Mauerkrone muss glatt abgestrichen sein, weil sonst kein dichter Anschluss möglich ist. Alternativ kann die Luftdichtheitsschicht innen eingeputzt werden. Hier wird der Dachüberstand durch parallel zur Traufe verlaufende Aufschieblinge getragen.

 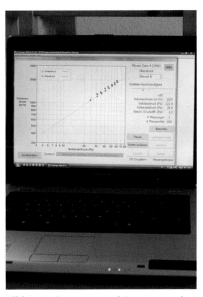

Bild 1-27: Blower-Door mit digitaler Messeinrichtung, eingebaut in eine Balkontür

Bild 1-28: Steuerung und Auswertung des
Blower-Door-Tests mittels Laptop

Es wird dringend empfohlen, nur geprüfte und für den vorliegenden An-
wendungsfall erprobte Systeme (aufeinander abgestimmte Produkte) einzu-
setzen und darauf zu achten, dass der Anbieter des Systems möglichst lange
Gewähr für die Funktion seiner Produkte bietet.

Nicht empfehlenswert ist das Mischen von Produkten aus verschiedenen
Systemen. Sie mögen zwar grundsätzlich geeignet sein, doch stellt sich im
Streitfall die Frage, wer für die Funktion Gewähr bietet: der Hersteller der
Folie, auf der das Klebeband nicht gehalten hat, oder der Hersteller des Kle-
bebandes, das auf der Folie nicht gehalten hat.

Details DIN 4108-7 enthält Detailvorschläge für Luftdichtheitsebenen.
Tabelle 1-26 auf Seite 51 gibt wichtige Details aus dieser Norm wieder.

1.3.5 Luftdichtheitsprüfung

Nachfolgend wird der Name Blower-Door verallgemeinert für alle Luftför-
dereinrichtungen verwendet, auch wenn diese laut Hersteller anders heißen.

**Die Prüfung der Luftdichtheit von Gebäuden oder Gebäudeteilen er-
folgt üblicherweise mit der Blower-Door (englisch für „Gebläsetür"),
einem speziellen Gerät zur Luftförderung und Luftstrommessung.
Im allgemeinen Sprachgebrauch wird die Luftdichtheitsprüfung
Blower-Door-Test genannt.**

Ein starker Ventilator wird in eine Außentür oder ein Außenfenster des zu
prüfenden Gebäudes eingebaut. Dieser Ventilator fördert je nach Förder-
richtung Luft aus dem Gebäude heraus (Unterdruckmessung) oder hinein
(Überdruckmessung). Dadurch entsteht ein Differenzdruck zwischen innen
und außen. An undichten Stellen der Gebäudehülle wird Luft einströmen
(Unterdruckmessung) oder ausströmen (Überdruckmessung).

Bild 1-29: „Handwerker-Blower-Door" zur Leckagesuche und handwerklichen Qualitätssicherung (vereinfachte Blower-Door ohne geeichte Messeinrichtung). Quelle: Moll GmbH, Schwetzingen

Bild 1-30: Thermoanemometer zum Aufspüren und Dokumentieren von Lecks. Mit der Kugelsonde (siehe Pfeil) wird die Einströmung an einer Anschlussfuge während eines Blower-Door-Tests gemessen: 1,58 m/s (gegenüber ca. 0,10 m/s bei „unbewegter" Luft).

Der Blower-Door-Test kann im Wesentlichen zwei Ziele haben:

- Feststellung der normativen Luftwechselrate (Nachweis ausreichender Luftdichtheit)
- Überprüfung der Qualität der Ausführung, Suche von Leckagen (ohne Bezug zur normativen Luftwechselrate)

Unabhängig vom Ziel der Messung gilt, dass die luftdichte Ebene des Gebäudes fertig gestellt, aber noch nicht verdeckt sein soll. Zur luftdichten Ebene gehören neben ausdrücklichen Luftdichtheitsschichten auch Fenster und Türen sowie Verputze. Installationen, welche die luftdichte Ebene nachträglich verletzen können, beispielsweise Elektroinstallationen, sollen vor der Messung fertig gestellt sein. Dagegen sollen Bekleidungen, die ein wirtschaftlich vertretbares Nachbessern der luftdichten Ebene verhindern, noch nicht montiert sein.

Nachweis ausreichender Dichtheit

Die Feststellung der normativen Luftwechselrate erfolgt nach DIN EN 13829 „Bestimmung der Luftdurchlässigkeit von Gebäuden". Die verwendete Messeinrichtung muss festgelegte Anforderungen an die Genauigkeit erfüllen.

Das Hauptergebnis der Messung ist die Luftwechselrate n_{50} bei einem Differenzdruck von 50 Pascal. n_{50} gibt an, wie oft das gesamte Innenvolumen pro Stunde (Einheit h^{-1}) ausgetauscht wird, wenn zwischen innen und außen eine konstante Druckdifferenz von 50 Pascal vorliegt.

Grenzwerte gelten laut DIN 4108-7 für Neubauten:

- $n_{50} \leq 3{,}0 \ h^{-1}$ bei Gebäuden ohne Lüftungsanlage (also z. B. mit Fensterlüftung)
- $n_{50} \leq 1{,}5 \ h^{-1}$ bei Gebäuden mit Lüftungsanlage

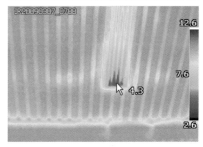

Bild 1-31: Vernebelung zeigt Leckagepfade an Dachfenstern. Im vorliegenden Fall ist die Dampfbremse (gleichzeitig Luftdichtheitsschicht) nicht am Dachfenster angeschlossen.

Bild 1-32: Diese Thermografie zeigt deutlich eine Kaltlufteinströmung an der Deckenleuchte einer Turnhalle. Oben Realbild, unten Wärmebild

Die Messung wird meist bei Unterdruck und bei Überdruck durchgeführt, der Mittelwert aus beiden Teilergebnissen ist das Endergebnis.

Wenn der Grenzwert für den Luftwechsel nicht eingehalten wird, kann parallel zur Messung eine detaillierte Suche und Dokumentation der Schwachstellen erfolgen. Diese können dann nachgebessert werden, bevor ein erneuter Test durchgeführt wird.

Lecksuche Für die Lecksuche wird das Gebäude zunächst mit einem ausreichend starken Unterdruck belegt, welcher die Schwachstellen auffindbar macht. Mit der bloßen Hand lassen sich schwerwiegende Lecks auffinden, weniger schwerwiegende Lecks lassen sich mit einer Rauchkerze aufspüren.

Wenn die Lecks dokumentiert werden sollen, ist ein Thermoanemometer (Luftstromsonde) hilfreich. Dieses zeigt die Strömungsgeschwindigkeit der einströmenden Luft an.

Nach der Lecksuche bei Unterdruck kann eine Vernebelung bei Überdruck durchgeführt werden. Mit einem Nebelgenerator wird im Gebäude ungefährlicher Nebel erzeugt, welcher über Lecks ausströmt und außen am Gebäude oder in anderen Gebäudeteilen austritt.

Die Infrarot-Thermografie mit einer Wärmebildkamera eröffnet weitere Möglichkeiten der Darstellung von Leckagen. Unterschiedliche Oberflächentemperaturen werden in unterschiedlichen Farben dargestellt – so lassen sich Leckagen, an denen kalte Außenluft einströmt und die Oberfläche abkühlt, gut sichtbar machen.

1.3.6   Wärmegewinne

In der Heizperiode, wenn es richtig kalt ist, sind Wärmegewinne willkommen, weil sie den Heizenergieverbrauch reduzieren.

Sommerlicher Wärmeschutz

Außerhalb der Heizperiode – speziell im Hochsommer – versucht man Wärmegewinne so weit wie möglich zu vermeiden, denn es ist auch ohne zusätzliche Wärme warm genug. In der Übergangszeit, also zu Beginn und zu Ende der Heizperiode, können die Wärmegewinne durch Überhitzung zu einem Problem werden, wenn sie nicht oder nur schwer steuerbar sind und den aktuellen Wärmebedarf übersteigen.

Interne Wärmegewinne

Bewohner und elektrische Geräte geben ständig Wärme ab. In Räumen mit hoher Belegungsdichte aus Bewohnern bzw. elektrischen Geräten kann es vorkommen, dass selbst bei sehr niedrigen Außentemperaturen diese „Selbstbeheizung" ausreicht. Dies gilt insbesondere für Büroräume, denn unter den dort üblicherweise befindlichen elektrischen Geräten sind einige besonders heizfreudig: Kopierer, PC, Monitor und Laserdrucker.

Es gibt vier Möglichkeiten, zu hohe interne Wärmegewinne zu vermeiden:

- Wärmelast begrenzen (Geräte außerhalb der Benutzungsdauer ausschalten.)
- verstärkt lüften (ist nur möglich, wenn es draußen kühler ist als drinnen)
- Klimaanlage (in dicht belegten Büros und Rechenzentren häufig unvermeidlich)
- passive Wärmespeicherung (Schwere, speicherfähige Bauteile nehmen einen Teil der Wärme auf und verlangsamen so die Aufheizung des Raumes.)

Solare Wärmegewinne

Die Sonne führt auf zwei Wegen zu Wärmegewinnen:

- Aufheizung der bestrahlten Außenoberfläche von Bauteilen mit nachfolgender Wärmeleitung nach innen und
- Einfall der Sonnenstrahlung durch verglaste Bauteile in das Gebäude, dort Umwandlung der Strahlung in Wärme (wie im Treibhaus).

Gegen zu hohe Wärmegewinne über aufgeheizte Außenbauteile helfen:

- Wärmedämmung (begrenzt nicht nur den Wärmestrom von innen nach außen, sondern auch umgekehrt von außen nach innen)
- lange Phasenverschiebung (Zeitspanne zwischen dem Zeitpunkt der maximalen Temperatur außen und der maximalen Temperatur innen)
- Dämpfung (Differenz zwischen der maximalen Temperatur außen und der dadurch hervorgerufenen maximalen Temperatur innen. Hat nicht mit Dämmung, sondern nur mit Speicherung zu tun.)
- helle statt dunkle Oberflächenfarben (Helle Oberflächen absorbieren weniger Sonnenstrahlung und heizen sich weniger stark auf als dunkle.)
- Hinterlüftete Bauteile werden durch den Belüftungsluftstrom gekühlt und geben weniger Wärme in den Raum ab als unbelüftete Bauteile.
- Abschattung der betroffenen Bauteile

Gegen zu hohe Wärmegewinne über verglaste Bauteile helfen:

- Abschattung, vorzugsweise durch außen liegende Maßnahmen (Jalousien, Markisen usw.)
- Verwendung von Glas mit begrenzter Strahlungsdurchlässigkeit (geringer Gesamtenergiedurchlassgrad g)
- Verstärkt lüften ist nur möglich, wenn es draußen kühler ist als drinnen.
- passive Wärmespeicherung (Schwere, speicherfähige Bauteile nehmen einen Teil der Wärme auf und verlangsamen so die Aufheizung des Raumes.)

Klimaanlagen helfen selbstverständlich auch, sind jedoch wegen ihres hohen Energieverbrauchs möglichst zu vermeiden, solange andere Maßnahmen ausreichen.

Einige der genannten Maßnahmen des sommerlichen Wärmeschutzes beziehen sich auf die Wärmespeicherung, weshalb darauf im folgenden Kapitel näher eingegangen wird.

1.3.7 Wärmespeicherung

Der U-Wert ist eine physikalische Größe, die unter so genannten stationären (unveränderlichen) Bedingungen gilt. Stationäre Bedingungen heißt, dass innen und außen ohne zeitliche Schwankungen immer dieselben Temperaturen vorliegen.

Dies ist in der Realität nicht der Fall. Während im Gebäude die Temperatur noch relativ gleich bleibend ist, schwankt sie außen erheblich. Es liegen also instationäre (veränderliche) Bedingungen vor.

Fast jeder hat sich schon einmal im Hochsommer beim Betreten eines massiven, schweren Bauwerks darüber gefreut, wie kühl es drinnen ist. Häufig haben diese Gebäude, z. B. Kirchen, wenig oder gar keine ausgesprochene Wärmedämmung. Stattdessen sorgen sie mit ihrer hohen Speichermasse für eine gute Temperaturbeharrung. Eine dicke Bruchsteinwand mit einem Flächengewicht von 2000 kg je m² braucht zum Aufheizen wesentlich länger als eine leichte Holzständerwand mit einem Flächengewicht von unter 100 kg je m².

Daraus darf man allerdings nicht schließen, dass reine Masse Wärmedämmung überflüssig macht. Denn wenn man ein schweres Gebäude ohne Wärmedämmung auf eine Raumtemperatur von 20 °C beheizen will, merkt man an den Heizkostenabrechnungen, dass doch sehr viel Wärme durch die schweren Bauteile strömt.

Aktiver Wärmespeicher Ein Wärmespeicher ist dann aktiv, wenn er in einer kalten Phase die gespeicherte Wärme abgibt und damit aktiv dem Auskühlen des Raums entgegenwirkt.

Beispiel Ein Gebäude mit massiven Innen- und Außenwänden, die auf der Außenseite gedämmt sind, im Winter: Es dauert einerseits lange, bis das Gebäude samt Wänden temperiert ist, weil neben der Luft eine große Masse an Wänden aufgeheizt werden muss. Andererseits kühlt das Gebäude nur langsam aus, wenn am Abend die Heizung abgeschaltet wird, weil eine große Wärmemenge nicht so schnell verbraucht ist wie eine kleine.

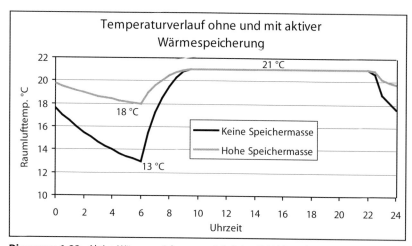

Diagramm 1-33: Aktive Wärmespeicherung, nächtliche Abkühlung bei Heizungsab-schaltung

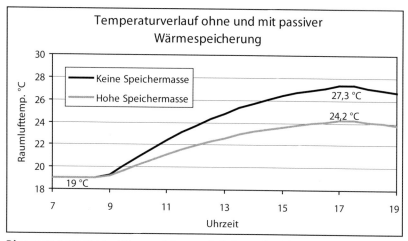

Diagramm 1-34: Passive Wärmespeicherung, Aufheizung durch interne und solare Gewinne

Passiver Wärmespeicher

Ein Wärmespeicher ist dann passiv, wenn er in einer warmen Phase die Wärme aufnimmt und damit als Pufferspeicher passiv der Aufheizung des Raums entgegenwirkt.

Beispiel

Das oben genannte Gebäude mit massiven Innen- und Außenwänden, die auf der Außenseite gedämmt sind, im Sommer. Die Aufheizung durch interne und solare Wärmegewinne über verglaste Bauteile dauert lange, weil neben der Luft eine große Masse an Wänden aufgeheizt werden muss. Eine Überhitzung ist also weniger wahrscheinlich als in einem Gebäude ohne bzw. mit sehr wenig Speichermasse.

Man beachte, dass für die beschriebenen Speichereffekte die Speichermasse auf der Raumseite zur Verfügung stehen muss und nicht durch eine Wärme-dämmung vom Raum abgekoppelt sein darf. Speziell für gedämmte Außen-

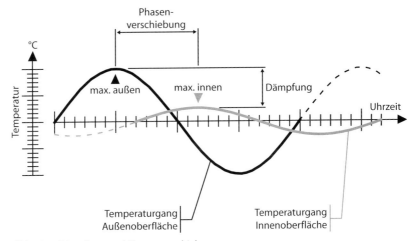

Bild 1-35: Dämpfung und Phasenverschiebung

wände bedeutet dies, dass die Dämmung außen angebracht sein muss, wenn die Speicherfähigkeit optimal genutzt werden soll.

Holz hat im Vergleich zu mineralischen Baustoffen eine doppelt so hohe Wärmespeicherkapazität, bezogen auf das Gewicht. (1 kg Holz nimmt bei Erwärmung um 1 Kelvin rund doppelt so viel Wärme auf wie 1 kg Mauerwerk. Oder anders herum: Bei gleicher Wärmeeinwirkung erwärmt sich 1 kg Holz nur etwa halb so viel wie 1 kg Mauerwerk.) Allerdings sind massive Wände in aller Regel trotzdem wesentlich speicherfähiger als leichte Holzbauwände, weil die Masse einer Massivwand sehr viel größer ist und die höhere Wärmespeicherkapazität des Holzes überkompensiert.

Dämpfung und Phasenverschiebung

Wenn auf eine Seite eines Bauteils kurzfristig ein Temperaturextrem (Temperaturmaximum oder -minimum) einwirkt, dann tritt die Reaktion auf der anderen Seite des Bauteils stets gedämpft und mit einer zeitlichen Verschiebung auf.

Beispiel

Eine Ostwand, deren mittlere Temperatur bei 20 °C liegt, wird von der Sonne bestrahlt und erreicht um 11:00 Uhr die Maximaltemperatur von 40 °C. Dann wird auf der Innenseite dieser Wand ebenfalls eine Temperaturspitze auftreten, die aber deutlich gedämpft ist (z. B. nur noch 22 statt 40 °C) und später auftritt (z. B. erst um 2:00 Uhr nachts). In diesem Falle beträgt die Dämpfung 18 Kelvin bzw. 90 %, die Phasenverschiebung beträgt 15 Stunden.

> **Dämpfung und Phasenverschiebung wachsen mit dem flächenbezogenen Gewicht des Bauteils sowie mit der Wärmespeicherkapazität der verwendeten Baustoffe.**

Im Allgemeinen sind eine möglichst große Dämpfung und eine möglichst große Phasenverschiebung optimal, da auf diese Weise das Raumklima weitgehend von kurzfristigen (täglichen) Temperaturwechseln des Außenklimas abgekoppelt ist und stabilisiert werden kann.

In jedem Falle sollte ein sommerliches Außentemperaturmaximum nicht schon während der heißen Tageszeit innen ankommen, sondern erst dann, wenn außen die Luft bereits abgekühlt ist und durch Lüften die innen ankommende Wärme abtransportiert werden kann. Dazu ist im Durchschnitt eine Phasenverschiebung von acht bis zwölf Stunden erforderlich.

Bei sehr großen Phasenverschiebungen ist im Regelfalle die Dämpfung so stark, dass der genaue Zeitpunkt des Extremwertes auf der Raumseite uninteressant wird.

Wärmespeicherung trägt in der Übergangszeit (Anfang und Ende der Heizperiode) zur Energieeinsparung bei: Eine thermisch träge Baukonstruktion kühlt an vereinzelten, kalten Tagen nicht aus, weil viel Wärme in der Konstruktion gespeichert ist.

Dämmung oder Speicherung Wärmedämmung ist bei weitem nicht alles. Im Sinne der Energieeinsparung und des guten Raumklimas ist Wärmespeicherung ebenfalls wichtig.

Die Nutzung eines Gebäudes kann auch Einfluss auf die Wahl der Konstruktion haben. Optimal im Sinne eines gleichmäßigen Raumklimas und der Energieeinsparung bei dauernder Nutzung sind Bauweisen mit innen liegender Speichermasse und außen liegender Wärmedämmung.

Für Gebäude aber,

- die kurzfristig beheizt werden,
- die nicht dauernd bewohnt werden (z. B. Wochenendhäuser) und
- bei denen das Problem der sommerlichen Überhitzung durch solare oder interne Wärmegewinne wenig Bedeutung hat,

sind Bauweisen mit innen liegender Wärmedämmung und wenig innen liegender Speichermasse unter Umständen sinnvoller. Denn solche Gebäude lassen sich schneller und mit wesentlich weniger Energieaufwand auf angenehme Temperaturen beheizen. Sie heizen sich aber auch bei solaren oder internen Wärmegewinnen schneller auf, und sie kühlen bei Heizungsabschaltung schneller aus.

1.3.8   Standortfaktoren

Der geografische Standort eines Gebäudes hat erheblichen Einfluss auf den Wärmehaushalt des Gebäudes und seinen Energieverbrauch.

Klima Das Klima in Nordeuropa erfordert naturgemäß mehr und längeres Heizen als das am Mittelmeer. Auch innerhalb Deutschlands gibt es eine erhebliche Klimaspannweite: vom warmen Klima des Oberrheins (z. B. Freiburg im Breisgau) über das windreiche Küstenklima in Norddeutschland bis zum kalten Gebirgsklima der Alpen.

Lage Weiterhin spielt die topografische Lage des Gebäudes eine große Rolle. Zwei Gebäude in der gleichen Klimaregion unterscheiden sich sehr stark, wenn das eine in einer windgeschützten Mulde und das andere auf einem Hügel steht. Nicht nur Menschen, sondern auch Gebäude haben bei Wind größere Wärmeverluste.

Wind Der Windangriff wird auch vom baulichen Umfeld beeinflusst – eine dichte Nachbarbebauung wirkt schützend, Wald ebenfalls. Andererseits kann das, was vor Wind schützt, die solaren Wärmegewinne stark mindern. Insbesondere auf den Seiten des Gebäudes, wo der Sonnenstandswinkel kleiner ist – also auf der Ost- und Westseite –, sorgen schon gleich hohe Gebäude oder Bäume für eine wesentliche Verringerung der Wärmegewinne.

1.3.9 Glasanteil, Wintergarten

Solare
Wärmegewinne

Selbst die beste Verglasung mit Edelgasfüllung erreicht nicht den U-Wert, den eine 20 cm dicke Wärmedämmung erreicht. Deshalb können transparente Bauteile (Fenster, Fenstertüren, Glasfassaden) nie so gut gedämmt werden wie nicht transparente Bauteile (Wände, Dächer usw.).

> **Man darf daraus aber nicht den voreiligen Schluss ziehen, dass man im Sinne der Energieeinsparung möglichst auf Fenster verzichten sollte. Ganz im Gegenteil: Verglaste Bauteile können den Energieverbrauch eines Gebäudes erheblich senken, wenn sie richtig angeordnet werden. Denn sie lassen Sonnenstrahlung passieren, die im Raum in Wärme umgewandelt wird.**

Diese solaren Wärmegewinne sind bei Südorientierung und bei Dachflächenfenstern besonders groß, bei Ost- und Westorientierung kleiner und bei Nordorientierung am kleinsten. Aber selbst von Norden her kommt so genannte diffuse Strahlung (im Gegensatz zur direkten Strahlung) in das Gebäude, die ebenfalls Wärmegewinne bringt. Ein dichtes Fenster mit gutem U-Wert bringt auf der nicht abgeschatteten Südseite in jedem Fall mehr nutzbare Wärmegewinne als Wärmeverluste.

Wie bereits ausgeführt, beinhalten hohe solare Wärmegewinne aber auch die Gefahr der Überhitzung im Sommer. Es kommt also auf die richtige Dosierung an.

Wintergarten

Eine energetisch sinnvolle Möglichkeit zur Nutzung solarer Wärmegewinne ist der Wintergarten, also der weitgehend verglaste Anbau an ein Gebäude.

- Der Wintergarten verringert im Winter das Temperaturgefälle zwischen Wohnraum und Außenoberfläche der Außenwand und reduziert dadurch die Wärmeverluste.
- Im Wintergarten erwärmt sich die Luft auch bei niedrigen Außentemperaturen oft so stark, dass damit der Wohnraum mitbeheizt werden kann, indem Fenster bzw. Türen zum Wintergarten hin geöffnet werden.

> **Vorsicht bei umfangreicher Bepflanzung des Wintergartens: Die Luft kann für die Einspeisung in den Wohnraum zu feucht sein und sogar zu Feuchteschäden führen.**

Der energetisch sinnvolle Wintergarten wird nicht energieaufwendig beheizt, er beheizt sich selbst. Ein gleichmäßig beheizter Wintergarten würde wegen der im Vergleich zur normalen Außenwand schlechteren U-Werte der Verglasung bei fehlender Sonne viel zu hohe Wärmeverluste verursachen.

Energetisch ideal ist also ein unbeheizter „Trocken-Wintergarten" mit nicht zu vielen Pflanzen und großzügigen Öffnungsmöglichkeiten zum Wohnhaus.

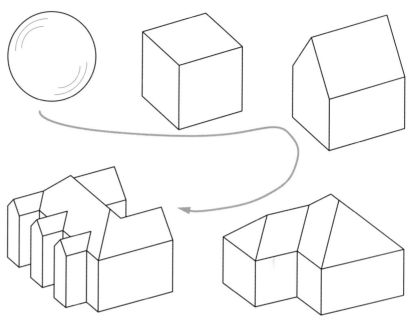

Bild 1-36: Gebäudeformen mit unterschiedlichem A/V-Verhältnis (mit Verlauf des Pfeils zunehmend)

1.3.10   Geometrische und volumetrische Faktoren

A/V-Verhältnis

Ein wichtiges Merkmal für die spezifischen Wärmeverluste eines Gebäudes ist das A/V-Verhältnis (Oberflächen/Raum-Verhältnis). Je größer die wärmeübertragende Außenoberfläche eines Gebäudes im Verhältnis zum Gebäudevolumen ist, desto höher ist der spezifische Transmissionswärmeverlust.

Ein Heizkörper nutzt diese Eigenschaft aus, indem er seine Wärme über eine große Oberfläche, gemessen an seinem Volumen, abgibt. Ein Gebäude soll aber möglichst wenig Wärme abgeben, so dass gilt:

> **Je kompakter eine Bauweise (je kleiner A/V), desto kleiner sind die spezifischen (z. B. nutzflächenbezogenen) Wärmeverluste.**

Optimal ist eine Kugelform, auf dem zweiten Platz steht die Würfelform, ungünstig sind komplexe und verspielte Bauformen mit vorstehenden Ausbauten. Reihenmittelhäuser sind energetisch sehr günstig, weil von den vier Außenwänden des frei stehenden Hauses für die Wärmeübertragung zwei wegfallen.

Beim Dachgeschossausbau gibt es für die Belichtung und Belüftung zwei Alternativen: Dachgauben oder Dachfenster. Die Dachgaube weist bei gleicher Öffnungsgröße im Dach eine wesentlich größere wärmeübertragende Oberfläche auf und ist deshalb energetisch ungünstiger.

Das A/V-Verhältnis nimmt mit zunehmender Gebäudegröße ab. So hat ein exakt würfelförmiges Gebäude mit einer Kantenlänge von 10 m eine Oberfläche von 600 m² und ein Volumen von 1.000 m³, das A/V-Verhältnis beträgt 600/1.000 = 0,6. Ein größerer Würfel mit 20 m Kantenlänge hat eine Oberflä-

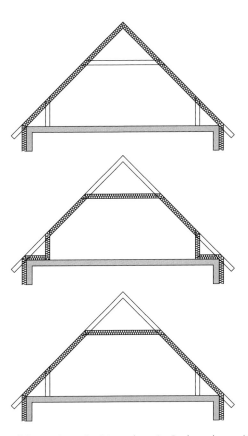

Bild 1-37: Lage der Dämmebene im Dachgeschoss mit Spitzboden und Abseitenwand

che von 2.400 m² und ein Volumen von 8.000 m³, das A/V-Verhältnis beträgt 2.400/8.000 = 0,3.

> **Bei ansonsten gleicher Form sind Mehrfamilienhäuser energetisch günstiger als Einfamilienhäuser.**

Lage der Dämmebene

Insbesondere bei Dachgeschossen stellt sich immer wieder die Frage, ob die Decke unter dem unbeheizten Spitzboden zu dämmen ist oder die Dachschräge. Die Antwort im Sinne der Energieeinsparung lautet eindeutig: die Decke und nicht die Dachschräge.

Der Grund: Die Dachfläche ist größer als die Decke, bei 45° Dachneigung ca. 1,4-mal so groß. Damit sind auch die Wärmeverluste – bei gleicher Dämmdicke – größer. Überdies ist es energetisch unsinnig, ungenutzten Raum in größerem Umfang zu beheizen.

Wenn das Dachgeschoss eine zurückgesetzte Abseitenwand (steht nicht auf der Außenwand, sondern weiter innen) hat, liegt die Dämmung optimalerweise in der zugehörigen Dachfläche, denn diese ist kleiner als die Summe der Abseitenwandfläche plus die zugehörige Deckenfläche. Dieser Vorteil der kleineren wärmeübertragenden Fläche überwiegt i. d. R. den Nachteil, dass unbewohnter Raum beheizt wird. Außerdem kann der Abseitenraum sinnvoll zur frostfreien Verlegung von Installationen genutzt werden.

Bei der Wahl der Lage der Wärmedämmung hilft folgende Regel:

> **Der gesamte bewohnte Raum ist mit einer möglichst kleinen Dämm-fläche zu umhüllen.**

Vermeidung von Tauwasser

Wenn nicht direkt beheizte Räume (z. B. Spitzboden oder Abseitenraum) in das gedämmte Volumen einbezogen werden, ist konvektionsbedingter Tauwasserausfall (*siehe dazu Seite 69*) in dem gedämmten, aber unbeheizten Raum zu vermeiden, indem

- durch großzügige Verbindungen die stetige Zirkulation von beheizter Raumluft in den indirekt beheizten Raum (und damit die stetige Behei-zung des indirekt beheizten Raums) sichergestellt wird
- **oder** durch luftdichte Ausführung der trennenden Bauteile (also z. B. Abseitenwand oder Spitzbodendecke) die Konvektion von Raumluft in den indirekt beheizten Raum vermieden wird.

Thermik und Kaminwirkung

Ein Raumverbund über mehrere Geschosse hat einen Nachteil: Der obere Bereich ist oft deutlich wärmer als der untere. Wärmere Luft ist leichter als kältere und steigt deshalb nach oben (Thermik). Feuchte Luft ist leichter als trockene und steigt ebenfalls nach oben.

Mögliche Folgen sind:

- thermikverursachte Zugerscheinungen
- Überhitzung der oberen Zone
- erhöhter Energieverbrauch, weil unten mehr geheizt werden muss, um den oberen Wärmestau zu speisen
- an undichten Stellen Warmluftverluste oben und Kaltluftzufuhr unten auf-grund des thermikverursachten Druckunterschieds (Kaminwirkung, oben Überdruck, unten Unterdruck)
- Kondensatbildung an kühlen Oberflächen in der oberen Zone

Zwar ist die Stärke dieser Effekte von vielen Faktoren abhängig, z. B. von der Art des Heizsystems. Dennoch gilt im Grundsatz, dass sie ab ca. 3 Geschos-sen spürbar werden können.

> **Idealerweise sollten die Geschosse gegeneinander luftdicht abge-trennt sein und das (zwangsläufig durchgehende) Treppenhaus von den Wohnetagen abgekoppelt.**

1.3.11   Nutzerbedingte Einflüsse und Steuerung

Der Einfluss der Nutzer auf den Heizenergieverbrauch eines Hauses bzw. einer Wohnung ist sehr hoch. Wichtige Aspekte sind dabei:

- Wahl der Temperatur
- Wahl der Kleidung
- Verhalten bei Abwesenheit
- Temperaturzonierung
- Lüftungsgewohnheiten

Temperatur und Kleidung

Es gibt Nutzer, die empfinden das Raumklima im Winter nur dann als ange-nehm, wenn sie sich mit kurzer Hose und T-Shirt in der Wohnung aufhalten können. Dies erfordert allerdings relativ hohe Raumlufttemperaturen.

Hierzu sollte man wissen, dass die Änderung der Lufttemperatur um 1 °C eine Änderung des Heizenergieverbrauchs um ca. 5 % bewirkt. Wenn also die Lufttemperatur beispielsweise 22 °C statt 20 °C beträgt, bedeutet dies einen Mehrverbrauch von ca. 10 %.

Abwesenheit, Nacht

Viele Wohnungen werden tagsüber beheizt, obwohl niemand zu Hause ist. Der Grund: Bei der Rückkehr der Bewohner am Abend soll die Wohnung warm sein. Dies bedingt vermeidbare Energieverluste.

Bei der Heizungssteuerung mittels konventioneller Thermostate ist die Wohnung bei der Rückkehr erst einmal kalt, wenn die Ventile vor Verlassen der Wohnung zurückgedreht wurden. Dies lässt sich durch den Einsatz zeitgesteuerter, elektronischer Thermostate vermeiden: Die Aufheizphase beginnt gemäß der voreingestellten Zeit, während die Bewohner noch abwesend sind. Insbesondere bei regelmäßiger und vorhersehbarer Abwesenheit (beispielsweise tägliche Arbeitszeit) leisten diese elektronischen Steuerungen einen erheblichen Beitrag zur Verbrauchssenkung.

Ähnlichen Einfluss hat die Wahl des Nachtbetriebs der Heizung. Die Temperatur in den nachts ungenutzten Räumen ist zweckmäßigerweise um einige Grad zu senken.

Ob eine Nachtabsenkung (Verringerung der Lufttemperaturen und der Vorlauftemperatur der Heizung, Brenner läuft weiter) oder eine Nachtabschaltung (Abschalten des Brenners) sinnvoller ist, hängt u. a. vom Wärmeschutz des Gebäudes ab. Gut gedämmte Gebäude mit hoher Speichermasse kühlen langsam aus und vertragen eher eine Abschaltung als schlecht gedämmte Gebäude mit geringer nutzbarer Speichermasse. Nicht sinnvoll ist normalerweise ein sehr starkes Auskühlen der Räume um mehr als ca. 4 bis 5 °C unter die Tagestemperatur, weil dann die morgendliche Aufheizphase relativ lang und die dazu erforderliche Heizleistung relativ hoch ist.

Temperaturzonierung

Offenes Wohnen in großen, zusammenhängenden Raumkomplexen, oft sogar über mehrere Geschosse, liegt im Trend, hat aber den Nachteil, dass eine nutzungsorientierte Temperaturzonierung kaum möglich ist. Dagegen erlaubt es die klassische Wohnungseinteilung, in den mit Türen verschlossenen Zimmern jeweils eine eigene, auf die derzeitige Nutzung abgestimmte Temperatur zu wählen. Schlafzimmer und Flur kommen meist gut mit ca. 18 °C aus, während die Küche eher 20 °C benötigt. Wohnzimmer und Kinderzimmer benötigen häufig sogar 22 oder 23 °C. Temperaturunterschiede von mehr als ca. 5 °C sind oftmals nicht zweckmäßig, weil dadurch Zugerscheinungen und im schlimmsten Fall sogar Tauwasserprobleme begünstigt werden.

Lüftungsgewohnheiten

Den größten Einfluss auf den Heizenergieverbrauch üben die Bewohner oft mit ihrem Lüftungsverhalten aus.

Zwei Dinge sollten im Sinne der Energieeinsparung unbedingt vermieden werden:

- längeres Lüften über weit geöffnete Fenster bei gleichzeitigem Heizen
- Dauerlüftung über gekippte Fenster bei gleichzeitigem Heizen

Die Dauerlüftung mittels Fenstern in Kippstellung bringt zwar einen hohen Luftwechsel, damit zwangsläufig verbunden ist aber auch ein hoher Wärmeverlust. Es wird häufig übersehen, dass für die Erwärmung der Frischluft eine erhebliche Menge an Energie verbraucht wird.

Beispiel Luft hat eine spezifische Wärmekapazität von ca. 1.000 J/(kg · K). Für die Erwärmung von 1 kg Luft um 1 °C ist also eine Energiemenge von 1.000 Joule oder Wattsekunden erforderlich. Luft wiegt etwa 1,25 kg/m³. Betrachten wir einen Raum mit 50 m³ Luftvolumen, der bei 0 °C Außenlufttemperatur und 20 °C Raumlufttemperatur gelüftet wird.

Bei einem Komplettaustausch der Luft werden also beim Aufheizen der Frischluft von 0 auf 20 °C an Wärmeenergie benötigt:

$$50 \text{ m}^3 \cdot 1,25 \ \frac{\text{kg}}{\text{m}^3} \cdot 20 \text{ K} \cdot 1.000 \ \frac{\text{Ws}}{\text{kg} \cdot \text{K}} = 1.250.000 \text{ Ws}$$

$$= \frac{1.250.000 \text{ Ws}}{3.600.000 \text{ Ws/kWh}}$$

$$= 0,35 \text{ kWh}$$

Über einen Zeitraum von 10 Stunden wird bei vernünftigem, 0,8fachem Luftwechsel also verbraucht:

$$10 \text{ h} \cdot 0,8 \ \frac{\text{Wechsel}}{\text{h}} \cdot 0,35 \ \frac{\text{kWh}}{\text{Wechsel}} = 2,80 \text{ kWh}$$

Bei gekippten Fenstern kann der Luftwechsel leicht auf einen vierfachen Luftwechsel oder mehr ansteigen. Ein vierfacher Luftwechsel ist fünfmal so hoch wie ein 0,8facher, der Energieverbrauch wäre ebenfalls fünfmal so hoch, nämlich 14 statt 2,8 kWh. Bewertet man die Kilowattstunde Wärme mit 7 Eurocent, dann kostet der 0,8fache Luftwechsel 20 Eurocent und der vierfache Luftwechsel 98 Eurocent. Wohlgemerkt für einen Raum in 10 Stunden. Für eine ganze Wohnung über einen ganzen Winter kommt eine ansehnliche Summe zusammen.

Lang andauerndes Lüften bewirkt neben dem erwünschten Luftaustausch einen unerwünschten Nebeneffekt, nämlich das Auskühlen der Bauteile. Dadurch entstehen weitere Wärmeverluste, die in der Beispielrechnung nicht berücksichtigt sind.

Möglichst kurz und intensiv lüften. So wird die erforderliche Frischluftzufuhr schnell erreicht, ohne dass die Bauteile auskühlen.

Weitere Hinweise zum richtigen Lüften finden Sie in Kapitel 1.2.3 ab Seite 32.

1.4   Feuchteschutz

1.4.1   Tauwasser

Tauwasserbildung auf und in Bauteilen

Es gibt im Wesentlichen 3 Mechanismen, die zu Tauwasserbildung an und in Bauteilen führen können:

- Bildung von Oberflächentauwasser auf kalten Bauteiloberflächen

- Luftströmung durch Leckagen mit Tauwasserausfall in kälteren Schichten (konvektionsbedingtes Tauwasser)
- Dampfdiffusion durch Bauteile hindurch und Kondensation des Dampfes aufgrund der Schichtenfolge der Baustoffe (diffusionsbedingtes Tauwasser)

Zunächst sei mit Nachdruck darauf hingewiesen, dass eine Tauwasserbildung als solche kein Problem darstellt, solange sich die Menge des Tauwassers in Grenzen hält und keine unerwünschten Erscheinungen hervorruft, als da wären:

- Schimmel
- Korrosion
- Beeinträchtigung des Wärmeschutzes (Nasse Dämmung dämmt schlechter als trockene Dämmung.)

Wenn die Oberflächentemperatur eines Bauteils die Taupunkttemperatur der Luft unterschreitet, kondensiert in der Luft enthaltener Wasserdampf an dieser Bauteiloberfläche.

Oberflächen-
tauwasser
Warme Luft kann mehr Wasserdampf aufnehmen als kalte Luft. Deshalb steigt beim Abkühlen der Luft die relative Luftfeuchte, während der Wasserdampfgehalt in Gramm je Kubikmeter gleich bleibt. Für Luft einer bestimmten Temperatur und mit bestimmter relativer Luftfeuchte kann die Temperatur angegeben werden, bei deren Erreichen die relative Luftfeuchte gerade 100 % beträgt und bei deren Unterschreitung Tauwasser gebildet wird. Dies ist die Taupunkttemperatur (*siehe auch Diagramm 1-17 auf Seite 35*).

Die Raumluft enthält eine bestimmte Menge Wasserdampf. Sie kühlt an kalten Bauteiloberflächen ab. Wenn nun die Bauteile so kalt sind, dass die Luft daran bis unter die gerade beschriebene Taupunkttemperatur abkühlt, dann kondensiert ein Teil des Wasserdampfes aus der Luft an der Bauteiloberfläche. Je weiter die Taupunkttemperatur unterschritten wird, desto mehr Tauwasser wird gebildet.

Beispiel
Dies kann im Bad beobachtet werden, wenn sich während und nach dem Duschen der Wasserdampf auf den kalten Fliesen oder dem kalten Spiegel niederschlägt.

Kurzfristiges Oberflächentauwasser ist unproblematisch und manchmal unvermeidbar. Problematisch wird es immer dann, wenn es häufiger und jeweils über längere Zeit bzw. wenn es an empfindlichen Baustoffen auftritt. Dann nämlich drohen Schimmelbildung und Bauteildurchfeuchtungen.

Die wichtigsten Maßnahmen zur Vermeidung von Oberflächentauwasser sind ausreichende Lüftung und guter Wärmeschutz der Außenbauteile. Eine gut gedämmte Außenwand wird in einer sachgemäß gelüfteten Wohnung selbst dann kein Oberflächentauwasser bilden, wenn an dieser Wand geschlossene Möbel aufgestellt oder lange Vorhänge aufgehängt werden.

Weitere Hinweise zu Oberflächentauwasser in Verbindung mit Lüftung finden Sie in den Kapiteln 1.2.2 bis 1.2.4 ab Seite 29.

Tabelle 1-38: Vermeidung von Tauwasser

Tauwasser aufgrund:	Gegenmaßnahmen:
Sehr hohe relative Luft-feuchte der Raumluft	• Ausreichendes und regelmäßiges Lüften • Vermeidung von extremer Feuchteabgabe (z. B. Wäsche-trocknen in der Wohnung) • Türen zwischen deutlich unterschiedlich temperierten Räu-men geschlossen halten
Kalte Außenbauteilober-flächen	• Bessere Dämmung der Außenbauteile, vorzugsweise außen • Dämmung von Wärmebrücken • Ausreichende Wärmezufuhr durch Heizen
Geschlossene Möbel oder Vorhänge vor der Außenwand	• Möbel an Innenwänden aufstellen • Wenn Möbel an Außenwänden unvermeidbar sind, dann mit ca. 5 cm Abstand zu Boden, Wand und Decke zwecks Hinter-lüftung
Unsachgemäße Innen-dämmung	• Dämmung komplett auf die Außenseite verlegen oder au-ßen zusätzlich dämmen • Wenn Innendämmung unvermeidbar, dann lückenlos, ein-schließlich Leibungen, und innen luftdicht
Fenstererneuerung bei schlechtem U-Wert der Außenwand	• Vor Fenstererneuerung unbedingt den ausreichenden Wär-meschutz der Außenwand sicherstellen
Luftströmung durch Außenbauteile infolge Leckage (Spaltkonden-sation)	• Luftdichte Ausführung der Außenbauteile (auf der Warmseite) • Luftdichter Anschluss aller unvermeidbaren Durchbrüche
Ungünstige Schichtenfol-ge des Bauteils	• Bauteile fehlertolerant konstruieren • Nachträglich zusätzliche Schichten zur Korrektur einbauen (falls möglich)

Fenstersanierung im Altbau

Unbedingt vermeiden sollte man eine Form der energetischen Teilsanierung, die immer wieder zu Problemen mit Oberflächentauwasser führt: Ersatz der alten, undichten Fenster durch neue, hochdichte Fenster in einem Altbau mit schlecht gedämmter Außenwand oder schlecht gedämmten Wärmebrücken.

Alte, undichte Fenster sind im Sinne der Energieeinsparung und des Raum-klimas inakzeptabel und erneuerungswürdig. Undichte Fenster bewirken aber zwei physikalische Effekte, welche die Raumluft entfeuchten: Zwangs-lüftung aufgrund fehlender Dichtungen und Zwangskondensation aufgrund sehr kalter Innenoberfläche. Alte Fenster sorgen so für eine Begrenzung der Raumluftfeuchte. Neue, dichte Fenster bewirken dies nicht. Deshalb steigt die relative Luftfeuchte bei ansonsten unveränderten Bedingungen teilweise deutlich an. Feuchtere Luft hat aber eine höhere Taupunkttemperatur als trockene und erfordert deshalb wärmere Wandoberflächen, wenn sich kein Tauwasser bilden soll. Wärmere Wandoberflächen lassen sich aber i. d. R. nur durch eine Verbesserung des Wärmeschutzes der Wand erreichen. Er-schwerend kommt hinzu, dass die Nutzer einer Wohnung ihr Lüftungsver-halten häufig nicht auf die neuen Fenster einstellen. Dichte Fenster erfordern

Bild 1-40: Ursache der Schimmelbildung. Dieses Plüschnilpferd hat den Winter in der besagten Ecke verbracht. Folge: Innendämmung, Absinken der Wandtemperatur, zusätzlich mangelnde Luftzufuhr, erhöhte Oberflächenfeuchte und schließlich Schimmelbildung

Bild 1-39: Schimmelbildung in einer Außenwandecke unmittelbar über dem Fußboden hinter einem Bett

häufigeres Lüften, einmaliges, morgendliches Lüften reicht da in aller Regel nicht mehr aus.

Konvektionsbedingtes Tauwasser

Konvektion meint Strömung, hier Luftaustausch zwischen Innenraum und Außenluft, z. B. durch Leckstellen in der Gebäudehülle.

Folgendes sei gegeben: Beheizte, warme und relativ feuchte Raumluft und kaltes, winterliches Außenklima. Wenn nun an einer Leckstelle Raumluft von innen in ein Außenbauteil eindringt, dann wird sie auf dem Weg nach außen abkühlen. Dabei wird ein Teil des Wasserdampfs der Raumluft im Bauteil kondensieren.

Man nennt diesen Vorgang auch anschaulich Spaltkondensation.

Unter ungünstigen Bedingungen können in kurzer Zeit große Tauwassermengen gebildet werden, die regelrechte Wassernester verursachen und zu erheblichen Schäden führen können. Je nach örtlicher Situation läuft Tauwasser zurück in den Raum und hinterlässt Wasserflecken.

Insbesondere in Dachkonstruktionen sind Schäden durch konvektionsbedingtes Tauwasser verbreitet. Oft werden sie irrtümlich mit eindringendem Niederschlagswasser in Verbindung gebracht.

Gegen diese Art der Tauwasserbildung hilft nur eines: möglichst gute Luftdichtheit aller Außenbauteile.

Weitere Hinweise zur Luftdichtheit erhalten Sie in Kapitel 1.3.4 ab Seite 48.

Tauwasser in Belüftungsebene

Belüfteten Konstruktionen wird gemeinhin nachgesagt, dass sie durch die Belüftung allzeit trocken sind. Dies trifft nicht zu, denn bei entsprechenden Klimabedingungen kann die Belüftung Feuchtigkeit in eine Konstruktion hineinbringen.

Bild 1-41: Traufschalung eines aufsparrengedämmten Daches: Wasserflecken und Schimmelbefall infolge konvektionsbedingten Tauwasserausfalls bei nicht luftdichtem Anschluss zwischen Luftdichtheitsschicht (Dampfbremse) und Mauerwerk

Wenn vormittags feuchtwarme Luft durch ein belüftetes Bauteil strömt, welches von der Nacht noch kalt ist, dann wird Wasserdampf aus der feuchtwarmen Luft an den kalten Oberflächen in der Belüftungsebene in erheblichem Umfang kondensieren und unter Umständen abtropfen und zu örtlichen Durchfeuchtungen führen. Allerdings wird insgesamt und langfristig in den meisten Fällen die Belüftung eher Feuchte aus dem Aufbau heraus als in ihn hinein transportieren.

Insbesondere bei Dachkonstruktionen muss aber gewährleistet sein, dass auf diese Weise entstehendes, abtropfendes Tauwasser nicht zu Schäden führen kann. Großformatige Metalldeckungen (Trapezbleche) werden zu diesem Zweck beispielsweise mit einem saugfähigen Vlies auf der Unterseite des Bleches ausgerüstet, welches das Tauwasser am Ablaufen und Abtropfen hindert.

Außerdem muss die Belüftungsebene ausreichend dimensioniert sein und die erforderlichen Öffnungen zur Be- und zur Entlüftung besitzen.

Diffusionsbedingtes Tauwasser

Wasserdampfdiffusion meint Wasserdampfwanderung, d. h. Wanderung der Dampfmoleküle durch geschlossene Bauteile hindurch.

Die Bestandteile der Luft bewirken mit ihrem Gewicht den Luftdruck, so wie das Wasser in einem Schwimmbad mit seinem Gewicht den Wasserdruck bewirkt. Der Dampfdruck (Dampfteildruck) ist der Anteil des Luftdrucks, welcher aus dem Gewicht des in der Luft enthaltenen Wasserdampfes resultiert. Der Sättigungsdruck (Dampfsättigungsdruck) ist der maximal mögliche

Bild 1-42: Belüftetes, teilsparrengedämmtes Dach: Die Dachschalung (Baufurniersperrholz) zeigt starke Durchfeuchtungen und Schimmelbefall. Hintergrund: erheblicher Tauwasserausfall aufgrund mangelhafter Belüftung (fehlende Entlüftungsöffnungen) in Verbindung mit hohem Feuchteanfall (Bau- und Holzfeuchte).
Quelle: Sachverständigenbüro für Holzschutz Hans-Joachim Rüpke, Hannover

Dampfdruck bei maximal möglichem Dampfgehalt der Luft, also bei 100 % relativer Luftfeuchte.

> **Je höher die absolute Luftfeuchte (also der Wasserdampfgehalt der Luft in g/m³), desto höher ist der Dampfdruck.**

Wasserdampfdiffusion erfolgt immer von der Seite mit dem höheren Dampfdruck zur Seite mit dem niedrigeren Dampfdruck. Die absolute Luftfeuchte in g Wasserdampf je m³ Luft ist also maßgebend, und nicht die relative Luftfeuchte in Prozent.

Die Dampfdiffusion ist ein sehr langsamer Transportvorgang, verglichen mit dem Dampftransport durch Konvektion. Die Intensität der Diffusion, die so genannte Diffusionsstromdichte, hängt maßgeblich von folgenden Faktoren ab:

- Dampfdruckgefälle (also Unterschied zwischen dem Dampfdruck innen und außen – je größer dieses Gefälle, desto mehr Diffusion)
- sd-Wert des Außenbauteils (Sperrwert gegenüber Dampfdiffusion, *siehe auch Kapitel 2.3.1 ab Seite 143*)

Die Diffusion ist insbesondere bei niedrigen Außentemperaturen (also im Winter) interessant, weil dann in aller Regel die Raumluft sehr viel feuchter ist als die Außenluft. Dampf wird dann von innen nach außen diffundieren. Wenn dabei irgendwo im Bauteil der Dampfdruck den Sättigungsdruck erreicht, kondensiert dort Wasserdampf zu Tauwasser.

> Der Winter markiert in etwa die so genannte Tauperiode, also die Periode, in der Tauwasser sich bildet. Der Sommer markiert in etwa die Verdunstungsperiode, also die Periode, in der das Bauteil wieder austrocknet.

Dabei müssen wir mehrere Fälle unterscheiden:

1. Es entsteht kein Tauwasser im Bauteil, weil die sd-Werte der einzelnen Baustoffschichten nach außen hin deutlich abnehmen. (Das Bauteil ist außen „offener" als innen. So ist gewährleistet, dass der Dampf, welcher innen eindiffundiert, außen ohne Probleme ausdiffundieren kann.)
2. Es entsteht Tauwasser im Bauteil, weil die sd-Werte der einzelnen Baustoffschichten nach außen hin nicht deutlich abnehmen, evtl. sogar zunehmen. Die Tauwassermenge bleibt aber unterhalb der Schädlichkeitsgrenze, und das Tauwasser verdunstet im Sommer wieder restlos.
3. Es entsteht aufgrund einer ungünstigen Schichtenfolge so viel Tauwasser, dass in einer Tauperiode bereits die Schädlichkeitsgrenze überschritten wird.
4. Es entsteht aufgrund einer ungünstigen Schichtenfolge mehr Tauwasser, als in der Verdunstungsperiode wieder austrocknen kann. Über die Jahre wird das Bauteil immer feuchter, bis die Schädlichkeitsgrenze überschritten wird.

Die Fälle 3 und 4 sind schädlich und deshalb unzulässig.

Nachweisfreie Bauteile Die Norm DIN 4108-3 enthält Kriterien zur Konstruktion so genannter nachweisfreier Bauteile (*siehe Kapitel 1.4.2 ab Seite 73*). Das sind Bauteile, die ohne weitere Betrachtung als sicher gegen schädliches Tauwasser gelten und für die deshalb kein rechnerischer Nachweis erforderlich ist.

DIN 4108-3 stellt außerdem ein normiertes Verfahren für einen rechnerischen Nachweis nicht nachweisfreier Bauteile zur Verfügung, mit dem überprüft werden kann, ob in einem Bauteil schädliche Tauwasserbildung auftritt. *Das Verfahren ist in Kapitel 2.3 ab Seite 143 beschrieben.*

Man beachte ferner:

1. Kriterienkatalog und Berechnung sind wichtig, sie sagen aber nicht immer etwas darüber aus, ob ein Bauteil auch fehlertolerant ist, sprich ob es auch unter ungünstigen Bedingungen oder bei gewissen Ausführungs- oder Nutzungsfehlern noch sicher funktioniert.
2. Der rechnerische Nachweis bezieht sich nur auf die Diffusionsproblematik. Leider wird häufig übersehen, dass unabhängig vom rechnerischen Nachweis die korrekte Lage der ersten luftdichten Ebene geprüft werden muss. So kann etwa eine Konstruktion mit Dämmung innerhalb der Dampfbremse bzw. Dampfsperre (Dämmung der Installationsebene) diffusionstechnisch nachweisbar sein, während sie hinsichtlich des konvektionsbedingten Tauwassers bedenklich ist.

In diesem Buch werden, teils abweichend von der Normung, die Begriffe Dampfbremse, Dampfsperre, Luftdichtheitsschicht und Windsperre wie folgt verwendet:

Dampfbremse	Eine Dampf**bremse** liegt auf der Warmseite der Konstruktion und soll das Eindiffundieren von Wasserdampf so weit begrenzen, dass kein schädliches Tauwasser auftritt. Der sd-Wert beträgt unter 100 m, meist 1 bis 20 m.
Dampfsperre	Eine Dampf**sperre** liegt auf der Warmseite der Konstruktion und soll das Eindiffundieren von Wasserdampf weitgehend verhindern. Der sd-Wert beträgt mindestens 100 m.
Luftdichtheits-schicht	Eine Luftdichtheitsschicht liegt auf der Warmseite der Konstruktion, ist luftdicht und verhindert die Konvektion (das Einströmen) von Raumluft in die Konstruktion. Sie heißt deshalb auch Konvektionssperre. Häufig ist die Luftdichtheitsschicht gleichzeitig Dampfbremse bzw. Dampfsperre.
Windsperre	Eine Windsperre liegt auf der Kaltseite der Konstruktion, ist mehr oder weniger luftdicht und vermindert das Einströmen von Außenluft (Wind) in die Konstruktion.

1.4.2 Nachweisfreie Bauteile

Wand-konstruktionen

Die gebräuchlichen Massivkonstruktionen sind (unter normalen Klimabedingungen) nachweisfrei. Die massiven Mauersteine können größere Tauwassermengen und anderweitig auftretende Feuchte kapillar aufnehmen und zeitversetzt wieder abgeben, ohne dass es zu Schäden kommt.

Wände in Holzbauweise sind dann nachweisfrei, wenn sichergestellt ist, dass keine langfristig anhaltende, erhöhte Holzfeuchte auftritt. Fachwerkwände sind insofern kritisch, als bei von außen sichtbarem Fachwerk immer eine Gefahr von Schlagregen ausgeht. Dieser kann in die Fugen zwischen Fachwerkriegel und Ausfachung eindringen und dort für eine dauerhaft erhöhte Holzfeuchte sorgen. Bei solchen Fachwerkwänden ist deshalb eine gute Austrocknungsmöglichkeit für die langfristige Funktion sehr wichtig. Dies schlägt sich in den Bedingungen für die Nachweisfreiheit nieder.

Dach-konstruktionen

Ein wichtiges Kriterium für die Nachweisfreiheit von Dachkonstruktionen ist die Einordnung in „belüftete Konstruktionen" bzw. „nicht belüftete Konstruktionen". In diesem Zusammenhang sei auf eine Besonderheit in den Bezeichnungen belüftet/nicht belüftet hingewiesen.

Belüftet ist ein Dach nur, wenn es direkt oberhalb der Wärmedämmung eine Belüftungsebene (nicht ruhende Luft) mit Zuluft- und Abluftöffnungen gibt. Die Wärmedämmung darf nicht mit einer weiteren Schicht abgedeckt werden, etwa einer Unterdeckbahn – sonst handelt es sich um ein nicht belüftetes Dach.

Neben der eigentlichen Belüftungsebene oberhalb der Wärmedämmung kann das belüftete Dach eine zusätzliche Hinterlüftungsebene unterhalb der Dachdeckung besitzen. Es handelt sich dann um ein belüftetes Dach mit belüfteter Dachdeckung.

Nicht belüftet ist jedes Dach, welches die Kriterien für belüftete Dächer nicht erfüllt. Nicht belüftete Dächer können eine belüftete Dachdeckung haben.

Kombination von Dämmstoffen

Grundsätzlich können verschiedenartige Dämmstoffe in einem Bauteil miteinander kombiniert werden. Nachweisfrei sind solche Bauteile, wenn

- der Dämmstoff mit dem höheren Diffusionswiderstand (μ-Wert) innenseits des Dämmstoffs mit dem niedrigeren Diffusionswiderstand angeordnet wird **oder**
- raumseitig eine Dampfsperre mit einem sd-Wert von mindestens 100 m eingebaut wird.

Ansonsten ist ein rechnerischer Tauwassernachweis erforderlich.

Diagramme Nachfolgende Tabelle und Diagramme geben die Anforderungen an Bauteile wieder, für die kein rechnerischer Tauwassernachweis nach DIN 4108-3 geführt werden muss. Man nennt diese Bauteile auch „nachweisfreie Bauteile".

Grundsätzlich sind alle in den Diagrammen aufgeführten Bauteile nur dann nachweisfrei, wenn zwei Bedingungen erfüllt sind:

- Es liegt ein normales Raumklima vor (Wohn- und Bürogebäude bei normaler Nutzung, ohne Klimatisierung, kein extremes Außenklima).
- Der Mindestwärmeschutz nach DIN 4108-2 ist eingehalten *(siehe Tabelle 1-43 auf Seite 75).*

Abweichende Klimabedingungen (Schwimmbad, Wäscherei, klimatisierte Gebäude, Hochgebirge etc.) oder Nichteinhaltung des Mindestwärmeschutzes machen eine rechnerische Untersuchung erforderlich.

Tabelle 1-43: Mindestwärmeschutz für wärmeübertragende Bauteile nach DIN 4108-2, Gebäude mit normalen und mit niedrigen Innentemperaturen

Zeile	Gruppe		Bauteil	Mindest-Wärmedurchlasswiderstand R in m²·K/W	Daraus abgeleiteter U-Wert[1]: zul U in W/(m²·K)
1.1	Schwere Massivbauteile ≥ 100 kg/m²	Wände	Außenwände gegen Außenluft	1,20 [0,55][2]	0,73 [1,39][2]
1.2			Wände gegen Durchfahrten, offene Hausflure, Garagen		
1.3			Wände gegen Erdreich		0,75 [1,47][2]
1.4			Treppenraumwände – gegen Treppenraum mit Temperaturen bis ca. 10 °C, aber frostfrei	0,25	2,38
1.5			gegen Treppenraum mit Temperaturen über ca. 10 °C	0,07	4,17
1.6			Wohnungstrennwände, Wände zwischen fremdgenutzten Räumen		
2.1		Decken – Über Wohnraum	Decken unter nicht ausgebauten Dachräumen, Decken unter nicht ausgebauten Spitzböden	0,90	0,93
2.2			Wohnungstrenndecken, Decken zwischen fremdgenutzten Räumen	0,35	1,92
2.3			Decken unter ausgebauten Dachräumen		
2.4		Decken – Unter Wohnraum	Unterer Abschluss direkt an Erdreich grenzend	0,90	0,97
2.5			Unterer Abschluss über einen unbelüfteten Hohlraum an Erdreich grenzend		0,93
2.6			Kellerdecken, Decken über unbeheizten, aber geschlossenen Räumen		
2.7			Decken über Garagen, Durchfahrten, belüfteten (Kriech-)Kellern	1,75	0,52
3.1		Dächer	Steildach – Wärmegedämmte Dachschräge gegen Außenluft	0,90	0,93
3.2			Flachdach – Wärmegedämmte Dachdecke, auch unter Dachterrasse, Umkehrdach usw. Umkehrdächer erfordern ggf. eine U-Wert-Korrektur wegen Kaltwasserunterströmung	1,20	0,73
4.1	Leichte Bauteile < 100 kg/m²	Flächig homogen	Außenwände	1,75	0,52
4.2			Decken unter nicht ausgebauten Dachräumen, Decken unter nicht ausgebauten Spitzböden		
4.3			Dächer		
4.4		Rippe und Gefach	Außenwände	Gefach: 1,75 Mittel: 1,00	Gefach: 0,52 Mittel: 0,85
4.5			Decken unter nicht ausgebauten Dachräumen, Decken unter nicht ausgebauten Spitzböden		
4.6			Dächer		

[1] Bei Annahme der Wärmeübergangswiderstände: innen R_{si} = 0,13 m²·K/W; außen R_{se} = 0,04 m²·K/W; außen gegen Erdreich R_{se} = 0

[2] Werte in Klammern gelten abweichend für niedrige Innentemperaturen ≥ 12 und < 19 °C.

Diagramm 1-44: Nachweisfreie Wände in Massivbauweise

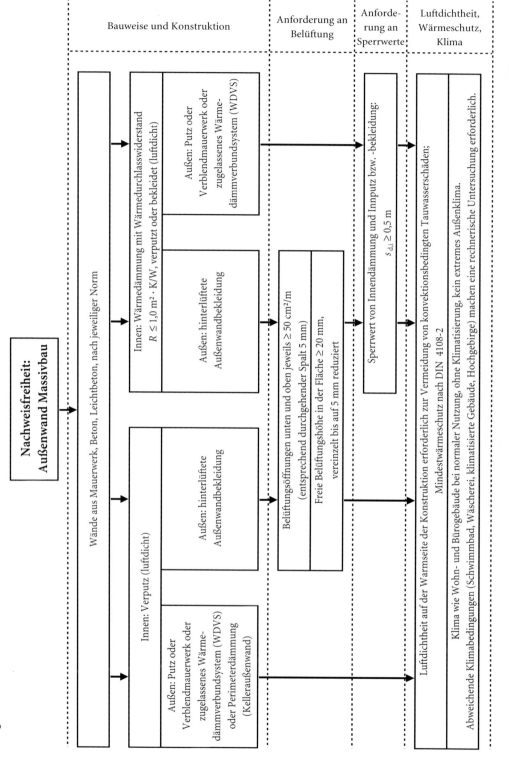

Diagramm 1-45: Nachweisfreie Wände in Holzbauweise

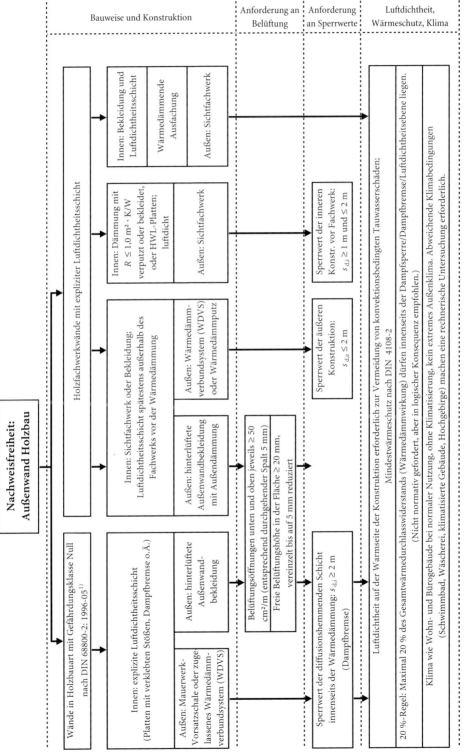

Diagramm 1-46: Nachweisfreie Dächer, Unterscheidung nach Belüftung

Dächer, Unterscheidung nach Belüftung

	Belüftet		Nicht belüftet	
Belüftung der Wärmedämmung (innerer Belüftungskanal)	**Belüftete Luftschicht** direkt über der Wärmedämmung. **Keine direkte Abdeckung** der Wärmedämmung durch eine Baustoffschicht (Beispiel: Teilsparrendämmung)		**Keine belüftete Luftschicht** direkt über der Wärmedämmung. **Direkte Abdeckung** der Wärmedämmung durch eine Baustoffschicht (Beispiel: Vollsparrendämmung)	
Belüftung der Dachhaut (äußerer Belüftungskanal)	Keine separate, zusätzliche Belüftung der Dachdeckung oder Dachabdichtung (Dach hat nur inneren Belüftungskanal)	Separate, zusätzliche Belüftung der Dachdeckung (Dach hat inneren und äußeren Belüftungskanal)	Unbelüftete Dachdeckung oder Dachabdichtung (Dach hat keinen Belüftungskanal)	Belüftete Dachdeckung (Dach hat nur äußeren Belüftungskanal)
Skizze	Prinzipskizze 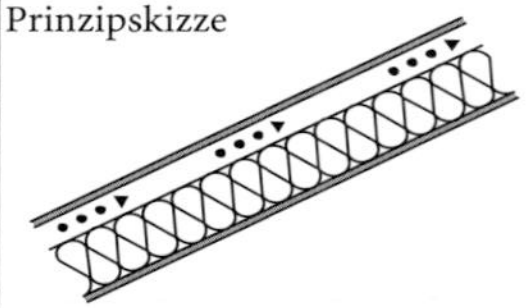	Prinzipskizze 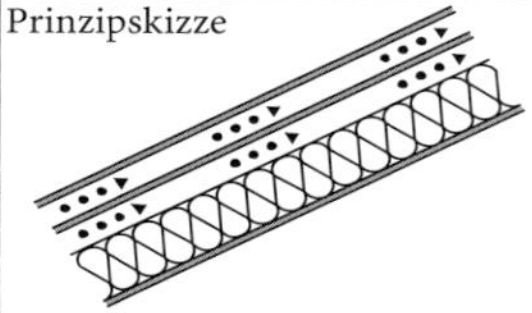	Prinzipskizze 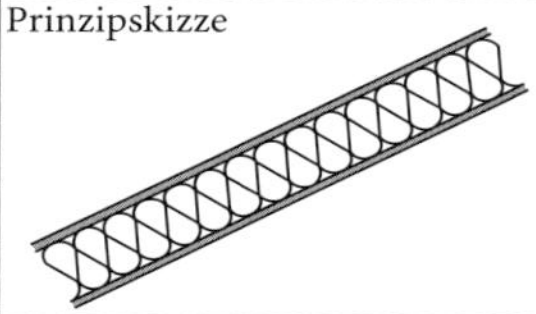	Prinzipskizze 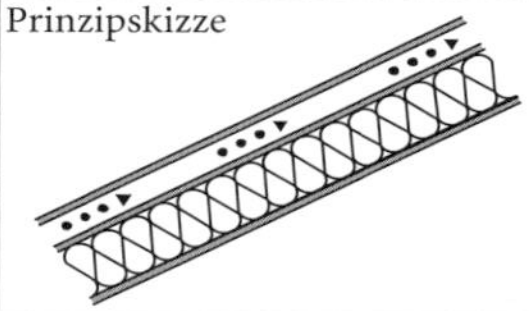
Behandlung	Behandlung als belüftetes Dach	Behandlung als belüftetes Dach. Für äußeren Dachkanal gelten keine ausdrücklichen Anforderungen, die gleichen Dimensionen wie beim inneren Belüftungskanal haben sich aber bewährt und werden empfohlen.	Behandlung als nicht belüftetes Dach	Behandlung als nicht belüftetes Dach. Für äußeren Dachkanal gelten keine ausdrücklichen Anforderungen, die gleichen Dimensionen wie beim inneren Belüftungskanal haben sich aber bewährt und werden empfohlen.

Diagramm 1-47: Nachweisfreie belüftete Dächer

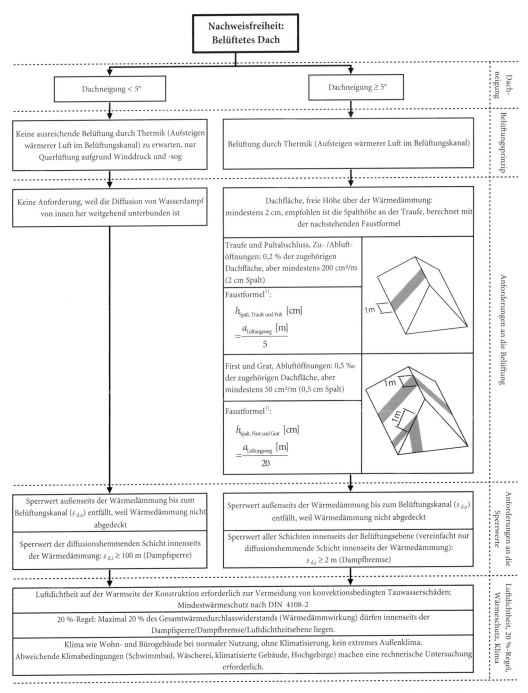

**Nachweisfreiheit:
Belüftetes Dach**

Dachneigung < 5°

Dachneigung ≥ 5°

Keine ausreichende Belüftung durch Thermik (Aufsteigen wärmerer Luft im Belüftungskanal) zu erwarten, nur Querlüftung aufgrund Winddruck und -sog

Belüftung durch Thermik (Aufsteigen wärmerer Luft im Belüftungskanal)

Keine Anforderung, weil die Diffusion von Wasserdampf von innen her weitgehend unterbunden ist

Dachfläche, freie Höhe über der Wärmedämmung: mindestens 2 cm, empfohlen ist die Spalthöhe an der Traufe, berechnet mit der nachstehenden Faustformel

Traufe und Pultabschluss, Zu- /Abluft-öffnungen: 0,2 % der zugehörigen Dachfläche, aber mindestens 200 cm²/m (2 cm Spalt)

Faustformel[1]:

$$h_{\text{Spalt, Traufe und Pult}}\ [\text{cm}] = \frac{a_{\text{Lüftungsweg}}\ [\text{m}]}{5}$$

First und Grat, Abluftöffnungen: 0,5 ‰ der zugehörigen Dachfläche, aber mindestens 50 cm²/m (0,5 cm Spalt)

Faustformel[1]:

$$h_{\text{Spalt, First und Grat}}\ [\text{cm}] = \frac{a_{\text{Lüftungsweg}}\ [\text{m}]}{20}$$

Sperrwert außenseits der Wärmedämmung bis zum Belüftungskanal ($s_{d,e}$) entfällt, weil Wärmedämmung nicht abgedeckt

Sperrwert der diffusionshemmenden Schicht innenseits der Wärmedämmung: $s_{d,i} ≥ 100$ m (Dampfsperre)

Sperrwert außenseits der Wärmedämmung bis zum Belüftungskanal ($s_{d,e}$) entfällt, weil Wärmedämmung nicht abgedeckt

Sperrwert aller Schichten innenseits der Belüftungsebene (vereinfacht nur diffusionshemmende Schicht innenseits der Wärmedämmung): $s_{d,i} ≥ 2$ m (Dampfbremse)

Luftdichtheit auf der Warmseite der Konstruktion erforderlich zur Vermeidung von konvektionsbedingten Tauwasserschäden; Mindestwärmeschutz nach DIN 4108-2

20 %-Regel: Maximal 20 % des Gesamtwärmedurchlasswiderstands (Wärmedämmwirkung) dürfen innenseits der Dampfsperre/Dampfbremse/Luftdichtheitsebene liegen.

Klima wie Wohn- und Bürogebäude bei normaler Nutzung, ohne Klimatisierung, kein extremes Außenklima.

Abweichende Klimabedingungen (Schwimmbad, Wäscherei, klimatisierte Gebäude, Hochgebirge) machen eine rechnerische Untersuchung erforderlich.

[Right margin labels:]

Belüftungsprinzip

Anforderungen an die Belüftung

Anforderungen an die Sperrwerte

Luftdichtheit, 20 %-Regel, Wärmeschutz, Klima

[End of diagram content]

---

[1] Die Spalthöhe h_{Spalt} gilt für einen durchgehenden Luftspalt ohne Einengungen. Einengungen durch Lüftungsgitter und dergleichen sind zu berücksichtigen und führen zu einer Erhöhung der erforderlichen Spalthöhe.

$a_{\text{Lüftungsweg}}$ ist die Länge des Lüftungswegs in m. Für die Traufe: i.d.R. Sparrenlänge. Für First und Grat: bei gemeinsamer Entlüftung beider Seiten i.d.R. die Summe der Sparrenlängen beider Seiten, bei getrennter Entlüftung der Seiten i.d.R. jeweils die Sparrenlänge der zugehörigen Seite

Diagramm 1-48: Nachweisfreie nicht belüftete Dächer

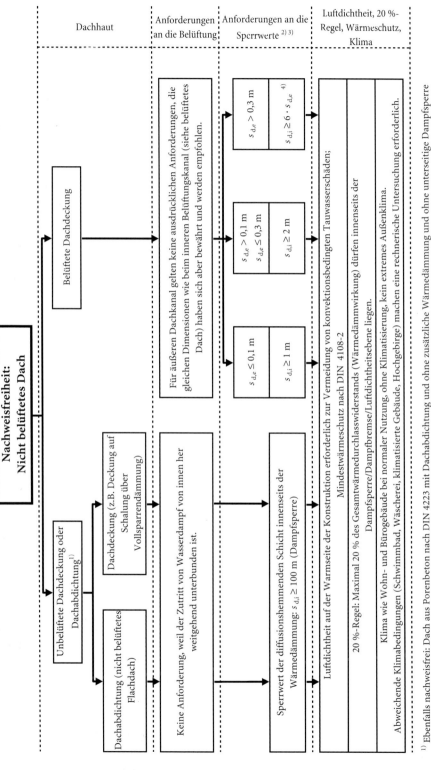

1.4.3   Fehlertolerante Konstruktionen

Fehlertolerante Konstruktionen

Wichtige Merkmale fehlertoleranter Konstruktionen sind:

- hohes Austrocknungsvermögen
- Unempfindlichkeit gegenüber Verarbeiterfehlern
- Unempfindlichkeit gegenüber späteren Beschädigungen/Eingriffen
- Unempfindlichkeit gegenüber veränderten Klimabedingungen
- Unempfindlichkeit gegenüber Schwankungen der Materialkennwerte

> **Man beachte, dass keines der genannten Kriterien absolute Tauwasserfreiheit verlangt. Stattdessen kann vorübergehendes Tauwasser innerhalb der zulässigen Grenzen bedenkenlos toleriert werden, solange die Funktionsfähigkeit durch das Tauwasser nicht beeinträchtigt wird.**

Hohes Austrocknungsvermögen

Feuchtigkeit kann auf verschiedenen Wegen in ein Bauteil gelangen:

- Tauwasser aufgrund Diffusion
- Tauwasser aufgrund Konvektion
- Baustofffeuchte (Anmachwasser, Holzfeuchte usw.)
- Niederschlagswasser (bei Dächern durch Undichtigkeiten der Dachhaut, bei Wänden durch Schlagregen)
- Wasserschaden (z. B. Leitungsbruch, Hochwasser)

Insbesondere bei Holzkonstruktionen kann eingeschlossene Feuchtigkeit zu erheblichen Schäden in Form von Schimmel, Pilzbefall und Fäulnis führen. Dazu reicht manchmal schon die Feuchtigkeit aus, die in Form von feuchtem Bauholz in die Konstruktion eingebracht wird.

Viele Feuchteschäden haben gezeigt, dass Bauteile mit hohem Austrocknungsvermögen deutlich fehlertoleranter und damit sicherer sind als Bauteile mit geringem Austrocknungsvermögen. Das Austrocknungsvermögen mehrschichtiger, gedämmter Bauteile (Holzbauwände, Mauerwerk mit Wärmedämmschicht, Dächer) hängt in erster Linie davon ab, wie hoch die sd-Werte der das Bauteil nach innen und nach außen abschließenden Schichten sind.

Es sind Bauteile zu bevorzugen, die nach innen und außen eine gute Verdunstung erlauben, ohne dabei schädliches Tauwasser zu bilden. Dies trifft für Bauteile zu, deren sd-Werte möglichst gering sind und gleichzeitig von innen nach außen deutlich abnehmen.

Dabei ist zu beachten, dass der sd-Wert innen einen Mindestwert von etwa 1 bis 2 m im Regelfall nicht unterschreiten soll, weil sonst die Feuchtebelastung durch Diffusion im Winter zu groß werden kann. Hingegen soll außen der sd-Wert möglichst niedrig sein.

Was ist aber, wenn bei einem Bauteil der äußere sd-Wert hoch ist und nicht geändert werden kann? Dieser Fall tritt häufig bei Sanierungen auf.

Beispiel

Ein nicht belüftetes Blechdach auf einer Bitumendachbahn und Schalung (sd-Wert über 100 m) soll von innen her eine Vollsparrendämmung und eine neue Innenbekleidung erhalten.

Tabelle 1-49: Orientierungshilfe bezüglich sd-Werten und Austrocknungsvermögen

sd-Wert	Austrockungsvermögen, Dampfdurchlässigkeit, (Diffusion im Vergleichsfall[1])	Materialbeispiele zur Orientierung
0,1 bis 0,2 m	Sehr hoch bis hoch (67,38 bis 33,69 g)	Spezielle Pappen, Vliese
> 0,2 bis 2 m	Hoch bis mittel (33,69 bis 3,37 g)	Spezielle Pappen und spezielle Folien, Vliese
> 2 bis 5 m	Mittel bis gering (3,37 bis 1,35 g)	Pappen, Ziegelsteinwand
> 5 bis 20 m	Gering bis sehr gering (1,35 bis 0,34 g)	Dünne Kunststofffolien, beschichtete Pappen, Betondecke
> 20 bis 100 m	Sehr gering bis praktisch nicht gegeben (0,34 bis 0,07 g)	Bituminierte Pappen, Kunststofffolien
> 100 m	Praktisch nicht gegeben (unter 0,07 g)	Dicke PE-Folien, Metallfolien, Bitumenbahnen, Schaumglas

[1] Vergleichsfall in Anlehnung an DIN 4108-3: Theoretische Wasserdampfdiffusion in g/m² je 24 Stunden von einer Seite mit 12 °C/100 % rel. Luftfeuchte zur anderen Seite mit 12 °C/70 % rel. Luftfeuchte

Dafür gibt es zwei mögliche Lösungen:

1. Anbringen einer Dampfsperre mit einem sd-Wert von mindestens 100 m. Dieser Aufbau ist nachweisfrei, hat aber kein Austrocknungsvermögen. Wenn an einer Stelle aus irgendeinem Grunde Feuchtigkeit in nennenswertem Umfang in den Aufbau gelangt, kann diese nur über einen sehr langen Zeitraum oder nie mehr austrocknen.
2. Anbringen einer Dampfbremse mit einem sd-Wert deutlich unter 100 m, beispielsweise 2 m. Dieser Aufbau muss (und kann) rechnerisch nachgewiesen werden. Tauwasser entsteht innerhalb der zulässigen Grenzen und kann im Sommer wieder vollständig verdunsten, samt eventueller anderer Feuchtigkeit. Voraussetzung: Die Standard-Klimabedingungen nach DIN 4108 sind anwendbar.
3. Anbringen einer Dampfbremse mit einem veränderlichem sd-Wert (feuchteadaptive bzw. feuchtevariable Dampfbremse). Diese Dampfbremse ist im Winter dampfdichter als im Sommer.

Die erste Lösung ist vertretbar und nachweisfrei, sie verlangt aber äußerst korrekte Ausführung der Dampfsperre in der Fläche (Verklebung der Nähte) und an allen Anschlüssen und Durchbrüchen. Nachträgliche Verletzungen der Dampfsperre von unten, z. B. durch Installationsarbeiten, können fatale Folgen haben.

Die zweite Lösung ist ebenfalls vertretbar und fehlertoleranter. Aber sie erfordert auch den rechnerischen Nachweis mit Sachverstand durch einen Fachmann.

Tabelle 1-50: Beispielfälle zur Anordnung von Sperrwerten

Fall	Sperrwert-anordnung		Beurteilung[1], Beispiel
	$s_{d,innen}$	$s_{d,außen}$	
1	2 m	0,1 m	Austrocknungsvermögen nach innen mittel (296 g/Jahr) und nach außen sehr hoch (4.042 g/Jahr), insgesamt sehr hoch (4.338 g/Jahr). Ziegeldach (nicht belüftet mit belüfteter Dachdeckung) mit minimaler Dampfbremse und diffusionsoffener Unterdeckbahn.
2	100 m	0,1 m	Austrocknungsvermögen nach innen praktisch nicht gegeben (6 g/Jahr) und nach außen sehr hoch (4.042 g/Jahr), insgesamt sehr hoch (4.048 g/Jahr). Ziegeldach (nicht belüftet mit belüfteter Dachdeckung) mit Dampfsperre und diffusionsoffener Unterdeckbahn.
3	100 m	100 m	Austrocknungsvermögen nach innen und nach außen praktisch nicht gegeben (jeweils 6 g/Jahr), insgesamt praktisch keine Austrocknung (12 g/Jahr). Nicht belüftetes Blechdach mit Dampfsperre.
4	2 m	100 m	Austrocknungsvermögen nach innen mittel (289 g/Jahr) und nach außen praktisch nicht gegeben (6 g/Jahr), insgesamt mittel (295 g/Jahr). Nicht belüftetes Blechdach mit Dampfbremse. **Hinweis: Diese Konstruktion bildet aufgrund der nach außen zunehmenden Sperrwerte im Winter Tauwasser und erfordert den rechnerischen Nachweis nach DIN 4108-3.**

[1] Verdunstungsmenge je m² bei Standardklimabedingungen in Anlehnung an DIN 4108-3. Vergleichsaufbau: Schicht mit $s_{d,innen}$, 100 mm Mineralfaser-Wärmedämmung, Schicht mit $s_{d,außen}$

Die dritte Lösung ist die sicherste, solange die Annahme zutrifft, dass die Raumluft im Sommer eine höhere relative Luftfeuchtigkeit aufweist als im Winter. Auch dieser Aufbau muss rechnerisch nachgewiesen werden. Dabei wird der sd-Wert fix angenommen (z. B. mit 2,5 m), soweit mit dem Standardnachweis nach DIN 4108-3 gerechnet wird.

Man mag darüber streiten, welche Lösung die bessere ist. Aber eines muss festgehalten werden: Ein Aufbau ist nicht besser, nur weil er nachweisfrei ist. Es sind in den vergangenen Jahrzehnten viele nachweisfreie Bauteile beinahe dampfdicht mit sehr hohen sd-Werten hergestellt worden, in denen aus unterschiedlichen Gründen Feuchtigkeit eingeschlossen war und die deshalb zu Schadensfällen wurden. Obwohl sie nachweisfrei waren, wohlgemerkt.

Holzfeuchte Ein häufiger Baufehler ist der Einbau von zu feuchtem Bauholz in Konstruktionen mit geringem Austrocknungsvermögen. Dies bedingt die Gefahr des Pilzbefalls, außerdem kann in ungünstigen Fällen die gesamte Konstruktion durchfeuchten.

Beispiel Das Holz aus *Bild 1-51 auf Seite 84* hat eine mittlere, massebezogene Holzfeuchte von 75 %. (Das Bild zeigt einen extremen Einzelwert von 80,9 %.) Es soll als Konstruktionsholz für ein unbelüftetes Flachdach mit Mineralfa-

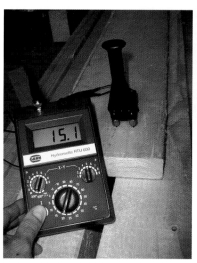

Bild 1-51: Feuchtemessung an sehr feuchtem Bauholz

Bild 1-52: Feuchtemessung an trockenem Bauholz

serdämmung und diffusionsdichtem Abschluss innen und außen dienen. Es werden rund 10 kg (trockenes) Holz für die Sparren je m² Dachfläche benötigt.

Das feuchte Sparrenholz wird in jedem Fall Wasser abgeben, bis es 30 % Holzfeuchte (Ausgleichsfeuchtegehalt bei 100 % relativer Luftfeuchte) erreicht hat, darunter nur, wenn die umgebende Luft dies erlaubt. (Dieses Verhalten bezeichnet man als hygroskopisch.)

Je m² Dachfläche geben die Sparren mindestens folgende Wassermenge ab:

$$w = \frac{10 \text{ kg/m}^2 \cdot (75\% - 30\%)}{100}$$
$$= \frac{10 \text{ kg/m}^2 \cdot 45\%}{100}$$
$$= 4,5 \text{ kg/m}^2$$

Das ist also ein halber Eimer Wasser je m². Es braucht nicht viel Phantasie, um sich vorzustellen, dass dieses Wasser früher oder später in regelrechten Wassersäcken in der Dampfsperre hängen wird – wenn es nicht über evtl. vorhandene Löcher direkt nach innen durchtropft.

Damit dergleichen nicht passieren kann, soll Bauholz trocken (Holzfeuchte ≤ 20 %) eingebaut werden. In der Praxis kommt man um die Messung der Feuchte von Bauholz kaum umhin – es sei denn, man verbaut garantiert trockenes Holz, etwa „Konstruktionsvollholz KVH".

Unempfindlichkeit gegenüber Fehlern und Schäden

Von einer modernen Baukonstruktion darf verlangt werden, dass sie gewisse, zu erwartende Verarbeiterfehler verzeiht. So sollte etwa ein Dachaufbau, der im Idealfall absolut luftdicht ist, auch dann noch funktionieren, wenn durch eine Unachtsamkeit bei der Verlegung der Dampfbremse oder durch eine versehentliche Beschädigung nach der Verlegung die Dichtheit geringfügig beeinträchtigt ist.

Im Übrigen sollten moderne Materialien verarbeitungsfreundlich sein und nicht den Verarbeiter vor schwer lösbare Probleme stellen.

Denkende Dampfbremse

Einen wesentlichen Fortschritt stellt in diesem Zusammenhang die entwicklung der feuchteadaptiven bzw. feuchtevariablen Dampfbremse dar. Sie wird auch „denkende" Dampfbremse genannt. Diese Dampfbremse hat im Winter (niedrige relative Luftfeuchtigkeit in der Raumluft) einen hohen sd-Wert (z. B. 5 m) und begrenzt damit die eindiffundierende Dampfmenge. Im Sommer (hohe relative Luftfeuchtigkeit in der Raumluft) hat diese Dampfbremse einen deutlich niedrigeren sd-Wert (z. B. 0,5 m) und ermöglicht so eine hohe Verdunstung aus der Konstruktion nach innen in die Raumluft.

Diese Verdunstungsreserve bedingt gegenüber gewöhnlichen Dampfbremsen eine wesentlich höhere Fehlertoleranz. Dies darf jedoch nicht zu der Annahme verleiten, dass diese Dampfbremse jeden Aufbau heilt.

Unempfindlichkeit gegenüber Klimaänderungen und Materialtoleranzen

Beim rechnerischen Tauwassernachweis (*siehe Kapitel 2.3 ab Seite 143*) von Bauteilen wird von bestimmten Klimabedingungen für das Außenklima und das Raumklima ausgegangen. Außerdem werden für die Materialien bestimmte Rechenwerte bezüglich Diffusionswiderstand und Wärmeleitfähigkeit angenommen. Eine Konstruktion sollte im Sinne der Fehlertoleranz Abweichungen von diesen Annahmen vertragen können.

Tauwassernachweise sollen nie als „Punktnachweise" geführt werden, also in der Art, dass der Nachweis nur bei punktgenauer Einhaltung der Annahmen gilt. Stattdessen sollen sie als „Bereichsnachweise" so breit geführt werden, dass bei Abweichungen von den Annahmen der Nachweis weiterhin gilt.

2   Bauteilbezogene Berechnungen

2.1   Rechenwerte

Bemessungswerte
und Nennwerte

Es ist zu beachten, dass in (gebäude- oder bauteilbezogenen) Wärmeschutznachweisen nach Energieeinsparverordnung nur Bemessungswerte der Wärmeleitfähigkeit (bzw. des Wärmedurchlasswiderstands) verwendet werden dürfen. Diese berücksichtigen neben bestimmten Randbedingungen (23 °C und 80 % relative Luftfeuchte) auch Alterung und produktionsbedingte Qualitätsschwankungen, und sie liegen gegenüber den Nennwerten (der Hersteller) ggf. auf der sicheren Seite.

Feuchteschutznachweise unterliegen nicht dieser Bestimmung, also ist die Verwendung der Bemessungswerte auch nicht zwingend. Wichtig ist aber, dass die Schwankungsbreiten der verwendeten Werte (Wärmeleitfähigkeit λ und Diffusionswiderstandszahl μ) im Nachweis berücksichtigt werden.

Beachten Sie dazu auch den Hinweis unter „Schwankungen der μ-Werte" auf Seite 146.

Kategorie I und II
für Dämmstoffe

Die Normung für Dämmstoffe (DIN EN 13162 bis DIN EN 13171 in Verbindung mit DIN V 4108-4 und DIN V 4108-10) unterscheidet Wärmedämmungen der Kategorie I und II mit jeweils unterschiedlichen Bemessungswerten.

Bei U-Wert-Berechnungen achte man darauf, dass man vom Anbieter bzw. Hersteller stets den Bemessungswert erhält. Damit entfällt die Überlegung, welcher Kategorie der Dämmstoff angehört.

Rechenwerte

Tabelle 2-1 auf Seite 89 enthält Rechenwerte für Wärme- und Feuchteschutzberechnungen. Die Werte sind ein Auszug aus folgenden Normen:

- DIN V 4108-4
- DIN EN 12524
- DIN EN ISO 6946

Die Tabelle enthält nur die gebräuchlichen Werte aus den Normen. Nicht enthaltene Werte sind direkt den Normen oder den Zulassungsbescheiden zu entnehmen oder beim Hersteller des Baustoffes zu erfragen.

Bei den Werten für Wärmeleitfähigkeit λ und Wärmedurchlasswiderstand R handelt es sich um Bemessungswerte. Bei den μ-Werten (Dampfdiffusionswiderstandszahlen) und den sd-Werten handelt es sich um Richtwerte.

Alle Werte gelten vornehmlich für neue Baustoffe. Damit bei vorhandenen Baustoffen die Rechenwerte nicht umständlich ermittelt werden müssen, können die Werte der Tabelle 2-1 sinngemäß auf vorhandene Baustoffe angewendet werden. Alternativ können die Rechenwerte für bestehende Bauteile bzw. Baustoffe entsprechenden Veröffentlichungen entnommen werden.

> **Die Werte sind im Zweifelsfall immer „auf der sicheren Seite" anzunehmen. Das bedeutet insbesondere: Wenn für einen Baustoff mehrere Werte in Frage kommen, weil der einzig richtige nicht bekannt ist, dann ist der für die Berechnung ungünstigste Wert anzunehmen.**

In Wärmeschutznachweisen können Schichten, deren Bemessungswert der Wärmeleitfähigkeit unbekannt ist, auch vernachlässigt werden – das Ergebnis (der U-Wert) liegt auf der sicheren Seite. In Tauwassernachweisen ist die Vernachlässigung von Schichten dagegen nicht ohne weiteres möglich, weil das Ergebnis dadurch häufig unbrauchbar wird.

Beispiel

Sehr häufig ist die Rohdichte eines bestehenden Mauerwerks nicht bekannt, und damit ist auch die zutreffende Wärmeleitfähigkeit nicht bekannt. Dann ist im Wärmeschutznachweis die schlechteste (höchste) Wärmeleitfähigkeit der in Frage kommenden Werte anzusetzen, oder das Mauerwerk ist zu vernachlässigen. Im Tauwassernachweis ist der für die Tauwasserbetrachtung ungünstigste in Frage kommende Wert anzusetzen. Dies kann je nach Gesamtaufbau der niedrigste oder höchste Wert sein.

Wärmeübergangswiderstände

Unglücklicherweise sieht die Normung vor, dass bei U-Wert-Berechnungen nach DIN ISO 6946 (als Wärmeschutznachweis) andere Wärmeübergangswiderstände angesetzt werden als bei Tauwassernachweisen nach DIN 4108-3. Deshalb wird in Tabelle 2-1 zwischen diesen beiden Anwendungsfällen mittels der Zeilen 1.1 und 1.2 unterschieden.

Lichtkuppeln

Tabelle 2-2 auf Seite 106 enthält Bemessungswerte für den U-Wert von Lichtkuppeln und Lichtbändern. Diese Werte sind in energetischen Nachweisen zu berücksichtigen, wenn kein vom Hersteller deklarierter Wert vorliegt.

Anwendungstypen nach DIN V 4108-10

Tabelle 2-3 auf Seite 106 enthält eine Übersicht der in DIN V 4108-10 für Wärmedämmstoffe nach neuer Normung (DIN EN 13162 bis DIN EN 13171) definierten Anwendungstypen. *Tabelle 2-4 auf Seite 108* ergänzt vorgenannte Tabelle um Differenzierungen bestimmter Produkteigenschaften, beispielsweise Druckfestigkeit.

Tabelle 2-1: Rechenwerte für Wärme- und Feuchteschutz

	Wärmeleitfähigkeit λ [W/(m · K)]	Wärmedurchlasswiderstand R [m² · K/W]	Unterer μ-Wert	Oberer μ-Wert	sd-Wert [m]	Rohdichte [kg/m³]
1 Wärmeübergangswiderstände						
1.1 Wärmeübergangswiderstände für U-Wert-Berechnungen nach DIN ISO 6946 (Wärmeschutznachweise)						
1.1.1 Wärmeübergang innen, R_{si}						
Bauteilneigung bis 60°, Wärmestrom nach oben		0,10				
Bauteilneigung über 60°		0,13				
Bauteilneigung bis 60°, Wärmestrom nach unten		0,17				
1.1.2 Wärmeübergang außen gegen Außenluft, R_{se}						
Alle Bauteilneigungen		0,04				
1.1.3 Wärmeübergang außen gegen Belüftungsebene, R_{se}						
Es ist der gleiche Wert wie innen anzusetzen – siehe 1.1.1. (Die Belüftungsebene ist eine stark belüftete Luftschicht, siehe 2.3.)						
1.1.4 Wärmeübergang außen gegen Erdreich, R_{se}						
Alle Bauteilneigungen und Wärmestromrichtungen		0				
1.2 Wärmeübergangswiderstände für Tauwassernachweise nach DIN 4108-3						
1.2.1 Wärmeübergang innen, R_{si}						
Wärmestrom horizontal, nach oben oder schräg nach oben		0,13				
Wärmestrom nach unten		0,17				
1.2.2 Wärmeübergang außen gegen Außenluft, R_{se} (keine Belüftungsebene)						
Alle Bauteilneigungen und Wärmestromrichtungen		0,04				
1.2.3 Wärmeübergang außen gegen Belüftungsebene, R_{se}						
Alle Bauteilneigungen und Wärmestromrichtungen		0,08				
1.2.4 Wärmeübergang außen gegen Erdreich, R_{se}						
Alle Bauteilneigungen und Wärmestromrichtungen		0				
2 Luftschichten						
2.1 Luftschichten, nicht belüftet						
2.1.1 Luftschichten, nicht belüftet, bis 60° Neigung, Wärmestrom nach oben						
Dicke 5 bis 6 mm		0,11	1	1		1,25
Dicke 7 bis 9 mm		0,13	1	1		1,25

Fortsetzung Tabelle 2-1: Rechenwerte für Wärme- und Feuchteschutz

	Wärmeleitfähigkeit λ [W/(m·K)]	Wärmedurchlasswiderstand R [m²·K/W]	Unterer μ-Wert	Oberer μ-Wert	sd-Wert [m]	Rohdichte [kg/m³]
Dicke 10 bis 14 mm		0,15	1	1		1,25
Dicke 15 bis 300 mm		0,16	1	1		1,25
2.1.2 Luftschichten, nicht belüftet, über 60° Neigung						
Dicke 5 bis 6 mm		0,11	1	1		1,25
Dicke 7 bis 9 mm		0,13	1	1		1,25
Dicke 10 bis 14 mm		0,15	1	1		1,25
Dicke 15 bis 24 mm		0,17	1	1		1,25
Dicke 25 bis 300 mm		0,18	1	1		1,25
2.1.3 Luftschichten, nicht belüftet, bis 60° Neigung, Wärmestrom nach unten						
Dicke 5 bis 6 mm		0,11	1	1		1,25
Dicke 7 bis 9 mm		0,13	1	1		1,25
Dicke 10 bis 14 mm		0,15	1	1		1,25
Dicke 15 bis 24 mm		0,17	1	1		1,25
Dicke 25 bis 49 mm		0,19	1	1		1,25
Dicke 50 bis 99 mm		0,21	1	1		1,25
Dicke 100 bis 199 mm		0,22	1	1		1,25
Dicke 200 bis 300 mm		0,23	1	1		1,25

2.2 Luftschichten, schwach belüftet

(Lüftungsöffnungen 500 bis 1.500 mm²/m bei geneigten bzw. mm²/m² bei horizontalen Luftschichten):
Schwach belüftete Luftschichten werden mit der Hälfte des Werts einer nicht belüfteten Luftschicht angesetzt.
Außerhalb schwach belüfteter Luftschichten dürfen weitere Schichten bis zu einem maximalen Wärmedurchlasswiderstand von 0,15 m²·K/W berücksichtigt werden.

2.3 Luftschichten, stark belüftet

(Lüftungsöffnungen über 1.500 mm²/m bzw. mm²/m²):
Ohne Berücksichtigung! Außerhalb solcher Luftschichten dürfen keine Schichten mehr berücksichtigt werden.

3 Putze und Estriche

3.1 Putze

	Wärmeleitfähigkeit λ [W/(m·K)]	Wärmedurchlasswiderstand R [m²·K/W]	Unterer μ-Wert	Oberer μ-Wert	sd-Wert [m]	Rohdichte [kg/m³]
Gipsputz	0,70		10	10		1.400
Gipsputz ohne Zuschlag	0,51		10	10		1.200

Fortsetzung Tabelle 2-1: Rechenwerte für Wärme- und Feuchteschutz

	Wärmeleitfähigkeit λ [W/(m · K)]	Wärmedurchlasswiderstand R [m² · K/W]	Unterer μ-Wert	Oberer μ-Wert	sd-Wert [m]	Rohdichte [kg/m³]
Kalkgipsputz	0,70		10	10		1.400
Kalkputz	1,00		15	35		1.800
Kalkzementputz	1,00		15	35		1.800
Kunstharzputz	0,70		50	200		1.100
Leichtputz, < 1.300 [kg/m³]	0,56		15	20		1.300
Leichtputz, ≤ 1.000 [kg/m³]	0,38		15	20		1.000
Leichtputz, ≤ 700 [kg/m³]	0,25		15	20		700
Gipskartonplatten nach DIN 18180	0,25		4	10		900
3.2 Wärmedämmputze nach DIN 18550-3						
Wärmedämmputz, WLG 060	0,06		5	20		200
Wärmedämmputz, WLG 070	0,07		5	20		200
Wärmedämmputz, WLG 080	0,08		5	20		200
Wärmedämmputz, WLG 090	0,09		5	20		200
Wärmedämmputz, WLG 100	0,10		5	20		200
3.3 Estriche						
Zement-Estrich	1,40		15	35		2.000
Anhydrit-Estrich	1,20		15	35		2.100
Magnesia-Estrich, 1.400 [kg/m³]	0,47		15	35		1.400
Magnesia-Estrich, 2.300 [kg/m³]	0,70		15	35		2.300
Asphalt-Estrich	0,70		50.000	50.000		2.100
4 Betonbauteile						
4.1 Leichtbeton mit porigen Zuschlägen, nach DIN EN 206						
Leichtbeton, 800 [kg/m³]	0,39		70	150		800
Leichtbeton, 1.000 [kg/m³]	0,49		70	150		1.000
Leichtbeton, 1.200 [kg/m³]	0,62		70	150		1.200
Leichtbeton, 1.400 [kg/m³]	0,79		70	150		1.400
Leichtbeton, 1.600 [kg/m³]	1,00		70	150		1.600

Fortsetzung Tabelle 2-1: Rechenwerte für Wärme- und Feuchteschutz

	Wärmeleitfähigkeit λ [W/(m · K)]	Wärmedurchlasswiderstand R [m² · K/W]	Unterer μ-Wert	Oberer μ-Wert	sd-Wert [m]	Rohdichte [kg/m³]
Leichtbeton, 1.800 [kg/m³]	1,30		70	150		1.800
Leichtbeton, 2.000 [kg/m³]	1,60		70	150		2.000
4.2 Normalbeton (unbewehrt) nach DIN EN 206						
Normalbeton, 1.800 [kg/m³]	1,15		60	100		1.800
Normalbeton, 2.000 [kg/m³]	1,35		60	100		2.000
Normalbeton, 2.200 [kg/m³]	1,65		70	120		2.200
Normalbeton, 2.400 [kg/m³]	2,00		80	130		2.400
4.3 Stahlbeton (bewehrt) nach DIN EN 206						
Stahlbeton, 2.300 [kg/m³] (Bewehrungsgrad bis 1 %)	2,30		80	130		2.300
Stahlbeton, 2.400 [kg/m³] (Bewehrungsgrad bis 2 %)	2,50		80	130		2.400
4.4 Porenbeton (Gasbeton) nach DIN 4223-1						
Porenbeton, 400 [kg/m³]	0,13		5	10		400
Porenbeton, 500 [kg/m³]	0,15		5	10		500
Porenbeton, 600 [kg/m³]	0,19		5	10		600
Porenbeton, 700 [kg/m³]	0,22		5	10		700
Porenbeton, 800 [kg/m³]	0,25		5	10		800
5 Bauplatten						
5.1 Porenbetonplatten nach DIN 4166						
Porenbeton-Bauplatten Ppl, 400 [kg/m³]	0,20		5	10		400
Porenbeton-Bauplatten Ppl, 500 [kg/m³]	0,22		5	10		500
Porenbeton-Bauplatten Ppl, 600 [kg/m³]	0,24		5	10		600
Porenbeton-Bauplatten Ppl, 700 [kg/m³]	0,27		5	10		700
Porenbeton-Bauplatten Ppl, 800 [kg/m³]	0,29		5	10		800
Porenbeton-Planbauplatten Pppl, 400 [kg/m³]	0,13		5	10		400
Porenbeton-Planbauplatten Pppl,l 500 [kg/m³]	0,16		5	10		500
Porenbeton-Planbauplatten Pppl, 600 [kg/m³]	0,19		5	10		600
Porenbeton-Planbauplatten Pppl, 700 [kg/m³]	0,22		5	10		700

Fortsetzung Tabelle 2-1: Rechenwerte für Wärme- und Feuchteschutz

	Wärmeleitfähigkeit λ [W/(m · K)]	Wärmedurchlasswiderstand R [m² · K/W]	Unterer μ-Wert	Oberer μ-Wert	sd-Wert [m]	Rohdichte [kg/m³]
Porenbeton-Planbauplatten Pppl, 800 [kg/m³]	0,25		5	10		800
5.2 Gips-Wandbauplatten nach DIN EN 12859						
Wandbauplatten aus Gips, 750 [kg/m³]	0,35		5	10		750
Wandbauplatten aus Gips, 900 [kg/m³]	0,41		5	10		900
Wandbauplatten aus Gips, 1.000 [kg/m³]	0,47		5	10		1.000
Wandbauplatten aus Gips, 1.200 [kg/m³]	0,58		5	10		1.200
5.3 Gipskartonplatten						
Gipskartonplatten nach DIN 18180	0,25		4	10		800
6 Mauerwerk						
6.1 Klinker nach DIN 105 bzw. DIN V 105, inkl. Normal- bzw. Dünnbettmörtel (NM bzw. DM)						
Klinker, 1.800 [kg/m³]	0,81		50	100		1.800
Klinker, 2.000 [kg/m³]	0,96		50	100		2.000
Klinker, 2.200 [kg/m³]	1,20		50	100		2.200
6.2 Vollziegel und Hochlochziegel nach DIN 105-5 bzw. DIN V 105, inkl. Normal- bzw. Dünnbettmörtel						
Vollziegel, 1.200 [kg/m³]	0,50		5	10		1.200
Vollziegel, 1.400 [kg/m³]	0,58		5	10		1.400
Vollziegel, 1.600 [kg/m³]	0,68		5	10		1.600
Vollziegel, 1.800 [kg/m³]	0,81		5	10		1.800
Vollziegel, 2.000 [kg/m³]	0,96		5	10		2.000
6.3 Hochlochziegel, Lochung A + B nach DIN V 105-2, inkl. Normal- bzw. Dünnbettmörtel;						
bei Leichtmörtel ist die Wärmeleitfähigkeit um 0,05 abzumindern						
Leichthochlochziegel, 700 [kg/m³]	0,36		5	10		700
Leichthochlochziegel, 800 [kg/m³]	0,39		5	10		800
Leichthochlochziegel, 900 [kg/m³]	0,42		5	10		900
Leichthochlochziegel, 1.000 [kg/m³]	0,45		5	10		1.000

Fortsetzung Tabelle 2-1: Rechenwerte für Wärme- und Feuchteschutz

	Wärmeleitfähigkeit λ [W/(m · K)]	Wärmedurchlasswiderstand R [m² · K/W]	Unterer μ-Wert	Oberer μ-Wert	sd-Wert [m]	Rohdichte [kg/m³]
6.4 Hochlochziegel HLzW und Wärmedämmziegel WDz nach DIN V 105-100, inkl. Normal- bzw. Dünnbettmörtel;						
bei Leichtmörtel ist die Wärmeleitfähigkeit um 0,03 abzumindern						
Leichthochlochziegel W, 700 [kg/m³]	0,24		5	10		700
Leichthochlochziegel W, 800 [kg/m³]	0,26		5	10		800
Leichthochlochziegel W, 900 [kg/m³]	0,27		5	10		900
Leichthochlochziegel W, 1.000 [kg/m³]	0,29		5	10		1.000
6.5 Kalksandstein nach DIN V 106 bzw. DIN EN 771-2, inkl. Normal- bzw. Dünnbettmörtel						
Kalksandsteine, 1.000 [kg/m³]	0,50		5	10		1.000
Kalksandsteine, 1.200 [kg/m³]	0,56		5	10		1.200
Kalksandsteine, 1.400 [kg/m³]	0,70		5	10		1.400
Kalksandsteine, 1.600 [kg/m³]	0,79		15	25		1.600
Kalksandsteine, 1.800 [kg/m³]	0,99		15	25		1.800
Kalksandsteine, 2.000 [kg/m³]	1,10		15	25		2.000
Kalksandsteine, 2.200 [kg/m³]	1,30		15	25		2.200
6.6 Hüttensteine nach DIN 398, inkl. Normal- bzw. Dünnbettmörtel						
Hüttensteine, 1.000 [kg/m³]	0,47		70	100		1.000
Hüttensteine, 1.200 [kg/m³]	0,52		70	100		1.200
Hüttensteine, 1.400 [kg/m³]	0,58		70	100		1.400
Hüttensteine, 1.600 [kg/m³]	0,64		70	100		1.600
Hüttensteine, 1.800 [kg/m³]	0,70		70	100		1.800
Hüttensteine, 2.000 [kg/m³]	0,76		70	100		2.000
6.7 Porenbeton-Plansteine PP nach DIN V 4165-100 bzw. DIN EN 771-4, inkl. Dünnbettmörtel						
Porenbeton-Plansteine, 400 [kg/m³]	0,13		5	10		400
Porenbeton-Plansteine, 500 [kg/m³]	0,16		5	10		500
Porenbeton-Plansteine, 600 [kg/m³]	0,19		5	10		600
Porenbeton-Plansteine, 700 [kg/m³]	0,22		5	10		700
Porenbeton-Plansteine, 800 [kg/m³]	0,25		5	10		800

Fortsetzung Tabelle 2-1: Rechenwerte für Wärme- und Feuchteschutz

	Wärmeleitfähigkeit λ [W/(m · K)]	Wärmedurchlasswiderstand R [m² · K/W]	Unterer μ-Wert	Oberer μ-Wert	sd-Wert [m]	Rohdichte [kg/m³]
7 Wärmedämmstoffe, alt (vor DIN 13162 bis 13171)						
7.1 Holzfaserdämmplatten DIN 68755						
Holzfaserdämmplatten, WLG 040	0,040		5	5		120
Holzfaserdämmplatten, WLG 045	0,045		5	5		120
Holzfaserdämmplatten, WLG 050	0,050		5	5		120
Holzfaserdämmplatten, WLG 055	0,055		5	5		120
Holzfaserdämmplatten, WLG 060	0,060		5	5		120
Holzfaserdämmplatten, WLG 065	0,065		5	5		120
Holzfaserdämmplatten, WLG 070	0,070		5	5		120
7.2 Holzwolle-Leichtbauplatten nach DIN 1101						
Holzwolle-Leichtbauplatten, Dicke 15 bis 24 mm	0,150		2	5		570
Holzwolle-Leichtbauplatten, Dicke ab 25 mm, WLG 065	0,065		2	5		360
Holzwolle-Leichtbauplatten, Dicke ab 25 mm, WLG 070	0,070		2	5		360
Holzwolle-Leichtbauplatten, Dicke ab 25 mm, WLG 075	0,075		2	5		360
Holzwolle-Leichtbauplatten, Dicke ab 25 mm, WLG 080	0,080		2	5		360
Holzwolle-Leichtbauplatten, Dicke ab 25 mm, WLG 085	0,085		2	5		360
Holzwolle-Leichtbauplatten, Dicke ab 25 mm, WLG 090	0,090		2	5		360
7.3 Korkdämmplatten nach DIN 18161						
Korkdämmplatten, WLG 045	0,045		5	10		80
Korkdämmplatten, WLG 050	0,050		5	10		80
Korkdämmplatten, WLG 055	0,055		5	10		80
7.4 Mineralfaser (Glas- und Steinwolle) nach DIN 18165						
Mineralfaserdämmstoff, WLG 035	0,035		1	1		50
Mineralfaserdämmstoff, WLG 040	0,040		1	1		50
Mineralfaserdämmstoff, WLG 045	0,045		1	1		50
Mineralfaserdämmstoff, WLG 050	0,050		1	1		50

Fortsetzung Tabelle 2-1: Rechenwerte für Wärme- und Feuchteschutz

	Wärmeleitfähigkeit λ [W/(m · K)]	Wärmedurchlasswiderstand R [m² · K/W]	Unterer μ-Wert	Oberer μ-Wert	sd-Wert [m]	Rohdichte [kg/m³]
7.5 Pflanzenfaser nach DIN 18165						
Pflanzenfaserdämmstoff, WLG 035	0,035		1	1		70
Pflanzenfaserdämmstoff, WLG 040	0,040		1	1		70
Pflanzenfaserdämmstoff, WLG 045	0,045		1	1		70
Pflanzenfaserdämmstoff, WLG 050	0,050		1	1		70
7.6 Polystyrol (EPS und XPS) nach DIN 18164						
PS-Partikelschaum, $\geq$ 15 [kg/m³], WLG 035	0,035		20	50		15
PS-Partikelschaum, $\geq$ 20 [kg/m³], WLG 035	0,035		30	70		20
PS-Partikelschaum, $\geq$ 30 [kg/m³], WLG 035	0,035		40	100		30
PS-Partikelschaum, $\geq$ 15 [kg/m³], WLG 040	0,040		20	50		15
PS-Partikelschaum, $\geq$ 20 [kg/m³], WLG 040	0,040		30	70		20
PS-Partikelschaum, $\geq$ 30 [kg/m³], WLG 040	0,040		40	100		30
PS-Extruderschaum, WLG 030	0,030		80	250		25
PS-Extruderschaum, WLG 035	0,035		80	250		25
PS-Extruderschaum, WLG 040	0,040		80	250		25
7.7 Polyurethan ($\geq$ 30 kg/m³) nach DIN 18164						
PUR-Hartschaum, WLG 020	0,020		30	100		30
PUR-Hartschaum, WLG 025	0,025		30	100		30
PUR-Hartschaum, WLG 030	0,030		30	100		30
PUR-Hartschaum, WLG 035	0,035		30	100		30
PUR-Hartschaum, WLG 040	0,040		30	100		30
7.8 Phenolharz ($\geq$ 30 kg/m³) nach DIN 18164						
PF-Hartschaum, WLG 030	0,030		10	50		30
PF-Hartschaum, WLG 035	0,035		10	50		30
PF-Hartschaum, WLG 040	0,040		10	50		30
PF-Hartschaum, WLG 045	0,045		10	50		30

Fortsetzung Tabelle 2-1: Rechenwerte für Wärme- und Feuchteschutz

	Wärmeleitfähigkeit λ [W/(m · K)]	Wärmedurchlasswiderstand R [m² · K/W]	Unterer μ-Wert	Oberer μ-Wert	sd-Wert [m]	Rohdichte [kg/m³]
7.9 Schaumglas nach DIN 18174						
Schaumglas, WLG 045	0,045				1.500	100
Schaumglas, WLG 050	0,050				1.500	100
Schaumglas, WLG 055	0,055				1.500	100
Schaumglas, WLG 060	0,060				1.500	100
8 Wärmedämmstoffe, neu (nach DIN 13162 bis 13171)						
8.1 Mineralwolle (MW) nach DIN EN 13162						
8.1.1 Kategorie I: Bemessungswert = 1,2 mal Nennwert						
Mineralwolle DIN EN 13162, Nennwert $\lambda_D = 0,030$ Kat. I	0,036		1	1		50
Mineralwolle DIN EN 13162, Nennwert $\lambda_D = 0,031$ Kat. I	0,037		1	1		50
Mineralwolle DIN EN 13162, Nennwert $\lambda_D = 0,032$ Kat. I	0,038		1	1		50
. . .	. . .		. . .	. . .		. . .
Mineralwolle DIN EN 13162, Nennwert $\lambda_D = 0,050$ Kat. I	0,060		1	1		50
8.1.2 Kategorie II: Bemessungswert = 1,05 mal Grenzwert						
Mineralwolle DIN EN 13162, Grenzwert $\lambda_{grenz} = 0,0290$ Kat. II	0,030		1	1		50
Mineralwolle DIN EN 13162, Grenzwert $\lambda_{grenz} = 0,0299$ Kat. II	0,031		1	1		50
Mineralwolle DIN EN 13162, Grenzwert $\lambda_{grenz} = 0,0309$ Kat. II	0,032		1	1		50
. . .	. . .		. . .	. . .		. . .
Mineralwolle DIN EN 13162, Grenzwert $\lambda_{grenz} = 0,0480$ Kat. II	0,050		1	1		50
8.2 Polystyrol, expandiert (EPS), nach DIN EN 13163						
8.2.1 Kategorie I: Bemessungswert = 1,2 mal Nennwert						
Expandiertes Polystyrol DIN EN 13163, Nennwert $\lambda_D = 0,030$ Kat. I	0,036		20	100		20
Expandiertes Polystyrol DIN EN 13163, Nennwert $\lambda_D = 0,031$ Kat. I	0,037		20	100		20
Expandiertes Polystyrol DIN EN 13163, Nennwert $\lambda_D = 0,032$ Kat. I	0,038		20	100		20

Fortsetzung Tabelle 2-1: Rechenwerte für Wärme- und Feuchteschutz

	Wärmeleitfähigkeit λ [W/(m·K)]	Wärmedurchlasswiderstand R [m²·K/W]	Unterer μ-Wert	Oberer μ-Wert	sd-Wert [m]	Rohdichte [kg/m³]
. . .		. .	. .	. .		. .
Expandiertes Polystyrol DIN EN 13163, Nennwert $\lambda_D = 0{,}050$ Kat. I	0,060		20	100		20

8.2.2 Kategorie II: Bemessungswert = 1,05 mal Grenzwert

Expandiertes Polystyrol DIN EN 13163, Grenzwert $\lambda_{grenz} = 0{,}0290$ Kat. II	0,030		20	100		20
Expandiertes Polystyrol DIN EN 13163, Grenzwert $\lambda_{grenz} = 0{,}0299$ Kat. II	0,031		20	100		20
Expandiertes Polystyrol DIN EN 13163, Grenzwert $\lambda_{grenz} = 0{,}0309$ Kat. II	0,032		20	100		20
. . .		.	. .	. .		. .
Expandiertes Polystyrol DIN EN 13163, Grenzwert $\lambda_{grenz} = 0{,}0480$ Kat. II	0,050		20	100		20

8.3 Polystyrol, extrudiert (XPS), nach DIN EN 13163

8.3.1 Kategorie I: Bemessungswert = 1,2 mal Nennwert

Extrudiertes Polystyrol DIN EN 13163, Nennwert $\lambda_D = 0{,}026$ Kat. I	0,031		80	250		25
Extrudiertes Polystyrol DIN EN 13163, Nennwert $\lambda_D = 0{,}027$ Kat. I	0,032		80	250		25
Extrudiertes Polystyrol DIN EN 13163, Nennwert $\lambda_D = 0{,}028$ Kat. I	0,034		80	250		25
. . .		.	. .	. .		. .
Extrudiertes Polystyrol DIN EN 13163, Nennwert $\lambda_D = 0{,}040$ Kat. I	0,048		80	250		25

8.3.2 Kategorie II: Bemessungswert = 1,05 mal Grenzwert

Extrudiertes Polystyrol DIN EN 13163, Grenzwert $\lambda_{grenz} = 0{,}0252$ Kat. II	0,026		80	250		25
Extrudiertes Polystyrol DIN EN 13163, Grenzwert $\lambda_{grenz} = 0{,}0261$ Kat. II	0,027		80	250		25
Extrudiertes Polystyrol DIN EN 13163, Grenzwert $\lambda_{grenz} = 0{,}0271$ Kat. II	0,028		80	250		25
. . .		.	. .	. .		. .
Extrudiertes Polystyrol DIN EN 13163, Grenzwert $\lambda_{grenz} = 0{,}0385$ Kat. II	0,040		80	250		25

Fortsetzung Tabelle 2-1: Rechenwerte für Wärme- und Feuchteschutz

	Wärmeleitfähigkeit λ [W/(m·K)]	Wärmedurchlasswiderstand R [m²·K/W]	Unterer μ-Wert	Oberer μ-Wert	sd-Wert [m]	Rohdichte [kg/m³]
8.4 Polyurethan (PUR) nach DIN EN 13165						
8.4.1 Kategorie I: Bemessungswert = 1,2 mal Nennwert						
Polyurethan-Hartschaum DIN EN 13165, Nennwert $\lambda_D = 0{,}020$ Kat. I	0,024		40	200		30
Polyurethan-Hartschaum DIN EN 13165, Nennwert $\lambda_D = 0{,}021$ Kat. I	0,025		40	200		30
Polyurethan-Hartschaum DIN EN 13165, Nennwert $\lambda_D = 0{,}022$ Kat. I	0,026		40	200		30
.	.	.	.	.		.
.		.	.	.		
.		.	.	.		
Polyurethan-Hartschaum DIN EN 13165, Nennwert $\lambda_D = 0{,}040$ Kat. I	0,048		40	200		30
8.4.2 Kategorie II: Bemessungswert = 1,05 mal Grenzwert						
Polyurethan-Hartschaum DIN EN 13165, Grenzwert $\lambda_{grenz} = 0{,}0195$ Kat. II	0,020		40	200		30
Polyurethan-Hartschaum DIN EN 13165, Grenzwert $\lambda_{grenz} = 0{,}0204$ Kat. II	0,021		40	200		30
Polyurethan-Hartschaum DIN EN 13165, Grenzwert $\lambda_{grenz} = 0{,}0214$ Kat. II	0,022		40	200		30
.	.	.	.	.		.
.		.	.	.		
.		.	.	.		
Polyurethan-Hartschaum DIN EN 13165, Grenzwert $\lambda_{grenz} = 0{,}0428$ Kat. II	0,045		40	200		30
8.5 Phenolharz (PF) nach DIN EN 13166						
8.5.1 Kategorie I: Bemessungswert = 1,2 mal Nennwert						
Phenolharz-Hartschaum DIN EN 13166, Nennwert $\lambda_D = 0{,}020$ Kat. I	0,024		10	50		30
Phenolharz-Hartschaum DIN EN 13166, Nennwert $\lambda_D = 0{,}021$ Kat. I	0,025		10	50		30
Phenolharz-Hartschaum DIN EN 13166, Nennwert $\lambda_D = 0{,}022$ Kat. I	0,026		10	50		30
.	.	.	.	.		.
.		.	.	.		
.		.	.	.		
Phenolharz-Hartschaum DIN EN 13166, Nennwert $\lambda_D = 0{,}035$ Kat. I	0,042		10	50		30
8.5.2 Kategorie II: Bemessungswert = 1,05 mal Grenzwert						
Phenolharz-Hartschaum DIN EN 13166, Grenzwert $\lambda_{grenz} = 0{,}0195$ Kat. II	0,020		10	50		30
Phenolharz-Hartschaum DIN EN 13166, Grenzwert $\lambda_{grenz} = 0{,}0204$ Kat. II	0,021		10	50		30
Phenolharz-Hartschaum DIN EN 13166, Grenzwert $\lambda_{grenz} = 0{,}0214$ Kat. II	0,022		10	50		30

Fortsetzung Tabelle 2-1: Rechenwerte für Wärme- und Feuchteschutz

	Wärmeleitfähigkeit λ [W/(m · K)]	Wärmedurchlasswiderstand R [m² · K/W]	Unterer μ-Wert	Oberer μ-Wert	sd-Wert [m]	Rohdichte [kg/m³]
.		.	.	.		.
.		.	.	.		.
.		.	.	.		.
Phenolharz-Hartschaum DIN EN 13166, Grenzwert λ_{grenz} = 0,0338 Kat. II	0,035		10	50		30

8.6 Schaumglas (CG) nach DIN EN 13167

8.6.1 Kategorie I: Bemessungswert = 1,2 mal Nennwert

Schaumglas DIN EN 13167, Nennwert λ_D = 0,038 Kat. I	0,046				1.500	100
Schaumglas DIN EN 13167, Nennwert λ_D = 0,039 Kat. I	0,047				1.500	100
Schaumglas DIN EN 13167, Nennwert λ_D = 0,040 Kat. I	0,048				1.500	100
.		.			.	.
.		.			.	.
Schaumglas DIN EN 13167, Nennwert λ_D = 0,055 Kat. I	0,066				1.500	100

8.6.2 Kategorie II: Bemessungswert = 1,05 mal Grenzwert

Schaumglas DIN EN 13167, Grenzwert λ_{grenz} = 0,0366 Kat. II	0,038				1.500	100
Schaumglas DIN EN 13167, Grenzwert λ_{grenz} = 0,0375 Kat. II	0,039				1.500	100
Schaumglas DIN EN 13167, Grenzwert λ_{grenz} = 0,0385 Kat. II	0,040				1.500	100
.		.			.	.
.		.			.	.
Schaumglas DIN EN 13167, Grenzwert λ_{grenz} = 0,0529 Kat. II	0,055				1.500	100

8.7 Holzwolleleichtbauplatten nach DIN EN 13168, homogene Platten WW

8.7.1 Kategorie I: Bemessungswert = 1,2 mal Nennwert

Holzwolleleichtbauplatten DIN EN 13168 λ_D = 0,060 Kat. I	0,072		2	5		360
Holzwolleleichtbauplatten DIN EN 13168 λ_D = 0,061 Kat. I	0,073		2	5		360
Holzwolleleichtbauplatten DIN EN 13168 λ_D = 0,062 Kat. I	0,074		2	5		360
.		.			.	.
.		.			.	.
Holzwolleleichtbauplatten DIN EN 13168 λ_D = 0,100 Kat. I	0,120		2	5		360

Fortsetzung Tabelle 2-1: Rechenwerte für Wärme- und Feuchteschutz

	Wärmeleitfähigkeit λ [W/(m · K)]	Wärmedurchlasswiderstand R [m² · K/W]	Unterer μ-Wert	Oberer μ-Wert	sd-Wert [m]	Rohdichte [kg/m³]
8.7.2 Kategorie II: Bemessungswert = 1,05 mal Grenzwert						
Holzwolleleichtbaupl. DIN EN 13168 Grenzwert $\lambda_{grenz} = 0,0576$ Kat. II	0,060		2	5		360
Holzwolleleichtbaupl. DIN EN 13168 Grenzwert $\lambda_{grenz} = 0,0585$ Kat. II	0,061		2	5		360
Holzwolleleichtbaupl. DIN EN 13168 Grenzwert $\lambda_{grenz} = 0,0595$ Kat. II	0,062		2	5		360
. . .		.			.	.
Holzwolleleichtbaupl. DIN EN 13168 Grenzwert $\lambda_{grenz} = 0,0957$ Kat. II	0,100		2	5		360
8.8 Blähperlit (EPB) nach DIN EN 13169						
8.8.1 Kategorie I: Bemessungswert = 1,2 mal Nennwert						
Blähperlit DIN EN 13169 Nennwert $\lambda_D = 0,045$ Kat. I	0,054		5	5		
Blähperlit DIN EN 13169 Nennwert $\lambda_D = 0,046$ Kat. I	0,055		5	5		
Blähperlit DIN EN 13169 Nennwert $\lambda_D = 0,047$ Kat. I	0,056		5	5		
. . .		.	.	.	.	.
Blähperlit DIN EN 13169 Nennwert $\lambda_D = 0,065$ Kat. I	0,078		5	5		
8.8.2 Kategorie II: Bemessungswert = 1,05 mal Grenzwert						
Blähperlit DIN EN 13169 Grenzwert $\lambda_{grenz} = 0,0432$ Kat. II	0,045		5	5		
Blähperlit DIN EN 13169 Grenzwert $\lambda_{grenz} = 0,0443$ Kat. II	0,046		5	5		
Blähperlit DIN EN 13169 Grenzwert $\lambda_{grenz} = 0,0452$ Kat. II	0,047		5	5		
. . .		.	.	.	.	.
Blähperlit DIN EN 13169 Grenzwert $\lambda_{grenz} = 0,0624$ Kat. II	0,065		5	5		
8.9 Kork, expandiert (ICB) nach DIN EN 13170						
8.9.1 Kategorie I: Bemessungswert = 1,23 mal Nennwert						
Kork, expandiert, DIN EN 13170 Nennwert $\lambda_D = 0,040$ Kat. I	0,048		5	10		80
Kork, expandiert, DIN EN 13170 Nennwert $\lambda_D = 0,041$ Kat. I	0,049		5	10		80
Kork, expandiert, DIN EN 13170 Nennwert $\lambda_D = 0,042$ Kat. I	0,050		5	10		80

Fortsetzung Tabelle 2-1: Rechenwerte für Wärme- und Feuchteschutz

	Wärmeleitfähigkeit λ [W/(m·K)]	Wärmedurchlasswiderstand R [m²·K/W]	Unterer μ-Wert	Oberer μ-Wert	sd-Wert [m]	Rohdichte [kg/m³]
· · ·		· · ·	· · ·	· · ·		· · ·
Kork, expandiert, DIN EN 13170, Nennwert $\lambda_D = 0{,}055$ Kat. I	0,066		5	10		80

8.9.2 Kategorie II: Bemessungswert = 1,1 mal Grenzwert

Kork, expandiert, DIN EN 13170, Grenzwert $\lambda_{grenz} = 0{,}0368$ Kat. II	0,040		5	10		80
Kork, expandiert, DIN EN 13170, Grenzwert $\lambda_{grenz} = 0{,}0377$ Kat. II	0,041		5	10		80
Kork, expandiert, DIN EN 13170, Grenzwert $\lambda_{grenz} = 0{,}0386$ Kat. II	0,042		5	10		80
· · ·		· · ·	· · ·	· · ·		· · ·
Kork, expandiert, DIN EN 13170, Grenzwert $\lambda_{grenz} = 0{,}0504$ Kat. II	0,055		5	10		80

8.10 Holzfaserdämmstoff (WF) nach DIN EN 13171

8.10.1 Kategorie I: Bemessungswert = 1,23 mal Nennwert

Holzfaserdämmstoff DIN EN 13171, Nennwert $\lambda_D = 0{,}032$ Kat. I	0,039		5	5		
Holzfaserdämmstoff DIN EN 13171, Nennwert $\lambda_D = 0{,}033$ Kat. I	0,040		5	5		
Holzfaserdämmstoff DIN EN 13171, Nennwert $\lambda_D = 0{,}034$ Kat. I	0,042		5	5		
· · ·		· · ·	· · ·	· · ·		
Holzfaserdämmstoff DIN EN 13171, Nennwert $\lambda_D = 0{,}060$ Kat. I	0,073		5	5		

8.10.2 Kategorie II: Bemessungswert = 1,07 mal Grenzwert

Holzfaserdämmstoff DIN EN 13171, Grenzwert $\lambda_{grenz} = 0{,}0303$ Kat. II	0,032		5	5		
Holzfaserdämmstoff DIN EN 13171, Grenzwert $\lambda_{grenz} = 0{,}0312$ Kat. II	0,033		5	5		
Holzfaserdämmstoff DIN EN 13171, Grenzwert $\lambda_{grenz} = 0{,}0322$ Kat. II	0,034		5	5		
· · ·		· · ·	· · ·	· · ·		
Holzfaserdämmstoff DIN EN 13171, Grenzwert $\lambda_{grenz} = 0{,}0565$ Kat. II	0,060		5	5		

Fortsetzung Tabelle 2-1: Rechenwerte für Wärme- und Feuchteschutz

	Wärmeleitfähigkeit λ [W/(m · K)]	Wärmedurchlasswiderstand R [m² · K/W]	Unterer μ-Wert	Oberer μ-Wert	sd-Wert [m]	Rohdichte [kg/m³]
9 Holz und Holzwerkstoffe						
9.1 Holz						
Nadelholz	0,13		20	50		500
Laubholz	0,18		50	200		700
9.2 Holzwerkstoffe						
Holzfaserplatten inkl. MDF, 250 kg/m³	0,07		2	5		250
Holzfaserplatten inkl. MDF, 400 kg/m³	0,10		5	10		400
Holzfaserplatten inkl. MDF, 600 kg/m³	0,14		10	12		600
Holzfaserplatten inkl. MDF, 800 kg/m³	0,18		10	20		800
OSB-Platten (Herstellerwerte stark abweichend!)	0,13		30	50		650
Spanplatten, 300 kg/m³	0,10		10	50		300
Spanplatten, 600 kg/m³	0,14		15	50		600
Spanplatten, 900 kg/m³	0,18		20	50		900
Zementgebundene Spanplatten	0,23		30	50		1.200
10 Sperren und Abdichtungen						
10.1 Abdichtstoffe						
Asphalt	0,70		50.000	50.000		2.100
Bitumen als Stoff	0,17		50.000	50.000		1.100
Bitumen als Bahn/Membran	0,23		50.000	50.000		1.100
Polyurethanschaum (PU)	0,05		60	60		70
10.2 Bitumenbahnen						
Bitumendachbahnen R 500	0,17		10.000	80.000		1.200
Bitumenbahnen, nackt, R 500 N	0,17		2.000	20.000		1.200
Glasvlies-Bitumendachbahnen V13	0,17		20.000	60.000		
10.3 Kunststoffbahnen						
Kunststoff-Dachbahnen (ECB), 2,0 K			50.000	75.000		
Kunststoff-Dachbahnen (ECB), 2,0			70.000	90.000		

Fortsetzung Tabelle 2-1: Rechenwerte für Wärme- und Feuchteschutz

	Wärmeleitfähigkeit λ [W/(m · K)]	Wärmedurchlasswiderstand R [m² · K/W]	Unterer μ-Wert	Oberer μ-Wert	sd-Wert [m]	Rohdichte [kg/m³]
Kunststoff-Dachbahnen (PVC-P)			10.000	30.000		
Kunststoff-Dachbahnen (PIB)			40.000	1.750.000		
10.4 Metallfolien						
Aluminium-Folien, Dicke ≥ 0,05 mm					1.500	
Andere Metallfolien, Dicke ≥ 0,1 mm					1.500	
10.5 Kunststofffolien						
PA-Folie, Dicke ≥ 0,05 mm			50.000	50.000		
PE-Folien, Dicke ≥ 0,1 mm			100.000	100.000		
PP-Folie, Dicke ≥ 0,05 mm			1.000	1.000		
PTFE-Folien, Dicke ≥ 0,05 mm			10.000	10.000		
11 Fußbodenbeläge						
Gummi	0,17		10.000	10.000		1.200
Kunststoff	0,25		10.000	10.000		1.700
Unterlage aus porösem Gummi oder Kunststoff	0,10		10.000	10.000		270
Filzunterlage	0,05		15	20		120
Wollunterlage	0,06		15	20		200
Korkunterlage	0,05		10	20		200
Korkfliesen	0,065		20	40		400
Teppich	0,06		5	5		200
Linoleum	0,17		800	1.000		1.200
12 Platten						
Keramik/Porzellan	1,30				1.500	2.300
Kunststoff	0,20		10.000	10.000		1.000
13 Dachwerkstoff						
Tonziegel	1,00		30	40		2.000
Betondachstein	1,50		60	100		2.100
Schiefer	2,20		800	1.000		2.400

Fortsetzung Tabelle 2-1: Rechenwerte für Wärme- und Feuchteschutz

	Wärmeleitfähigkeit λ [W/(m · K)]	Wärmedurchlasswiderstand R [m² · K/W]	Unterer μ-Wert	Oberer μ-Wert	sd-Wert [m]	Rohdichte [kg/m³]
14 Gestein						
Kristalliner Naturstein	3,50		10.000	10.000		2.800
Sediment-Naturstein	2,30		2	250		2.600
Leichter Sediment-Naturstein	0,85		20	30		1.500
Poröses Gestein, z.B. Lava	0,55		15	20		1.600
Basalt	3,50		10.000	10.000		2.850
Gneis	3,50		10.000	10.000		2.550
Granit	2,80		10.000	10.000		2.600
Marmor	3,50		10.000	10.000		2.800
Schiefer	2,20		800	1.000		2.400
Kalkstein, extraweich	0,85		20	30		1.600
Kalkstein, weich	1,10		25	40		1.800
Kalkstein, halbhart	1,40		40	50		2.000
Kalkstein, hart	1,70		150	200		2.200
Kalkstein, extrahart	2,30		200	250		2.600
Sandstein (Quarzit)	2,30		30	40		2.600
Naturbims	0,12		6	8		400
Kunststein	1,30		40	50		1.750
15 Erdreich						
Ton/Schlick/Schlamm	1,50		50	50		1.500
Sand/Kies	2,00		50	50		2.000
16 Lehmbaustoffe						
Lehm, 600 kg/m³	0,17		5	10		600
Lehm, 800 kg/m³	0,25		5	10		800
Lehm, 1.000 kg/m³	0,35		5	10		1.000
Lehm, 1.200 kg/m³	0,47		5	10		1.200
Lehm, 1.400 kg/m³	0,59		5	10		1.400

Fortsetzung Tabelle 2-1: Rechenwerte für Wärme- und Feuchteschutz

	Wärmeleitfähigkeit λ [W/(m · K)]	Wärmedurchlasswiderstand R [m² · K/W]	Unterer μ-Wert	Oberer μ-Wert	sd-Wert [m]	Rohdichte [kg/m³]
Lehm, 1.600 kg/m³	0,73		5	10		1.600
Lehm, 1.800 kg/m³	0,91		5	10		1.800
Lehm, 2.000 kg/m³	1,1		5	10		2.000
18 Befestigungselemente aus Metall (zur Berechnung der U-Wert-Korrektur für durchdringende Dämmstoffbefestigungen)						
Stahl, auch verzinkt	50					
Nicht rostender Stahl	17					
Aluminium	160					

Tabelle 2-2: U-Werte von Lichtkuppeln und Dachlichtbändern

Ausführung der Außenschale	Bemessungswert des Wärmedurchgangskoeffizienten (U-Wert) in W/(m² · K)
Zweischalig	3,5
Dreischalig	2,5

Tabelle 2-3: Anwendungsgebiete von Wärmedämmungen

Gebiet	Zeichen	Symbol	Anwendungsbeispiele
Dach und Decke	DAD		Außendämmung von Dach oder Decke, vor Bewitterung geschützt, Dämmung unter Deckungen
	DAA		Außendämmung von Dach oder Decke, vor Bewitterung geschützt, Dämmung unter Abdichtung
	DUK		Außendämmung des Daches, der Bewitterung ausgesetzt (Umkehrdach)
	DZ		Zwischensparrendämmung, zweischaliges Dach, nicht begehbare, aber zugängliche oberste Geschossdecken

Fortsetzung Tabelle 2-3: Anwendungsgebiete von Wärmedämmungen

Gebiet	Zeichen	Symbol	Anwendungsbeispiele
Dach und Decke	DI		Innendämmung der Decke (unterseitig) oder des Daches, Dämmung unter den Sparren/Tragkonstruktion, abgehängte Decke usw.
	DEO		Innendämmung der Decke oder Bodenplatte (oberseitig) unter Estrich ohne Schallschutzanforderungen
	DES		Innendämmung der Decke oder Bodenplatte (oberseitig) unter Estrich mit Schallschutzanforderungen
Wand	WAB		Außendämmung der Wand hinter Bekleidung
	WAA		Außendämmung der Wand hinter Abdichtung
	WAP		Außendämmung der Wand unter Putz
	WZ		Dämmung von zweischaligen Wänden, Kerndämmung
	WH		Dämmung von Holzrahmen- und Holztafelbauweise
	WI		Innendämmung der Wand
	WTH		Dämmung zwischen Haustrennwänden mit Schallschutzanforderungen
	WTR		Dämmung von Raumtrennwänden
Perimeter	PW		Außen liegende Wärmedämmung von Wänden gegen Erdreich (außerhalb der Abdichtung)
	PB		Außen liegende Wärmedämmung unter der Bodenplatte gegen Erdreich (außerhalb der Abdichtung)

Tabelle 2-4: Kurzzeichen der Eigenschaften von Wärmedämmungen

Eigenschaft	Zeichen	Bedeutung	Anwendungsbeispiele
Druckbelast-barkeit	dk	Keine Druckbelastbarkeit	Hohlraumdämmung, Zwischensparrendämmung
	dg	Geringe Druckbelastbarkeit	Wohn- und Bürobereich unter Estrich
	dm	Mittlere Druckbelastbarkeit	Nicht genutztes Dach mit Abdichtung
	dh	Hohe Druckbelastbarkeit	Genutzte Dachflächen, Terrassen
	ds	Sehr hohe Druckbelastbarkeit	Industrieböden, Parkdeck
	dx	Extrem hohe Druckbelastbarkeit	Hoch belastete Industrieböden, Parkdeck
Wasser-aufnahme	wk	Keine Anforderungen an Wasser-aufnahme	Innendämmung im Wohn- und Bürobereich
	wf	Wasseraufnahme durch flüssiges Wasser	Außendämmung von Außenwänden und Dächern
	wd	Wasseraufnahme durch flüssiges Wasser und/oder Diffusion	Perimeterdämmung, Umkehrdach
Zugfestigkeit	zk	Keine Anforderungen an Zugfes-tigkeit	Hohlraumdämmung, Zwischensparrendämmung
	zg	Geringe Zugfestigkeit	Außendämmung der Wand hinter Bekleidung
	zh	Hohe Zugfestigkeit	Außendämmung der Wand unter Putz, Dach mit verklebter Abdichtung
Schall-technische Eigen-schaften	sk	Keine Anforderungen an schall-technische Eigenschaften	Alle Anwendungen ohne schalltechnische Anforde-rungen
	sg	Trittschalldämmung, geringe Zusammendrückbarkeit	Schwimmender Estrich, Haustrennwände
	sm	Trittschalldämmung, mittler Zusammendrückbarkeit	
	sh	Trittschalldämmung, erhöhte Zusammendrückbarkeit	
Verformung	tk	Keine Anforderungen an die Ver-formung	Innendämmung
	tf	Dimensionsstabilität unter Feuchte und Temperatur	Außendämmung der Wand unter Putz, Dach mit Abdichtung
	tl	Verformung unter Last und Tem-peratur	Dach mit Abdichtung

2.2   U-Wert nach DIN EN ISO 6946

Die Berechnung des U-Wertes nach DIN EN ISO 6946 lässt sich in vier Gebiete unterteilen:

- U-Wert thermisch homogener Bauteile (alle Schichten ohne Unterbrechungen)
- U-Wert von Bauteilen thermisch inhomogener Bauteile mit nebeneinanderliegenden Bereichen (beispielsweise Sparren/Gefach)
- Korrekturen des U-Wertes für:
  - Dämmwirkung eines kleinen unbeheizten Raums (bei Berechnung der Wand zu diesem Raum)
  - Dämmwirkung des Dachraums (bei Berechnung der Decke zum unbeheizten Dachraum)
  - Fugen und Luftzirkulation in der Dämmebene
  - mechanische Befestigungen, welche die Dämmschicht durchdringen (beispielsweise Flachdachdämmung auf Stahltrapezdecke)
  - Umkehrdach (Dämmschicht über der Abdichtung, Korrektur nach DIN 4108-2)
- U-Wert von Gefälledächern (Flachdächer mit keilförmiger Dämmschicht)

DIN EN ISO 6946 berücksichtigt weitere Aspekte, die in der Praxis des Dach- und Holzbaus jedoch meist keine wesentliche Rolle spielen.

Berechnungsregeln   Bei Bauteilen mit Luftschichten gilt:

- Nicht belüftete Luftschicht: Die nicht belüftete Luftschicht und außenseits derselben liegende Schichten werden berücksichtigt.
- Stark belüftete Luftschicht mit Verbindung zur Außenluft (Lüftungsöffnungen über 1.500 mm²/m bei vertikalen Luftschichten bzw. über 1.500 mm²/m² bei waagerechten Luftschichten, Regelfall bei Belüftungsebenen): Die belüftete Luftschicht und alle außenseits derselben liegende Schichten werden nicht berücksichtigt.
- Schwach belüftete Luftschicht mit Verbindung zur Außenluft (Lüftungsöffnungen 500 bis 1.500 mm²/m bei vertikalen Luftschichten bzw. 500 bis 1.500 mm²/m² bei waagerechten Luftschichten): Die belüftete Luftschicht wird mit der Hälfte des Wertes einer nicht belüfteten Luftschicht berücksichtigt, und außenseits derselben liegende Schichten werden bis zu einem Wärmedurchlasswiderstand von 0,15 m² · K/W berücksichtigt.

Für Rippen (Sparren und dergleichen) in Bauteilen mit belüfteten Luftschichten gilt:

- Die Berechnungsgrenze des Gefachs ist auch die Berechnungsgrenze der Rippe.
- Alles, was außenseits dieser Grenze liegt, wird nicht berücksichtigt.

Für Bauteile mit Abdichtungen gilt:

- Schichten außenseits der Abdichtung werden nicht berücksichtigt.
- Ausnahme: Eine geeignete Dämmschicht liegt außenseits der Abdichtung (Perimeterdämmung gegenüber Erdreich, Umkehrdämmung eines Flachdaches). Dann wird die Dämmschicht berücksichtigt, aber keine weiteren Schichten.

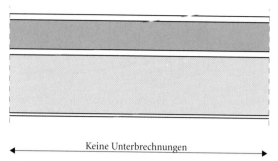

Keine Unterbrechungen

Bild 2-5: Schematische Darstellung eines thermisch homogenen Bauteils

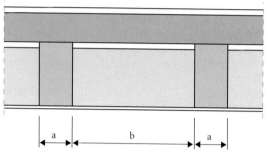

a   b   a

Bild 2-6: Schematische Darstellung eines thermisch inhomogenen Bauteils mit den nebeneinanderliegenden Bereichen a und b

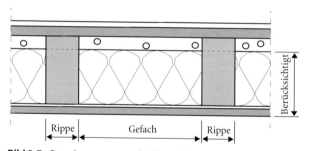

Rippe   Gefach   Rippe

Bild 2-7: Berechnungsgrenze bei Bauteilen mit Rippen und belüfteten Luftschichten

2.2.1   Thermisch homogene Bauteile

Thermisch homogen ist ein Bauteil, wenn alle für den Wärmeschutz relevanten Schichten gleichmäßig dick (nicht keilförmig) und ohne Unterbrechungen sind.

Jede Schicht (1 bis n) des Bauteils hat in Abhängigkeit ihrer Dicke d und Wärmeleitfähigkeit λ einen bestimmten Wärmedurch**lass**widerstand R:

$$R_1 = \frac{d_1}{\lambda_1}, \quad R_2 = \frac{d_2}{\lambda_2}, \dots, \quad R_n = \frac{d_n}{\lambda_n}$$

Zusätzlich wirken die Wärmeübergangswiderstände innen R_{si} (von der Raumluft in das Bauteil) und außen R_{se} (von dem Bauteil in die Außenluft) bremsend für den Wärmedurchgang.

Die Summe der Wärmedurchlasswiderstände und der Übergangswiderstände ergibt den Wärmedurch**gangs**widerstand R_T des Bauteils mit n Schichten:

$$R_T = R_{si} + R_1 + R_2 + \dots + R_n + R_{se}$$

Der U-Wert des Bauteils ergibt sich aus dem Kehrwert des Wärmedurchgangswiderstandes:

$$U = \frac{1}{R_T}$$

Die Berechnung erfolgt zweckmäßig mit *Formblatt 2-8 auf Seite 112.*

Formblatt 2-8: U-Wert-Berechnung thermisch homogener Bauteile

Spalte →	A		B	C	D
	U-Wert-Berechnung, thermisch homogenes Bauteil				
Zeile ↓	Projekt:			Datum:	
	Bauteil:			Bearbeiter:	
	Schicht Nr. ↓	Schichtenfolge	Dicke d [m]	Wärme-leitfähigkeit λ [W/(m · K)]	Widerstand $R = \dfrac{d}{\lambda}$ [m² · K/W]
0	↓	Übergang innen R_{si}			
1	1				
2	2				
3	3				
4	4				
5	5				
6	6				
7	7				
8	8				
9	9				
10	10				
11		Übergang außen R_{se}			
12		Wärmedurchgangswiderstand [m² · K/W]	$R_T = R_{si} + R_1 + R_2 + \ldots R_{se}$		
13		Wärmedurchgangskoeffizient [W/(m² · K)]	$U = \dfrac{1}{R_T}$		

Beispiel Es soll der U-Wert einer thermisch homogenen Außenwand berechnet werden.

Schichtenfolge von innen nach außen:

- 20 mm Kalkgipsputz
- 365 mm Porenbeton-Plansteine, 600 kg/m³
- 20 mm Kalkzementputz

Die Rechenwerte werden der *Tabelle 2-1 auf Seite 89* entnommen.

Beispiel 2-9 auf Seite 113 gibt die formblattgestützte Berechnung wieder.

Beispiel 2-9: U-Wert-Berechnung thermisch homogener Bauteile

Spalte →		A	B	C	D
Zeile ↓		**U-Wert-Berechnung, thermisch homogenes Bauteil** Projekt: *Beispiel* Datum: *14.01.10* Bauteil: *Außenwand* Bearbeiter: *Maßong*			
	Schicht Nr. ↓	Schichtenfolge	Dicke d [m]	Wärme-leitfähigkeit λ [W/(m · K)]	Widerstand $R = \dfrac{d}{\lambda}$ [m² · K/W]
0	↓	Übergang innen R_{si} ⟶			*0,130*
1	1	*Kalkgipsputz*	*0,020*	*0,700*	*0,029*
2	2	*Porenbeton-Plansteine, 600 kg/m³*	*0,365*	*0,190*	*1,921*
3	3	*Kalkzementputz*	*0,020*	*1,000*	*0,020*
4	4				
5	5				
6	6				
7	7				
8	8				
9	9				
10	10				
11		Übergang außen R_{se} ⟶			*0,040*
12		Wärmedurchgangswiderstand [m² · K/W]	$R_T = R_{si} + R_1 + R_2 + ... R_{se}$		*2,140*
13		Wärmedurchgangskoeffizient [W/(m² · K)]	$U = \dfrac{1}{R_T}$		*0,467* $\cong$ *0,47*

2.2.2 Thermisch inhomogene Bauteile

Thermisch inhomogen ist ein Bauteil, wenn eine oder mehrere der für den Wärmeschutz relevanten Schichten unterbrochen sind.

In diesem Fall lässt sich das Bauteil in mehrere Bereiche mit jeweils unterschiedlicher Schichtenfolge unterteilen, wobei jeder Bereich für sich betrachtet wiederum thermisch homogen ist. In den meisten Fällen thermisch inhomogener Bauteile liegen zwei Bereiche mit mehreren Schichten vor: Gefach und Rippe (oder Sparren).

Die Berechnung des U-Wertes erfolgt in mehreren Schritten, beispielhaft dargestellt an einem Bauteil mit zwei Bereichen (Gefach und Rippe) und drei Schichten:

1. Zerlegung eines Bauteils in zwei Bereiche mit jeweils drei Schichten.
2. Berechnung der Flächenanteile f_{Gefach} und f_{Rippe} der Bereiche:

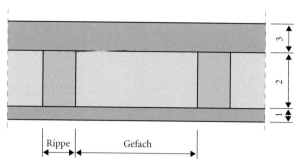

Bild 2-10: Schematische Darstellung eines Bauteils mit zwei Bereichen (Gefach und Rippe) und drei Schichten (1, 2, 3)

$$f_{\text{Gefach}} = \frac{b_{\text{Gefach}}}{b_{\text{Gesamt}}} = \frac{\text{Gefachbreite}}{\text{Gefachbreite} + \text{Rippenbreite}}$$

$$= \frac{A_{\text{Gefach}}}{A_{\text{Gesamt}}} = \frac{\text{Gefachfläche}}{\text{Gefachfläche} + \text{Rippenfläche}}$$

$$f_{\text{Rippe}} = \frac{b_{\text{Rippe}}}{b_{\text{Gesamt}}} = \frac{\text{Rippenbreite}}{\text{Gefachbreite} + \text{Rippenbreite}}$$

$$= \frac{A_{\text{Rippe}}}{A_{\text{Gesamt}}} = \frac{\text{Rippenfläche}}{\text{Gefachfläche} + \text{Rippenfläche}}$$

3. Betrachtung der thermisch homogenen Teilbereiche Gefach und Rippe

   a. Berechnung des Wärmedurchgangswiderstandes $R_{\text{T,Gefach}}$ des Gefachs wie bei thermisch homogenen Bauteilen über die drei Schichten mit den Wärmedurchlasswiderständen der einzelnen Schichten:

$$R_{1,\text{Gefach}} = \frac{d_{1,\text{Gefach}}}{\lambda_{1,\text{Gefach}}}, \quad R_{2,\text{Gefach}} = \frac{d_{2,\text{Gefach}}}{\lambda_{2,\text{Gefach}}}, \quad R_{3,\text{Gefach}} = \frac{d_{3,\text{Gefach}}}{\lambda_{3,\text{Gefach}}},$$

$$R_{\text{T,Gefach}} = R_{\text{si}} + R_{1,\text{Gefach}} + R_{2,\text{Gefach}} + R_{3,\text{Gefach}} + R_{\text{se}}$$

   b. Berechnung des Wärmedurchgangswiderstandes $R_{\text{T,Rippe}}$ der Rippe wie bei thermisch homogenen Bauteilen über die drei Schichten mit den Wärmedurchlasswiderständen der einzelnen Schichten:

$$R_{1,\text{Rippe}} = \frac{d_{1,\text{Rippe}}}{\lambda_{1,\text{Rippe}}}, \quad R_{2,\text{Rippe}} = \frac{d_{2,\text{Rippe}}}{\lambda_{2,\text{Rippe}}}, \quad R_{3,\text{Rippe}} = \frac{d_{3,\text{Rippe}}}{\lambda_{3,\text{Rippe}}},$$

$$R_{\text{T,Rippe}} = R_{\text{si}} + R_{1,\text{Rippe}} + R_{2,\text{Rippe}} + R_{3,\text{Rippe}} + R_{\text{se}}$$

   c. Berechnung des oberen Grenzwertes des Wärmedurchgangswiderstands:

$$R_{\text{T}}' = \frac{1}{\dfrac{f_{\text{Gefach}}}{R_{\text{T,Gefach}}} + \dfrac{f_{\text{Rippe}}}{R_{\text{T,Rippe}}}}$$

4. Betrachtung der Schichten über die Bereiche hinweg
   a. Berechnung der Wärmedurchlasswiderstände der Schichten über die
   Bereiche hinweg:

$$R_{1,\,Gesamt} = \cfrac{1}{\cfrac{f_{Gefach}}{R_{1,\,Gefach}} + \cfrac{f_{Rippe}}{R_{1,\,Rippe}}}\,, \quad R_{2,\,Gesamt} = \cfrac{1}{\cfrac{f_{Gefach}}{R_{2,\,Gefach}} + \cfrac{f_{Rippe}}{R_{2,\,Rippe}}}\,,$$

$$R_{3,\,Gesamt} = \cfrac{1}{\cfrac{f_{Gefach}}{R_{3,\,Gefach}} + \cfrac{f_{Rippe}}{R_{3,\,Rippe}}}$$

   b. Berechnung des unteren Grenzwertes des Wärmedurchgangswiderstands R_T'' :

$$R_T'' = R_{si} + R_{1,\,Gesamt} + R_{2,\,Gesamt} + R_{3,\,Gesamt} + R_{se}$$

5. Berechnung des Gesamt-Wärmedurchgangswiderstands:

$$R_T = \frac{R_T' + R_T''}{2}$$

6. Berechnung des U-Wertes:

$$U = \frac{1}{R_T}$$

Die Berechnung von Bauteilen mit zwei Bereichen erfolgt zweckmäßig mit
Formblatt 2-11 auf Seite 116.

Formblatt 2-11: U-Wert-Berechnung thermisch inhomogener Bauteile

U-Wert-Berechnung, thermisch inhomogenes Bauteil mit zwei Bereichen

Projekt: Datum:

Bauteil: Bearbeiter:

Spalte →	A	B	C	D	E	F	G	H	I
Zeile →			Gefach			Rippe		Gesamt	

Zeile 1 — Breite: b_{Gefach} (C) ; b_{Rippe} (F) ; $b_{\text{Gesamt}} = b_{\text{Gefach}} + b_{\text{Rippe}}$ (H)

Zeile 2 — Anteil: $f_{\text{Gefach}} = \dfrac{b_{\text{Gefach}}}{b_{\text{Gesamt}}}$; $f_{\text{Rippe}} = \dfrac{b_{\text{Rippe}}}{b_{\text{Gesamt}}}$; $f_{\text{Gesamt}} = f_{\text{Gefach}} + f_{\text{Rippe}}$ = 1,00

Dicke d [m]

Wärmeleitfähigkeit λ_{Gefach} [W/(m · K)] ; Widerstand $R_{\text{Gefach}} = \dfrac{d}{\lambda_{\text{Gefach}}}$ [m² · K/W]

Wärmeleitfähigkeit λ_{Rippe} [W/(m · K)] ; Widerstand $R_{\text{Rippe}} = \dfrac{d}{\lambda_{\text{Rippe}}}$ [m² · K/W]

Widerstand $R_{\text{Gesamt}} = \dfrac{1}{\dfrac{f_{\text{Gefach}}}{R_{\text{Gefach}}} + \dfrac{f_{\text{Rippe}}}{R_{\text{Rippe}}}}$ [m² · K/W]

Schichtenfolge Gefach   Schichtenfolge Rippe

Schicht Nr. 1, 2, 3, 4, 5, 6, 7, 8, 9, 10

Zeile 3 — Übergang innen R_{si}

Zeile 14 — Übergang außen R_{se}

Zeile 15 — Summe der Widerstände $R_{\text{T}} = R_{\text{si}} + R_1 + R_2 + \ldots R_{\text{se}}$: $R_{\text{T, Gefach}} =$; $R_{\text{T, Rippe}} =$; $R_{\text{T}}'' =$

Wert übernehmen

Zeile			
16	Oberer Grenzwert des Wärmedurchgangswiderstands	$R_{\text{T}}' = \dfrac{1}{\dfrac{f_{\text{Gefach}}}{R_{\text{T, Gefach}}} + \dfrac{f_{\text{Rippe}}}{R_{\text{T, Rippe}}}}$	[m² · K/W]
17	Unterer Grenzwert des Wärmedurchgangswiderstands	$R_{\text{T}}'' =$	[m² · K/W]
18	Wärmedurchgangswiderstand	$R_{\text{T}} = \dfrac{R_{\text{T}}' + R_{\text{T}}''}{2}$	[m² · K/W]
19	Wärmedurchgangskoeffizient	$U = \dfrac{1}{R_{\text{T}}}$	[W/(m² · K)]

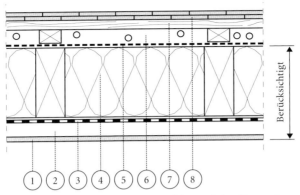

Bild 2-12: Thermisch inhomogene Dachkonstruktion, Nummerierung wie im Rechenformblatt

Beispiel Es soll der U-Wert einer thermisch inhomogenen Dachkonstruktion berechnet werden. Dachneigung = 40°.

Schichtenfolge im Gefach von innen nach außen:

- 12,5 mm Gipskartonplatte
- 40 mm Luftschicht, nicht belüftet
- 0,2 mm PE-Dampfbremse (gleichzeitig Luftdichtheitsschicht)
- 180 mm Mineralfaser-Wärmedämmung MW 035, Typ DZ
- diffusionsoffene Unterdeckung
- 40 mm Belüftungsebene (stark belüftet)
- 24 mm Schalung
- Holzschindeln

Das Gefach hat eine Breite von 70 cm, der Sparren ist 8 cm breit und unterbricht lediglich die Wärmedämmung.

Die Rechenwerte werden der *Tabelle 2-1 auf Seite 89* entnommen.

Beispiel 2-13 auf Seite 118 gibt die formblattgestützte Berechnung wieder.

Beispiel 2-13: U-Wert-Berechnung thermisch inhomogener Bauteile

U-Wert-Berechnung, thermisch inhomogenes Bauteil mit zwei Bereichen

Projekt: *Beispiel*   Datum: *14.01.10*
Bauteil: *Steildach*   Bearbeiter: *Maßjong*

Spalte →	A	B	C	D	E	F	G	H	I
			Gefach			Rippe			Gesamt
Zeile 1	Breite		$b_{\text{Gefach}} =$ 0,700			$b_{\text{Rippe}} =$ 0,080		$b_{\text{Gesamt}} = b_{\text{Gefach}} + b_{\text{Rippe}} =$	0,780
Zeile 2	Anteil		$f_{\text{Gefach}} = \dfrac{b_{\text{Gefach}}}{b_{\text{Gesamt}}} =$ 0,897			$f_{\text{Rippe}} = \dfrac{b_{\text{Rippe}}}{b_{\text{Gesamt}}} =$ 0,103		$f_{\text{Gesamt}} = f_{\text{Gefach}} + f_{\text{Rippe}} =$	1,00

Schicht Nr.	Dicke d [m]	Schichtenfolge Gefach	Wärmeleitfähigkeit λ_{Gefach} [W/(m·K)]	Widerstand $R_{\text{Gefach}} = \dfrac{d}{\lambda_{\text{Gefach}}}$ [m²·K/W]	Schichtenfolge Rippe	Wärmeleitfähigkeit λ_{Rippe} [W/(m·K)]	Widerstand $R_{\text{Rippe}} = \dfrac{d}{\lambda_{\text{Rippe}}}$ [m²·K/W]	Widerstand $R_{\text{Gesamt}} = \dfrac{1}{\dfrac{f_{\text{Gefach}}}{R_{\text{Gefach}}} + \dfrac{f_{\text{Rippe}}}{R_{\text{Rippe}}}}$ [m²·K/W]
(Zeile 3)		Übergang innen R_{si}		0,100			0,100	0,100
1	0,0125	Gipskartonplatten	0,250	0,050	dto.		0,050	0,050
2	0,040	Luftschicht, unbelüftet	-	0,160	dto.		0,160	0,160
3	0,0002	PE-Dampfbremse	n.b.	n.b.	dto.		n.b.	n.b.
4	0,180	Mineralwolle MW 035, Typ WZ	0,035	5,143	Sparren (Nadelholz)	0,130	1,385	4,020
5		Diffusionsoffene Unterdeckung	n.b.	n.b.	dto.		n.b.	n.b.
6		Belüftungsebene	n.b.	n.b.	dto.		n.b.	n.b.
7		Schalung	n.b.	n.b.	dto.		n.b.	n.b.
8		Holzschindeln	n.b.	n.b.	dto.		n.b.	n.b.
9								
10								
(Zeile 14)		Übergang außen R_{se}		0,100			0,100	0,100
(Zeile 15)		Summe der Widerstände $R_{\text{T}} = R_{\text{si}} + R_1 + R_2 + \ldots R_{\text{se}} =$		$R_{\text{T,Gefach}} =$ 5,553			$R_{\text{T,Rippe}} =$ 1,795	$R_{\text{T}}'' =$ 4,430

Zeile 16 — Oberer Grenzwert des Wärmedurchgangswiderstands

$$R_{\text{T}}' = \dfrac{1}{\dfrac{f_{\text{Gefach}}}{R_{\text{T,Gefach}}} + \dfrac{f_{\text{Rippe}}}{R_{\text{T,Rippe}}}} = 4{,}568 \ [\text{m}^2\cdot\text{K/W}]$$

Zeile 17 — Unterer Grenzwert des Wärmedurchgangswiderstands $R_{\text{T}}'' = 4{,}430 \ [\text{m}^2\cdot\text{K/W}]$

Zeile 18 — Wärmedurchgangswiderstand $R_{\text{T}} = \dfrac{R_{\text{T}}' + R_{\text{T}}''}{2} = 4{,}499 \ [\text{m}^2\cdot\text{K/W}]$

Zeile 19 — Wärmedurchgangskoeffizient $U = \dfrac{1}{R_{\text{T}}} = 0{,}222 \cong 0{,}22 \ [\text{W/(m}^2\cdot\text{K)}]$

Wert übernehmen

2.2.3 Korrekturen für besondere Bauteile

Verbesserungen des U-Werts kommen insbesondere in folgenden Fällen in Frage:

- Außenseits des zu berechnenden Bauteils befindet sich ein kleiner, unbeheizter Raum.
- Außenseits der zu berechnenden obersten Geschossdecke befindet sich ein unbeheizter, evtl. belüfteter Dachraum.

Verschlechterungen sind zu berücksichtigen bei:

- Luftspalten bzw. Luftzirkulation in der Dämmebene
- Befestigungen, welche die Dämmschicht durchdringen
- Umkehrdächern (Wärmedämmung außenseits der Abdichtung)

Kleiner, unbeheizter Raum

Bei der U-Wert-Berechnung einer Wand oder eines anderen Bauteils, das nicht direkt an die Außenluft, sondern an einen kleinen, unbeheizten Raum grenzt, darf der unbeheizte Raum als Pufferzone mit einem Zuschlag auf den Wärmedurchlasswiderstand berücksichtigt werden. Kleine, unbeheizte Räume sind beispielsweise Garagen, Wintergärten und Lagerräume.

Es müssen folgende Flächen bekannt sein:

A_i: Gesamtfläche aller trennenden Bauteile zwischen Innenraum und unbeheiztem Raum

A_e: Gesamtfläche aller Außenbauteile des unbeheizten Raums

Der Zuschlag wird daraus vereinfacht wie folgt berechnet:

$$R_U = \frac{A_i}{2 \cdot A_e + 1}$$

DIN EN ISO 6946 enthält Angaben für eine genauere Berechnung.

Dachraum und Deckung

Bei der U-Wert-Berechnung der Decke zwischen Wohnraum und unbeheiztem Dachraum darf der Dachraum samt Dachdeckung als Pufferzone mit einem Zuschlag auf den Wärmedurchlasswiderstand berücksichtigt werden. Dies gilt auch für belüftete Dachräume.

Der Zuschlag R_U auf den Wärmedurchlasswiderstand ist der *Tabelle 2-14 auf Seite 120* zu entnehmen.

Luftspalte in der Dämmung, Luftzirkulation

Es wirkt sich nachteilig auf die Dämmwirkung einer Wärmedämmung aus, wenn diese nennenswerte durchgehende Fugen aufweist. Nennenswert sind durchgehende Fugen dann, wenn Sie mindestens 5 mm breit sind. Das Phänomen ist bisweilen auf Flachdächern zu beobachten, wenn im Bereich der Fugen der Dämmplatten Raureif oder eine dünne Schneedecke schneller verschwindet als in der Fläche der Dämmplatten. Ähnliche Verluste treten auf, wenn die Dämmschicht auf ihrer Warmseite nicht flächig aufliegt (etwa auf einer luftdichten Dampfbremse oder einer Außenwand) und somit auf der Warmseite ein zusammenhängender Luftraum entsteht. Noch mehr wird die Wirkung einer Wärmedämmung beeinträchtigt, wenn bei gleichzeitigem Vorliegen von nennenswerten Fugen und warmseitigem Luftraum die Möglichkeit der Luftzirkulation zwischen der Warm- und der Kaltseite des Dämmstoffes besteht. Dies ist beispielsweise der Fall, wenn Dämmplat-

Tabelle 2-14: Wärmedurchlasswiderstand von Dachräumen

Nr.	Dachdeckung	R_U [m² · K/W]
1	Ziegel oder Dachsteine ohne Unterspannung, Schalung o. Ä.	0,06
2	Platten, Schiefer, Ziegel oder Dachsteine über Unterspannung, Schalung o. Ä.	0,20
3	Wie Nr. 2, jedoch mit Alufolie oder anderer reflektierender Oberfläche (mit geringem Emissionsgrad) an der Dachunterseite	0,30
4	Dachdeckung mit Schalung und Vordeckung oder Unterdach o. Ä.	0,30

ten nennenswerte Luftspalten aufweisen und zusätzlich mit ihrer Warmseite nicht direkt an die Dampfbremse grenzen, sondern mit Abstand zur Dampfbremse eingebaut sind.

Hier nicht gemeint sind Dämmungen, auf deren Warmseite sich eine direkt an die Außenluft angeschlossene Belüftungsebene befindet. Solche Dämmungen sind praktisch wirkungslos und dürfen nicht auf den Wärmeschutz angerechnet werden.

Der Zuschlag ΔU_g auf den U-Wert hängt von der Korrekturstufe nach *Tabelle 2-15 auf Seite 121* und vom Verhältnis zwischen dem Wärmedurchlasswiderstand $R_{Dämm}$ der Dämmschicht und dem Wärmedurchgangswiderstand R_T (alle Schichten und Übergänge) ab:

$$\Delta U_g = \Delta U'' \cdot \left(\frac{R_{Dämm}}{R_T} \right)^2$$

Anmerkung: Wenn die Dämmung bei einem thermisch inhomogenen Bauteil (z. B. durch Sparren) unterbrochen wird, sind $R_{Dämm}$ und R_T nur auf das gedämmte Gefach (thermisch homogen) zu beziehen.

Tabelle 2-15: U-Wert-Korrekturstufen für Fugen und Lufträume

Stufe	Einbausituation	$\Delta U''$
0	Dämmung ohne warmseitigen Luftraum und ohne durchgehende Fugen über 5 mm (keine Korrektur des U-Werts) Beispiele (jeweils ohne warmseitigen Luftraum): • Dämmung mit Stufenfalz oder Nut/Feder • Sehr sauber gestoßene, einlagige Dämmschicht ohne Verfalzung, keine Luftspalte über 5 mm • Zweilagige Dämmschicht mit versetzten Fugen • Sehr sauber eingepasste Dämmung (Mineralfaser mit Klemmwirkung) ohne Spalten über 5 mm zwischen Sparren oder Ständern und Dämmung Dämmung (ohne warmseitigen Luftraum), deren Wärmedurchlasswiderstand $R_{\text{Dämm}}$ höchstens 50 % des Wärmedurchgangswiderstands R_{T} (alle Schichten und Übergänge) beträgt	0
1	Dämmung ohne warmseitigen Luftraum, aber mit durchgehenden Fugen über 5 mm Beispiele (jeweils ohne warmseitigen Luftraum): • Einlagige Dämmschicht ohne Verfalzung, mit Spalten über 5 mm • Dämmung mit Spalten über 5 mm zwischen Sparren oder Ständern, raumseits keine Luftzirkulation	0,01
2	Dämmung mit warmseitigem Luftraum und durchgehenden Fugen über 5 mm Beispiele: • Mangelhaft befestigte und infolgedessen nicht mehr flächig an der Innenschale anliegende Dämmung mit Fugen über 5 mm in zweischaligem Mauerwerk • Nicht sauber eingepasste Dämmung zwischen Sparren oder Ständern, raumseits nicht direkt mit Dampfbremse abgedeckt, Luftzirkulation zwischen Warm- und Klatseite	0,04

Mechanische Befestigung der Dämmschicht

Wenn die Dämmschicht von Befestigungselementen durchdrungen wird, so ist der U-Wert für die Wärmebrückenwirkung der Befestigungselemente zu korrigieren.

Eine Korrektur ist in folgenden Fällen nicht erforderlich:

• Mauerwerksanker über einer Luftschicht
• Wenn die Wärmeleitfähigkeit λ_{f} des Befestigungselements kleiner als 1 W/(m² · K) ist.

Der Zuschlag ΔU_{f} auf den U-Wert wird wie folgt berechnet.

Wenn die Befestigungselemente die Dämmschicht vollständig durchdringen:

$$\Delta U_{\text{f}} = \frac{0,8 \cdot \lambda_{\text{f}} \cdot A_{\text{f}} \cdot n_{\text{f}}}{d_0} \cdot \left(\frac{R_1}{R_{\text{T}}} \right)$$

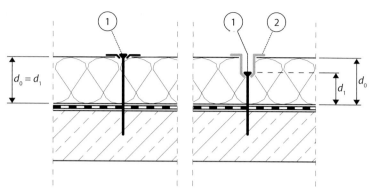

Bild 2-16: Schematische Darstellung von Dämmstoffbefestigern, links vollständig, rechts teilweise durchdringend; 1 = Befestiger aus Metall; 2 = Kunststoffeinsatz (thermische Trennung)

Wenn die Befestigungselemente in einer Aussparung eingebaut sind bzw. in anderer Weise die Dämmschicht nur teilweise durchdringen (*siehe Bild 2-16 auf dieser Seite*):

$$\Delta U_f = \frac{0{,}8 \cdot \lambda_f \cdot A_f \cdot n_f \cdot d_1}{d_0^{\,2}} \cdot \left(\frac{R_1}{R_T} \right)$$

mit:

λ_f: Wärmeleitfähigkeit des Befestigungselements *nach Tabelle 2-1 auf Seite 89*, in W/(m² · K)

A_f: Querschnittsfläche des Befestigungselements (Kernquerschnitt), in m²

n_f: Anzahl der Befestigungen je m², in St/m²

d_1: vom Befestigungselement durchdrungene Teildicke der Dämmung, in m (bei vollständig durchdringenden Befestigungen gleich d_0)

d_0: Gesamtdicke der Dämmung, in m

R_1: Wärmedurchlasswiderstand der durchdrungenen Teildicke der Dämmung, in m² · K/W

R_T: Wärmedurchgangswiderstand R_T (alle Schichten und Übergänge), in m² · K/W

R_1 wird aus d_1 und der Wärmeleitfähigkeit $\lambda_{\text{Dämm}}$ des Dämmstoffs berechnet:

$$R_1 = \frac{d_1}{\lambda_{\text{Dämm}}}$$

Anmerkungen: Wenn die Dämmung bei einem thermisch inhomogenen Bauteil (z. B. durch Stützbohlen) unterbrochen wird, sind R_1 und R_T nur auf das gedämmte Gefach (thermisch homogen) zu beziehen. Wenn beide Enden des Befestigers in Metall einbinden, ist eine genauere Betrachtung erforderlich (Wärmebrückenberechnung nach DIN EN ISO 10211).

Umkehrdach   Bei Umkehrdächern liegt die Wärmedämmung (aus extrudiertem Polystyrol) oberhalb der Abdichtung. Die Dämmung ist mit einem diffusionsoffenen, mehr oder weniger wasserdurchlässigen Vlies abgedeckt. Ablaufendes Niederschlags- oder Schmelzwasser kann die Dämmplatten unterspülen und

Tabelle 2-17: U-Wert-Zuschlag für Umkehrdächer

Anteil $f_{R, innen}$ **des Wärmedurchlasswiderstandes unterhalb der Abdichtung**	ΔU_r
$\geq 50\,\%$	0 (kein Zuschlag)
$\geq 10\,\%$	0,03
$< 10\,\%$	0,05

dabei Wärme von der Warmseite der Dämmung buchstäblich direkt in den Gully befördern. Diese zusätzlichen Wärmeverluste verschlechtern den rechnerischen U-Wert des Bauteils. Wenn die Abdeckung des Dämmstoffes so hergestellt wird, dass die Unterspülung der Dämmplatten dauerhaft verhindert ist, entfällt die U-Wert-Korrektur. Voraussetzung hierfür ist allerdings die Prüfung und Zulassung des Systems in diesem Sinne.

Der Anteil $f_{R, innen}$ des Wärmedurchlasswiderstandes unterhalb der Abdichtung R_{innen} am Gesamt-Wärmedurchlasswiderstand R_{Gesamt} (ohne Übergangswiderstände) wird wie folgt berechnet:

$$f_{R, innen} = \frac{R_{innen}}{R_{Gesamt}} \cdot 100 \quad [\%]$$

Der Zuschlag ΔU_r auf den U-Wert wird in Abhängigkeit vom soeben berechneten Anteil $f_{R, innen}$ aus *Tabelle 2-17 auf Seite 123* abgelesen.

Bei leichter Unterkonstruktion (< 250 kg/m²) muss der Wärmedurchlasswiderstandes unterhalb der Abdichtung R_{innen} mindestens $0,15$ m² · K/W betragen.

> **Bei Umkehrdämmungen sind die Maßgaben der bauaufsichtlichen Zulassung zwingend zu beachten. Darin ist u. a. geregelt, mit welchen Stoffen und in welcher Weise die Umkehrdämmung abgedeckt werden muss bzw. darf.**

Formblatt Die Korrekturen erfolgen zweckmäßig zusammengefasst mit *Formblatt 2-18 auf Seite 124.*
Darin bedeuten:

übern = übernommen (aus vorangegangener U-Wert-Berechnung)
vorl = vorläufig (vorläufiger Zwischenwert)

Formblatt 2-18: Korrektur der U-Wert-Berechnung

Korrektur der U-Wert-Berechnung

			übern R_T	übern U
Projekt:		Datum:		
Bauteil:		Bearbeiter:		

Übernahme R_T und U aus U-Wert-Berechnung $\longrightarrow$

$[m^2 \cdot K/W]$ $[W/(m^2 \cdot K)]$

Verbesserung des U-Werts

Dämmwirkung unbeheizter kleiner Räume (Garage, Wintergarten, Lagerraum etc.)

Gesamtfläche aller trennenden Bauteile zwischen Innenraum und unbeheiztem Raum A_i = [m^2]

Gesamtfläche aller Außenbauteile des unbeheizten Raums A_e = [m^2]

Zuschlag zum Wärmedurchlasswiderstand $\quad R_U = \dfrac{A_i}{2 \cdot A_e + 1}$

Dämmwirkung des belüfteten Dachraums und der Deckung, nur bei U-Wert der Decke unter dem Dachraum

Dachkonstruktion ankreuzen und Wert R_U in Feld R_U übernehmen:

☐ 1: Ziegel oder Dachsteine ohne Unterspannung, Schalung o. Ä. $\rightarrow R_U = 0{,}06$

☐ 2: Platten, Schiefer, Ziegel oder Dachsteine über Unterspannung, Schalung o. Ä. $\rightarrow R_U = 0{,}20$

☐ 3: Wie 2, jedoch mit Alufolie oder anderer reflektierender Oberfläche an Dachunterseite $\rightarrow R_U = 0{,}30$

☐ 4: Dachdeckung mit Schalung und Vordeckung oder Unterdach o. Ä. $\rightarrow R_U = 0{,}30$

☐ 5: Abweichende Dachdeckung: $\rightarrow R_U$ wählen

vorl R_T = übern R_T + R_U (wenn keine Korrektur, dann vorl R_T = übern R_T)

vorl U = 1/vorl R_T (wenn keine Korrektur, dann vorl U = übern U)

Verschlechterung des U-Werts

Luftspalte/Fugen in der Dämmebene, Luftzirkulation

Vorliegenden Fall ankreuzen und Wert $\Delta U''$ in Feld $\Delta U''$ übernehmen:

☐ Stufe 0: Dämmung ohne warmseitigen Luftraum und ohne durchgehende Fugen über 5 mm; Dämmung, deren Wärmedurchlasswiderstand $R_{Dämm}$ höchstens 50 % des Wärmedurchgangswiderstands R_T beträgt: $R_{Dämm}$ / vorl $R_T \le 0{,}5$ $\rightarrow \Delta U'' = 0$

☐ Stufe 1: Dämmung mit warmseitigem Luftraum oder mit durchgehenden Fugen > 5mm $\rightarrow \Delta U'' = 0{,}01$

☐ Stufe 2: Dämmung mit warmseitigem Luftraum und mit durchgehenden Fugen > 5mm $\rightarrow \Delta U'' = 0{,}04$

$\Delta U'' =$

Wärmedurchlasswiderstand $R_{Dämm}$ der Dämmung (aus U-Wert-Berechnung):

vorl R_T

U-Wert-Zuschlag $\quad \Delta U_g = \Delta U'' \cdot \left(\dfrac{R_{Dämm}}{\text{vorl } R_T} \right)^2$

Mechanische Befestigungen, die Dämmschicht durchdringend

Material des Befestigungsteil ankreuzen und Wärmeleitfähigkeit λ_f in Feld λ_f übernehmen:

☐ Stahl, auch verzinkt $\rightarrow \lambda_f = 50$ W/(m $\cdot$ K)

☐ Nicht rostender Stahl $\rightarrow \lambda_f = 17$ W/(m $\cdot$ K)

☐ Aluminium $\rightarrow \lambda_f = 160$ W/(m $\cdot$ K)

☐ Anderes Material: $\rightarrow \lambda_f$ wählen

λ_f = [W/(m $\cdot$ K)]

Querschnittsfläche eines Befestigungsteils A_f = [m^2]

Anzahl der Befestigungsteile je m^2 n_f = [St/m^2]

Gesamtdicke der Dämmung d_0 = [m]

durchdrungene Teildicke der Dämmung d_1 = [m]

Wärmeleitfähigkeit des Dämmstoffes $\lambda_{Dämm}$ = [W/(m $\cdot$ K)]

vorl R_T

Zwischenwert $\quad R_1 = \dfrac{d_1}{\lambda_{Dämm}}$

U-Wert-Zuschlag $\quad \Delta U_f = \dfrac{0{,}8 \cdot \lambda_f \cdot A_f \cdot n_f \cdot d_1}{d_0^{\,2}} \cdot \left(\dfrac{R_1}{\text{vorl } R_T} \right)$

Umkehrdach (Wärmedämmung aus XPS außenseits der Abdichtung, Kaltwasserunterströmung)

Gesamt-Wärmedurchlasswiderstand (ohne Übergänge) R_{gesamt}: (aus U-Wert-Berechnung)

Teil-Durchlasswiderstand innenseits der Abdichtung R_{innen}: (aus U-Wert-Berechnung)

Teil-Durchlasswiderstand in Prozent $\quad f_{R,innen} = \dfrac{R_{innen}}{R_{gesamt}} \cdot 100$

U-Wert-Zuschlag ΔU_r : wenn $\begin{cases} f_{R,innen} \ge 50\% \rightarrow \Delta U_r = 0 \\ f_{R,innen} \ge 10\% \rightarrow \Delta U_r = 0{,}03 \\ f_{R,innen} < 10\% \rightarrow \Delta U_r = 0{,}05 \end{cases}$

korr U = vorl U + ΔU_g + ΔU_f + ΔU_r (wenn keine Korrektur, dann korr U = vorl U)

korr R_T = 1 / korr U (wenn keine Korrektur, dann korr R_T = vorl R_T)

Beispiel:
unbeheizter
Raum

Es soll die U-Wert-Verbesserung einer Außenwandkonstruktion aufgrund eines vorgelagerten, unbeheizten Raums berechnet werden.

Der aus der U-Wert-Berechnung übernommene Wärmedurchgangswiderstand betrage:
übern $R_T = 1{,}111$ m² · K/W
Der aus der U-Wert-Berechnung übernommene U-Wert betrage:
übern $U = 0{,}900$ W/(m² · K)

Die Gesamtfläche aller trennenden Bauteile zwischen Innenraum und unbeheiztem Raum betrage:
$A_i = 12$ m²
Die Gesamtfläche aller Außenbauteile des unbeheizten Raums betrage:
$A_e = 42$ m²

Der Zuschlag auf den Wärmedurchgangswiderstand wird daraus wie folgt berechnet:

$$R_U = \frac{A_i}{2 \cdot A_e + 1}$$

$$= \frac{12{,}0}{2 \cdot 42{,}0 + 1}$$

$$= 0{,}141 \text{ m}^2 \cdot \text{K/W}$$

Der korrigierte Wärmedurchgangswiderstand beträgt:

$$R_T = \text{übern } R_T + R_U$$

$$= 1{,}111 + 0{,}141$$

$$= 1{,}252 \text{ m}^2 \cdot \text{K/W}$$

Der korrigierte U-Wert beträgt:

$$U = \frac{1}{R_T}$$

$$= \frac{1}{1{,}252}$$

$$= 0{,}799$$

$$\cong 0{,}80 \text{ W/(m}^2 \cdot \text{K)}$$

Beispiel:
Dachraum

Es soll die U-Wert-Verbesserung einer Spitzbodendecke (Decke zwischen Wohnraum und Dachraum) aufgrund eines vorgelagerten, unbeheizten Dachraums berechnet werden.

Der aus der U-Wert-Berechnung übernommene Wärmedurchgangswiderstand betrage:
übern $R_T = 2{,}500$ m² · K/W
Der aus der U-Wert-Berechnung übernommene U-Wert betrage:
übern $U = 0{,}400$ W/(m² · K)

Die Dachdeckung besteht aus Dachziegeln, welche auf Lattung und Konterlattung oberhalb einer Schalung mit Bitumenbahn verlegt sind.

Der Zuschlag auf den Wärmedurchgangswiderstand ergibt sich aus *Tabelle 2-14 auf Seite 120, Fall 4*:
$R_{U} = 0,30$

Der korrigierte Wärmedurchgangswiderstand beträgt:

$$R_T = \text{übern } R_T + R_U$$
$$= 2,500 + 0,300$$
$$= 2,800 \text{ m}^2 \cdot \text{K/W}$$

Der korrigierte U-Wert beträgt:

$$U = \frac{1}{R_T}$$
$$= \frac{1}{2,800}$$
$$= 0,357$$
$$\cong 0,36 \text{ W/(m}^2 \cdot \text{K)}$$

Beispiel: Es soll die U-Wert-Korrektur für die Luftspalte in der Dämmung einer Au-
Luftspalte ßenwandkonstruktion (thermisch inhomogen) berechnet werden.

Die Konstruktion besteht aus:

- Stahlbetondecke
- Dampfsperre
- Wärmedämmung, einlagig stumpf gestoßen (kein Stufenfalz)
- Bekleidung aus Holzschindeln nach Belüftungsebene

Die U-Wert-Berechnung mittels *Formblatt 2-8 auf Seite 112* habe ergeben

- Wärmedurchlasswiderstand der Dämmschicht:
  $R_{\text{Dämm}} = 5,000 \text{ m}^2 \cdot \text{K/W}$
- Wärmedurchgangswiderstand:
  übern $R_T = 5,220 \text{ m}^2 \cdot \text{K/W}$
- vorläufiger U-Wert:
  übern $U = 0,192 \text{ W/(m}^2 \cdot \text{K)}$

Die Dämmung ist nicht sauber eingepasst und hat deshalb zahlreiche Fugen über 5 mm Breite. Die Einstufung nach *Tabelle 2-15 auf Seite 121* ergibt Korrekturstufe 1:
$\Delta U'' = 0,01$

Berechnung des U-Wert-Zuschlags:

$$\Delta U_g = \Delta U'' \cdot \left(\frac{R_{\text{Dämm}}}{R_T}\right)^2$$
$$= 0,01 \cdot \left(\frac{5,000}{5,220}\right)^2$$
$$= 0,009 \text{ W/(m}^2 \cdot \text{K)}$$

Der korrigierte U-Wert beträgt:

$$U = \text{übern } U + \Delta U_g$$
$$= 0,192 + 0,009$$
$$= 0,201$$
$$\cong 0,20 \text{ W/(m}^2 \cdot \text{K})$$

Beispiel: Befestigung

Es soll die U-Wert-Korrektur für die mechanische Befestigung einer Wärmedämmung im Flachdach berechnet werden.

Die thermisch homogene Konstruktion besteht aus:

- Schalung und Dampfsperre auf Balkendecke
- flächig homogene Wärmedämmung ohne Unterbrechungen mit Stufenfalz, mechanisch befestigt, 200 mm dick, $\lambda_{\text{Dämm}} = 0,04 \text{ W/(m} \cdot \text{K})$
- Kunststoffbahn als Abdichtung, auf Wärmedämmung verklebt

Die Befestigung der Dämmung erfolgt mit Spezialschrauben aus verzinktem Stahl, Durchmesser 5 mm (Kernquerschnitt). Die Schrauben durchdringen die Dämmung vollständig und gehen somit von der Kaltseite bis zur Warmseite durch.

Die U-Wert-Berechnung mittels *Formblatt 2-8 auf Seite 112* habe ergeben

- Wärmedurchlasswiderstand der durchdrungenen Dämmschicht:
  $R_1 = 5,000 \text{ m}^2 \cdot \text{K/W}$
- Wärmedurchgangswiderstand:
  übern $R_T = 5,220 \text{ m}^2 \cdot \text{K/W}$
- vorläufiger U-Wert:
  übern $U = 0,192 \text{ W/(m}^2 \cdot \text{K})$

Der Befestigerreihen-Achsabstand beträgt 640 mm, der Schraubenabstand in der Reihe beträgt 400 mm (Raster von 640 x 400 mm). Aus diesen Angaben ergibt sich:

- $\lambda_f = 50 \text{ W/(m} \cdot \text{K})$ *nach Tabelle 2-1 auf Seite 89*
- Anzahl der Schrauben je m²

$$n_f = \frac{1}{\text{Reihenabstand} \cdot \text{Schraubenabstand}}$$
$$= \frac{1}{0,640 \cdot 0,400}$$
$$= 3,91 \text{ St/m}^2$$

- Schrauben-Querschnittsfläche

$$A_f = r^2 \cdot \pi$$
$$= 0,0025^2 \cdot \pi$$
$$= 0,0000196 \text{ m}^2$$

Berechnung des U-Wert-Zuschlags:

$$\Delta U_f = \frac{0,8 \cdot \lambda_1 \cdot A_f \cdot n_f}{d_0} \cdot \left(\frac{R_1}{R_T} \right)$$

$$= \frac{0,8 \cdot 50 \cdot 0,0000196 \cdot 3,91}{0,20} \cdot \left(\frac{5,000}{5,220} \right)$$

$$= 0,015 \ \text{W/(m}^2 \cdot \text{K)}$$

Der korrigierte U-Wert beträgt:

$$U = \text{übern } U + \Delta U_f$$

$$= 0,192 + 0,015$$

$$= 0,207$$

$$\cong 0,21 \ \text{W/(m}^2 \cdot \text{K)}$$

Beispiel:
Umkehrdach

Es soll die U-Wert-Korrektur für ein Umkehrdach berechnet werden.

Die thermisch homogene Konstruktion besteht aus:

- innen verputze Stahlbetondecke ($> 250 \ \text{kg/m}^2$) mit außenseitiger Dachabdichtung
- flächig homogene Wärmedämmung aus extrudiertem Polystyrol ohne Unterbrechungen mit diffusionsoffener Abdeckung und Kiesauflast

Die U-Wert-Berechnung mittels *Formblatt 2-8 auf Seite 112* habe ergeben

- vorläufiger U-Wert:
  übern $U = 0,274 \ \text{W/(m}^2 \cdot \text{K)}$
- Gesamt-Wärmedurchlasswiderstand (ohne Übergangswiderstände):
  $R_{\text{Gesamt}} = 3,51 \ \text{m}^2 \cdot \text{K/W}$
- Wärmedurchlasswiderstand unterhalb der Abdichtung:
  $R_{\text{innen}} = 0,05 \ \text{m}^2 \cdot \text{K/W}$

Der Anteil $f_{R,\,\text{innen}}$ des Wärmedurchlasswiderstandes unterhalb der Abdichtung R_{innen} am Gesamt-Wärmedurchlasswiderstand R_{Gesamt} (ohne Übergangswiderstände) beträgt:

$$f_{R,\,\text{innen}} = \frac{R_{\text{innen}}}{R_{\text{gesamt}}} \cdot 100$$

$$= \frac{0,05}{3,51} \cdot 100$$

$$= 1,42 \ \% < 10 \ \%$$

Der Zuschlag ΔU_r auf den U-Wert wird in Abhängigkeit vom soeben berechneten Anteil $f_{R,\,\text{innen}}$ aus *Tabelle 2-17 auf Seite 123* abgelesen:
$\Delta U_r = 0,05 \ \text{W/(m}^2 \cdot \text{K)}$

Der korrigierte U-Wert beträgt:

$$U = \text{übern } U + \Delta U_r$$
$$= 0,274 + 0,05$$
$$= 0,324$$
$$\cong 0,32 \text{ W/(m}^2 \cdot \text{K)}$$

2.2.4   Gefälledämmungen

Auf Flachdächern werden zur Herstellung eines ausreichenden Gefälles häufig Gefälledämmungen eingesetzt, deren Dicke zur Dachentwässerung hin kontinuierlich abnimmt.

Das hier beschriebene Berechnungsverfahren nach DIN EN ISO 6946 ist anwendbar, wenn der Keil eine Neigung von maximal 5 % beschreibt. Bei stärkeren Neigungen sind komplexere, EDV-gestützte Berechnungsverfahren anzuwenden.

Die Bestimmung des U-Wertes kann nicht, wie dies bisweilen versucht wird, als Berechnung eines thermisch homogenen Bauteils unter Verwendung einer mittleren Dämmstoffdicke erfolgen.

Die Dachdraufsicht ist in dreieckige und rechteckige Teilflächen mit konstanter und einseitiger Neigung zu unterteilen (*siehe Tabellen 2-19 auf Seite 130 und 2-20 auf Seite 131*). Das schräg geschnittene Dreieck (DZ) kommt als Sonderfall zum Einsatz, wenn die anderen Elemente nicht zur Darstellung des Gefälledaches genügen. Dies ist insbesondere bei schräg geschnittenen Grundrissen der Fall.

Formblatt Die U-Wert-Berechnung von Flachdächern mit üblicher Gefälledämmung (bis ca. 5 % Gefälle des Keils) erfolgt zweckmäßig mit *Formblatt 2-21 auf Seite 132*. Darin ist der Sonderfall des schräg geschnittenen Dreiecks nicht enthalten.

Tabelle 2-19: Beispiele zur Einteilung des Dachgrundrisses bei Gefälledämmungen

Innengefälle[1]	Außengefälle[1]
Sattel R_0 überall konstant [2]	
Walm R_0 überall konstant [2]	
Zusammengesetzter Walm R_0 überall konstant [2]	
Zelt R_0 verschieden [2]	
Ellipse und Kreis R_0 überall konstant [2]	

[1] *RE, DK, DG*: Kurzbezeichnung der Teilflächen zwecks Zuordnung der Berechnungsformeln in Tabelle 2-17

[2] R_0: Wärmedurchlasswiderstand des Bauteils ohne Keilschicht, einschließlich Wärmeübergänge

Tabelle 2-20: Formeln zur Berechnung des U-Wertes von Gefälledämmungen

	Teilfläche	Berechnung[1), 2)]
Alle Formen	R_0 : Wärmedurchlasswiderstand des Bauteils ohne Keilschicht, einschließlich Wärmeübergänge	Gewöhnliche U-Wert-Berechnung als thermisch homogenes oder inhomogenes Bauteil
	R_1 : Wärmedurchlasswiderstand der Keilschicht an der dicksten Stelle	$R_1 = \dfrac{d_1}{\lambda_1}$ mit: d_1 : maximale Dicke der keilförmigen Schicht λ_1 : Wärmeleitfähigkeit der keilförmigen Schicht
Typ DZ	R_z : Wärmedurchlasswiderstand der Keilschicht an der Zwischendicke	$R_z = \dfrac{d_z}{\lambda_1}$ mit: d_z : Zwischendicke der keilförmigen Schicht λ_1 : Wärmeleitfähigkeit der keilförmigen Schicht

RE: Rechteck

$$U_{RE} = \frac{1}{R_1} \cdot \ln\left(1 + \frac{R_1}{R_0}\right)$$

DG: Dreieck, dickste Stelle am Scheitel
(Kurzbezeichnung **DG** für Dreieck Gratanschluss)

$$U_{DG} = \frac{2}{R_1} \cdot \left[\left(1 + \frac{R_0}{R_1}\right) \cdot \ln\left(1 + \frac{R_1}{R_0}\right) - 1\right]$$

Formel gilt auch für elliptische und kreisrunde Grundrisse mit Außengefälle

DK: Dreieck, dünnste Stelle am Scheitel
(Kurzbezeichnung **DK** für Dreieck Kehlanschluss)

$$U_{DK} = \frac{2}{R_1} \cdot \left[1 - \frac{R_0}{R_1} \cdot \ln\left(1 + \frac{R_1}{R_0}\right)\right]$$

Formel gilt auch für elliptische und kreisrunde Grundrisse mit Innengefälle

DZ: Dreieck, schräg geschnitten
(Kurzbezeichnung **DZ** für Dreieck Zwischendicke)

$$0 < d_z < d_1$$

$$U_{DZ} = 2 \cdot \left[\frac{R_0 \cdot R_z \cdot \ln\left(1 + \dfrac{R_1}{R_0}\right) - R_0 \cdot R_1 \cdot \ln\left(1 + \dfrac{R_z}{R_0}\right) + R_z \cdot R_1 \cdot \ln\left(\dfrac{R_0 + R_1}{R_0 + R_z}\right)}{R_z \cdot R_1 \cdot (R_1 - R_z)}\right]$$

Gesamtfläche als Summe der Teilflächen

$$U = \frac{U_1 \cdot A_1 + U_2 \cdot A_2 + U_3 \cdot A_3 + \dots + U_n \cdot A_n}{A_{ges}}$$

mit:
U_1 bis U_n : U-Werte der Teilflächen 1 bis n
A_1 bis A_n : Flächeninhalte der Teilflächen 1 bis n
A_{ges} : Summe der Flächeninhalte der Teilflächen 1 bis n

[1)] ln: natürlicher Logarithmus

[2)] Der Keil muss einseitig auf null auslaufen. Wenn die Gefälledämmung auf eine Mindestdicke ausläuft, dann ist diese Mindestdicke aus dem Keil herauszunehmen und in R_0 aufzunehmen.

Formblatt 2-21: Berechnung des U-Wertes von Gefälledämmungen

U-Wert-Berechnung, Gefälledämmung

Projekt: _____ Datum: _____

Bauteil: _____ Bearbeiter: _____

Spalte →		A	B	C	D	E	F	G	H	I	J
Zeile ↓	Teilfläche Nr. ↓	**Typ** RE = Rechteck DG = Dreieck, dickste Stelle am Scheitel DK = Dreieck, dünnste Stelle am Scheitel	Fläche A [m²]	Wärmeleitfähigkeit des Keils λ_1 [W/(m·K)]	Maximale Dicke der keilförmigen Schicht d_1 [m]	Maximaler Wärmedurchlasswiderstand der keilförmigen Schicht $R_1 = \dfrac{d_1}{\lambda_1}$ [m²·K/W]	Wärmedurchgangswiderstand der Schichten ohne den Keil, einschließlich Übergangswiderstände R_0 [m²·K/W]	**U-Wert** RE $U_{RE} = \dfrac{1}{R_1}\cdot\ln\!\left(1+\dfrac{R_1}{R_0}\right)$ [W/(m²·K)]	**U-Wert** DG $U_{DG} = \dfrac{2}{R_1}\cdot\left[\left(1+\dfrac{R_0}{R_1}\right)\cdot\ln\!\left(1+\dfrac{R_1}{R_0}\right)-1\right]$	**U-Wert** DK $U_{DK} = \dfrac{2}{R_1}\cdot\left[1-\dfrac{R_0}{R_1}\cdot\ln\!\left(1+\dfrac{R_1}{R_0}\right)\right]$	Zwischenwert $Z = A\cdot U$ [W/K]
1	1										
2	2										
3	3										
4	4										
5	5										
6	6										
7	7										
8	8										
9	9										
10	10										
11	11										
12	12										
13	13										
14	14										
15	15										
16	16										
17	17										
18	18										
19	19										
20	20										
21			← Gesamtfläche $A_{Gesamt} = A_1+A_2+A_3+\ldots$						Summe der Zwischenwerte $Z_{Gesamt} = Z_1+Z_2+Z_3+\ldots$		

22	Wärmedurchgangskoeffizient [W/(m²·K)]	$U_{Gesamt} = \dfrac{Z_{Gesamt}}{A_{Gesamt}}$	
23	Wärmedurchgangswiderstand [m²·K/W]	$R_{Gesamt} = \dfrac{1}{U_{Gesamt}}$	

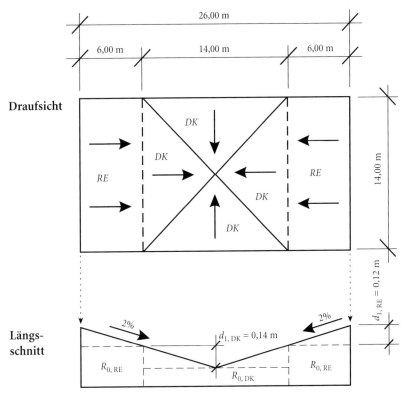

Bild 2-22: Dachdraufsicht und Längsschnitt des Gefälledaches

Beispiel Für ein Flachdach mit Gefälledämmung (*siehe Bild 2-22 auf dieser Seite*) soll der U-Wert berechnet werden.

Die Konstruktion besteht aus (von innen nach außen):

- 25 mm Gipsputz
- 200 mm Stahlbetondecke (2.400 kg/m³)
- 4 mm Dampfsperre (Bitumenbahn)
- 40 bis 300 mm Gefälle-Wärmedämmung aus expandiertem Polystyrol EPS 035, Typ DAA-dm
- 1,2 mm Abdichtung (Kunststoffbahn PVC)

Der Keil muss am dünnen Ende auf null auslaufen. Deshalb müssen die Rechteckbereiche (*RE*) mit einem anderen Basisaufbau berechnet werden als die Dreieckbereiche (dünnste Stelle am Scheitel, *DK*).

Die Dachdraufsicht lässt sich also in sechs Teilflächen unterteilen:

- Vier gleiche Dreiecke *DK* mit dünnster Stelle am Scheitel, im Basisaufbau $R_{0,\,DK}$ sind 4 cm Dämmung enthalten.
- Zwei gleiche Rechtecke *RE*, im Basisaufbau $R_{0,RE}$ sind $4 + d_{1,\,DK} = 4 + 14 = 18$ cm Dämmung enthalten.

Die Berechnung ergibt in den beiden Bereichen:

Dreieck *DK*:

- Fläche

$$A_{\mathrm{DK}} = \frac{14,00 \cdot 7,00}{2}$$
$$= 49,000 \ \mathrm{m^2}$$

- Maximaler Wärmedurchlasswiderstand des Keils

$$R_{1,\mathrm{DK}} = \frac{d_{1,\mathrm{DK}}}{\lambda_1}$$
$$= \frac{0,14}{0,035}$$
$$= 4,000 \ \mathrm{m^2 \cdot K/W}$$

- Wärmedurchlasswiderstand des Basisaufbaus
  $R_{0,\mathrm{DK}} = 1,987 \ \mathrm{m^2 \cdot K/W}$, bei Aufbau:
  - Wärmeübergang innen
  - 25 mm Gipsputz
  - 200 mm Stahlbetondecke (2.400 kg/m³)
  - 4 mm Dampfsperre (Bitumenbahn)
  - 60 mm Wärmedämmung aus expandiertem Polystyrol EPS 035, Typ DAA-dm
  - 1,2 mm Abdichtung (Kunststoffbahn PVC)
  - Wärmeübergang außen
- U-Wert der Teilfläche

$$U_{\mathrm{DK}} = \frac{2}{R_1} \cdot \left[1 - \frac{R_0}{R_1} \cdot \ln\left(1 + \frac{R_1}{R_0} \right) \right]$$
$$= \frac{2}{4,000} \cdot \left[1 - \frac{1,987}{4,000} \cdot \ln\left(1 + \frac{4,000}{1,987} \right) \right]$$
$$= 0,226 \ \mathrm{W/(m^2 \cdot K)}$$

Rechteck *RE*:

- Fläche

$$A_{\mathrm{RE}} = 14,00 \cdot 6,00$$
$$= 84,000 \ \mathrm{m^2}$$

- Maximaler Wärmedurchlasswiderstand des Keils

$$R_{1,RE} = \frac{d_{1,RE}}{\lambda_1}$$

$$= \frac{0,12}{0,035}$$

$$= 3,429 \ m^2 \cdot K/W$$

- Wärmedurchlasswiderstand des Basisaufbaus
  $R_{0,RE} = 5,987 \ m^2 \cdot K/W$, bei Aufbau:
  - Wärmeübergang innen
  - 25 mm Gipsputz
  - 200 mm Stahlbetondecke (2.400 kg/m³)
  - 4 mm Dampfsperre (Bitumenbahn)
  - 200 mm Wärmedämmung aus expandiertem Polystyrol EPS 035, Typ DAA-dm
  - 1,2 mm Abdichtung (Kunststoffbahn PVC)
  - Wärmeübergang außen
- U-Wert der Teilfläche

$$U_{RE} = \frac{1}{R_1} \cdot \ln\left(1 + \frac{R_1}{R_0}\right)$$

$$= \frac{1}{3,429} \cdot \ln\left(1 + \frac{3,429}{5,987}\right)$$

$$= 0,132 \ W/(m^2 \cdot K)$$

Die Zusammenführung der Teilflächen im Formblatt (*Beispiel 2-23 auf Seite 136*) ergibt den U-Wert des Daches: $U = 0,18 \ W/(m^2 \cdot K)$.

Beispiel 2-23: Berechnung des U-Wertes von Gefälledämmungen

U-Wert-Berechnung, Gefälledämmung

Projekt: **Beispiel**　　　　　　　　　　　　　　　　　　Datum: **14.01.10**

Bauteil: **Gefälledach**　　　　　　　　　　　　　　Bearbeiter: **Maßong**

Zeile	Teilfläche Nr.	A — Typ (RE = Rechteck, DG = Dreieck dickste Stelle am Scheitel, DK = Dreieck dünnste Stelle am Scheitel)	B — Fläche A [m²]	C — Wärmeleitfähigkeit des Keils λ_1 [W/(m·K)]	D — Maximale Dicke der keilförmigen Schicht d_1 [m]	E — Maximaler Wärmedurchlasswiderstand der keilförmigen Schicht $R_1=\dfrac{d_1}{\lambda_1}$ [m²·K/W]	F — Wärmedurchgangswiderstand der Schichten ohne den Keil, einschließlich Übergangswiderstände R_0 [m²·K/W]	G — U-Wert RE $U_{RE}=\dfrac{1}{R_1}\cdot\ln\!\left(1+\dfrac{R_1}{R_0}\right)$	H — U-Wert DG $U_{DG}=\dfrac{2}{R_1}\cdot\left[\left(1+\dfrac{R_0}{R_1}\right)\cdot\ln\!\left(1+\dfrac{R_1}{R_0}\right)-1\right]$	I — U-Wert DK $U_{DK}=\dfrac{2}{R_1}\cdot\left[1-\dfrac{R_0}{R_1}\cdot\ln\!\left(1+\dfrac{R_1}{R_0}\right)\right]$ [W/(m²·K)]	J — Zwischenwert $Z=A\cdot U$ [W/K]
1	1	*DK*	*49,000*	*0,035*	*0,140*	*4,000*	*1,416*			*0,226*	*11,074*
2	2	*DK*	"	"	"	"	"			"	*11,074*
3	3	*DK*	"	"	"	"	"			"	*11,074*
4	4	*DK*	"	"	"	"	"			"	*11,074*
5	5	*RE*	*84,000*	*0,035*	*0,120*	*3,429*	*5,416*	*0,132*			*11,088*
6	6	*RE*	"	"	"	"	"	"			*11,088*
7	7										
8	8										
9	9										
10	10										
11	11										
12	12										
13	13										
14	14										
15	15										
16	16										
17	17										
18	18										
19	19										
20	20										
21			*364,000*	← Gesamtfläche $A_{Gesamt}=A_1+A_2+A_3+\dots$					Summe der Zwischenwerte $Z_{Gesamt}=Z_1+Z_2+Z_3+\dots$		*66,472*

22	Wärmedurchgangskoeffizient [W/(m²·K)]	$U_{Gesamt}=\dfrac{Z_{Gesamt}}{A_{Gesamt}}$	**0,183** $\cong$ **0,18**
23	Wärmedurchgangswiderstand [m²·K/W]	$R_{Gesamt}=\dfrac{1}{U_{Gesamt}}$	**5,476**

2.2.5 U-Wert-Optimierung

Häufig erreicht ein geplanter Aufbau im ersten Anlauf nicht den geforderten U-Wert. Nun gibt es zwei Möglichkeiten, ihn zu optimieren:

1. Schichtdicke oder Wärmeleitfähigkeit der Wärmedämmung „nach Gefühl" ändern und Aufbau erneut durchrechnen. Das Ganze so oft wiederholen, bis der U-Wert passt.
2. Optimierungsformeln verwenden, Aufbau mit der ermittelten Wärmedämmung (Dicke oder Wärmeleitfähigkeit) durchrechnen.

Der zweite Weg ist der sinnvollere. Deshalb wird dieser hier weiterverfolgt.

Für Optimierungen mit einer thermisch homogenen Schicht (beispielsweise Wärmedämmung ohne Unterbrechung) ist eine exakte Lösung möglich, für Optimierungen mit einer thermisch inhomogenen Schicht (beispielsweise Wärmedämmung, von Sparren unterbrochen) gibt es eine Faustformel, die meist im ersten Anlauf das passende Ergebnis liefert.

> **Es spielt keine Rolle, ob der übrige Aufbau thermisch homogen oder inhomogen ist. Entscheidend ist nur, ob die eine Schicht, mit der optimiert wird, homogen oder inhomogen ist.**

Dächer mit Gefälledämmung können ebenfalls mit einer Faustformel recht genau optimiert werden, solange die Ausgangswerte nicht zu exotisch sind.

Rundungsregel: Jede berechnete Dicke ist grundsätzlich auf die nächstgrößere handelsübliche Dicke aufzurunden. Ein Abrunden um ca. 1 bis 3 mm ist meist zulässig, da der Vergleich zwischen zulässigem und vorhandenem U-Wert nur auf zwei Nachkommastellen genau durchgeführt wird. Dabei bleibt die Anforderung meist erfüllt.

Beispiel

vorh $U = 0,204 \cong 0,20 =$ zul $U = 0,20$ W/(m² · K) ➜ o. k.

Optimierung durch thermisch homogene Schicht

Bei Optimierungen mit einer thermisch homogenen Schicht wird unterschieden, ob über die Schichtdicke oder über die Wärmeleitfähigkeit optimiert werden soll.

Optimierung über die Schichtdicke bei vorgegebener Wärmeleitfähigkeit: Zunächst wird für den gegebenen Aufbau der U-Wert mittels *Formblatt 2-8 auf Seite 112 oder 2-11 auf Seite 116* berechnet. Die Stoffschicht (meist Wärmedämmung), über deren Dicke der U-Wert erreicht werden soll, wird dabei entweder mit vorläufiger Dicke berücksichtigt, oder sie wird gar nicht berücksichtigt und erscheint nur als Platzhalter im Formblatt. Man erhält den vorläufigen U-Wert, vorl U.

Die (zusätzlich) erforderliche Dicke d (in m) der Stoffschicht wird wie folgt berechnet:

$$d = \left(\frac{1}{\text{zul } U} - \frac{1}{\text{vorl } U} \right) \cdot \lambda$$

Dabei ist:
zul U: geforderter (zulässiger) U-Wert, in W/(m² · K)
vorl U: vorläufiger U-Wert vor Optimierung, in W/(m² · K)

λ: Wärmeleitfähigkeit (Bemessungswert) der Stoffschicht, mit der optimiert wird, in W/(m · K)

Optimierung über die Wärmeleitfähigkeit bei vorgegebener Schichtdicke: Zunächst wird für den gegebenen Aufbau der U-Wert mittels *Formblatt 2-8 auf Seite 112 oder 2-11 auf Seite 116* berechnet. Die Stoffschicht (meist Wärmedämmung), über deren Wärmeleitfähigkeit der U-Wert erreicht werden soll, wird dabei nicht berücksichtigt und erscheint nur als Platzhalter im Formblatt. Man erhält den vorläufigen U-Wert, vorl *U*.

Die Wärmeleitfähigkeit λ (in W/(m · K)) der Stoffschicht wird wie folgt berechnet:

$$\lambda = \frac{d}{\left(\dfrac{1}{\text{zul } U} - \dfrac{1}{\text{vorl } U} \right)}$$

Dabei ist:
zul *U*: geforderter (zulässiger) U-Wert, in W/(m² · K)
vorl *U*: vorläufiger U-Wert vor Optimierung, in W/(m² · K)
d: Dicke der Stoffschicht, mit der optimiert wird, in m

Optimierung durch unterbrochene Schicht

Bei Optimierungen mit einer thermisch inhomogenen Schicht, welche von einer Rippe aus Holz unterbrochen wird, kann die Optimierung über eine Faustregel erfolgen. Da die Rippe meist aus Holz besteht, sind damit die meisten Fälle abgedeckt. Die Faustregel erlaubt nur die Optimierung über die Dicke. Wenn die Rippe aus einem anderen Material (beispielsweise Beton) besteht oder wenn über die Wärmeleitfähigkeit optimiert werden soll, bleibt nur die Lösung durch Probieren.

Es wird zunächst für den gegebenen Aufbau der U-Wert mittels *Formblatt 2-8 auf Seite 112 oder 2-11 auf Seite 116* berechnet. Die Stoffschicht (meist Wärmedämmung), über deren Dicke der U-Wert erreicht werden soll, wird dabei entweder mit vorläufiger Dicke berücksichtigt, oder sie wird gar nicht berücksichtigt und erscheint nur als Platzhalter im Formblatt. Das Ergebnis der Faustformel ist evtl. besser, wenn die Stoffschicht mit einer geschätzten Dicke berücksichtigt wird. Man erhält den vorläufigen U-Wert, vorl *U*.

Dann wird eine vorläufige (zusätzliche) Dicke berechnet wie bei der Optimierung durch eine thermisch homogene Schicht.

$$\text{vorl } d = \left(\frac{1}{\text{zul } U} - \frac{1}{\text{vorl } U} \right) \cdot \lambda$$

Dabei ist:
zul *U*: geforderter (zulässiger) U-Wert, in W/(m² · K)
vorl *U*: vorläufiger U-Wert vor Optimierung, in W/(m² · K)
λ: Wärmeleitfähigkeit (Bemessungswert) der Stoffschicht, mit der optimiert wird, in W/(m · K)

Wenn der Flächenanteil der Rippe (Rippenanteil) f_{Rippe} (ohne Einheit) in der Stoffschicht nicht bekannt ist, wird dieser berechnet:

$$f_{\text{Rippe}} = \frac{b_{\text{Rippe}}}{b_{\text{Gesamt}}} = \frac{A_{\text{Rippe}}}{A_{\text{Gesamt}}}$$

Dabei ist:

b_{Rippe}: Breite der Rippe, in m

b_{Gesamt}: Gesamtbreite von Rippe plus Gefach, in m

A_{Rippe}: Fläche der Rippen, in m²

A_{Gesamt}: Gesamtfläche von Rippen plus Gefache, in m

Faustregel   Die vorläufige Dicke wird um den doppelten Rippenanteil erhöht. Man erhält näherungsweise – deshalb Faustregel – die (zusätzlich) erforderliche Dicke d (in m):

$$d = (1 + 2 \cdot f_{\text{Rippe}}) \cdot \text{vorl } d$$

Dabei ist:

f_{Rippe}: Flächenanteil der Rippe, ohne Einheit

vorl d: vorläufige Dicke der Stoffschicht, in m

Formblatt   Die Optimierung des U-Werts erfolgt zweckmäßig mit *Formblatt 2-24 auf Seite 140.*

Formblatt 2-24: U-Wert-Optimierung

Optimierung des U-Werts

Projekt:		Datum:	
Bauteil:		Bearbeiter:	

Geforderter U-Wert	zul U [W/(m² · K)]	
Vorläufiger U-Wert (vor Optimierung)	vorl U [W/(m² · K)]	

Optimierung durch thermisch homogene Schicht

Optimierung über die Schichtdicke bei vorgegebener Wärmeleitfähigkeit

Wärmeleitfähigkeit der Stoffschicht	λ [W/(m² · K)]	
Erforderliche (zusätzliche) Schichtdicke [m]	$d = \left(\dfrac{1}{\text{zul } U} - \dfrac{1}{\text{vorl } U} \right) \cdot \lambda$	

Optimierung über die Wärmeleitfähigkeit bei vorgegebener Schichtdicke

Dicke der Stoffschicht	d [m]	
Erforderliche Wärmeleitfähigkeit [W/(m²·K)]	$\lambda = \dfrac{d}{\left(\dfrac{1}{\text{zul } U} - \dfrac{1}{\text{vorl } U} \right)}$	

Optimierung durch unterbrochene Schicht

Optimierung über die Schichtdicke bei vorgegebener Wärmeleitfähigkeit

Wärmeleitfähigkeit der Stoffschicht	λ [W/(m² · K)]	
Rippenanteil in der Stoffschicht	$f_{\text{Rippe}} = \dfrac{b_{\text{Rippe}}}{b_{\text{Gesamt}}} = \dfrac{A_{\text{Rippe}}}{A_{\text{Gesamt}}}$	
Vorläufige (zusätzliche) Schichtdicke [m]	$\text{vorl } d = \left(\dfrac{1}{\text{zul } U} - \dfrac{1}{\text{vorl } U} \right) \cdot \lambda$	
Erforderliche (zusätzliche) Schichtdicke [m]	$d = \left(1 + 2 \cdot f_{\text{Rippe}} \right) \cdot \text{vorl } d$	

Beispiel Die Optimierung des U-Werts soll für ein Steildach mit thermisch inhomogenem Aufbau (Zwischensparrendämmung) durchgeführt werden.

Das Gefach hat eine Breite von 70 cm, der Sparren ist 8 cm breit und unterbricht die Wärmedämmung, mit welcher der Aufbau optimiert werden soll. Es handelt sich also um eine „Optimierung durch unterbrochene Schicht". Der angestrebte U-Wert beträgt 0,20 W/(m² · K), vor der Optimierung hat der Aufbau einen U-Wert von 0,342 W/(m² · K). Die Wärmedämmung, mit der optimiert werden soll, hat eine Wärmeleitfähigkeit von 0,04.

Ergebnis (*siehe Beispiel 2-25 auf Seite 141*):
Für die Optimierung ist eine zusätzliche Dämmstoffdicke von 0,100 m = 100 mm erforderlich, bezogen auf eine Wärmeleitfähigkeit von 0,04 W/(m · K).

Beispiel 2-25: U-Wert-Optimierung

Optimierung des U-Werts

Projekt: *Beispiel*	Datum: *14.01.10*
Bauteil: *Steildach*	Bearbeiter: *Maßong*

Geforderter U-Wert	zul U [W/(m² · K)]	*0,200*
Vorläufiger U-Wert (vor Optimierung)	vorl U [W/(m² · K)]	*0,342*

<table>
<tr>
<td rowspan="5">Optimierung durch thermisch homogene Schicht</td>
<td colspan="3">Optimierung über die Schichtdicke bei vorgegebener Wärmeleitfähigkeit</td>
</tr>
<tr>
<td>Wärmeleitfähigkeit der Stoffschicht</td>
<td>λ [W/(m² · K)]</td>
<td></td>
</tr>
<tr>
<td>Erforderliche (zusätzliche) Schichtdicke [m]</td>
<td>$d = \left(\dfrac{1}{\text{zul } U} - \dfrac{1}{\text{vorl } U} \right) \cdot \lambda$</td>
<td></td>
</tr>
<tr>
<td colspan="3">Optimierung über die Wärmeleitfähigkeit bei vorgegebener Schichtdicke</td>
</tr>
<tr>
<td>Dicke der Stoffschicht d [m]

Erforderliche Wärmeleitfähigkeit [W/(m²·K)]</td>
<td>$\lambda = \dfrac{d}{\left(\dfrac{1}{\text{zul } U} - \dfrac{1}{\text{vorl } U} \right)}$</td>
<td></td>
</tr>
</table>

<table>
<tr>
<td rowspan="5">Optimierung durch unterbrochene Schicht</td>
<td colspan="3">Optimierung über die Schichtdicke bei vorgegebener Wärmeleitfähigkeit</td>
</tr>
<tr>
<td>Wärmeleitfähigkeit der Stoffschicht</td>
<td>λ [W/(m² · K)]</td>
<td>*0,04*</td>
</tr>
<tr>
<td>Rippenanteil in der Stoffschicht</td>
<td>$f_{\text{Rippe}} = \dfrac{b_{\text{Rippe}}}{b_{\text{Gesamt}}} = \dfrac{A_{\text{Rippe}}}{A_{\text{Gesamt}}}$</td>
<td>*0,103*</td>
</tr>
<tr>
<td>Vorläufige (zusätzliche) Schichtdicke [m]</td>
<td>$\text{vorl } d = \left(\dfrac{1}{\text{zul } U} - \dfrac{1}{\text{vorl } U} \right) \cdot \lambda$</td>
<td>*0,083*</td>
</tr>
<tr>
<td>Erforderliche (zusätzliche) Schichtdicke [m]</td>
<td>$d = \left(1 + 2 \cdot f_{\text{Rippe}} \right) \cdot \text{vorl } d$</td>
<td>*0,100*
= 0,10 m</td>
</tr>
</table>

Gefälledächer   Wenn für ein Dach mit Gefälledämmung die Ausbildung des Gefällekeils (maximale Dicke, Gefälle, Wärmeleitfähigkeit) bekannt ist, kann mit den vorgenannten Verfahren die erforderliche Anpassung des Basisaufbaus (R_0) berechnet werden. Diese Anpassung betrifft i. d. R. die Dicke der Basisdämmung, welche unter der keilförmigen Dämmschicht liegt.

Der gegebene bzw. vorläufige Aufbau (Basisaufbau und Gefällekeil) wird zunächst mittels *Formblatt 2-8 auf Seite 112 oder 2-11 auf Seite 116 und 2-21 auf Seite 132* berechnet. Man erhält den vorläufigen U-Wert, vorl U.

Die Optimierung erfolgt so wie in den vorhergehenden Abschnitten beschrieben. Man erhält die zusätzlich erforderliche Basisdämmung.

Für Fortgeschrittene: Wenn der U-Wert des Bauteils Korrekturen gemäß *Kapitel 2.2.3 ab Seite 119* enthält, ist eine Optimierung nach dem hier beschriebenen Verfahren möglich, wenn man Folgendes beachtet.

Bauteile mit Korrekturen: R-Zuschlag

Bauteile mit Zuschlägen auf den Wärmedurchlasswiderstand (R-Zuschläge für unbeheizte, kleine Räume oder belüftete Dachräume) werden wie folgt optimiert:

1. Der vorläufige U-Wert ohne R-Zuschlag wird berechnet. ➔ Man erhält U_1.
2. Der U-Wert wird durch Berücksichtigung des R-Zuschlags korrigiert. ➔ Man erhält U_2. Wenn der U-Wert nicht passt, fährt man mit 3. fort.
3. Jetzt erfolgt die Optimierung des korrigierten U-Werts U_2.
4. Der vorläufige U-Wert ohne R-Zuschlag wird für den optimierten Aufbau berechnet. ➔ Man erhält U_3.
5. Der U-Wert wird durch Berücksichtigung des R-Zuschlags korrigiert. ➔ Man erhält U_4, den endgültigen U-Wert. Dieser sollte jetzt passen.

Beispiel

Eine Spitzbodendecke soll auf einen zulässigen U-Wert von 0,24 hin optimiert werden.

1. Der Aufbau hat ohne Berücksichtigung des R-Zuschlags für die Dachkonstruktion den vorläufigen U-Wert, ➔ $U_1 = 0{,}388$.
2. Mit dem R-Zuschlag für ein Ziegeldach mit Unterspannung ergibt sich der korrigierte U-Wert, ➔ $U_2 = 0{,}360$ (zulässiger U-Wert überschritten).
3. Mit $U_2 = 0{,}360$ als U-Wert vor der Optimierung ergibt sich bei Optimierung auf einen zulässigen U-Wert von 0,24 eine zusätzlich erforderliche Dämmdicke von 6 cm.
4. Für den Aufbau mit der aufgestockten Wärmedämmung wird der vorläufige U-Wert ohne R-Zuschlag berechnet, ➔ $U_3 = 0{,}251$.
5. Mit dem R-Zuschlag für ein Ziegeldach mit Unterspannung ergibt sich der korrigierte und endgültige U-Wert, ➔ $U_4 = 0{,}239$, gerundet 0,24.

Bauteile mit Korrekturen: U-Zuschlag

Bauteile mit Zuschlägen auf den U-Wert (U-Zuschläge für Luftspalte, mechanische Befestigungen oder Umkehrdächer) werden wie folgt optimiert:

1. Der vorläufige U-Wert ohne U-Zuschlag wird berechnet. ➔ Man erhält U_1.
2. Der U-Wert wird durch Berücksichtigung des U-Zuschlags korrigiert. ➔ Man erhält U_2. Wenn der U-Wert nicht passt, fährt man mit 3. fort.
3. Der zulässige U-Wert wird um den zuvor berücksichtigten U-Zuschlag verringert, man erhält den verschärften zulässigen U-Wert.
4. Der vorläufige U-Wert U_1 aus 1. wird auf den verschärften zulässigen U-Wert aus 3. hin optimiert.
5. Der vorläufige U-Wert ohne U-Zuschlag wird für den optimierten Aufbau berechnet. ➔ Man erhält U_3.
6. Der U-Wert wird durch Berücksichtigung des U-Zuschlags korrigiert. ➔ Man erhält U_4, den endgültigen U-Wert. Dieser sollte jetzt passen.

Beispiel

Ein Umkehrdach soll auf einen zulässigen U-Wert von 0,20 hin optimiert werden.

1. Der Aufbau hat ohne Berücksichtigung des U-Zuschlags für die Kaltwasserunterströmung den vorläufigen U-Wert, ➔ $U_1 = 0{,}250$.
2. Mit dem U-Zuschlag von 0,05 ergibt sich der korrigierte U-Wert, ➔ $U_2 = 0{,}300$ (zulässiger U-Wert überschritten).

3. Der zulässige U-Wert von 0,20 wird um den U-Zuschlag von 0,05 verringert auf den verschärften zulässigen U-Wert von 0,15.
4. Mit $U_1 = 0{,}250$ als U-Wert vor der Optimierung ergibt sich bei Optimierung auf den verschärften zulässigen U-Wert von 0,15 eine zusätzlich erforderliche Dämmdicke von 8 cm.
5. Für den Aufbau mit der aufgestockten Wärmedämmung wird der vorläufige U-Wert ohne U-Zuschlag berechnet, ➔ $U_3 = 0{,}148$.
6. Mit dem U-Zuschlag von 0,05 ergibt sich der korrigierte und endgültige U-Wert, ➔ $U_4 = 0{,}198$, gerundet 0,20.

Hinweis: Bei abgestuften U-Zuschlägen (beispielsweise bei Umkehrdächern) kann die Optimierung fehlschlagen, wenn danach eine andere Zuschlagsstufe zutrifft als vor Optimierung. In diesem Fall ist für die Berechnung des vorläufigen U-Werts U_1 der Aufbau bereits in Richtung des Zielwerts anzupassen, etwa durch Erhöhung der Dämmdicke.

2.3   Tauwassernachweis nach DIN 4108-3

Kapitel 1.4.2 ab Seite 73 enthält die Anforderungen an Bauteile, für die kein rechnerischer Nachweis des Tauwasserausfalls erforderlich ist. Nicht nachweisfreie Bauteile müssen nach DIN 4108-3 rechnerisch nachgewiesen werden. Dazu wird hier das Diagrammverfahren (Glaserverfahren) beschrieben.

2.3.1   Grundsätze und allgemeine Formeln

Nachweiskriterien, zulässige Tauwassermenge

Beim rechnerischen Tauwassernachweis ist zu beachten:

- Tauwasserberührte Bauteile dürfen nicht geschädigt werden, beispielsweise durch Korrosion, Fäulnis oder Schimmel.
- Die ausfallende Tauwassermenge $m_{W,T}$ darf nicht größer sein als die maximal verdunstbare Tauwassermenge $m_{W,V}$. Es muss also erfüllt sein:
  $m_{W,T} \leq m_{W,V}$
  So ist sichergestellt, dass keine Feuchtekumulation (Feuchteanreicherung) über Jahre auftritt.
- In Dächern und Wänden darf in einer Tauperiode nicht mehr als 1,0 kg Tauwasser je m² ausfallen, sofern das Tauwasser kapillar aufgenommen werden kann. (Kapillar aufnahmefähig sind in diesem Sinne insbesondere mineralische Baustoffe wie Beton oder Mauerwerk.) Es muss also erfüllt sein:
  $m_{W,T} \leq$ zul $m_{W,T} = 1{,}0$ kg
- An Grenzflächen zwischen Schichten, die kapillar kein (bzw. sehr wenig) Wasser aufnehmen können, muss die maximale Tauwassermenge auf 0,5 kg/m² begrenzt werden (Beispiel: Grenzfläche zwischen Mineralfaserdämmung und Abdichtungsbahn). Es muss also erfüllt sein:
  $m_{W,T} \leq$ zul $m_{W,T} = 0{,}5$ kg
- Sonderregelung für Holzbauteile nach DIN 68800-2: Auch an Grenzflächen zwischen Schichten, die kapillar kein (bzw. sehr wenig) Wasser aufnehmen können, darf die maximale Tauwassermenge 1,0 kg/m² betragen, wenn die verdunstbare Tauwassermenge mindestens fünfmal so groß wie die ausfallende Tauwassermenge ist. Es muss also erfüllt sein:
  $m_{W,T} \leq$ zul $m_{W,T} = 1{,}0$ kg, wenn $m_{W,V} \geq 5 \cdot m_{W,T}$

- Bei Holz darf der massebezogene Feuchtegehalt um maximal 5 %, bei Holzwerkstoffen um maximal 3 % durch Tauwasseraufnahme steigen. (Diese Begrenzung gilt nicht für Holzwolle-Leichtbauplatten und Mehrschicht-Leichtbauplatten.)
- Wenn Tauwasser in mehreren Ebenen auftritt, bezieht sich die maximal zulässige Tauwassermenge auf die Summe der Tauwassermengen der einzelnen Ebenen.

Maßgebende Begrenzung

Bei mehreren in Frage kommenden Werten für die zulässige Tauwassermenge gilt stets der kleinere Wert.

Beispiel: Vollholzschalung

Es tritt Tauwasser zwischen einer 24 mm starken Nadelholzschalung und einer Bitumenbahn auf. Holz kann zwar Wasser hygroskopisch aufnehmen und zwischenspeichern, die Speicherfähigkeit ist aber geringer als bei mineralischen Baustoffen. Es wird daher empfohlen, als absolute Begrenzung einen Wert von 0,5 kg/m² festzulegen.

Die prozentuale Begrenzung auf 5 Masseprozent erfolgt nach der Formel:

$$\text{zul } m_{W, T, massebezogen} = \frac{\text{Dicke} \cdot \text{Rohdichte} \cdot \text{zul } \%}{100}$$

Nadelholz hat nach *Tabelle 2-1 auf Seite 89* eine Rohdichte von 500 kg/m³, im vorliegenden Beispiel ist also

$$\text{zul } m_{W, T, massebezogen} = \frac{\text{Dicke} \cdot \text{Rohdichte} \cdot \text{zul } \%}{100}$$

$$= \frac{0,024 \text{ m} \cdot 500 \text{ kg/m}^3 \cdot 5 \text{ \%}}{100}$$

$$= 0,600 \text{ kg/m}^2$$

Maßgebend ist immer der kleinere der in Frage kommenden Werte, hier also die absolute Begrenzung auf 0,5 kg/m². Somit gilt:
zul $m_{W,T}$ = 0,5 kg/m²

Beispiel: OSB-Platte

Es tritt Tauwasser zwischen einer 22 mm starken OSB-Platte und einer Bitumenbahn auf. Als absolute Begrenzung wird ein Wert von 0,5 kg/m² festgelegt.

OSB-Platten haben nach *Tabelle 2-1 auf Seite 89* eine Rohdichte von 650 kg/m³, die prozentuale Begrenzung auf 3 Masseprozent ergibt:

$$\text{zul } m_{W, T, massebezogen} = \frac{\text{Dicke} \cdot \text{Rohdichte} \cdot \text{zul } \%}{100}$$

$$= \frac{0,022 \text{ m} \cdot 650 \text{ kg/m}^3 \cdot 3 \text{ \%}}{100}$$

$$= 0,429 \text{ kg/m}^2$$

Maßgebend ist immer der kleinere der in Frage kommenden Werte, hier also die prozentuale Begrenzung auf 0,429 kg/m². Somit gilt:
zul $m_{W,T}$ = 0,429 kg/m²

Grenzen der Berechnung Mit dem rechnerischen Nachweis werden ausschließlich Diffusionsvorgänge erfasst. Konvektionsbedingtes Tauwasser ist losgelöst von jeglicher Berechnung durch Luftdichtheit auf der Warmseite der Konstruktion zu vermeiden.

Bisweilen entstehen bei strenger Anwendung der Nachweiskriterien bizarre Ergebnisse.

Beispiel Ein nicht belüfteter Dachaufbau (Dachhaut nicht belüftet) besitzt eine Dampfbremse mit einem sd-Wert von 60 m, für die Nachweisfreiheit wäre ein sd-Wert von 100 m erforderlich. Es ist also der rechnerische Nachweis erforderlich. Dieser ergibt eine Tauwassermenge von 15 g/m², die Verdunstungsmenge beträgt 14 g/m². Da die Tauwassermenge größer als die Verdunstungsmenge ist, gilt der Nachweis als nicht erbracht. Es verbleibt (rechnerisch) jährlich 1 g/m² im Aufbau. Bis allerdings die insgesamt zulässige Menge von 500 g/m² erreicht ist, vergeht eine lange Zeit – rechnerisch 500 Jahre. Auf jeden Fall länger, als das Dach existieren wird.

In solchen Fällen würde es sich anbieten, einen bei bautechnischen Problemen üblichen Toleranzbereich in Anspruch zu nehmen, nach dem eine Konstruktion auch dann zulässig ist, wenn sie die gestellten Anforderungen ganz knapp nicht erfüllt. Die verfahrensinternen Sicherheiten fangen solche Abweichungen i.d.R. auf.

Nach der Norm 4108-3 ist eine solche Toleranzschwelle (derzeit) nicht vorgesehen, die Anwendung erfolgt deshalb unter eigenverantwortlicher Abweichung von der Norm.

Ausschluss Achtung: Das Berechnungsverfahren ist in folgenden Fällen nicht anwendbar:

- begrünte Dächer
- Bauteile mit schwach belüfteter Luftschicht mit Verbindung zur Außenluft (Lüftungsöffnungen 500 bis 1.500 mm²/m bei vertikalen Luftschichten, bzw. 500 bis 1.500 mm²/m² bei waagerechten Luftschichten)

In solchen Fällen ist auf spezielle, computergestützte Berechnungsverfahren zurückzugreifen.

Berechnungsgrundsätze Die Berechnung des U-Werts erfolgt wie in *Kapitel 2.2 ab Seite 109* beschrieben. Da bei Bauteilen mit Rippe und Gefach nur der Gefachbereich betrachtet wird, kommt auch nur die U-Wert-Berechnung für thermisch homogene Bauteile zum Einsatz.

Bei Bauteilen mit Luftschichten gilt:

- Nicht belüftete Luftschicht: Die Luftschicht und alle außenseits derselben liegenden Schichten werden berücksichtigt. Die Diffusionsberechnung erfolgt bis zur Außenluft.
- Stark belüftete Luftschicht mit Verbindung zur Außenluft (Lüftungsöffnungen über 1.500 mm²/m bei vertikalen Luftschichten bzw. über 1.500 mm²/m² bei waagerechten Luftschichten, Regelfall bei Belüftungsebenen): Die belüftete Luftschicht und alle außenseits derselben liegenden Schichten werden nicht berücksichtigt. Die Diffusionsberechnung endet vor der belüfteten Luftschicht, die als Außenluft gilt.

Für Bauteile mit Rippe und Gefach gilt:

- Die Berechnung ist für das Gefach durchzuführen.

Bei Bauteilen mit Abdichtungen gilt:

- Schichten außenseits der Abdichtung werden nicht berücksichtigt.
- Ausnahme: Eine geeignete Dämmschicht liegt außenseits der Abdichtung (Perimeterdämmung gegenüber Erdreich, Umkehrdämmung eines Flachdaches). Dann wird die Dämmschicht bei der Berechnung der Temperaturverteilung berücksichtigt. Die Diffusionsbetrachtung endet aber an der Abdichtung, da außerhalb derselben nicht Diffusion, sondern Wasserströmung bzw. Bodenfeuchtigkeit das Geschehen bestimmt.

Feuchteschutztechnische Schichten (Dampfsperren/-bremsen, Abdichtungen) werden zwar mit ihren sd-Werten berücksichtigt, nicht aber bei der Berechnung des Temperaturverlaufs. (Es wird also für diese Schichten kein Wärmedurchlasswiderstand berücksichtigt.)

Die Diffusionswiderstandszahlen μ zur Berechnung der sd-Werte der Baustoffschichten sind (auf der sicheren Seite liegend) so zu wählen, dass die in der Tauperiode ungünstigeren Werte für Tauperiode und Verdunstungsperiode angesetzt werden:

- Wenn nur ein μ-Wert vorhanden ist, wird dieser unabhängig von der Lage der Baustoffschicht angesetzt.
- Bei Vorhandensein eines unteren und eines oberen Grenzwertes wird bei einer Anordnung der Baustoffschicht
  – innenseits der Wärmedämmung der untere Wert angesetzt,
  – außenseits der Wärmedämmung der obere Wert angesetzt.

(Feinheit: Bei komplexen Aufbauten beispielsweise mit mehreren Wärmedämmungen wird der untere μ-Wert für alle Schichten angesetzt, die innenseits bis zur Mitte des gesamten Wärmedurchgangswiderstands beginnen. Für alle außenseits dieser Grenze beginnenden Schichten wird der höhere Wert angesetzt.)

Für außenseits der Wärmedämmung angeordnete Bahnen, Membranen u. Ä. mit einem angegebenen $s_d < 0{,}10$ m wird $s_d = 0{,}10$ m gesetzt. (Grund: Solch niedrige sd-Werte weisen verfahrensbedingt bei der Messung nach DIN 52615 mitunter erhebliche Messfehler auf.)

Schwankungen der μ-Werte

Die Rechenwerte der Diffusionswiderstandszahlen (μ-Werte) nach *Tabelle 2-1 auf Seite 89* sind Anhaltswerte. Bei vielen Stoffen, beispielsweise bei Holzwerkstoffen, unterliegen die μ-Werte je nach Hersteller und Qualität erheblichen Schwankungen, so dass der toleranzarme Nachweis von Konstruktionen sehr riskant sein kann. Toleranzarm in diesem Sinne ist ein Nachweis dann, wenn die Funktionsfähigkeit nur geringe Schwankungen der μ-Werte zulässt.

Wenn der Erfolg eines rechnerischen Nachweises von der Zuverlässigkeit der verwendeten Werte abhängt, sollten verbindliche und zuverlässige Werte beim Hersteller des Baustoffs angefordert werden. Der Hersteller ist auf die Bedeutung seiner Auskunft hinzuweisen.

Ein eindrucksvolles Beispiel liefert die OSB-Platte. Die angegebenen µ-Werte schwanken erheblich:

- 30 bis 50 nach Norm DIN EN 12524, siehe *Tabelle 2-1 auf Seite 89*
- 130 bis 250 nach Zulassung des Produkts A
- 200 nach Zulassung des Produkts B
- usw.

Viele Holzbauwände werden außen mit OSB-Platten beplankt. Wenn nun ein Aufbau mit Minimaldampfbremse unter Verwendung der µ-Werte nach Norm (30 bis 50) rechnerisch nachgewiesen wird, die Platte aber tatsächlich einen µ-Wert von 200 hat, ist nicht nur der Nachweis hinfällig. Schlimmer noch: Die nachweisinternen Sicherheiten reichen nicht aus, um den Fehler zu kompensieren, und das Bauteil wird möglicherweise langfristig geschädigt.

Schwankungen der Wärmeleitfähigkeit Die Warnung vor toleranzarmen Nachweisen bezieht sich auf alle Werte, die Einfluss auf das Nachweisergebnis haben. Dazu gehört insbesondere auch die Wärmeleitfähigkeit des Dämmstoffs. Normativ vorgeschriebene Zuschläge für Alterung, Feuchte und Produktionsstreuung sorgen für recht große Schwankungsbreiten: Die Leitfähigkeit wird in der Realität kaum schlechter sein, sie kann aber gelegentlich deutlich besser sein als die angenommene. In Grenzfällen wird man den Nachweis zweimal führen müssen – einmal mit dem normativ vorgegebenen Wert, einmal mit einem günstigeren Wert. (Vorschlag: Abschlag von 20 % auf die Wärmeleitfähigkeit.)

„Denkende" Dampfbremse Seit einigen Jahren etablieren sich feuchteadaptive (bzw. feuchtevariable) Dampfbremsen mit veränderlichem Sperrwert am Markt.

Für die Berücksichtigung solcher Dampfbremsen ist der vom Hersteller für die Verwendung im rechnerischen Nachweis veröffentlichte, fixe sd-Wert zu verwenden. Dafür gibt es zwei Gründe:

1. Die Norm 4108-3 schreibt vor, dass der für die Tauperiode maßgebende Wert für beide Perioden verwendet wird.
2. Viele Materialien, beispielsweise Dampfbremsen auf Papierbasis, haben ebenfalls variable sd-Werte, werden aber dennoch im Nachweis mit nur einem Wert berücksichtigt.

Klimabedingungen Der Nachweis ist unter Zugrundelegung der Klimabedingungen nach *Tabelle 2-26 auf Seite 150* zu führen, wenn nicht die örtlichen klimatischen Verhältnisse andere Annahmen erforderlich machen.

Bei Dächern darf eine Oberflächentemperatur von 20 °C angenommen werden, dadurch erhöht sich die rechnerische Verdunstungsmenge. Dieser Annahme liegt die Tatsache zu Grunde, dass Dächer sich aufgrund der Sonnenstrahlung insgesamt mehr und länger aufheizen als Wände. Wenn ein Dach aufgrund seiner besonderen Lage diese Voraussetzung nicht erfüllt, sollte die erhöhte Oberflächentemperatur nicht angenommen werden (Beispiel: komplett überdachte Dachterrasse). Es ist immer zulässig, vereinfachend auf die Annahme der erhöhten Oberflächentemperatur zu verzichten, allerdings kann dann für viele Dächer der Nachweis nicht erfolgreich erbracht werden.

Bei Annahme der erhöhten Oberflächentemperatur kommt es in vielen Fällen in der Verdunstungsperiode erneut zu Tauwasserausfall. Dieser Tauwasserausfall wird aber vernachlässigt. Begründung: Das Berechnungsverfahren liegt meist weit genug auf der sicheren Seite. Überdies ist es ein periodisches Verfahren, welches zwingend voraussetzt, dass vor Beginn des ersten Berechnungszyklus (Tauperiode) der Aufbau tauwasserfrei ist. Wäre dies nicht der Fall, könnte das Diffusionsdiagramm nicht so gezeichnet werden wie vorgesehen.

Wärmestrom   Der Wärmestrom q (in W/m²) wird berechnet:

$$q = U \cdot |\theta_i - \theta_e|$$

Dabei ist:
U: U-Wert (Wärmedurchgangskoeffizient) in W/(m² · K)
θ_i: Lufttemperatur innen, in °C
θ_e: Lufttemperatur außen, in °C

Anmerkungen:

- Das Vorzeichen der Temperatur ist zu beachten, Beispiel: $20 - (-10) = 30$.
- Die senkrechten Striche sind „Betragstriche". Sie wirken wie eine Klammer, und es wird mit dem positiven Wert weitergerechnet.
  Beispiel: $|12 - 20| = |-8| = 8$

Temperaturabbau   Der Temperaturabbau $\Delta\theta$ (in K) in einer Bauteilschicht wird berechnet:

$$\Delta\theta = R \cdot q$$

Dabei ist:
R: Wärmedurchlasswiderstand der Schicht, in m² · K/W
q: Wärmestrom, in W/m²

sd-Wert   Wasserdampfdiffusionsäquivalente Luftschichtdicke, abgekürzt sd-Wert: Der sd-Wert ist eine Maßzahl für den Widerstand eines Bauteils oder einer Baustoffschicht gegenüber der Dampfdiffusion. Er wird üblicherweise in Meter angegeben. Es handelt sich um einen Vergleich mit Luft. Das bedeutet: Eine Baustoffschicht mit einem sd-Wert von 20 m setzt der Dampfdiffusion den gleichen Widerstand entgegen wie eine 20 m dicke Luftschicht.

Der sd-Wert (in m) einer Baustoffschicht wird berechnet:

$$s_d = \mu \cdot d$$

Dabei ist:
μ: Diffusionswiderstandszahl (griechisch „mü")
d: Dicke der Baustoffschicht, in m

Beispiel   Es soll der sd-Wert einer 0,2 mm (= 0,0002 m) dicken PE-Folie berechnet werden. PE (Polyethylen) hat die Diffusionswiderstandszahl $\mu = 100.000$.

$$s_d = 100.000 \cdot 0,0002$$
$$= 20 \text{ m}$$

Der sd-Wert eines mehrschichtigen Bauteils entspricht der Summe der sd-Werte der einzelnen Stoffschichten des Bauteils.

Diffusions-
widerstand

Für die mengenmäßige Bestimmung der diffundierenden Wasserdampfmenge (Diffusionsstromdichte) wird der quantitative Diffusionswiderstand Z der Baustoffschicht bzw. des Bauteils (in $m^2 \cdot h \cdot Pa/kg$) benötigt:

$$Z = 1.500.000 \cdot s_d$$

Dabei ist:

s_d: sd-Wert der Baustoffschicht bzw. des Bauteils, in m

Diffusionsstrom-
dichte

Die Diffusionsstromdichte g (in $kg/(m^2 \cdot h)$) wird berechnet:

$$g = \frac{p_i - p_e}{Z}$$

Dabei ist:

p_i: Wasserdampfteildruck vor dem Bauteil (innen), in Pa
p_e: Wasserdampfteildruck nach dem Bauteil (außen), in Pa
Z: Diffusionswiderstand des Bauteils, in $m^2 \cdot h \cdot Pa/kg$

2.3.2   Tabellen, Diagramme und Fälle mit Formeln

Dieses Kapitel enthält die für den rechnerischen Nachweis der Tauwasserbildung erforderlichen Annahmen und Formeln.

Deren Anwendung wird erleichtert durch den Formblattsatz 2-29 ab Seite 155.

Tabelle 2-26: Norm-Klimabedingungen nach DIN 4108-3 für den rechnerischen Nachweis der Tauwasserbildung

	Tauperiode ($\cong$ **Winter**)		Verdunstungsperiode ($\cong$ **Sommer**)	
Dauer	1.440 h (60 Tage)		2.160 h (90 Tage)	
	Raumklima	Außenklima	Raumklima	Außenklima
Lufttemperatur θ_L	20,0 °C	−10,0 °C	12,0 °C	12,0 °C
Relative Luftfeuchte ϕ	50 %	80 %	70 %	70 %
Oberflächentemperatur des Daches $\theta_{Dachoberfl.}$	—	—	—	20,0 °C[1]

[1] Bei Dächern darf für den rechnerischen Tauwassernachweis die Oberflächentemperatur des Daches angesetzt werden. (Empfohlen nur dann, wenn das Dach einer nennenswerten direkten oder indirekten solaren Erwärmung unterliegt.) Vereinfachend darf auch ohne Berücksichtigung der erhöhten Oberflächentemperatur gerechnet werden.

Tabelle 2-27: Wasserdampfsättigungsdruck in Abhängigkeit von der Temperatur

| | | Temperatur-Nachkommastellen (Zehntel Grad) | | | | | | | | |
		,0	,1	,2	,3	,4	,5	,6	,7	,8	,9
		Wasserdampfsättigungsdruck p_s in Pa									
Temperatur-Vorkommastellen (ganze Grad)	30	4.240	4.265	4.289	4.314	4.338	4.363	4.388	4.413	4.439	4.464
	29	4.003	4.026	4.049	4.073	4.096	4.120	4.144	4.168	4.192	4.216
	28	3.777	3.799	3.822	3.844	3.866	3.889	3.911	3.934	3.957	3.980
	27	3.563	3.584	3.605	3.626	3.648	3.669	3.690	3.712	3.734	3.755
	26	3.359	3.379	3.399	3.419	3.440	3.460	3.480	3.501	3.522	3.542
	25	3.166	3.185	3.204	3.223	3.242	3.262	3.281	3.300	3.320	3.340
	24	2.983	3.001	3.019	3.037	3.055	3.073	3.092	3.110	3.129	3.147
	23	2.808	2.825	2.843	2.860	2.877	2.894	2.912	2.929	2.947	2.965
	22	2.643	2.659	2.676	2.692	2.708	2.725	2.741	2.758	2.775	2.792
	21	2.487	2.502	2.517	2.533	2.548	2.564	2.580	2.595	2.611	2.627
	20	2.338	2.353	2.367	2.382	2.397	2.411	2.426	2.441	2.456	2.471
	19	2.198	2.211	2.225	2.239	2.253	2.267	2.281	2.295	2.309	2.324
	18	2.064	2.077	2.090	2.104	2.117	2.130	2.143	2.157	2.170	2.184
	17	1.938	1.951	1.963	1.975	1.988	2.001	2.013	2.026	2.039	2.051
	16	1.819	1.831	1.842	1.854	1.866	1.878	1.890	1.902	1.914	1.926
	15	1.706	1.717	1.728	1.739	1.751	1.762	1.773	1.785	1.796	1.808
	14	1.600	1.610	1.621	1.631	1.642	1.652	1.663	1.674	1.685	1.695
	13	1.499	1.509	1.519	1.529	1.539	1.549	1.559	1.569	1.579	1.589
	12	1.404	1.413	1.422	1.432	1.441	1.451	1.460	1.470	1.479	1.489
	11	1.314	1.323	1.332	1.340	1.349	1.358	1.367	1.376	1.385	1.395
	10	1.229	1.238	1.246	1.254	1.263	1.271	1.280	1.288	1.297	1.305
	9	1.149	1.157	1.165	1.173	1.181	1.189	1.197	1.205	1.213	1.221
	8	1.074	1.081	1.089	1.096	1.104	1.111	1.119	1.126	1.134	1.142
	7	1.003	1.010	1.017	1.024	1.031	1.038	1.045	1.052	1.059	1.067
	6	936	943	949	956	962	969	976	983	989	996
	5	873	879	886	892	898	904	911	917	923	930
	4	814	820	826	831	837	843	849	855	861	867
	3	758	764	769	775	780	786	791	797	803	808
	2	706	711	716	722	727	732	737	742	748	753
	1	657	662	667	671	676	681	686	691	696	701
	0	612	615	620	625	629	634	638	643	648	652
	−0	612	607	602	597	592	587	583	578	573	568
	−1	563	559	554	550	545	540	536	531	527	523
	−2	518	514	510	505	501	497	493	489	485	480
	−3	476	472	468	464	461	457	453	449	445	441
	−4	438	434	430	427	423	419	416	412	409	405
	−5	402	398	395	392	388	385	382	378	375	372
	−6	369	366	362	359	356	353	350	347	344	341
	−7	338	335	332	329	327	324	321	318	315	313
	−8	310	307	305	302	299	297	294	291	289	286
	−9	284	281	279	276	274	272	269	267	265	262
	−10	260	258	255	253	251	249	246	244	242	240
	−11	238	236	234	231	229	227	225	223	221	219
	−12	217	215	213	212	210	208	206	204	202	200
	−13	199	197	195	193	191	190	188	186	185	183
	−14	181	180	178	176	175	173	172	170	168	167
	−15	165	164	162	161	159	158	156	155	154	152
	−16	151	149	148	147	145	144	143	141	140	139
	−17	137	136	135	134	132	131	130	129	127	126
	−18	125	124	123	122	120	119	118	117	116	115
	−19	114	113	112	111	110	109	107	106	105	104
	−20	103	102	101	101	100	99	98	97	96	95

Tabelle 2-28: Fallunterscheidung und Berechnungsformeln nach DIN 4108-3

Für alle Berechnungsformeln dieser Tabelle gelten folgende Einheiten:

Z: Diffusionsdurchlasswiderstand in $m^2 \cdot h \cdot Pa/kg$

s_d: sd-Wert in m

g: Diffusionsstromdichte in $kg \,/(m^2 \cdot h)$

p: Dampfdruck in Pa

m_W: Tauwasser- oder Verdunstungsmenge in kg/m^2

t: Dauer einer Periode oder Teilperiode in h

Fall	Tauperiode	Verdunstungsperiode

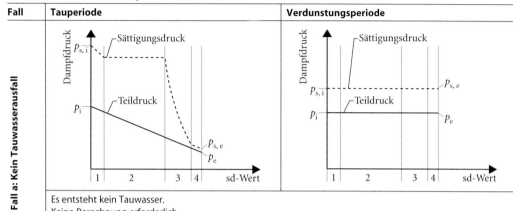

Fall a: Kein Tauwasserausfall

Es entsteht kein Tauwasser.
Keine Berechnung erforderlich.

Fall b: Tauwasserausfall in einer Ebene

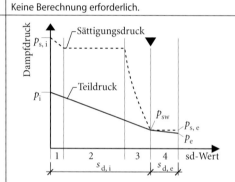 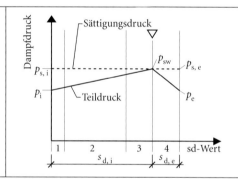

Diffusionsdurchlasswiderstand von Innenoberfläche bis Tauwasserebene:

$$Z_i = 1.500.000 \cdot s_{d,i}$$

Diffusionsdurchlasswiderstand von Tauwasserebene bis Außenoberfläche:

$$Z_e = 1.500.000 \cdot s_{d,e}$$

Diffusionsstromdichte von Innenoberfläche zu Tauwasserebene:

$$g_i = \frac{p_i - p_{sw}}{Z_i}$$

Diffusionsstromdichte von Tauwasserebene zu Innenoberfläche:

$$g_i = \frac{p_{sw} - p_i}{Z_i}$$

Diffusionsstromdichte von Tauwasserebene zu Außenoberfläche:

$$g_e = \frac{p_{sw} - p_e}{Z_e}$$

Diffusionsstromdichte von Tauwasserebene zu Außenoberfläche:

$$g_e = \frac{p_{sw} - p_e}{Z_e}$$

Tauwassermenge einer Tauperiode:

$$m_{W,T} = t_T \cdot (g_i - g_e)$$

Verdunstungsmenge einer Verdunstungsperiode:

$$m_{W,V} = t_V \cdot (g_i + g_e)$$

Fortsetzung Tabelle 2-28: Fallunterscheidung und Berechnungsformeln nach DIN 4108-3

Fall	Tauperiode	Verdunstungsperiode

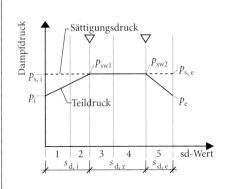

Diffusionsdurchlasswiderstand von Innenoberfläche bis 1. Tauwasserebene:

$$Z_i = 1.500.000 \cdot s_{d,i}$$

Diffusionsdurchlasswiderstand von 1. Tauwasserebene bis 2. Tauwasserebene:

$$Z_z = 1.500.000 \cdot s_{d,z}$$

Diffusionsdurchlasswiderstand von 2. Tauwasserebene bis Außenoberfläche:

$$Z_e = 1.500.000 \cdot s_{d,e}$$

Tauperiode:

Diffusionsstromdichte von Innenoberfläche zu 1. Tauwasserebene:

$$g_i = \frac{p_i - p_{sw1}}{Z_i}$$

Diffusionsstromdichte von 1. Tauwasserebene zu 2. Tauwasserebene:

$$g_z = \frac{p_{sw1} - p_{sw2}}{Z_z}$$

Diffusionsstromdichte von 2. Tauwasserebene zu Außenoberfläche:

$$g_e = \frac{p_{sw2} - p_e}{Z_e}$$

Tauwassermenge einer Tauperiode in 1. Tauwasserebene:

$$m_{W,T1} = t_T \cdot (g_i - g_z)$$

Tauwassermenge einer Tauperiode in 2. Tauwasserebene:

$$m_{W,T2} = t_T \cdot (g_z - g_e)$$

Gesamt-Tauwassermenge einer Tauperiode:

$$m_{W,T} = m_{W,T1} + m_{W,T2}$$

Verdunstungsperiode:

Diffusionsstromdichte von 1. Tauwasserebene zu Innenoberfläche:

$$g_i = \frac{p_{sw1} - p_i}{Z_i}$$

Diffusionsstromdichte von 2. Tauwasserebene zu Außenoberfläche:

$$g_e = \frac{p_{sw2} - p_e}{Z_e}$$

Verdunstungszeiten:

$$t_{V1} = \frac{m_{W,T1}}{g_i} \; ; \; t_{V2} = \frac{m_{W,T2}}{g_e}$$

Wenn $t_{V1} < t_{V2}$

Rest-Verdunstungszeit:

$$t_{V3} = t_V - t_{V1}$$

Diffusionsstromdichte von 2. Tauwasserebene zu Innenoberfläche:

$$g_3 = \frac{p_{sw2} - p_i}{Z_i + Z_z}$$

Verdunstungsmenge:

$$m_{W,V} = t_{V1} \cdot (g_i + g_e) + t_{V3} \cdot (g_3 + g_e)$$

Wenn $t_{V1} > t_{V2}$

Rest-Verdunstungszeit:

$$t_{V4} = t_V - t_{V2}$$

Diffusionsstromdichte von 1. Tauwasserebene zu Außenoberfläche:

$$g_4 = \frac{p_{sw1} - p_e}{Z_z + Z_e}$$

Verdunstungsmenge:

$$m_{W,V} = t_{V2} \cdot (g_i + g_e) + t_{V4} \cdot (g_i + g_4)$$

Fall c: Tauwasserausfall in zwei Ebenen

Fortsetzung Tabelle 2-28: Fallunterscheidung und Berechnungsformeln nach DIN 4108-3

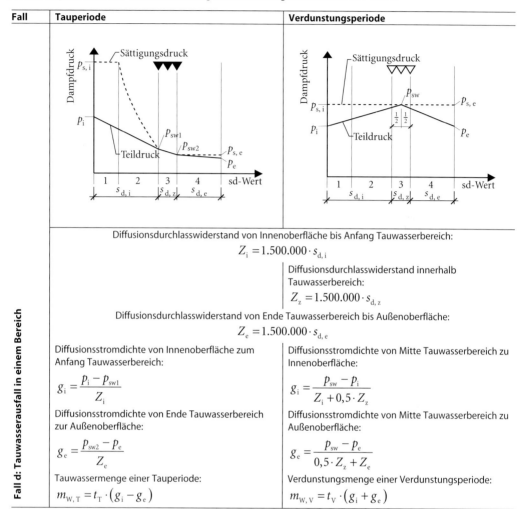

Fall	Tauperiode	Verdunstungsperiode

Fall d: Tauwasserausfall in einem Bereich

Diffusionsdurchlasswiderstand von Innenoberfläche bis Anfang Tauwasserbereich:

$$Z_i = 1.500.000 \cdot s_{d,i}$$

Diffusionsdurchlasswiderstand innerhalb Tauwasserbereich:

$$Z_z = 1.500.000 \cdot s_{d,z}$$

Diffusionsdurchlasswiderstand von Ende Tauwasserbereich bis Außenoberfläche:

$$Z_e = 1.500.000 \cdot s_{d,e}$$

Diffusionsstromdichte von Innenoberfläche zum Anfang Tauwasserbereich: $$g_i = \frac{p_i - p_{sw1}}{Z_i}$$	Diffusionsstromdichte von Mitte Tauwasserbereich zu Innenoberfläche: $$g_i = \frac{p_{sw} - p_i}{Z_i + 0,5 \cdot Z_z}$$
Diffusionsstromdichte von Ende Tauwasserbereich zur Außenoberfläche: $$g_e = \frac{p_{sw2} - p_e}{Z_e}$$	Diffusionsstromdichte von Mitte Tauwasserbereich zu Außenoberfläche: $$g_e = \frac{p_{sw} - p_e}{0,5 \cdot Z_z + Z_e}$$
Tauwassermenge einer Tauperiode: $$m_{W,T} = t_T \cdot (g_i - g_e)$$	Verdunstungsmenge einer Verdunstungsperiode: $$m_{W,V} = t_V \cdot (g_i + g_e)$$

2.3.3   Tauwassernachweis Schritt für Schritt

Der rechnerische Tauwassernachweis nach DIN 4108-3 besteht aus sehr vielen einzelnen Rechenschritten. Er wird deshalb heutzutage vorzugsweise am PC mit speziellen Programmen gerechnet. *Auf der CD-ROM zum Buch finden Sie ein Programm dafür.*

Für die Berechnung von Hand sind Formblätter sehr hilfreich. Nachfolgend finden Sie solche Formblätter und *ab Seite 164* Hinweise zur Nutzung. In *Kapitel 2.4 ab Seite 170* folgen exemplarisch Beispielrechnungen für alle vier Standardfälle.

Formblattsatz 2-29: Blatt 1 von 4 zum Tauwassernachweis nach DIN 4108-3

Spalte →	A	B	C	D
Tauwassernachweis (1/4): Klimabedingungen und Hauptwerte				
Projekt:			Datum:	
Bauteil:			Bearbeiter:	
	Tauperiode		Verdunstungsperiode	
1 Dauer	1.440 h		2.160 h	
2	Raumklima	Außenklima	Raumklima	Außenklima
3 Lufttemperatur θ	20,0 °C	-10,0 °C	12,0 °C	12,0 °C
4 Relative Luftfeuchte ϕ	50 %	80 %	70 %	70 %
5 Oberflächentemperatur des Daches θ[1]	—	—	—	[1]
6 Wasserdampfsättigungsdruck p_s	2.338 Pa	260 Pa	1.404 Pa	1.404 Pa (2.338 Pa)[2]
7 Wasserdampfteildruck $p = p_s \cdot \phi$	1.169 Pa	208 Pa	983 Pa	983 Pa
8 Taupunkttemperatur θ_s	9,3 °C	-12,5 °C	6,7 °C	6,7 °C

[1] Bei Dächern darf für den rechnerischen Tauwassernachweis die Oberflächentemperatur des Daches mit **20 °C** angesetzt werden. Vereinfachend darf auch ohne Berücksichtigung der erhöhten Oberflächentemperatur gerechnet werden.

[2] Wert in Klammern: gilt bei Ansatz der erhöhten Oberflächentemperatur für Dächer. Wird an der Oberfläche angesetzt.

Skizze mit nummerierter Schichtenfolge:

Fortsetzung Formblattsatz 2-29: Blatt 2 von 4

Spalte →		A	B	C	D	E	F	G
		Tauwassernachweis (2/4): Temperaturverlauf						
		Projekt: Datum:				Temperaturen Tauperiode		
		Bauteil: Bearb.:						
	Schicht Nr.		Dicke d	Wärme-leitfähigkeit λ	Widerstand $R = \dfrac{d}{\lambda}$	Tem-peratur-abbau $\Delta\theta = R \cdot q$	Schicht-grenz-temperatur (letzte Temp. **minus** $\Delta\theta$)	Sättigungs-druck (aus Tab.) p_s [Pa]
		Schichtenfolge	[m]	[W/(m · K)]	[m² · K/W]	[K]	Innen: $\theta_i =$ 20 °C	Innen: $p_{s,i} =$ 2.338 Pa
0	↓	Übergang innen R_{si} ⟶						
1	1							
2	2							
3	3							
4	4							
5	5							
6	6							
7	7							
8	8							
9	9							
10	10							
11		Übergang außen R_{se} ⟶						
12		Wärmedurchgangs-widerstand [m² · K/W] $R_T = R_{si} + R_1 + R_2 + \ldots R_{se}$					Außen: $\theta_e =$ -10 °C	Außen: $p_{s,e} =$ 260 Pa
13		Wärmedurchgangskoeffizient [W/(m² · K)] $U = \dfrac{1}{R_T}$				Zur Bearbeitung des Bereichs rechts von Faltmarke 2:		
14		Wärmestromdichte [W/m²] $q = U \cdot |\theta_i - \theta_e|$				An Faltmarke 2 nach hinten falten und dann Faltmarke 2 gegen Faltmarke 1 ziehen.		

Zeile ↓

–┆Faltmarke 1

H	I	J	K	L	M	N
Sperrwerte			Temperaturen Verdunstungsperiode (Nur nach Tauwasserausfall und bei Ansatz der erhöhten Oberflächentemperatur bei Dächern. Faltanleitung unten.)			
Diffusions-widerst.-zahl μ	sd-Wert $s_d = \mu \cdot d$ [m]	sd-Wert kumuliert (letzter Wert plus s_d) [m]	Widerstand $R = \dfrac{d}{\lambda}$ [m² · K/W]	Temperatur-abbau $\Delta\theta = R \cdot q$ [K]	Schicht-grenz-temperatur (letzte Temp. **plus** $\Delta\theta$) Innen: $\theta_i =$ 12 °C	Sättigungs-druck (aus Tab.) p_s [Pa] Innen: $p_{s,i} =$ 1.404 Pa
		0 m				
Summe sd-Wert					Außenober-fläche: $\theta_e =$ 20 °C	Außenober-fläche: $p_{s,e} =$ 2.338 Pa

Faltmarke 2 ←

Tauwassernachweis (3/4): Diffusionsdiagramme

Projekt: _____   Datum: _____

Bauteil: _____   Bearbeiter: _____

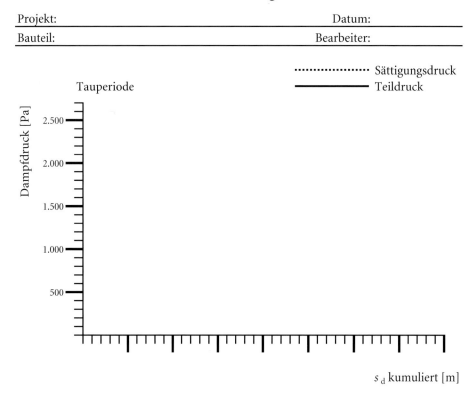

Tauperiode

·········· Sättigungsdruck

—— Teildruck

s_d kumuliert [m]

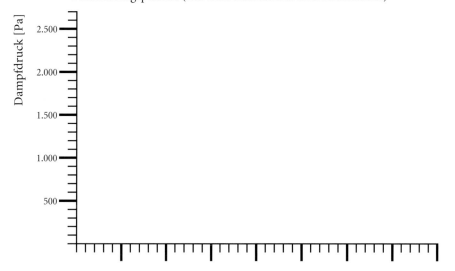

Verdunstungsperiode (nur erforderlich nach Tauwasserausfall)

s_d kumuliert [m]

Fortsetzung Formblattsatz 2-29: Blatt 4a von 4

→ Spalte	A	B
↓ Zeile	**Tauwassernachweis (4/4): Fall a – kein Tauwasser**	
	Projekt:	Datum:
	Bauteil:	Bearbeiter:
	Tauperiode	**Verdunstungsperiode**
1	Kein Tauwasserausfall im Querschnitt. Keine Berechnung erforderlich.	Keine Berechnung erforderlich.
2	Ergebnis (zusätzliche Hinweise):	

Fortsetzung Formblattsatz 2-29: Blatt 4b von 4

Spalte →	A	B
	Tauwassernachweis (4/4): Fall b – Tauwasser in einer Ebene	
Zeile ↓	Projekt:	Datum:
	Bauteil:	Bearbeiter:
	Tauperiode	**Verdunstungsperiode**
1	Diffusionsdurchlasswiderstand von Innenoberfläche bis Tauwasserebene: $Z_i = 1.500.000 \cdot s_{d,i}$	
2	Diffusionsdurchlasswiderstand von Tauwasserebene bis Außenoberfläche: $Z_e = 1.500.000 \cdot s_{d,e}$	
3	Diffusionsstromdichte von Innenoberfläche zu Tauwasserebene: $g_i = \dfrac{p_i - p_{sw}}{Z_i} = \dfrac{1.169 - p_{sw}}{Z_i}$	Diffusionsstromdichte von Tauwasserebene zu Innenoberfläche: $g_i = \dfrac{p_{sw} - p_i}{Z_i} = \dfrac{p_{sw} - 983}{Z_i}$
4	Diffusionsstromdichte von Tauwasserebene zu Außenoberfläche: $g_e = \dfrac{p_{sw} - p_e}{Z_e} = \dfrac{p_{sw} - 208}{Z_e}$	Diffusionsstromdichte von Tauwasserebene zu Außenoberfläche: $g_e = \dfrac{p_{sw} - p_e}{Z_e} = \dfrac{p_{sw} - 983}{Z_e}$
5	Tauwassermenge einer Tauperiode: $m_{w,T} = t_T \cdot (g_i - g_e) = 1.440 \cdot (g_i - g_e)$	Verdunstungsmenge einer Verdunstungsperiode: $m_{w,V} = t_V \cdot (g_i + g_e) = 2.160 \cdot (g_i + g_e)$
6	Zulässige Tauwassermenge einer Tauperiode: zul $m_{W,T}$	
7	Ergebnis: (Zulässige Tauwassermenge eingehalten? Verdunstungsmenge ausreichend?)	

Fortsetzung Formblattsatz 2-29: Blatt 4c von 4, Teil 1

Spalte →	A	B
Zeile ↓	**Tauwassernachweis (4/4): Fall c – Tauwasser in zwei Ebenen**	
	Projekt:	Datum:
	Bauteil:	Bearbeiter:
	Tauperiode	**Verdunstungsperiode**
1	Diffusionsdurchlasswiderstand von Innenoberfläche bis 1. Tauwasserebene: $Z_i = 1.500.000 \cdot s_{d,i}$	
2	Diffusionsdurchlasswiderstand von 1. Tauwasserebene bis 2. Tauwasserebene: $Z_z = 1.500.000 \cdot s_{d,z}$	
3	Diffusionsdurchlasswiderstand von 2. Tauwasserebene bis Außenoberfläche: $Z_e = 1.500.000 \cdot s_{d,e}$	
4	Diffusionsstromdichte von Innenoberfläche zu 1. Tauwasserebene: $g_i = \dfrac{p_i - p_{sw1}}{Z_i} = \dfrac{1.169 - p_{sw1}}{Z_i}$	Diffusionsstromdichte von 1. Tauwasserebene zu Innenoberfläche: $g_i = \dfrac{p_{sw1} - p_i}{Z_i} = \dfrac{p_{sw1} - 983}{Z_i}$
5	Diffusionsstromdichte von 1. Tauwasserebene zu 2. Tauwasserebene: $g_z = \dfrac{p_{sw1} - p_{sw2}}{Z_z}$	Diffusionsstromdichte von 2. Tauwasserebene zu Außenoberfläche: $g_e = \dfrac{p_{sw2} - p_e}{Z_e} = \dfrac{p_{sw2} - 983}{Z_e}$
6	Diffusionsstromdichte von Tauwasserebene zu Außenoberfläche: $g_e = \dfrac{p_{sw2} - p_e}{Z_e} = \dfrac{p_{sw2} - 208}{Z_e}$	Verdunstungszeiten: $t_{V1} = \dfrac{m_{W,T1}}{g_i} \qquad t_{V2} = \dfrac{m_{W,T2}}{g_e}$

Fortsetzung Formblattsatz 2-29: Blatt 4c von 4, Teil 2

7	Tauwassermenge einer Tauperiode in 1. Tauwasserebene: $$m_{W,T1} = t_T \cdot (g_i - g_z) = 1.440 \cdot (g_i - g_z)$$	Wenn $t_{V1} < t_{V2}$ Restverdunstungszeit: $$t_{V3} = t_V - t_{V1}$$ $$= 2.160 - t_{V1}$$	Wenn $t_{V1} > t_{V2}$ Restverdunstungszeit: $$t_{V4} = t_V - t_{V2}$$ $$= 2.160 - t_{V2}$$
8	Tauwassermenge einer Tauperiode in 2. Tauwasserebene: $$m_{W,T2} = t_T \cdot (g_z - g_e) = 1.440 \cdot (g_z - g_e)$$	Diffusionsstromdichte von 2. Tauwasserebene zu Innenoberfläche: $$g_3 = \frac{p_{sw2} - p_i}{Z_i + Z_z}$$ $$= \frac{p_{sw2} - 983}{Z_i + Z_z}$$	Diffusionsstromdichte von 1. Tauwasserebene zu Außenoberfläche: $$g_4 = \frac{p_{sw1} - p_e}{Z_z + Z_e}$$ $$= \frac{p_{sw1} - 983}{Z_z + Z_e}$$
9	Gesamt-Tauwassermenge einer Tauperiode: $$m_{W,T} = m_{W,T1} + m_{W,T2}$$	Verdunstungsmenge: $$m_{W,V} = t_{V1} \cdot (g_i + g_e)$$ $$+ t_{V3} \cdot (g_3 + g_e)$$	Verdunstungsmenge: $$m_{W,V} = t_{V2} \cdot (g_i + g_e)$$ $$+ t_{V4} \cdot (g_i + g_4)$$
10	Zulässige Tauwassermenge einer Tauperiode in 1. Tauwasserebene: zul $m_{W,T1}$ Zulässige Tauwassermenge einer Tauperiode in 2. Tauwasserebene: zul $m_{W,T2}$ Zulässige Tauwassermenge einer Tauperiode gesamt: zul $m_{W,T}$		
11	Ergebnis: (Zulässige Tauwassermenge eingehalten? Verdunstungsmenge ausreichend?)		

Fortsetzung Formblattsatz 2-29: Blatt 4d von 4

	A	B
	Tauwassernachweis (4/4): Fall d – Tauwasser in einem Bereich	
	Projekt:	Datum:
	Bauteil:	Bearbeiter:
	Tauperiode	**Verdunstungsperiode**
1	Diffusionsdurchlasswiderstand von Innenoberfläche bis Anfang Tauwasserbereich: $Z_i = 1.500.000 \cdot s_{d,i}$	
2		Diffusionsdurchlasswiderstand innerhalb Tauwasserbereich: $Z_z = 1.500.000 \cdot s_{d,z}$
2	Diffusionsdurchlasswiderstand von Ende Tauwasserbereich bis Außenoberfläche: $Z_e = 1.500.000 \cdot s_{d,e}$	
3	Diffusionsstromdichte von Innenoberfläche zum Anfang Tauwasserbereich: $g_i = \dfrac{p_i - p_{sw1}}{Z_i} = \dfrac{1.169 - p_{sw1}}{Z_i}$	Diffusionsstromdichte von Mitte Tauwasserbereich zu Innenoberfläche: $g_i = \dfrac{p_{sw} - p_i}{Z_i + 0,5 \cdot Z_z} = \dfrac{p_{sw} - 983}{Z_i + 0,5 \cdot Z_z}$
4	Diffusionsstromdichte von Ende Tauwasserbereich zur Außenoberfläche: $g_e = \dfrac{p_{sw2} - p_e}{Z_e} = \dfrac{p_{sw2} - 208}{Z_e}$	Diffusionsstromdichte von Mitte Tauwasserbereich zu Außenoberfläche: $g_e = \dfrac{p_{sw} - p_e}{0,5 \cdot Z_z + Z_e} = \dfrac{p_{sw} - 983}{0,5 \cdot Z_z + Z_e}$
5	Tauwassermenge einer Tauperiode: $m_{W,T} = t_T \cdot (g_i - g_e) = 1.440 \cdot (g_i - g_e)$	Verdunstungsmenge einer Verdunstungsperiode: $m_{W,V} = t_V \cdot (g_i + g_e) = 2.160 \cdot (g_i + g_e)$
6	Zulässige Tauwassermenge einer Tauperiode: zul $m_{W,T}$	
7	Ergebnis: (Zulässige Tauwassermenge eingehalten? Verdunstungsmenge ausreichend?)	

Hinweise zur Nutzung des Formblattsatzes

Zur Durchführung des Nachweises werden benötigt:

- obiger *Formblattsatz 2-29* (Formblätter 1/4 bis 4/4; als Formblatt 4/4 kommt eines der vier Alternativformblätter a bis d zum Einsatz.)
- wärme- und feuchteschutztechnische Materialkennwerte (*Tabelle 2-1 ab Seite 89*)
- Wasserdampfsättigungsdrücke (*Tabelle 2-27 auf Seite 151*)
- Diagrammvorlagen für Tau- und Verdunstungsperiode (*Tabelle 2-28 auf Seite 152*)
- zulässige Tauwassermenge (*Kapitel 2.3.1 ab Seite 143*)

In der nachfolgenden Anleitung wird gelegentlich auf Spalten, Zeilen oder Felder in den Formblättern verwiesen. Verweise auf Felder erfolgen nach dem Muster „Spalte-Zeile". Beispiel: Das Feld „A-7" befindet sich in Spalte „A" und in Zeile „7".

Bezüglich der Rechengenauigkeit gilt: Der Einfachheit halber werden alle Zwischenwerte und die Endergebnisse auf drei Nachkommastellen gerundet angegeben. Ausnahmen: Diffusionsdurchlasswiderstände Z haben meist sehr große Werte und werden ohne Nachkommastellen angegeben, Diffusionsstromdichten g haben meist sehr kleine Werte und werden mit möglichst mit mindestens vier führenden Ziffern (vorgeschaltete Nullen zählen nicht) angegeben, vereinfachend kann man auch alle Ziffern der Taschenrechneranzeige übernehmen. Das Weiterrechnen mit abgespeicherten Zwischenergebnissen ist möglich, bringt aber keine größere Genauigkeit, weil die Fehler bei den Materialkennwerten (zwangsläufige Abweichungen der tatsächlichen Werte von den Rechenwerten) viel größer sind als die Rundungsfehler.

Schritt 1
Formblatt 1/4

Zunächst werden die Klimabedingungen festgelegt, die der Berechnung zu Grunde liegen. Das Formblatt enthält bereits die Standardwerte nach DIN 4108-3. Lediglich eine Entscheidung muss noch gefällt werden, wenn es sich bei dem betrachteten Bauteil um ein Dach handelt: Soll bei der Berechnung die erhöhte Oberflächentemperatur von 20 °C angesetzt werden? Zu den Voraussetzungen siehe Hinweise zu Klimabedingungen in *Kapitel 2.3.1 ab Seite 143*.

Die Formblätter sind zunächst nur für die Berechnung bei Standardklima vorgesehen, weil die dafür relevanten Werte bereits eingearbeitet sind. Grundsätzlich kann beim Austausch dieser vorgegebenen Werte aber auch mit anderen Klimabedingungen gerechnet werden.

Im unteren Teil des Formblatts wird der Aufbau skizziert, dabei werden die Schichten mit den gleichen Ziffern nummeriert, mit denen sie in der weiteren Berechnung gekennzeichnet sind. Sinnvollerweise wird der gesamte Aufbau skizziert, also auch nicht berücksichtigte Bereiche (etwa der Rippenbereich neben dem betrachteten Gefach) und nicht berücksichtigte Schichten (etwa die Schalung und Bekleidung außerhalb der Belüftungsebene). Grund: Die Skizze soll das Bauteil dokumentieren, einschließlich nicht berechneter Schichten.

Schritt 2
Formblatt 2/4

Hier werden alle Werte berechnet, die für die Erstellung der Diffusionsdiagramme erforderlich sind. Dabei beschränkt man sich zunächst auf den

Bereich links von der Faltmarke 2, also auf die Spalten „A" bis „J". Die Spalten „K" bis „N" rechts von Faltmarke 2 werden nur dann bearbeitet, wenn

- die Auswertung des Diffusionsdiagramms der Tauperiode tatsächlich Tauwasserausfall ergibt **und**
- das Bauteil ein Dach ist, bei dem die erhöhte Oberflächentemperatur des Daches berücksichtigt wird.

In diesem Fall wird außen kein Wärmeübergangswiderstand berücksichtigt. (Feld „K-11" bleibt leer.) Dies hat Einfluss auf den U-Wert, so dass dieser neu bestimmt werden muss. (Die Wärmedurchlasswiderstände der einzelnen Schichten und der Wärmeübergangswiderstand innen ändern sich nicht und können als Zahlenwerte der Spalte „D" direkt entnommen werden.) Man achte bei der Berechnung der Wärmestromdichte (Feld „K-14") auf die Verwendung der richtigen Temperaturen (i. d. R. innen 12 und außen 20 °C, Differenz also 8 K).

Wenn der Bereich „Temperaturen Verdunstungsperiode" (Spalten „K" bis „N") rechts von Faltmarke 2 nicht bearbeitet wird, dann gelten für die weitere Berechnung folgende Werte:

- Schichtgrenztemperatur θ an jeder Schichtgrenze 12 °C
- Sättigungsdruck p_s an jeder Schichtgrenze 2.338 Pa

Schritt 3 a,
Tauperiode
Formblatt 3/4

Das Diffusionsdiagramm für die Tauperiode wird erstellt:

A. Auf der waagerechten Achse (Abszisse) werden die sd-Werte der einzelnen Schichten von innen nach außen aufgetragen. Die Werte werden kumuliert, also „aneinandergehängt" (Werte der Spalte „sd-Wert kumuliert" in Formblatt 2/4). Die Schichtgrenzen werden jeweils durch einen senkrechten Strich dargestellt. Die Achse ist zweckmäßig so einzuteilen, dass die Schichten unter Ausnutzung der vollen Breite alle dargestellt sind.

B. Auf der senkrechten Achse (Ordinate) werden die Sättigungsdrücke an den Schichtgrenzen abgetragen (Formblatt 2/4, Spalte „G"). Auf den zugehörigen senkrechten Strichen werden diese Werte jeweils als Punkte der Sättigungsdruck-Kurve markiert. Die Punkte werden zur gestrichelten Sättigungsdruck-Kurve verbunden. (Streng physikalisch muss die Kurve bei großen Differenzen der benachbarten Sättigungsdrücke durchhängen, weil der Sättigungsdruck nicht proportional der Temperatur ist. Dies wird im Allgemeinen vernachlässigt, da es auf die Berechnung der Standardfälle a bis d nach DIN 4108-3 in aller Regel keinen Einfluss hat.)

C. Die Dampfteildrücke innen und außen (p_i und p_e, Formblatt 1/4, Felder „A-7" und „B-7") werden an der jeweiligen Oberfläche abgetragen und nach Möglichkeit geradlinig zur Teildruck-Kurve verbunden. **Der Teildruck kann aber nie größer sein als der Sättigungsdruck.** Deshalb ist für den Fall, dass die Verbindung die Sättigungsdruck-Kurve schneiden würde, die Tangente (Berührende) an diese zu zeichnen. Man stelle sich dazu die Teildruck-Kurve als ein Gummiband vor, welches zwischen den Punkten p_i und p_e gespannt wird.

Wenn die Sättigungsdruck-Kurve dieses Gummiband nicht berührt, bleibt es gerade gespannt von innen nach außen. Wenn die Sättigungsdruck-Kurve das Gummiband berührt (an einer oder zwei Stellen oder über einen ganzen Bereich hinweg), spannt sich das Band von innen nach außen von unten über die Berührungsstellen, die einzelnen Teilstücke sind wiederum gerade gespannt.

Die Berührungsstellen der beiden Kurven begrenzen den Bereich des Tauwasserausfalls:

- an keiner Stelle (Fall a, kein Tauwasserausfall),
- an einer Stelle (Fall b, Tauwasser in einer Ebene),
- an zwei Stellen (Fall c, Tauwasser in zwei Ebenen),
- über einen ganzen Bereich hinweg (Fall d, Tauwasser in einem Bereich).

Andere Fälle sind prinzipiell möglich, aber selten, und sie können nicht mit den vorliegenden Formblättern berechnet werden.

Wenn das Diffusionsdiagramm für die Tauperiode einen Tauwasserausfall ergibt, fährt man zunächst mit Schritt 4 fort, indem man die ausfallende Tauwassermenge berechnet und mit der zulässigen Tauwassermenge vergleicht.

Wenn der Nachweis an dieser Stelle schon fehlschlägt, erübrigt sich jede weitere Betrachtung, und es muss kein Diffusionsdiagramm für die Verdunstungsperiode erstellt werden.

Schritt 3 b, Verdunstungsperiode Wenn der Nachweis an dieser Stelle erfolgreich ist, muss ein Diffusionsdiagramm für die Verdunstungsperiode erstellt werden. Im Falle eines Daches, für das die erhöhte Oberflächentemperatur von 20 °C berücksichtigt wird, muss dazu zunächst in Formblatt 2/4 der Bereich „Temperaturen Verdunstungsperiode" (Spalten „K" bis „N") rechts von Faltmarke 2 bearbeitet werden (siehe oben, Schritt 2).

Die Schritte A. und B. entsprechen denen für das Diagramm der Tauperiode.

C. Die Dampfteildrücke innen und außen (p_i und p_e, Formblatt 1/4, Felder „C-7" und „D-7") werden an der jeweiligen Oberfläche abgetragen. Der Teildruck im Bereich des eben ermittelten Tauwasserausfalls wird gleich dem Sättigungsdruck p_s (Formblatt 2/4, entsprechender Wert aus Spalte „N") gesetzt. (Es wird während der Verdunstung an dieser Stelle eine relative Luftfeuchte von 100 % angenommen.) Im Fall d (Tauwasserausfall in einem Bereich) ist der Sättigungsdruck in der Mitte des Tauwasserbereichs maßgebend. Dieser ist bei Dächern mit Berücksichtigung der erhöhten Oberflächentemperatur von 20 °C der Mittelwert aus den Sättigungsdrücken am Anfang und am Ende des Tauwasserbereichs. Die drei (Fälle b und d) bzw. vier (Fall c) bestimmten Punkte werden nun geradlinig verbunden. Schneidet bei Dächern mit Berücksichtigung der erhöhten Oberflächentemperatur von 20 °C die Verbindung (Teildruck-Kurve) die Sättigungsdruck-Kurve, fällt hier erneut Tauwasser aus – dies bleibt aber unberücksichtigt.

Anmerkungen zum besseren Verständnis: Die Neigungsrichtung der Teildruck-Kurve gibt die Richtung der Dampfdiffusion an: Neigt sich diese Kurve in der Tauperiode von innen nach außen, ist auch die Diffusionsrichtung von innen nach außen. Neigt sich die Teildruck-Kurve in der Verdunstungsperiode von dem Tauwasserbereich nach innen und nach außen, dann erfolgt die Diffusion (Austrocknung) ebenfalls nach innen und nach außen.

Die Neigungsstärke der Teildruck-Kurve ist ein Vergleichsmaß für die Menge der Dampfdiffusion. Je stärker die Neigung, desto mehr Dampf diffundiert. Wenn die Teildruck-Kurve ihr Gefälle an einem Knickpunkt verringert, und das tut sie im Falle des Tauwasserausfalls in der Tauperiode, dann verringert sich an dieser Knickstelle die Dampfdiffusion plötzlich. Die Differenz bleibt als Tauwasser „hängen". Wenn die Teildruck-Kurve in der Verdunstungsperiode nach innen stärker geneigt ist als nach außen, dann diffundiert (verdunstet) mehr nach innen als nach außen.

Siehe zur Veranschaulichung die Diffusionsdiagramme zum Fall b in Kapitel 2.4.2 auf Seite 180.

Schritt 4   Je nach Ergebnis von Schritt 3:

- Fall a, kein Tauwasser: Formblatt 4a/4
- Fall b, Tauwasser in einem Bereich: Formblatt 4b/4
- Fall c, Tauwasser in zwei Ebenen: Formblatt 4c/4
- Fall d, Tauwasser in einem Bereich: Formblatt 4d/4

Bei allen Berechnungen in diesen Formularen gilt bezüglich der verwendeten Einheiten:

- sd-Werte s_d in m
- Dampfdrücke p und p_s in Pa
- Wassermengen m_W in kg/m²

Die Wassermengen m_W sind die maßgeblichen Endergebnisse und werden deshalb unbedingt mit der Einheit kg/m² versehen. Bei allen anderen Werten handelt es sich um Zwischenergebnisse, die Einheiten sind grundsätzlich verzichtbar. Wer Wert auf diese Einheiten legt oder wer im Mitführen eine Hilfe sieht, findet diese in *Kapitel 2.3.1 ab Seite 143*. Wichtig ist allerdings, dass die Eingangswerte in den oben genannten Dimensionen verwendet werden, sd-Werte also beispielsweise in m und keinesfalls in cm.

Die Eingangswerte für die Formeln, beispielsweise die Dampfdrücke, haben in der Tauperiode und der Verdunstungsperiode zwar teils gleiche Bezeichnungen, aber unterschiedliche Werte. Verwechslungen sind nicht auszuschließen.

Es ist daher im Sinne der Fehlervermeidung hilfreich, in den Diffusionsdiagrammen (Formblatt 3/4) die maßgebenden Werte an den Punkten zahlenmäßig zu vermerken und für die Bearbeitung der Formblätter 4b/4 bis 4d/4 die Werte dem entsprechenden Diagramm zu entnehmen.

Formblatt 4a/4
Kein Tauwasser. Es wird nur das Ergebnis der Untersuchung festgehalten, evtl. werden weitere Hinweise gegeben.

Formblatt 4b/4
Tauwasser in einer Ebene. Die Formeln werden zunächst für die Tauperiode von oben nach unten „abgearbeitet". Dann wird die ausfallende Tauwassermenge mit der zulässigen Tauwassermenge verglichen. Wenn hierbei die zu-

lässige Grenze nicht eingehalten wird, erübrigt sich das Weiterrechnen. Der Aufbau ist nicht nachgewiesen, weil schädliche Tauwasserbildung auftritt.

Formblatt 4c/4
Tauwasser in zwei Ebenen. Die Formeln werden ebenfalls zunächst für die Tauperiode von oben nach unten „abgearbeitet". Dann wird die ausfallende Tauwassermenge mit der zulässigen Tauwassermenge verglichen. Wenn hierbei die zulässige Grenze nicht eingehalten wird, erübrigt sich das Weiterrechnen. Der Aufbau ist nicht nachgewiesen, weil schädliche Tauwasserbildung auftritt.

Bei den Berechnungen für die Verdunstungsperiode teilt sich die Berechnung nach den vorläufigen Verdunstungszeiten. Grund: Wenn das Tauwasser aus einer Ebene (zum Zeitpunkt der kürzeren der beiden berechneten Zeiten t_{V1} und t_{V2}) vollständig verdunstet ist, wird für den Rest der Verdunstungsperiode davon ausgegangen, dass die verbleibende Ebene nun in beide Richtungen austrocknet.

Ausgehend von der kürzeren der beiden vorläufigen Verdunstungszeiten wird daher die restliche Verdunstungszeit ermittelt und die Verdunstungsmenge als Summe der vorläufigen und der restlichen Verdunstung berechnet.

Formblatt 4d/4
Tauwasser in einem Bereich. Die Formeln werden ebenfalls zunächst für die Tauperiode von oben nach unten „abgearbeitet". Dann wird die ausfallende Tauwassermenge mit der zulässigen Tauwassermenge verglichen. Wenn hierbei die zulässige Grenze nicht eingehalten wird, erübrigt sich das Weiterrechnen. Der Aufbau ist nicht nachgewiesen, weil schädliche Tauwasserbildung auftritt.

Die Tauwasserbildung in einem Bereich tritt häufig bei gering wärmedämmenden Schichten mit relativ großen sd-Werten auf, beispielsweise bei Holzschalungen oder Holzwerkstoffplatten. Man achte darauf, dass hier häufig nicht eine absolute Grenze von 0,5 oder 1,0 kg/m² für die zulässige Tauwassermenge gilt, sondern die prozentuale Begrenzung für den Baustoff maßgebend wird. Der kleinere Wert ist maßgebend (*siehe Beispiel in Kapitel 2.3.1 ab Seite 143*).

Für alle Beispiele gilt: Im Sinne eines fehlertoleranten Nachweises sollten in der Praxis Varianten mit anderen Materialkennwerten (innerhalb der praxisüblichen Schwankungsbreite) untersucht werden.

(Diese Seite ist wegen doppelseitiger Formulare nicht bedruckt.)

2.4   Beispiele zum Tauwassernachweis nach DIN 4108-3

Nachfolgende Beispiele zeigen für alle vier Standardfälle nach DIN 4108-3 exemplarisch das Vorgehen beim rechnerischen Tauwassernachweis. Für die Bauteile der Beispiele wurden nur Baustoffe verwendet, die in *Tabelle 2-1 ab Seite 89* aufgeführt sind. Ausnahme: Dampfbremsen, die im Beispiel einen bestimmten sd-Wert haben müssen, wurden frei eingetragen. Schichten oder Werte von Schichten, die in der Berechnung nicht berücksichtigt werden, sind mit dem Kürzel n.b. (für nicht berücksichtigt) gekennzeichnet.

2.4.1   Beispiel Fall a, kein Tauwasserausfall

In diesem Beispiel wird eine Wand in Holzbauweise untersucht. Es handelt sich um ein thermisch inhomogenes Bauteil mit Rippen- und Gefachbereich. Der Tauwassernachweis wird für den Gefachbereich geführt.

Schichtenfolge im Gefach von innen nach außen:

- 2-mal 12,5 mm Gipskartonplatte
- 40 mm Luftschicht, nicht belüftet
- 22 mm zementgebundene Spanplatte
- 120 mm Holzfaserdämmstoff WF 046, Typ WH
- 30 mm Holzfaserplatte (250 kg/m³)
- Belüftungsebene (stark belüftet)
- Traglattung
- Außenwandbekleidung aus kleinformatigen Faserzementplatten

Diese Wand ist nicht nachweisfrei, weil der sd-Wert innenseits der Wärmedämmung nur 0,80 m beträgt. Erforderlich wären 2 m. Alle übrigen Kriterien sind erfüllt (*siehe auch Diagramm 1-45 auf Seite 77*).

Ergebnis   *Beispielsatz 2-30 ab Seite 171 gibt die formblattgestützte Berechnung wieder.*

Der Aufbau bleibt tauwasserfrei. Das Ergebnis überrascht nicht, denn der sd-Wert außenseits der Wärmedämmung ist deutlich niedriger als derjenige innenseits der Wärmedämmung.

Anmerkungen: Die langfristige Funktionssicherheit der Konstruktion hängt auch von der Luftdichtheit der Konstruktion ab. Die zementgebundene Spanplatte erfüllt diese Aufgabe, wenn die Plattenstöße in geeigneter Weise, beispielsweise mit geeigneten Klebebändern, abgedichtet sind. Der Einbau einer Luftschicht hinter der inneren Bekleidung als Installationsebene ist sinnvoll, da hierdurch Verletzungen der Luftdichtheitsschicht durch Installationen weitgehend vermieden werden.

Je nach Gesamtkonstruktion des Gebäudes ist die Sicherstellung der Luftdichtheit an Bauteilübergängen mit besonderem Aufwand verbunden, beispielsweise an Deckenbalken, welche die Spanplatte am Balkenauflager durchdringen.

Beispielsatz 2-30: Blatt 1 von 4 zum Tauwassernachweis, Fall a, kein Tauwasser

Spalte →	A	B	C	D
Tauwassernachweis (1/4): Klimabedingungen und Hauptwerte				
Projekt: *Beispiel Tauwassernachweis Fall a*			Datum: *20.02.10*	
Bauteil: *Wandaufbau ohne Tauwasserausfall*			Bearbeiter: *Maßong*	

Zeile		Tauperiode		Verdunstungsperiode	
1	Dauer	1.440 h		2.160 h	
2		Raumklima	Außenklima	Raumklima	Außenklima
3	Lufttemperatur θ	20,0 °C	-10,0 °C	12,0 °C	12,0 °C
4	Relative Luftfeuchte φ	50 %	80 %	70 %	70 %
5	Oberflächentemperatur des Daches $\theta^{1)}$	—	—	—	— [1]
6	Wasserdampfsättigungsdruck p_s	2.338 Pa	260 Pa	1.404 Pa	1.404 Pa (2.338 Pa)[2]
7	Wasserdampfteildruck $p = p_s \cdot \phi$	1.169 Pa	208 Pa	983 Pa	983 Pa
8	Taupunkttemperatur θ_s	9,3 °C	-12,5 °C	6,7 °C	6,7 °C

[1] Bei Dächern darf für den rechnerischen Tauwassernachweis die Oberflächentemperatur des Daches mit **20 °C** angesetzt werden. Vereinfachend darf auch ohne Berücksichtigung der erhöhten Oberflächentemperatur gerechnet werden.

[2] Wert in Klammern: gilt bei Ansatz der erhöhten Oberflächentemperatur für Dächer. Wird an der Oberfläche angesetzt.

Skizze mit nummerierter Schichtenfolge:

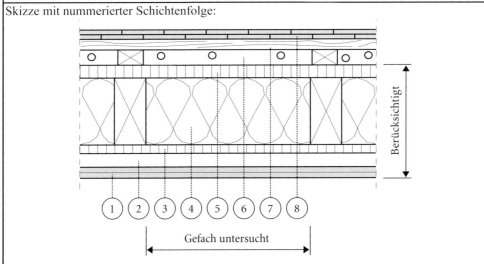

Gefach untersucht

Fortsetzung Beispielsatz 2-30: Blatt 2 von 4

Spalte →	A	B	C	D	E	F	G
	Tauwassernachweis (2/4): Temperaturverlauf						
	Projekt: *Tauwasser Fall a* Datum: *20.02.10*					Temperaturen Tauperiode	
	Bauteil: *Wand, Gefachbereich* Bearb.: *Maßong*						
	Schichtenfolge	Dicke d [m]	Wärmeleitfähigkeit λ [W/(m·K)]	Widerstand $R=\dfrac{d}{\lambda}$ [m²·K/W]	Temperaturabbau $\Delta\theta = R\cdot q$ [K]	Schichtgrenztemperatur (letzte Temp. **minus** $\Delta\theta$) Innen: $\theta_i=$ 20 °C	Sättigungsdruck (aus Tab.) p_s [Pa] Innen: $p_{s,i}=$ 2.338 Pa
0	Übergang innen R_{si} ⟶			0,13	1,076		
						18,924	*2.184*
1 (1)	*Gipskartonplatte, doppelt*	*0,025*	*0,25*	*0,100*	*0,828*		
						18,096	*2.077*
2 (2)	*Luftschicht, nicht belüftet*	*0,04*	*–*	*0,180*	*1,490*		
						16,606	*1.890*
3 (3)	*Spanplatte, zementgebunden*	*0,022*	*0,23*	*0,096*	*0,795*		
						15,811	*1.796*
4 (4)	*Holzfaserdämmstoff WF 046, Typ WH*	*0,12*	*0,046*	*2,609*	*21,603*		
						-5,792	*375*
5 (5)	*Holzfaserplatte*	*0,03*	*0,07*	*0,429*	*3,552*		
						-9,344	*276*
6 (6)	*Belüftungsebene (stark belüftet)*		*n.b.*				
7 (7)	*Traglattung*		*n.b.*				
8 (8)	*Faserzement- Außenwandbekleidung*		*n.b.*				
9 (9)							
10 (10)							
11	Übergang außen R_{se} ⟶			0,08	0,662		
12	Wärmedurchgangswiderstand [m²·K/W] $R_T=R_{si}+R_1+R_2+\ldots R_{se}$			3,624		Außen: $\theta_e=$ -10 °C	Außen: $p_{s,e}=$ 260 Pa
13	Wärmedurchgangskoeffizient [W/(m²·K)] $U=\dfrac{1}{R_T}$			0,276			
14	Wärmestromdichte [W/m²] $q=U\cdot|\theta_i-\theta_e|$			8,280			

Zur Bearbeitung des Bereichs rechts von Faltmarke 2: An Faltmarke 2 nach hinten falten und dann Faltmarke 2 gegen Faltmarke 1 ziehen.

→ Faltmarke 1

H	I	J	K	L	M	N

Sperrwerte			Temperaturen Verdunstungsperiode (Nur nach Tauwasserausfall und bei Ansatz der erhöhten Oberflächentemperatur bei Dächern. Faltanleitung unten.)			
Diffusions-widerst.-zahl μ	sd-Wert $s_d = \mu \cdot d$ [m]	sd-Wert kumuliert (letzter Wert plus s_d) [m]	Widerstand $R = \dfrac{d}{\lambda}$ [m² · K/W]	Temperatur-abbau $\Delta\theta = R \cdot q$ [K]	Schicht-grenz-temperatur (letzte Temp. **plus** $\Delta\theta$) Innen: $\theta_i =$ 12 °C	Sättigungs-druck (aus Tab.) p_s [Pa] Innen: $p_{s,i} =$ 1.404 Pa
		0 m				
4	0,100					
		0,100				
1	0,040					
		0,140				
30	0,660					
		0,800				
5	0,600					
		1,400				
5	0,150					
		1,550				
Summe sd-Wert	1,550				Außenober-fläche: $\theta_e =$ 20 °C	Außenober-fläche: $p_{s,e} =$ 2.338 Pa

Faltmarke 2 ←

Tauwassernachweis (3/4): Diffusionsdiagramme

Projekt: *Beispiel Tauwasser Fall u*   Datum: *20.02.10*

Bauteil: *Wand, Gefachbereich*   Bearbeiter: *Maßong*

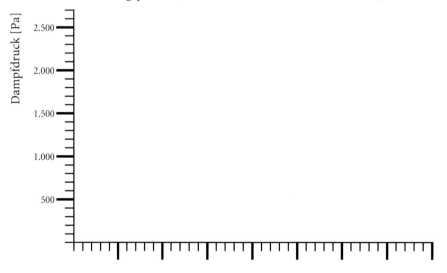

Fortsetzung Beispielsatz 2-30: Blatt 4a von 4

→ Spalte	A	B
↓ Zeile	**Tauwassernachweis (4/4): Fall a – kein Tauwasser**	
	Projekt: *Beispiel Tauwasser Fall a*	Datum: *20.02.10*
	Bauteil: *Wand, Gefachbereich*	Bearbeiter: *Maßong*
	Tauperiode	**Verdunstungsperiode**
1	Kein Tauwasserausfall im Querschnitt. Keine Berechnung erforderlich.	Keine Berechnung erforderlich.
2	Ergebnis (zusätzliche Hinweise): *Der Aufbau bleibt tauwasserfrei.*	

2.4.2   Beispiel Fall b, Tauwasserausfall in einer Ebene

In diesem Beispiel wird ein Flachdach auf einer Betondecke untersucht. Es handelt sich um ein thermisch homogenes Bauteil.

Schichtenfolge von innen nach außen:

- 20 mm Gipsputz
- 160 mm Stahlbetondecke (2 % Bewehrungsgrad)
- 140 mm Wärmedämmung aus expandiertem Polystyrol EPS 035, Typ DAA-dm
- 1,5 mm Abdichtung aus PVC-P (PVC weich)

Dieses Dach ist nicht nachweisfrei, weil der sd-Wert innenseits der Wärmedämmung nur 13 m beträgt. Erforderlich für die Nachweisfreiheit wären 100 m. Die normalerweise anzutreffende, separate Dampfsperre fehlt. Alle übrigen Kriterien sind erfüllt, wenn man die Betondecke als Dampfbremse auffasst (*siehe auch Diagramm 1-48 auf Seite 80*).

Ergebnis   *Beispielsatz 2-31 ab Seite 177 gibt die formblattgestützte Berechnung wieder.*

Es fällt Tauwasser (0,053 kg/m²) in einer Ebene aus (zwischen Wärmedämmung und Abdichtung). Die zulässige Grenze von 0,5 kg/m² wird nicht überschritten. Die Verdunstungsmenge (0,167 kg/m²) ist größer als die Tauwassermenge, wenn die erhöhte Oberflächentemperatur von 20 °C berücksichtigt wird. Der Aufbau ist also in Ordnung.

Anmerkungen: Das Ergebnis überrascht jeden, der dachte, ein Flachdach müsse unbedingt eine Dampfsperre aufweisen, möglichst noch mit Metallbandeinlage. Dem ist nicht so. Im Gegenteil – dieser Aufbau hat gegenüber einem Aufbau mit der Dampfsperre sogar einen Vorteil: Er besitzt eine höhere Austrocknungsleistung.

Voraussetzung für die langfristige Funktionssicherheit ist aber die unbedingte Luftdichtheit der Unterkonstruktion. Eine Ortbetondecke erfüllt diese Bedingung für gewöhnlich, eine Holzschalung oder ein Stahltrapezblech dagegen nicht.

Beispielsatz 2-31: Blatt 1 von 4 zum Tauwassernachweis, Fall b, Tauwasser in einer Ebene

Spalte →	A	B	C	D
Tauwassernachweis (1/4): Klimabedingungen und Hauptwerte				
Projekt: ***Beispiel Tauwassernachweis Fall b***			Datum: ***20.02.10***	
Bauteil: ***Flachdach***			Bearbeiter: ***Maßong***	

Zeile ↓

		Tauperiode		Verdunstungsperiode	
1	Dauer	1.440 h		2.160 h	
2		Raumklima	Außenklima	Raumklima	Außenklima
3	Lufttemperatur θ	20,0 °C	-10,0 °C	12,0 °C	12,0 °C
4	Relative Luftfeuchte ϕ	50 %	80 %	70 %	70 %
5	Oberflächentemperatur des Daches θ[1]	—	—	—	***20 °C*** [1]
6	Wasserdampfsättigungsdruck p_s	2.338 Pa	260 Pa	1.404 Pa	1.404 Pa (2.338 Pa)[2]
7	Wasserdampfteildruck $p = p_s \cdot \phi$	1.169 Pa	208 Pa	983 Pa	983 Pa
8	Taupunkttemperatur θ_s	9,3 °C	-12,5 °C	6,7 °C	6,7 °C

[1] Bei Dächern darf für den rechnerischen Tauwassernachweis die Oberflächentemperatur des Daches mit **20 °C** angesetzt werden. Vereinfachend darf auch ohne Berücksichtigung der erhöhten Oberflächentemperatur gerechnet werden.

[2] Wert in Klammern: gilt bei Ansatz der erhöhten Oberflächentemperatur für Dächer. Wird an der Oberfläche angesetzt.

Skizze mit nummerierter Schichtenfolge:

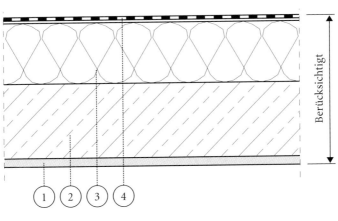

Fortsetzung Beispielsatz 2-31: Blatt 2 von 4

Tauwassernachweis (2/4): Temperaturverlauf

Projekt: *Tauwasser Fall b*   Datum: *20.02.10*

Bauteil: *Flachdach*   Bearb.: *Maßong*

Temperaturen Tauperiode

Spalte →		A	B	C	D	E	F	G
Zeile ↓	Schicht Nr.	Schichtenfolge	Dicke d [m]	Wärme-leitfähigkeit λ [W/(m·K)]	Widerstand $R=\dfrac{d}{\lambda}$ [m²·K/W]	Temperatur-abbau $\Delta\theta = R \cdot q$ [K]	Schicht-grenz-temperatur (letzte Temp. minus $\Delta\theta$) Innen: $\theta_i =$ 20 °C	Sättigungs-druck (aus Tab.) p_s [Pa] Innen: $p_{s,i}=$ 2.338 Pa
0	↓	Übergang innen R_{si} ⟶			0,13	0,917		
							19,083	2.211
1	1	*Gipsputz*	*0,02*	*0,7*	*0,029*	*0,204*		
							18,879	2.184
2	2	*Stahlbetondecke (2 % Bewehrungsgrad)*	*0,16*	*2,5*	*0,064*	*0,451*		
							18,428	2.117
3	3	*Exp. Polystyrol EPS 035, Typ DAA-dm*	*0,14*	*0,035*	*4,000*	*28,200*		
							-9,772	265
4	4	*Abdichtung aus PVC-P*	*0,0015*	*n.b.*	*0,000*	*0,000*		
							-9,772	265
5	5							
6	6							
7	7							
8	8							
9	9							
10	10							
11		Übergang außen R_{se} ⟶			0,04	0,282		
12		Wärmedurchgangs-widerstand [m²·K/W]		$R_T=R_{si}+R_1+R_2+...R_{se}$	4,263		Außen: $\theta_e =$ -10 °C	Außen: $p_{s,e}=$ 260 Pa
13		Wärmedurchgangskoeffizient [W/(m²·K)]		$U=\dfrac{1}{R_T}$	0,235	Zur Bearbeitung des Bereichs rechts von Faltmarke 2:		
14		Wärmestromdichte [W/m²]		$q=U\cdot|\theta_i-\theta_e|$	7,050	An Faltmarke 2 nach hinten falten und dann Faltmarke 2 gegen Faltmarke 1 ziehen.		

⟶ Faltmarke 1

H	I	J	K	L	M	N
Sperrwerte			Temperaturen Verdunstungsperiode (Nur nach Tauwasserausfall und bei Ansatz der erhöhten Oberflächentemperatur bei Dächern. Faltanleitung unten.)			
Diffusions-widerst.-zahl μ	sd-Wert $s_d = \mu \cdot d$ [m]	sd-Wert kumuliert (letzter Wert plus s_d) [m]	Widerstand $R = \dfrac{d}{\lambda}$ [m² · K/W]	Temperatur-abbau $\Delta\theta = R \cdot q$ [K]	Schicht-grenz-temperatur (letzte Temp. **plus** $\Delta\theta$) Innen: θ_i = 12 °C	Sättigungs-druck (aus Tab.) p_s [Pa] Innen: $p_{s,i}$ = 1.404 Pa
			0,13	0,246		
		0 m			12,246	1.422
10	0,200		0,029	0,055		
		0,200			12,301	1.432
80	12,800		0,064	0,121		
		13,000			12,422	1.441
20	2,800		4,000	7,584		
		15,800			20,006	2.338
30.000	45,000		0,000	0,000		
		60,800			20,006	2.338
Summe sd-Wert	60,800				Außenober-fläche: θ_e = 20 °C	Außenober-fläche: $p_{s,e}$ = 2.338 Pa
			4,223			
			0,237			
			1,896			

Faltmarke 2 ←

Fortsetzung Beispielsatz 2-31: Blatt 3 von 4

Tauwassernachweis (3/4): Diffusionsdiagramme

Projekt: *Beispiel Tauwasser Fall b*   Datum: *20.02.10*

Bauteil: *Flachdach*   Bearbeiter: *Maßong*

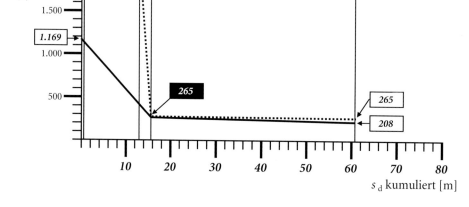

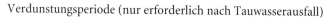

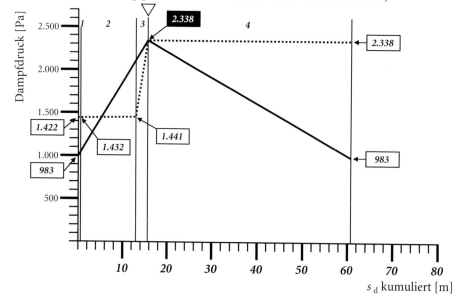

Fortsetzung Beispielsatz 2-31: Blatt 4b von 4

→ Spalte	A	B

Tauwassernachweis (4/4): Fall b – Tauwasser in einer Ebene

Projekt: *Beispiel Tauwasser Fall b*   Datum: *20.02.10*

Bauteil: *Flachdach*   Bearbeiter: *Maßong*

Zeile ↓	Tauperiode	Verdunstungsperiode
1	Diffusionsdurchlasswiderstand von Innenoberfläche bis Tauwasserebene: $Z_i = 1.500.000 \cdot s_{d,i}$ $= 1.500.000 \cdot 15,80$ $= 23.700.000$	
2	Diffusionsdurchlasswiderstand von Tauwasserebene bis Außenoberfläche: $Z_e = 1.500.000 \cdot s_{d,e}$ $= 1.500.000 \cdot 45,00$ $= 67.500.000$	
3	Diffusionsstromdichte von Innenoberfläche zu Tauwasserebene: $g_i = \dfrac{p_i - p_{sw}}{Z_i} = \dfrac{1.169 - p_{sw}}{Z_i}$ $= \dfrac{1.169 - 265}{23.700.000}$ $= 0,00003814345$	Diffusionsstromdichte von Tauwasserebene zu Innenoberfläche: $g_i = \dfrac{p_{sw} - p_i}{Z_i} = \dfrac{p_{sw} - 983}{Z_i}$ $= \dfrac{2.338 - 983}{23.700.000}$ $= 0,00005717299$
4	Diffusionsstromdichte von Tauwasserebene zu Außenoberfläche: $g_e = \dfrac{p_{sw} - p_e}{Z_e} = \dfrac{p_{sw} - 208}{Z_e}$ $= \dfrac{265 - 208}{67.500.000}$ $= 0,00000084444$	Diffusionsstromdichte von Tauwasserebene zu Außenoberfläche: $g_e = \dfrac{p_{sw} - p_e}{Z_e} = \dfrac{p_{sw} - 983}{Z_e}$ $= \dfrac{2.338 - 983}{67.500.000}$ $= 0,00002007407$
5	Tauwassermenge einer Tauperiode: $m_{W,T} = t_T \cdot (g_i - g_e) = 1.440 \cdot (g_i - g_e)$ $= 1.440 \cdot (0,00003814345 - 0,00000084444)$ $= 0,053 \ kg/m^2$	Verdunstungsmenge einer Verdunstungsperiode: $m_{W,V} = t_V \cdot (g_i + g_e) = 2.160 \cdot (g_i + g_e)$ $= 2.160 \cdot (0,00005717299 + 0,00002007407)$ $= 0,167 \ kg/m^2$
6	Zulässige Tauwassermenge einer Tauperiode: zul $m_{W,T}$ **zul $m_{W,T} = 0,500 \ kg/m^2$**	
7	Ergebnis: (Zulässige Tauwassermenge eingehalten? Verdunstungsmenge ausreichend?) $m_{W,T} = 0,053 \ kg/m^2 \begin{cases} < \text{zul}\, m_{W,T} = 0,500 \ kg/m^2 \\ < m_{W,V} = 0,167 \ kg/m^2 \end{cases} \rightarrow O.K.$	

2.4.3   Beispiel Fall c, Tauwasserausfall in zwei Ebenen

In diesem Beispiel wird eine Wand in Holzbauweise untersucht. Es handelt sich um ein thermisch inhomogenes Bauteil mit Rippen- und Gefachbereich. Der Tauwassernachweis wird für den Gefachbereich geführt.

Schichtenfolge im Gefach von innen nach außen:

- 12,5 mm Gipskartonplatte
- 80 mm Mineralwolle MW 035, Typ DI
- 19 mm Spanplatte (Flachpress, 600 kg/m³)
- Dampfbremse, s_d = 2 m
- 140 mm Mineralwolle MW 040, Typ DZ
- 19 mm Spanplatte (Flachpress, 600 kg/m³)
- Belüftungsebene (stark belüftet)
- Traglattung
- Außenwandbekleidung aus Holzschindeln

Diese Wand ist nicht nachweisfrei, weil

- die Voraussetzungen für die Gefährdungsklasse 0 nach DIN 68800 nicht erfüllt sind,
- mehr als 20 % des Gesamt-Wärmedurchlasswiderstands innenseits der Dampfbremse liegen (*siehe auch Diagramm 1-45 auf Seite 77*).

Ergebnis   *Beispielsatz 2-32 ab Seite 183 gibt die formblattgestützte Berechnung wieder.*

Es fällt Tauwasser in zwei Ebenen aus (0,218 kg/m² zwischen der inneren Wärmedämmung und der inneren Spanlatte und 0,242 kg/m² zwischen der äußeren Wärmedämmung und der äußeren Spanplatte). Die zulässigen Grenzen in den beiden Ebenen werden durch die zulässige Feuchteaufnahme der Spanplatten bestimmt und betragen jeweils 0,342 kg/m². Die zulässigen Grenzen werden nicht überschritten. Ebenfalls wird die zulässige Gesamt-Tauwassermenge von 2 · 0,5 = 1,0 kg/m² nicht überschritten. Die Verdunstungsmenge (1,082 kg/m²) ist größer als die Tauwassermenge (insgesamt 0,460 kg/m²). Der Aufbau ist also insofern in Ordnung.

Aber: Der Raum zwischen der Gipskartonplatte und der inneren Spanlatte ist als Installationsebene gedacht. Die innere Spanlatte ist die (erste) luftdichte Schicht, weil die Gipskartonplatte durch Installationen verletzt wird. Im schlimmsten Fall droht konvektionsbedingte Tauwasserbildung, weil die rechnerische Temperatur an der Innenoberfläche der inneren Spanplatte (ca. 8,5 °C) unterhalb der Taupunkttemperatur der Raumluft (ca. 9,3 °C) liegt – allerdings nur, wenn längerfristig die Außenlufttemperatur ≤ –10 °C beträgt.

Die korrekte Lage der Luftdichtheitsebene muss unabhängig von der Diffusionsberechnung überprüft werden. Das Dämmen der Installationsebene kann im Einzelfall unzweckmäßig sein, wenn dadurch die Gefahr von konvektionsbedingtem Tauwasser und/oder Schimmel im Bereich der Installationsebene besteht.

Beispielsatz 2-32: Blatt 1 von 4 zum Tauwassernachweis, Fall c, Tauwasser in zwei Ebenen

Spalte →	A	B	C	D
Tauwassernachweis (1/4): Klimabedingungen und Hauptwerte				
Projekt: *Beispiel Tauwassernachweis Fall c*			Datum: *20.02.10*	
Bauteil: *Wand, Gefachbereich*			Bearbeiter: *Maßong*	

Zeile		Tauperiode		Verdunstungsperiode	
1	Dauer	1.440 h		2.160 h	
2		Raumklima	Außenklima	Raumklima	Außenklima
3	Lufttemperatur θ	20,0 °C	-10,0 °C	12,0 °C	12,0 °C
4	Relative Luftfeuchte ϕ	50 %	80 %	70 %	70 %
5	Oberflächentemperatur des Daches θ[1]	—	—	—	— [1]
6	Wasserdampfsättigungsdruck p_s	2.338 Pa	260 Pa	1.404 Pa	1.404 Pa (2.338 Pa)[2]
7	Wasserdampfteildruck $p = p_s \cdot \phi$	1.169 Pa	208 Pa	983 Pa	983 Pa
8	Taupunkttemperatur θ_s	9,3 °C	-12,5 °C	6,7 °C	6,7 °C

[1] Bei Dächern darf für den rechnerischen Tauwassernachweis die Oberflächentemperatur des Daches mit **20 °C** angesetzt werden. Vereinfachend darf auch ohne Berücksichtigung der erhöhten Oberflächentemperatur gerechnet werden.

[2] Wert in Klammern: gilt bei Ansatz der erhöhten Oberflächentemperatur für Dächer. Wird an der Oberfläche angesetzt.

Skizze mit nummerierter Schichtenfolge:

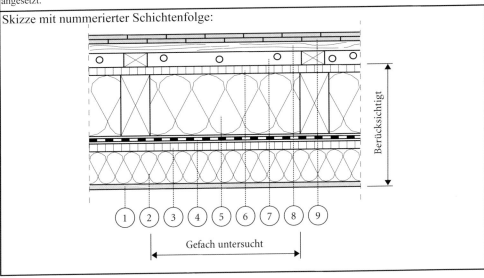

Gefach untersucht

Fortsetzung Beispielsatz 2-32: Blatt 2 von 4

Spalte →	A	B	C	D	E	F	G
Tauwassernachweis (2/4): Temperaturverlauf							
Projekt: *Tauwasser Fall c* Datum: *20.02.10*					Temperaturen Tauperiode		
Bauteil: *Wand, Gefachbereich* Bearb.: *Maßong*							
		Dicke d [m]	Wärmeleitfähigkeit λ [W/(m · K)]	Widerstand $R=\dfrac{d}{\lambda}$ [m² · K/W]	Temperaturabbau $\Delta\theta = R \cdot q$ [K]	Schichtgrenztemperatur (letzte Temp. minus Δθ) Innen: $\theta_i =$ 20 °C	Sättigungsdruck (aus Tab.) p_s [Pa] Innen: $p_{s,i} =$ 2.338 Pa
Zeile / **Schicht Nr.**	Schichtenfolge						
0	Übergang innen R_{si} ⟶			0,13	0,616		
1 / 1	*Gipskartonplatte*	0,0125	0,25	0,050	0,237	19,384	2.253
2 / 2	*Mineralwolle MW 035, Typ DI*	0,08	0,035	2,286	10,836	19,147	2.211
3 / 3	*Spanplatte 600 kg/m³*	0,019	0,14	0,136	0,645	8,311	1.096
4 / 4	*Dampfbremse*	0,001	n.b.	0,000	0,000	7,666	1.052
5 / 5	*Mineralwolle MW 040, Typ WZ*	0,14	0,04	3,500	16,590	7,666	1.052
6 / 6	*Spanplatte 600 kg/m³*	0,019	0,14	0,136	0,645	-8,924	286
7 / 7	*Belüftungsebene (stark belüftet)*		n.b.			-9,569	269
8 / 8	*Traglattung*		n.b.				
9 / 9	*Holzschindel-Außenwandbekleidung*		n.b.				
10 / 10							
11	Übergang außen R_{se} ⟶			0,08	0,379		
12	Wärmedurchgangswiderstand [m² · K/W]	$R_T = R_{si} + R_1 + R_2 + \ldots R_{se}$		6,318		Außen: $\theta_e =$ -10 °C	Außen: $p_{s,e} =$ 260 Pa
13	Wärmedurchgangskoeffizient [W/(m² · K)]	$U = \dfrac{1}{R_T}$		0,158			
14	Wärmestromdichte [W/m²]	$q = U \cdot |\theta_i - \theta_e|$		4,740			

Zur Bearbeitung des Bereichs rechts von Faltmarke 2:
An Faltmarke 2 nach hinten falten und dann Faltmarke 2 gegen Faltmarke 1 ziehen.

→ Faltmarke 1

H	I	J	K	L	M	N
Sperrwerte			Temperaturen Verdunstungsperiode (Nur nach Tauwasserausfall und bei Ansatz der erhöhten Oberflächentemperatur bei Dächern. Faltanleitung unten.)			
Diffusions-widerst.-zahl μ	sd-Wert $s_d = \mu \cdot d$ [m]	sd-Wert kumuliert (letzter Wert plus s_d) [m]	Widerstand $R = \dfrac{d}{\lambda}$ [m²·K/W]	Temperatur-abbau $\Delta\theta = R \cdot q$ [K]	Schicht-grenz-temperatur (letzte Temp. **plus** $\Delta\theta$) Innen: θ_i = 12 °C	Sättigungsdruck (aus Tab.) p_s [Pa] Innen: $p_{s,i}$= 1.404 Pa
			0,13	0,166		
		0 m			12,166	1.422
4	0,050		0,050	0,064		
		0,050			12,230	1.422
1	0,080		2,286	2,926		
		0,130			15,156	1.728
15	0,285		0,136	0,174		
		0,415			15,330	1.739
–	2,000		0,000	0,000		
		2,415			15,330	1.739
1	0,140		3,500	4,480		
		2,555			19,810	2.309
50	0,950		0,136	0,174		
		3,505			19,984	2.338
Summe sd-Wert	3,505		✕	✕	Außenoberfläche: θ_e = 20 °C	Außenoberfläche: $p_{s,e}$= 2.338 Pa
			6,238			
			0,160			
			1,280			

Faltmarke 2 ←

Tauwassernachweis (3/4): Diffusionsdiagramme

Projekt: *Beispiel Tauwasser Fall c*	Datum: *20.02.10*
Bauteil: *Wand, Gefachbereich*	Bearbeiter: *Maßong*

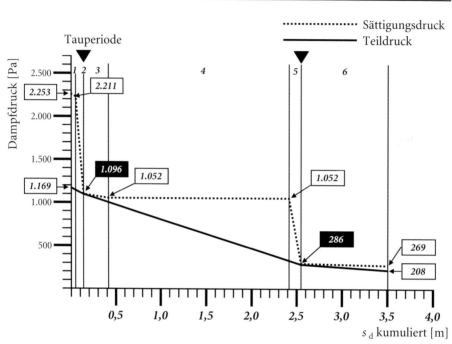

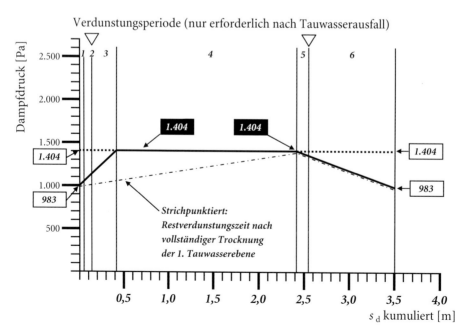

Fortsetzung Beispielsatz 2-32: Blatt 4c von 4, Teil 1

→ Spalte	A	B

↓ Zeile		
	Tauwassernachweis (4/4): Fall c – Tauwasser in zwei Ebenen	
	Projekt: ***Beispiel Tauwasser Fall c***	Datum: ***20.02.10***
	Bauteil: ***Wand, Gefachbereich***	Bearbeiter: ***Maßong***
	Tauperiode	**Verdunstungsperiode**
1	Diffusionsdurchlasswiderstand von Innenoberfläche bis 1. Tauwasserebene: $$Z_i = 1.500.000 \cdot s_{d,i}$$ $$= 1.500.000 \cdot 0,13$$ $$= 195.000$$	
2	Diffusionsdurchlasswiderstand von 1. Tauwasserebene bis 2. Tauwasserebene: $$Z_z = 1.500.000 \cdot s_{d,z}$$ $$= 1.500.000 \cdot 2,425$$ $$= 3.637.500$$	
3	Diffusionsdurchlasswiderstand von 2. Tauwasserebene bis Außenoberfläche: $$Z_e = 1.500.000 \cdot s_{d,e}$$ $$= 1.500.000 \cdot 0,95$$ $$= 1.425.000$$	
4	Diffusionsstromdichte von Innenoberfläche zu 1. Tauwasserebene: $$g_i = \frac{p_i - p_{sw1}}{Z_i} = \frac{1.169 - p_{sw1}}{Z_i}$$ $$= \frac{1.169 - 1.096}{195.000}$$ $$= 0,00037435897$$	Diffusionsstromdichte von 1. Tauwasserebene zu Innenoberfläche: $$g_i = \frac{p_{sw1} - p_i}{Z_i} = \frac{p_{sw1} - 983}{Z_i}$$ $$= \frac{1.404 - 983}{195.000}$$ $$= 0,00215897435$$
5	Diffusionsstromdichte von 1. Tauwasserebene zu 2. Tauwasserebene: $$g_z = \frac{p_{sw1} - p_{sw2}}{Z_z}$$ $$= \frac{1.096 - 286}{3.637.500}$$ $$= 0,00022268041$$	Diffusionsstromdichte von 2. Tauwasserebene zu Außenoberfläche: $$g_e = \frac{p_{sw2} - p_e}{Z_e} = \frac{p_{sw2} - 983}{Z_e}$$ $$= \frac{1.404 - 983}{1.425.000}$$ $$= 0,00029543859$$
6	Diffusionsstromdichte von Tauwasserebene zu Außenoberfläche: $$g_e = \frac{p_{sw2} - p_e}{Z_e} = \frac{p_{sw2} - 208}{Z_e}$$ $$= \frac{286 - 208}{1.425.000}$$ $$= 0,00005473684$$	Verdunstungszeiten: $$t_{V1} = \frac{m_{W,T1}}{g_i} \qquad t_{V2} = \frac{m_{W,T2}}{g_e}$$ $$= \frac{0,218}{0,00215897435} \qquad = \frac{0,242}{0,00029543859}$$ $$= 100,974\,h \qquad\qquad = 819,121\,h$$

Fortsetzung Beispielsatz 2-32: Blatt 4c von 4, Teil 2

7	Tauwassermenge einer Tauperiode in 1. Tauwasserebene: $$m_{W,T1} = t_T \cdot (g_i - g_z) = 1.440 \cdot (g_i - g_z)$$ $$= 1.440 \cdot (0,00037435897 - 0,00022268041)$$ $$= 0,218 \, kg/m^2$$	Wenn $t_{V1} < t_{V2}$ Restverdunstungszeit: $$t_{V3} = t_V - t_{V1}$$ $$= 2.160 - t_{V1}$$ $$= 2.160 - 100,974$$ $$= 2.059,026 \, h$$	Wenn $t_{V1} > t_{V2}$ Restverdunstungszeit:
8	Tauwassermenge einer Tauperiode in 2. Tauwasserebene: $$m_{W,T2} = t_T \cdot (g_z - g_e) = 1.440 \cdot (g_z - g_e)$$ $$= 1.440 \cdot (0,00022268041 - 0,00005473684)$$ $$= 0,242 \, kg/m^2$$	Diffusionsstromdichte von 2. Tauwasserebene zu Innenoberfläche: $$g_3 = \frac{p_{sw2} - p_i}{Z_i + Z_z}$$ $$= \frac{p_{sw2} - 983}{Z_i + Z_z}$$ $$= \frac{1.404 - 983}{195.000 + 3.637.500}$$ $$= 0,00010984997$$	Diffusionsstromdichte von 1. Tauwasserebene zu Außenoberfläche:
9	Gesamt-Tauwassermenge einer Tauperiode: $$m_{W,T} = m_{W,T1} + m_{W,T2}$$ $$= 0,218 + 0,242$$ $$= 0,460 \, kg/m^2$$	Verdunstungsmenge: $$m_{W,V} = t_{V1} \cdot (g_i + g_e)$$ $$+ t_{V3} \cdot (g_3 + g_e)$$ $$= 100,974 \cdot (0,00215897435 + 0,00029543859)$$ $$+ 2.059,026 \cdot (0,00010984997 + 0,00029543859)$$ $$= 1,082 \, kg/m^2$$	Verdunstungsmenge:
10	Zulässige Tauwassermenge einer Tauperiode in 1. Tauwasserebene: zul $m_{W,T1}$ $$\text{zul } m_{W,T1, \text{massebezogen}} = \frac{\text{Dicke} \cdot \text{Rohdichte} \cdot \text{zul }\%}{100} = \frac{0,019 \, m \cdot 600 \, kg/m^3 \cdot 3\%}{100} = 0,342 \, kg/m^2$$ Zulässige Tauwassermenge einer Tauperiode in 2. Tauwasserebene: zul $m_{W,T2}$ $$\text{zul } m_{W,T2, \text{massebezogen}} = \frac{\text{Dicke} \cdot \text{Rohdichte} \cdot \text{zul }\%}{100} = \frac{0,019 \, m \cdot 600 \, kg/m^3 \cdot 3\%}{100} = 0,342 \, kg/m^2$$ Zulässige Tauwassermenge einer Tauperiode gesamt: zul $m_{W,T}$ **zul $m_{W,T}$ = 0,500 kg/m²**		
11	Ergebnis: (Zulässige Tauwassermenge eingehalten? Verdunstungsmenge ausreichend?) $$m_{W,T1} = 0,218 \, kg/m^2 < \text{zul } m_{W,T1} = 0,342 \, kg/m^2 \rightarrow O.K.$$ $$m_{W,T2} = 0,242 \, kg/m^2 < \text{zul } m_{W,T2} = 0,342 \, kg/m^2 \rightarrow O.K.$$ $$m_{W,T} = 0,460 \, kg/m^2 \left\{ \begin{array}{l} < \text{zul } m_{W,T} = 1,000 \, kg/m^2 \\ < m_{W,V} = 1,082 \, kg/m^2 \end{array} \right\} \rightarrow O.K.$$	*Achtung: Luftdichtheit muss schon durch Gipskartonplatte gegeben sein.*	

(Diese Seite ist wegen doppelseitiger Formulare nicht bedruckt.)

2.4.4   Beispiel Fall d, Tauwasserausfall in einem Bereich

In diesem Beispiel wird ein Steildach in Holzbauweise untersucht. Es handelt sich um ein thermisch inhomogenes Bauteil mit Rippen- und Gefachbereich. Der Tauwassernachweis wird für den Gefachbereich geführt.

Schichtenfolge im Gefach von innen nach außen:

- 15 mm Gipsputz
- 35 mm Holzwolleplatten WW 065, Typ DI
- Dampfbremse, $s_d = 3$ m
- 180 mm Mineralwolle MW 040, Typ WZ
- 24 mm Schalung aus Nadelholz
- 3 mm Bitumendachbahn V13
- Dachdeckung aus Schiefer

Dieses Dach ist nicht nachweisfrei, weil der sd-Wert innenseits der Wärmedämmung nur 3,22 m beträgt. Erforderlich für die Nachweisfreiheit wären hier 100 m. Alle übrigen Kriterien sind erfüllt (*siehe auch Diagramm 1-48 auf Seite 80*).

Ergebnis   *Beispielsatz 2-33 ab Seite 191 gibt die formblattgestützte Berechnung wieder.*

Es fällt Tauwasser in einem Bereich aus (0,248 kg/m² in der Schalung). Der massebezogene Feuchtegehalt der Schalung würde 0,6 kg/m² erlauben, so dass die absolute Begrenzung auf 0,5 kg/m² als der kleinere Wert maßgebend ist. Diese zulässige Grenze von 0,5 kg/m² wird nicht überschritten. Die Verdunstungsmenge (0,491 kg/m²) ist größer als die Tauwassermenge, wenn die erhöhte Oberflächentemperatur von 20 °C berücksichtigt wird. Der Aufbau ist also in Ordnung.

Anmerkung: In diesem Aufbau fehlt eine Installationsebene. Die verputzte Holzwolleplatte ist die Luftdichtheitsschicht. Dies ist so lange unkritisch, wie keine Beschädigung der verputzten Holzwolleplatte zu einer Konvektion von Raumluft in den Aufbau führt. Wenn die Luftdichtheit gewährleistet ist, dann ist insgesamt diese Ausführungsvariante wegen der höheren Austrocknungsleistung der nachweisfreien Variante mit Dampfsperre mit $s_d \geq 100$ m vorzuziehen.

Beispielsatz 2-33: Blatt 1 von 4 zum Tauwassernachweis, Fall d, Tauwasser in einem Bereich

Spalte →	A	B	C	D

Tauwassernachweis (1/4): Klimabedingungen und Hauptwerte

Projekt: **_Beispiel Tauwassernachweis Fall d_**   Datum: **_20.02.10_**

Bauteil: **_Steildach, Gefachbereich_**   Bearbeiter: **_Maßong_**

Zeile ↓		Tauperiode		Verdunstungsperiode	
1	Dauer	1.440 h		2.160 h	
2		Raumklima	Außenklima	Raumklima	Außenklima
3	Lufttemperatur θ	20,0 °C	-10,0 °C	12,0 °C	12,0 °C
4	Relative Luftfeuchte ϕ	50 %	80 %	70 %	70 %
5	Oberflächentemperatur des Daches $\theta^{1)}$	—	—	—	**_20 °C_** [1]
6	Wasserdampfsättigungsdruck p_s	2.338 Pa	260 Pa	1.404 Pa	1.404 Pa (2.338 Pa) [2]
7	Wasserdampfteildruck $p = p_s \cdot \phi$	1.169 Pa	208 Pa	983 Pa	983 Pa
8	Taupunkttemperatur θ_s	9,3 °C	-12,5 °C	6,7 °C	6,7 °C

[1] Bei Dächern darf für den rechnerischen Tauwassernachweis die Oberflächentemperatur des Daches mit **20 °C** angesetzt werden. Vereinfachend darf auch ohne Berücksichtigung der erhöhten Oberflächentemperatur gerechnet werden.
[2] Wert in Klammern: gilt bei Ansatz der erhöhten Oberflächentemperatur für Dächer. Wird an der Oberfläche angesetzt.

Skizze mit nummerierter Schichtenfolge:

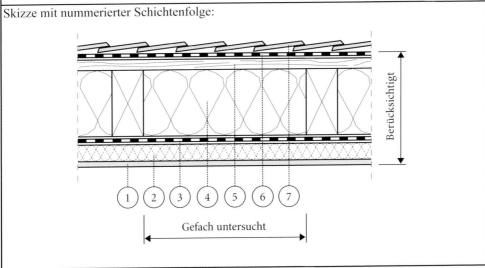

Gefach untersucht

Fortsetzung Beispielsatz 2-33: Blatt 2 von 4

Spalte →	A	B	C	D	E	F	G
	Tauwassernachweis (2/4): Temperaturverlauf						
Zeile ↓	Projekt: *Beispiel Fall d*　　Datum: *20.02.10*　　Bauteil: *Steildach, Gefach*　　Bearb.: *Maßong*					Temperaturen Tauperiode	
Schicht Nr.	Schichtenfolge	Dicke d [m]	Wärme-leitfähigkeit λ [W/(m·K)]	Widerstand $R=\dfrac{d}{\lambda}$ [m²·K/W]	Temperatur-abbau $\Delta\theta = R \cdot q$ [K]	Schicht-grenz-temperatur (letzte Temp. minus Δθ) Innen: θ_i = 20 °C	Sättigungs-druck (aus Tab.) p_s [Pa] Innen: $p_{s,i}$= 2.338 Pa
0	Übergang innen R_{si} →			0,13	0,722		
						19,278	2.239
1　1	*Gipsputz*	0,015	0,7	0,021	0,117		
						19,161	2.225
2　2	*Holzwolle-Platten WW 065, Typ DI*	0,035	0,065	0,538	2,986		
						16,175	1.842
3　3	*Dampfbremse*	0,001	n.b.	0,000	0,000		
						16,175	1.842
4　4	*Mineralwolle MW 040, Typ DZ*	0,18	0,04	4,500	24,975		
						-8,800	289
5　5	*Schalung Nadelholz*	0,024	0,13	0,185	1,027		
						-9,827	265
6　6	*Bitumendachbahn V13*	0,003	n.b.	0,000	0,000		
7　7	*Schiefer-Dachdeckung*		n.b.				
8　8							
9　9							
10　10							
11	Übergang außen R_{se} →			0,04	0,222		
12	Wärmedurchgangs-widerstand [m²·K/W]	$R_T = R_{si}+R_1+R_2+\ldots R_{se}$		5,414		Außen: θ_e = -10 °C	Außen: $p_{s,e}$= 260 Pa
13	Wärmedurchgangskoeffizient [W/(m²·K)]	$U = \dfrac{1}{R_T}$		0,185			
14	Wärmestromdichte [W/m²]	$q = U \cdot |\theta_i - \theta_e|$		5,550			

Zur Bearbeitung des Bereichs rechts von Faltmarke 2:
An Faltmarke 2 nach hinten falten und dann Faltmarke 2 gegen Faltmarke 1 ziehen.

→ Faltmarke 1

H	I	J	K	L	M	N
Sperrwerte			Temperaturen Verdunstungsperiode (Nur nach Tauwasserausfall und bei Ansatz der erhöhten Oberflächentemperatur bei Dächern. Faltanleitung unten.)			
Diffusions-widerst.-zahl μ	sd-Wert $s_d = \mu \cdot d$ [m]	sd-Wert kumuliert (letzter Wert plus s_d) [m]	Widerstand $R = \dfrac{d}{\lambda}$ [m²·K/W]	Temperatur-abbau $\Delta\theta = R \cdot q$ [K]	Schichtgrenz-temperatur (letzte Temp. **plus** $\Delta\theta$) Innen: $\theta_i = 12\ °C$	Sättigungs-druck (aus Tab.) p_s [Pa] Innen: $p_{s,i} = 1.404$ Pa
			0,13	0,193		
		0 m			12,193	1.422
10	0,150		0,021	0,031		
		0,150			12,224	1.422
2	0,070		0,538	0,801		
		0,220			13,025	1.499
–	3,000		0,000	0,000		
		3,220			13,025	1.499
1	0,180		4,500	6,696		
		3,400			19,721	2.295
50	1,200		0,185	0,275		
		4,600			19,996	2.338
60.000	180,000		0,000	0,000		
		184,600			19,996	2.338
Summe sd-Wert	184,600				Außenoberfläche: $\theta_e = 20\ °C$	Außenoberfläche: $p_{s,e} = 2.338$ Pa
			5,374			
			0,186			
			1,488			

Faltmarke 2 ←

Tauwassernachweis (3/4): Diffusionsdiagramme

Projekt: *Beispiel Tauwasser Fall d*   Datum: *20.02.10*

Bauteil: *Steildach, Gefachbereich*   Bearbeiter: *Maßong*

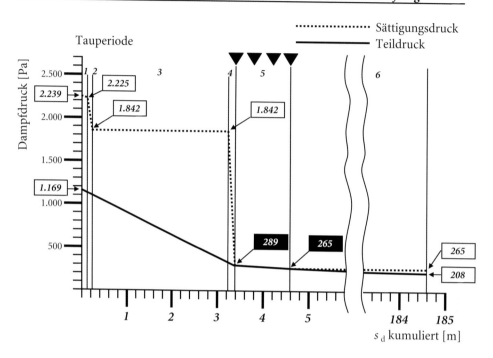

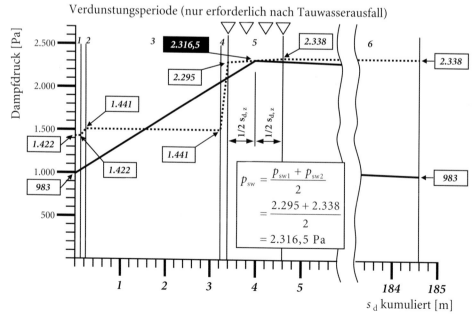

Fortsetzung Beispielsatz 2-33: Blatt 4d von 4

	A	B
Spalte →		
Zeile ↓	**Tauwassernachweis (4/4): Fall d – Tauwasser in einem Bereich**	
	Projekt: *Beispiel Tauwasser Fall d*	Datum: *20.02.10*
	Bauteil: *Steildach, Gefachbereich*	Bearbeiter: *Maßong*
	Tauperiode	Verdunstungsperiode
1	Diffusionsdurchlasswiderstand von Innenoberfläche bis Anfang Tauwasserbereich: $Z_i = 1.500.000 \cdot s_{d,i}$ $= 1.500.000 \cdot 3,40$ $= 5.100.000$	
2		Diffusionsdurchlasswiderstand innerhalb Tauwasserbereich: $Z_z = 1.500.000 \cdot s_{d,z}$ $= 1.500.000 \cdot 1,20$ $= 1.800.000$
2	Diffusionsdurchlasswiderstand von Ende Tauwasserbereich bis Außenoberfläche: $Z_e = 1.500.000 \cdot s_{d,e}$ $= 1.500.000 \cdot 180$ $= 270.000.000$	
3	Diffusionsstromdichte von Innenoberfläche zum Anfang Tauwasserbereich: $$g_i = \frac{p_i - p_{sw1}}{Z_i} = \frac{1.169 - p_{sw1}}{Z_i}$$ $$= \frac{1.169 - 289}{5.100.000}$$ $= 0,00017254901$	Diffusionsstromdichte von Mitte Tauwasserbereich zu Innenoberfläche: $$g_i = \frac{p_{sw} - p_i}{Z_i + 0,5 \cdot Z_z} = \frac{p_{sw} - 983}{Z_i + 0,5 \cdot Z_z}$$ $$= \frac{2.316,5 - 983}{5.100.000 + 0,5 \cdot 1.800.000}$$ $= 0,00022225$
4	Diffusionsstromdichte von Ende Tauwasserbereich zur Außenoberfläche: $$g_e = \frac{p_{sw2} - p_e}{Z_e} = \frac{p_{sw2} - 208}{Z_e}$$ $$= \frac{265 - 208}{270.000.000}$$ $= 0,00000021111$	Diffusionsstromdichte von Mitte Tauwasserbereich zu Außenoberfläche: $$g_e = \frac{p_{sw} - p_e}{0,5 \cdot Z_z + Z_e} = \frac{p_{sw} - 983}{0,5 \cdot Z_z + Z_e}$$ $$= \frac{2.316,5 - 983}{0,5 \cdot 1.800.000 + 270.000.000}$$ $= 0,00000492248$
5	Tauwassermenge einer Tauperiode: $m_{w,T} = t_T \cdot (g_i - g_e) = 1.440 \cdot (g_i - g_e)$ $= 1.440 \cdot (0,00017254901 - 0,00000021111)$ $= 0,248 \, kg/m^2$	Verdunstungsmenge einer Verdunstungsperiode: $m_{w,V} = t_V \cdot (g_i + g_e) = 2.160 \cdot (g_i + g_e)$ $= 2.160 \cdot (0,00022225 + 0,00000492248)$ $= 0,491 \, kg/m^2$
6	Zulässige Tauwassermenge einer Tauperiode: zul $m_{w,T}$ **zul $m_{w,T}$ = 0,500 kg/m²** *(Die Begrenzung auf 5 Masseprozent der Schalung würde 0,600 kg/m² ergeben. Der kleinere Wert ist maßgebend, hier also die absolute Begrenzung auf 0,500 kg/m².)*	
7	Ergebnis: (Zulässige Tauwassermenge eingehalten? Verdunstungsmenge ausreichend?) $m_{w,T} = 0,248 \, kg/m^2 \begin{cases} < \text{zul } m_{w,T} = 0,500 \, kg/m^2 \\ < m_{w,V} = 0,491 \, kg/m^2 \end{cases} \rightarrow O.K.$	

3 Energieeinsparverordnung

3.1 Grundlagen und allgemeine Hinweise

Die Energieeinsparverordnung 2009 (kurz EnEV 2009) trat am 01.10.2009 in Kraft und löste die bis dahin gültige EnEV 2007 (Novelle zur EnEV 2002 und 2004) ab. Die EnEV 2002 hatte bereits die Wärmeschutzverordnung und die Heizungsanlagenverordnung abgelöst.

Neuerungen Die EnEV 2007 beruhte hinsichtlich ihres Anforderungsniveaus auf Wirtschaftlichkeitsgutachten aus den 1990er Jahren. Für die EnEV 2009 wurden neue Berechnungen auf Basis der gestiegenen Energiepreise angestellt. *Die Gutachten sind auf der CD-ROM zum Buch enthalten.* Auf Basis der Ergebnisse wurde das Anforderungsniveau gegenüber der EnEV 2007 um durchschnittlich 30 % verschärft. Weitere wichtige Neuerungen sind:

- Der Wirtschaftlichkeitsgrundsatz, nach welchem die EnEV nur verlangen darf, was sich wirtschaftlich in Form zu erwartender Heizkosteneinsparungen rechnet, wurde gestärkt (obschon dieser bereits seit der ersten EnEV grundsätzlich gilt). An zahlreichen Stellen der Verordnung wurde ein entsprechender Vorbehalt aufgenommen.
- Die EnEV ist im Neubaubereich an das EEWärmeG (Erneuerbare-Energien-Wärmegesetz) des Bundes gekoppelt.
- Die energetische Bilanzierung von Gebäuden auf Basis eines technisch klar definierten Referenzgebäudes (Referenzgebäudeverfahren), welche bisher nur für Nichtwohngebäude anzuwenden war, ist nun auch verpflichtend bei Wohngebäuden.
- Die Bilanzierung von Wohngebäuden ist nun, wie vorher schon bei Nichtwohngebäuden, nach DIN V 18599 durchzuführen. Alternativ ist die bisher übliche Bilanzierung nach DIN 4108-6 in Verbindung mit DIN V 4701-10 zulässig. Das vereinfachte Heizperiodenbilanzverfahren nach EnEV für Wohngebäude wurde ersatzlos gestrichen.
- Die Tatbestände für Ordnungswidrigkeiten wurden ergänzt. Jetzt können auch Verstöße im Bereich der Gebäudehülle (z. B. Missachtung der EnEV bei Bauteilsanierung) mit Bußgeldern bis 50.000 € geahndet werden.
- Die Pflicht zur Ausstellung von Unternehmererklärungen (z. B. bei Heizkesseltausch oder Bauteilsanierung), bisher auf Länderebene geregelt, ist nun im § 26a der EnEV bundesweit geregelt.
- Die Bezirksschornsteinfegermeister prüfen im Rahmen der ohnehin stattfindenden Feuerstättenschau, ob die Heizungsanlage den Anforderungen der EnEV entspricht und ob etwaige Nachrüstpflichten (z. B. Dämmung ungedämmter Heizverteilleitungen im unbeheizten Keller) erfüllt wurden.
- Die bisherige Regelung, wonach bei Gebäuden mit nicht bewertbarer Anlagentechnik verschärfte Anforderungen an die thermische Hülle gestellt werden (76 % von zul H_T'), entfällt. Stattdessen darf im Nachweis des

Primärenergiebedarfs nunmehr eine energetisch vergleichbare Anlagentechnik der Bewertung zu Grunde gelegt werden.

- Strom aus erneuerbaren Energien darf in der Bilanzierung vom Endenergiebedarf abgezogen (also gutgeschrieben) werden, wenn der Strom auf/an/bei dem Gebäude erzeugt wird.
- Nachtspeicherheizungen in größeren Gebäuden mit schlechtem Wärmeschutz müssen ab 01.01.2020 unter gewissen Voraussetzungen außer Betrieb genommen werden.

Im Gegensatz zur EnEV 2007 stellt die EnEV 2009 einen wesentlichen Sprung in der Fortschreibung der Energieeinsparverordnung dar.

Den vollständigen Verordnungstext finden Sie im Anhang 5.1 ab Seite 363 und auf der CD-ROM zum Buch.

Stichtagsregelung

Die EnEV 2009 ist anzuwenden

- auf genehmigungspflichtige Vorhaben (z. B. Neubauten), für die nach dem 30.09.2009 der Bauantrag gestellt bzw. die Bauanzeige erstattet worden ist,
- auf kenntnisgabepflichtige Vorhaben, für die nach dem 30.09.2009 die Kenntnisgabe erfolgt ist,
- auf sonstige genehmigungsfreie Vorhaben (z. B. Bauteilsanierungen wie etwa Dachumdeckungen), die nach dem 30.09.2009 begonnen wurden.

Aufgrund von Vorgängerverordnungen der EnEV 2009 noch bestehende, bisher nicht eingelöste Nachrüstpflichten bleiben erhalten. Wer also beispielsweise nach EnEV 2007 seine oberste Geschossdecke hätte dämmen müssen, bleibt auch nach dem Außerkrafttreten der EnEV 2007 in der Pflicht.

Gültigkeit der EnEV

Die EnEV stellt Anforderungen insbesondere an folgende Gebäude:

- Wohngebäude (auch Wohn-, Alten- und Pflegeheime und Ähnliches, mindestens 4 Monate jährlich genutzt),
- Nichtwohngebäude (Gebäude, die nicht Wohngebäude sind, mindestens auf 12 °C und mindestens 4 Monate jährlich beheizt oder mindestens 2 Monate jährlich gekühlt).

Die EnEV gilt (mit Ausnahme von Vorschriften zur Inspektion von Klimaanlagen und Inbetriebnahme von Heizkesseln) nicht für Wohngebäude, die weniger als 4 Monate im Jahr genutzt werden (z. B. Ferienhäuser). Sie gilt außerdem nicht für spezielle Nichtwohngebäude, darunter Stallungen, Gewächshäuser, Traglufthallen, unterirdische Bauten, offene oder provisorische Gebäude.

Abgrenzung Anlagentechnik und baulicher Wärmeschutz

Die Einbeziehung der Anlagentechnik in die EnEV ist problematisch für all diejenigen Baubeteiligten, welche sich vornehmlich mit der Herstellung der Gebäudehülle beschäftigen und infolgedessen keine bzw. wenig Kenntnisse in der Anlagentechnik besitzen. Zu diesen Baubeteiligten gehört auch der Leserkreis dieses Buches. Außerhalb des Themas EnEV wird sich der weitaus größte Teil der Leser nicht mit Anlagentechnik beschäftigen können und wollen, denn die Herstellung bauphysikalisch sicherer Bauteile macht genug Arbeit.

> **Deshalb liegt in diesem Buch der Schwerpunkt auf dem baulichen Wärmeschutz, und der Bereich der Anlagentechnik wird lediglich im unvermeidbaren Umfang behandelt.**

Normenverweise

Die EnEV verweist auf zahlreiche Normen (Regeln der Technik). Diese Verweise sind dabei stets statisch, d. h. auf ein bestimmtes Ausgabedatum der Norm gerichtet. Das gilt auch in der weiteren Folge: Wenn eine statisch in Bezug genommene Norm einen undatierten, also dynamischen Verweis auf eine andere Norm enthält, ist im Sinne der EnEV stets die Fassung der anderen Norm maßgebend, die zum Zeitpunkt des Inkrafttretens der EnEV gültig war. Neue Normen sind für den öffentlich-rechtlichen Nachweis (den sog. EnEV-Nachweis) also nicht automatisch direkt nach Erscheinen der Normen maßgeblich, sondern wiederum erst nach Anpassung der EnEV.

Rechtsgrundlage

Rechtliche Grundlage für die EnEV ist das Energieeinsparungsgesetz (kurz EnEG) in der Fassung von 2009, das in den ersten beiden Paragrafen den Bauherrn und seine Auftragnehmer zum sparsamen Umgang mit Energie verpflichtet:

- Auszug aus § 1 EnEG: „Wer ein Gebäude errichtet, das seiner Zweckbestimmung nach beheizt oder gekühlt werden muss, hat, um Energie zu sparen, den Wärmeschutz nach Maßgabe der … [Energieeinsparverordnung] … so zu entwerfen und auszuführen, dass beim Heizen und Kühlen vermeidbare Energieverluste unterbleiben."
- Auszug aus § 2 EnEG: „Wer Heizungs-, raumlufttechnische, Kühl-, Beleuchtungs- sowie Warmwasserversorgungsanlagen oder -einrichtungen in Gebäude einbaut oder einbauen lässt, oder in Gebäuden aufstellt oder aufstellen lässt, hat bei Entwurf, Auswahl und Ausführung dieser Anlagen und Einrichtungen nach Maßgabe der … [Energieeinsparverordnung] … dafür Sorge zu tragen, dass nicht mehr Energie verbraucht wird, als zur bestimmungsgemäßen Nutzung erforderlich ist."

Die Richtlinie 2002/91/EG des Europäischen Parlaments und des Rates vom 16.12.2002 über die Gesamtenergieeffizienz von Gebäuden (ABl. EG Nr. L 1, S. 65) ist von den Mitgliedsstaaten der EU in nationales Recht umzusetzen. Bereits die EnEV 2007 war wesentlicher Teil dieser Umsetzung. Motivation der EU-Richtlinie ist wiederum der sparsame Umgang mit Ressourcen und der Klimaschutz, konkret die Erfüllung der Verpflichtungen aus dem Kyoto-Protokoll (*siehe auch Kapitel 1.1 ab Seite 17*).

Sowohl das Energieeinsparungsgesetz als auch die EU-Richtlinie 2002/91/EG sind auf der CD-ROM zum Buch zu finden.

Anforderungsgrundsatz

Der Neubaubereich wird so gesteuert, dass neue Gebäude insgesamt energetisch bilanziert werden und dabei bestimmte Anforderungen hinsichtlich Primärenergiebedarf erfüllen. Daneben darf als Nebenanforderung die thermische Hülle (baulicher Wärmeschutz) einen definierten Mindeststandard nicht unterschreiten.

Beim Altbaubereich gilt vorwiegend der Grundsatz der bedingten Anforderungen: Wenn eine Sanierung oder Änderung an irgendeinem wärmeübertragenden Bauteil ausgeführt wird, soll die sich in diesem Zusammenhang ergebende Chance zur Verbesserung des Wärmeschutzes genutzt werden.

Dies ist besonders wirtschaftlich, weil sich nur der auf die „energetische Ertüchtigung" entfallende Anteil der Investitionen amortisieren muss. Die reinen Sanierungskosten ohne Verbesserung des Wärmeschutzes, auch Sowiesokosten genannt, fallen ohnehin an und entziehen sich deshalb der Wirtschaftlichkeitsprüfung.

Wohlgemerkt: Die Anforderungen betreffen nur diejenigen Bauteile, die den beheizten Raum nach außen oder gegen unbeheizte Räume abschließen und die damit Teil der thermischen Hülle sind.

Durchführungsbestimmungen der Länder

Die baurechtliche Umsetzung der EnEV wird in den Bundesländern unterschiedlich gehandhabt. Die Unterschiede betreffen u. a. folgende Fragen:

- Wer darf/muss den Energieausweis für Neubauten ausstellen? (Die Ausstellungsberechtigung für bestehende Gebäude ist in der EnEV geregelt.)
- Wie wird die Übereinstimmung des Gebäudes mit den Angaben im Energieausweis überwacht?
- Wie wird die korrekte Ausstellung von Unternehmererklärungen überwacht?

Da die Bestimmungen der Bundesländer bei Drucklegung des Buches noch nicht verfügbar waren, sei der geneigte Leser an dieser Stelle an die zuständige Baurechtsbehörde (z. B. Baurechtsamt) verwiesen.

Der zum Zeitpunkt der Drucklegung dieses Buches gültige Stand ist auf der CD-ROM zum Buch enthalten.

Rechtliche Aspekte

Als Verordnung des Bundes ist die EnEV geltendes Recht in allen Bundesländern. Sie hat Gesetzescharakter. Insofern ist die Einhaltung der Anforderungen der EnEV nicht freiwillig, sondern „unabdingbare" gesetzliche Pflicht.

> **Verantwortlich für die Einhaltung der EnEV sind ordnungsrechtlich der Bauherr und diejenigen, die im Auftrag des Bauherrn tätig werden, also Planer, Handwerker und andere (§ 26 EnEV).**

Ordnungsrecht:

Die EnEV definiert bußgeldbewehrte Ordnungswidrigkeiten in den Bereichen Anlagentechnik, Bauteilanforderungen, Energieausweise und Unternehmererklärungen. Für die Ordnungswidrigkeiten ist der Bußgeldrahmen im Energieeinsparungsgesetz (EnEG) vorgegeben. Vorsatz muss nicht gegeben sein, es reicht Leichtfertigkeit (grobe Fahrlässigkeit).

Ein Bußgeld bis zu 50.000 € droht u. a. demjenigen,

- der sein neues Gebäude nicht nach Vorschrift der EnEV errichten lässt,
- der Bauteilmaßnahmen unter Missachtung der EnEV durchführt,
- der nicht zugelassene Heizkessel einbaut oder gegen andere, einschlägige EnEV-Pflichten bzgl. Heizungsanlage verstößt.

Ein Bußgeld bis zu 15.000 € droht u. a. demjenigen,

- der einen Energieausweis nicht, nicht rechtzeitig oder nicht vollständig zugänglich macht, und/oder

- der als Eigentümer nicht für korrekte Daten zur Ausstellung eines Energieausweises sorgt,
- der unberechtigt oder wissentlich auf Basis falscher Daten einen Energieausweis ausstellt.

Ein Bußgeld bis zu 5.000 € droht u. a. demjenigen,

- der eine Unternehmererklärung nicht, nicht richtig oder nicht rechtzeitig (also nicht unverzüglich nach Abschluss der Arbeiten) ausstellt.

Auch bei nicht bußgeldbewehrten Verstößen kann die Bauaufsicht Maßnahmen (z. B. in Form von Zwangsgeld) gegen den Verantwortlichen ergreifen. Es liegt dann nämlich ein rechtswidriger Zustand vor, der die Bauaufsicht zum Eingreifen ermächtigt.

Es bleibt abzuwarten, inwieweit und mit welchem Eifer die zuständigen Behörden Verstöße gegen die EnEV ahnden werden.

Zivilrecht:

Zivilrechtliche Risiken liegen vorwiegend in Form möglicher Schadensersatzansprüche vor. Der Geschädigte muss allerdings dem Schädiger dessen Verschulden nachweisen und die Höhe des Schadens nachvollziehbar belegen. Dies ist oft schwierig, aber keinesfalls unmöglich.

Denkbar wären etwa folgende Forderungen:

- Ein privater Bauherr macht einen Schaden in Form erhöhter Heizkosten geltend, weil der Handwerker ihn nicht auf die Anforderungen der EnEV hingewiesen hat.
- Ein Mieter macht einen Schaden in Form erhöhter Heizkosten beim Vermieter geltend, weil bei einer kürzlich erfolgten Außenwandsanierung die EnEV missachtet wurde. (Der Vermieter hält sich ggf. beim ausführenden Handwerker schadlos; siehe 1. Beispiel.)
- Der Käufer eines Hauses macht beim Verkäufer den Mangel geltend, dass bei der vor dem Verkauf erfolgten Komplettsanierung die EnEV nicht eingehalten wurde. Er besteht auf Kaufpreisminderung. (Der Verkäufer hält sich ggf. bei dem mit der Sanierungsplanung beauftragten Planer schadlos.)

Wer jedem Risiko aus dem Weg gehen will, halte sich an folgenden Grundsatz:

Entweder die EnEV wird konsequent eingehalten, oder es wird eine Befreiung (bzw. Ausnahme) beantragt (*siehe dazu Seite 202*).

Wirtschaftlichkeitsgebot Im Energieeinsparungsgesetz ist festgelegt, dass alle Forderungen der EnEV wirtschaftlich vertretbar sein müssen. Das wird dann angenommen, wenn die Aufwendungen, die für die Einhaltung der EnEV erforderlich sind, sich in der Nutzungsdauer amortisieren. Bei Altbauten ist die verbleibende Nutzungsdauer maßgebend.

Den Anforderungen der EnEV liegen umfangreiche Gutachten zu Grunde, welche die Wirtschaftlichkeit der erforderlichen Maßnahmen rechnerisch belegen.

Dies klingt zunächst wenig spektakulär, jedoch kann es der mühseligen Diskussion, wie man um die Einhaltung der EnEV herumkäme, eine Wende geben.

> **Die EnEV verlangt nur, was sich ohnehin langfristig wirtschaftlich für den Bauherrn rechnet. Ein Bauherr, der die EnEV nicht einhalten will, schadet sich damit selbst wirtschaftlich. Und Achtung: Ein Handwerker, der die EnEV nicht einhält, schadet dem Bauherrn damit unter Umständen wirtschaftlich** (*siehe vorhergehender Abschnitt „Rechtliche Aspekte"*).

Schwieriger ist die Sache bei Objekten, deren Energiekosten der Bauherr nicht selbst trägt. Das betrifft insbesondere Gebäude, die verkauft oder vermietet werden. Die Wirtschaftlichkeit der EnEV-Anforderungen kommt dem Bauherrn nicht zugute, sondern dem Käufer bzw. Mieter. In diesen Fällen ist die Überzeugungsarbeit des Handwerkers deutlich erschwert.

Befreiung aufgrund fehlender Wirtschaftlichkeit

Im Umkehrschluss zum Wirtschaftlichkeitsgebot gilt: Wenn die Anforderungen im Einzelfall nicht wirtschaftlich vertretbar sind, greift die Härtefallklausel nach § 25 EnEV. Die örtlich zuständige Behörde (z. B. Bauamt) wird auf Antrag von den Anforderungen befreien. In manchen Bundesländern kann die Vorlage eines entsprechenden Gutachtens verlangt werden, in anderen reicht dagegen die Bestätigung des Fachunternehmers, dass ein Härtefall im Sinne von § 25 EnEV vorliegt.

Beispiel

Auf einer 20 m² großen Dachterrasse über bewohntem Raum muss die Abdichtung erneuert werden. Dabei greift zunächst die EnEV, die für diesen Fall einen zulässigen U-Wert von 0,20 vorsieht. Die Einhaltung dieses U-Werts erfordert eine wesentlich dickere Dämmdicke als derzeit vorhanden. Dadurch werden Korrekturen aller An- und Abschlüsse erforderlich, die Balkontür muss geändert werden, das Geländer ebenfalls, weil sonst die Geländerhöhe nicht der Landesbauordnung entspricht. Die für die Einhaltung der EnEV zusätzlich anfallenden Aufwendungen sind in diesem Fall sehr wahrscheinlich nicht wirtschaftlich vertretbar, da sie sich nach jetzigem Kenntnisstand nie amortisieren. Der Bauherr stellt (evtl. mit Unterstützung des Handwerkers) einen Antrag auf Befreiung bei der zuständigen Baubehörde (z. B. Baurechtsamt), diesem Antrag wird stattgegeben.

Sonstige unbillige Härte

Neben fehlender Wirtschaftlichkeit kommen auch andere Sachverhalte zur Begründung einer unbilligen Härte nach § 25 EnEV in Betracht, darunter auch schwere Krankheit oder hohes Alter des Bauherrn.

Beispiel

Eine Familie ist finanziell nicht oder nur bei unzumutbarer Mehrbelastung in der Lage, die zur Einhaltung der EnEV erforderlichen Maßnahmen zu finanzieren. Die Bauherren stellen (evtl. mit Unterstützung des Handwerkers) einen Antrag auf Befreiung bei der zuständigen Baubehörde (z. B. Baurechtsamt), diesem Antrag wird stattgegeben.

Ausnahmen, Denkmalschutz

Baudenkmäler können oftmals nicht ohne Beeinträchtigung des Erscheinungsbildes auf den Wärmeschutzstandard nach EnEV gebracht werden. In solchen Fällen sind gemäß § 24 EnEV nach Antrag Ausnahmen durch die zuständige Behörde vorgesehen. Es ist sinnvoll, das geplante Vorhaben frühestmöglich mit der Denkmalbehörde abzustimmen.

Auslegungsfragen Die Anforderungen der EnEV sind kurz und knapp formuliert. Dies führt zwangsläufig dazu, dass konkrete Fragen, so wie sie auf einer Baustelle auftauchen, selten eindeutig beantwortet werden. Vielmehr ergeben sich Antworten oft nur durch Auslegung des EnEV-Textes.

Bestimmte Fragen treten immer wieder auf und werden daher bereits vom Verordnungsgeber bzw. einschlägigen Fachgremien beantwortet. Die Antworten werden der Öffentlichkeit z. B. über das Internet zugänglich gemacht. *Der zum Zeitpunkt der Drucklegung dieses Buches gültige Stand (Auslegungsstaffeln) ist auf der CD-ROM zum Buch zu finden.*

Was ist aber mit Fragen, auf die man keine bereits gegebene Antwort findet? Gerne überlässt man in solchen Fällen Juristen die Auslegung von Verordnungstexten. Man kann aber nicht bei jeder Frage einen Rechtsanwalt konsultieren. Als ausführender Handwerker kommt man wohl nicht umhin, die EnEV auch selber auszulegen.

An dieser Stelle sei sicherheitshalber darauf hingewiesen, dass ein Gericht im Streitfall möglicherweise die EnEV anders auslegt.

> **Vor allzu großzügiger, interessengelenkter Auslegung muss also gewarnt werden. Es wird empfohlen, jede nicht ganz zweifelsfreie Auslegung von der zuständigen Baurechtsbehörde schriftlich bestätigen zu lassen.**

Bei der Auslegung helfen folgende Leitfragen:

- Welches Ziel hat die EnEV? (Antwort: Energieeinsparung und Klimaschutz, langfristige Wirtschaftlichkeit vorausgesetzt.)
- Wie muss im vorliegenden Fall die EnEV ausgelegt werden, damit dieses Ziel erreicht wird?
- Was kann der Verordnungsgeber im vorliegenden Fall gemeint haben, damit das Ziel erreicht wird?
- Was kann er nicht gemeint haben?
- Was ist wirtschaftlich vertretbar?

Beispiel Eine defekte Dachabdichtung soll erneuert werden. Bei Ersatz der Dachhaut greift die EnEV, es muss also der Wärmeschutz durch Einbau einer neuen bzw. zusätzlichen Wärmedämmung angepasst werden. Klar definiert ist damit folgender Fall: Die alte Abdichtung wird entfernt, danach wird die neue Abdichtung aufgebracht.

Was ist aber genau unter Ersatz zu verstehen? Liegt ein Ersatz nur dann vor, wenn die alte Abdichtung vor Aufbringen der neuen Abdichtung entfernt wird? Oder liegt auch dann ein Ersatz vor, wenn die alte Abdichtung auf dem Dach bleibt?

Die Antwort lässt sich anhand der Leitfragen herleiten:

Variante 1: Wenn die alte Abdichtung funktionaler Teil der neuen Abdichtung wird, ist ein Abriss der alten Abdichtung kaum vertretbar, weil dadurch die neue Abdichtung für eine vergleichbare Qualität aufwendiger ausfällt und damit deutlich teurer wird. Der Verordnungsgeber kann diesen Fall mit dem Begriff „Ersatz" nicht gemeint haben. Die neue Abdichtung kann also ohne Berücksichtigung der EnEV-Anforderungen aufgebracht werden.

Variante 2: Die alte Abdichtung hat keine Funktion mehr, sie soll aber auf dem Dach verbleiben, damit zum jetzigen Zeitpunkt die Kosten der Entsorgung gespart werden. Die neue Abdichtung sieht deshalb (von Hilfsschichten wie Trennlagen abgesehen) nicht anders aus, als wenn die alte Abdichtung entfernt würde. In diesem Fall greift die EnEV, denn dem Einbau einer zusätzlichen Wärmedämmung steht die alte Abdichtung nicht wirklich im Wege.

Variante 3: Selbst wenn die alte Abdichtung bei Einbau einer zusätzlichen Wärmedämmung aus technischen Gründen doch entfernt werden müsste und damit jetzt Mehrkosten entstünden: Irgendwann muss die alte Abdichtung doch entsorgt werden, die Kosten dafür fallen also in jedem Falle an. Insofern steht auch in diesem Falle nichts der langfristigen Wirtschaftlichkeit im Wege: Die EnEV muss eingehalten werden.

Variante 4: Die alte Abdichtung soll tatsächlich entfernt und komplett ersetzt werden, was zunächst Anforderungen der EnEV auslösen würde. Das erneuerte Flachdach hat aber nur noch eine voraussichtliche Nutzungsdauer von ca. 5 Jahren, weil dann entweder das Gebäude aufgestockt oder abgerissen wird. Über den Zeitraum von fünf Jahren amortisieren sich die zusätzlichen Aufwendungen für die neue Wärmedämmung wohl nicht, so dass das Wirtschaftlichkeitsgebot die Anwendung der EnEV-Anforderungen verbietet. Es greift die Härtefallklausel nach § 25 EnEV, welche in diesem Fall eine Befreiung auf Antrag vorsieht.

3.2   Grundsätzliches zu Nachweisen und Verantwortlichkeit

Bei der Umsetzung der EnEV muss zunächst zwischen Neubauten (= zu erstellende Gebäude) und Altbauten (= bestehende Gebäude) unterschieden werden.

Das Vorgehen bei Altbauten wird in *Kapitel 3.3 ab Seite 206* beschrieben, das bei Neubauten in *Kapitel 3.4 ab Seite 223*.

Nutzfläche nach DIN 277 und Gebäudenutzfläche

Die EnEV verwendet die **Nutzfläche nach DIN 277** (*siehe Diagramm 3-1 auf Seite 205*) zur Einstufung der Gebäude bzw. Gebäudeerweiterungen. Die **Gebäudenutzfläche nach EnEV** ist eine andere Größe und dient bei Wohngebäuden als Bezugsfläche für die Hauptanforderung der EnEV, also für den Primärenergiebedarf.

Anmerkung: Bei Nichtwohngebäuden wird die Nettogrundfläche nach DIN 277 als Bezugsgröße für den Primärenergiebedarf verwendet.

> **Jedes Gebäude hat eine Nutzfläche. Die EnEV bezieht den Energiebedarf bei Wohngebäuden auf die Gebäudenutzfläche, bei Nichtwohngebäuden auf die Nettogrundfläche.**

Verantwortungsbereiche bei Neubauten

Bei üblichen Neubauten besorgt der Planer die Umsetzung der EnEV. Dies wird meist der planende Architekt oder Ingenieur sein. Es kann aber auch ein bauvorlageberechtigter Handwerker sein, der die Gesamtplanung des Gebäudes übernommen hat. Ordnungsrechtlich sind in diesem Fall Bauherr und Planer für die Einhaltung der EnEV verantwortlich (§ 26 EnEV).

Diagramm 3-1: Nutzfläche nach DIN 277

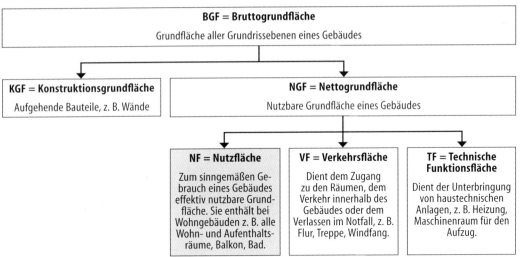

Ausführende Handwerker können und müssen die Berechnungen und Vorgaben des Planers i. d. R. nicht daraufhin prüfen, ob damit die Anforderungen der EnEV eingehalten werden.

Wenn kleine Gebäude mit einer Nutzfläche (nach DIN 277) bis 50 m² hergestellt werden, sieht die EnEV eine Vereinfachung vor: Statt einer Rundumbetrachtung des Gebäudes verlangt sie lediglich die Einhaltung der tabellarisch vorgegebenen, zulässigen U-Werte wie im Altbau. Wenn diese Vereinfachung in Anspruch genommen wird (was nicht verpflichtend ist), kann der ausführende Handwerker wiederum die Planungsvorgaben überprüfen, da er für das von ihm erstellte Bauteil den geforderten U-Wert aus der entsprechenden Tabelle ablesen kann. Im Allgemeinen weiß der ausführende Handwerker allerdings nicht, welches Nachweisverfahren für den Neubau gewählt wurde. Falls er es doch weiß oder falls er es den Umständen des Einzelfalls nach wissen müsste, sollte er im Falle eines augenscheinlichen Verstoßes gegen die EnEV seine Bedenken geltend machen.

Unabhängig vom gewählten Nachweisverfahren hat der ausführende Handwerker immer die Planungsvorgaben hinsichtlich der bauphysikalischen Funktionsfähigkeit zu überprüfen. Das bedeutet insbesondere auch, dass er die Einhaltung des Mindestwärmeschutzes nach DIN 4108 überprüfen muss.

Verantwortungsbereiche bei Altbauten

Wer im Altbau für die Umsetzung der EnEV sorgt, hängt von der Art der Baumaßnahme ab. Im Grundsatz gilt: Wo kein Planer ist, besorgt der Fachunternehmer (z. B. Handwerker) die Umsetzung der EnEV. Ordnungsrechtlich sind in diesem Fall Bauherr und Fachunternehmer für die Einhaltung der EnEV verantwortlich (§ 26 EnEV).

Rundung

Die zulässigen Grenzwerte der Anforderungen (darunter die U-Werte) sind in der EnEV mit zwei Nachkommastellen angegeben. Beim Vergleich des zulässigen Werts mit dem berechneten Wert ist Letzterer ebenfalls auf zwei Nachkommastellen zu runden.

Beispiel Ein Steildach hat einen berechneten U-Wert von 0,244. Der zulässige U-Wert beträgt 0,24. Der zulässige U-Wert ist eingehalten, denn:
vorh $U = 0,244 \cong 0,24 = $ zul $U = 0,24$ W/(m² · K) $\rightarrow$ o. k.

3.3   Umsetzung der EnEV im Altbau

3.3.1   Grundsätze der EnEV bei Sanierungen

Vereinfachte
Datenerfassung

Bei der Bewertung bestehender Gebäude tritt häufig das Problem auf, dass gewisse geometrische Daten des Gebäudes (z. B. Fensterfläche) nicht ohne ein zeitraubendes Aufmaß ermittelt werden können. Gleiches gilt für die Beurteilung der wärmeschutztechnischen Eigenschaften bestehender Bauteile, weil die vorhandenen Baustoffe insbesondere hinsichtlich ihrer Wärmeleitfähigkeiten nicht oder nur mit großem Aufwand zu beurteilen sind. Auch die Beurteilung bestehender Anlagentechnik (Heizung, Warmwasser, Lüftung) kann bei bestehenden Gebäuden schwierig sein. Deshalb gelten für bestehende Gebäude folgende Vereinfachungen:

- Wenn geometrische Daten fehlen, ist ein vereinfachtes Aufmaß zulässig.
- Wenn energetische Kennwerte von Bauteilen fehlen, dürfen gesicherte Erfahrungswerte für Bauteile gleicher Altersklasse verwendet werden.
- Wenn energetische Kennwerte von Anlagenkomponenten fehlen, dürfen gesicherte Erfahrungswerte für Anlagenkomponenten gleicher Altersklasse verwendet werden.

Das Bundesministerium für Verkehr, Bau und Stadtentwicklung hat in der „Bekanntmachung der Regeln zur Datenaufnahme und Datenverwendung im Wohngebäudebestand" vom 30.07.2009 nähere Angaben zur vereinfachten Datenerfassung gemacht und gesicherte Erfahrungswerte für Bauteile und Anlagenkomponenten aufgenommen. *Diese Bekanntmachung ist auf der CD-ROM zum Buch zu finden.*

Kernfrage
Erweiterung

Bei Sanierungen hängen die Anforderungen entscheidend von der Frage ab, ob im Zuge der Sanierung die Nutzfläche (zusammenhängend, also nicht in kleinen Stückchen) erweitert wird.

Fall 1: Keine Erweiterung der Nutzfläche
Bei den meisten Sanierungsmaßnahmen an bestehenden Gebäuden werden Bauteile teilweise oder ganz erneuert, gelegentlich auch erstmalig eingebaut. Letzteres beispielsweise dann, wenn in eine bestehende Außenwand neue Fenster eingebaut werden, wo vorher keine waren. Wenn im Zuge dieser Maßnahmen die Nutzfläche nicht erweitert wird, sind lediglich bestimmte U-Werte bei den betroffenen Bauteilen einzuhalten.

> **Die Einhaltung der bauteilbezogenen U-Wert-Anforderungen kann und muss in diesem Fall der ausführende Handwerker stets selbst gewährleisten.**

Zudem ist bei bauteilbezogenen Sanierungen nur selten ein Planer einbezogen.

Beispiel Ein Dach über einem bereits ausgebauten Dachgeschoss wird neu gedeckt. Kein Planer ist einbezogen. Der ausführende Handwerker hat alleine für die

Einhaltung der EnEV zu sorgen und die dafür erforderliche Konstruktion, insbesondere die Dicke der Wärmedämmung, zu ermitteln.

Wenn bei einer Bau- oder Sanierungsmaßnahme an einem Gebäude die Nutzfläche erweitert wird, entscheidet der Umfang der Erweiterung über das richtige Vorgehen.

Fall 2: Erweiterung der Nutzfläche um weniger als 15 m²
In diesem Fall stellt die EnEV keine konkreten Anforderungen an die betroffenen Bauteile. Allenfalls aus dem Verschlechterungsverbot (§ 11 EnEV) ergibt sich eine Anforderung an die neuen Bauteile – *mehr dazu auf Seite 207.*

Fall 3: Erweiterung der Nutzfläche um mindestens 15 und höchstens 50 m²
Dieser Fall wird so gehandhabt wie ein Neubau mit einer Nutzfläche bis 50 m²: Die neuen Bauteile müssen lediglich die für Bauteile von Altbauten gültigen U-Wert-Anforderungen einhalten.

Beispiel Zwecks Vergrößerung des Wohnzimmers wird eine Außenwand eines Wohngebäudes nach außen versetzt (als Holzständerwand neu gebaut), dadurch wird die Nutzfläche um ca. 30 m² erweitert. Der U-Wert der neuen Wand darf den für Wände zulässigen U-Wert von 0,24 nicht überschreiten.

Fall 4: Erweiterung der Nutzfläche um mehr als 50 m²
Dieser Fall wird wie ein Neubau behandelt: Für den neuen Gebäudeteil ist nachzuweisen, dass der Primärenergiebedarf und der auf die wärmeübertragende Umfassungsfläche bezogene Transmissionswärmeverlust (bei Wohngebäuden) die für Neubauten zulässigen Werte nicht überschreiten. Den Nachweis wird führen

- ein externer Planer oder bauvorlageberechtigter Handwerker,
- ein für diesen Nachweis hinzugezogener Energieberater oder
- der ausführende Handwerker, sofern er dafür geschult und nach Landesrecht dazu berechtigt ist.

Beispiel Ein Bungalow, bisher mit Flachdach, wird mit einem ausgebauten Satteldach aufgestockt. Dadurch wird die Nutzfläche um 75 m² erweitert. Für den neuen Gebäudeteil, also für das ausgebaute Satteldach, ist der Nachweis wie für den gewöhnlichen Neubau zu führen.

Öffnungsklausel Richtung Neubau-Nachweis Im Fall 1 (*Seite 206*: keine Erweiterung des beheizten Volumens), in dem die EnEV die Einhaltung maximaler U-Werte der wärmeübertragenden Bauteile fordert, gilt eine Öffnungsklausel in Richtung des Neubau-Nachweises: Die U-Werte der betroffenen Bauteile sind dann beliebig, wenn für das komplette geänderte Gebäude (einschließlich des unveränderten Teils) der Nachweis wie für den Neubau geführt wird und dabei das 1,4fache der für Neubauten zulässigen Grenzwerte nicht überschritten wird. Die Regel der vereinfachten Datenerfassung für geometrische Abmessungen und Bauteileigenschaften (*siehe Abschnitt „Vereinfachte Datenerfassung" auf Seite 206*) darf angewendet werden.

Verschlechterungsverbot Die EnEV verlangt in § 11 die Aufrechterhaltung der energetischen Qualität des Gebäudes. Dies bedeutet in der Praxis, dass bei der Sanierung eines

Bauteils, etwa eines Daches, der U-Wert nach der Sanierung nicht schlechter sein darf als vor der Sanierung.

Beispiel Ein Steildach hat vor der Sanierung bereits einen U-Wert von 0,20. Die EnEV verlangt im Falle der Dacherneuerung einen U-Wert von maximal 0,24. Im vorliegenden Fall gilt also der alte U-Wert von 0,20 als Anforderung, weil das Gebäude bei Einhaltung lediglich eines U-Werts von 0,24 energetisch schlechter wäre als vor der Sanierung.

Das Verschlechterungsverbot bezieht sich allerdings auf das Gebäude als Ganzes und nicht auf das zu sanierende Bauteil an sich. Insofern ist die Verschlechterung des U-Werts an einem Bauteil dann zulässig, wenn dafür an anderer Stelle kompensiert wird.

Für obiges Beispiel heißt das: Der U-Wert des Daches darf nach der Sanierung schlechter sein als 0,20 (aber nicht schlechter als 0,24) – wenn beispielsweise bei der gleichzeitigen Sanierung einer Außenwand der U-Wert dieser Wand entsprechend verbessert wird.

Bagatellgrenze Bei Teilsanierungen von Bauteilen gilt: Die Anforderungen der EnEV an zu sanierende Bauteile gelten nur, soweit die Bagatellgrenze überschritten ist: 10 % der jeweiligen gesamten Bauteilfläche. Wenn die Bagatellgrenze überschritten ist, gelten die Anforderungen wiederum nur für denjenigen Teil des Bauteils, der planmäßig saniert wird. Die EnEV verlangt also nicht die Einhaltung der Anforderungen bei demjenigen Teil des Bauteils, welcher planmäßig nicht von der Sanierungsmaßnahme betroffen ist.

Gelegentlich tritt der Konflikt auf, dass der von der planmäßigen Sanierung betroffene Teil nicht ohne Einbeziehung des nicht betroffenen Teils den Anforderungen der EnEV entsprechend ausgeführt werden kann. Dann dürfte i. d. R. die Härtefallklausel nach § 25 EnEV greifen.

Beispiel Die Hälfte einer zusammenhängenden Dachfläche steht zur Sanierung an, wobei eine Anpassung des Wärmeschutzes im Sinne der EnEV nur durch Aufbringen einer Aufsparrendämmung möglich ist. Bei Einbau einer Aufsparrendämmung in Teilbereichen würde ein Höhenversatz dieser Teilbereiche gegenüber der restlichen Dachfläche auftreten, was technisch und optisch kaum befriedigend gelöst werden kann.
Da die Ausdehnung der Sanierung auf die gesamte Dachfläche mit dem Ziel der Einhaltung der EnEV wirtschaftlich nicht vertretbar ist, dürfte hier ein Fall unbilliger Härte im Sinne von § 25 EnEV vorliegen.

Steildach und Flachdach Die EnEV legt nicht fest, wann ein Dach ein Steildach ist und wann es ein Flachdach ist. An der Dachneigung allein lässt es sich jedenfalls nicht festmachen.

Vielmehr muss man den Hintergrund dieser Unterscheidung kennen: Untersuchungen haben ergeben, dass auf Flachdächern leichter und wirtschaftlicher große Dämmschichtdicken aufgebracht werden können als in Steildächern. Die Untersuchung bezieht sich auf die Grundtypen:

- Wasserdichtes Flachdach mit geringer Dachneigung und Abdichtung, bei dem die Dämmung ohne konstruktive Probleme auf das Tragwerk aufgelegt werden kann.

- Regensicheres Steildach mit Dachdeckung und Zwischen- oder Aufsparrendämmung, bei dem dickere Dämmdicken konstruktiv aufwendiger sind.

Daraus lässt sich die Unterscheidung ableiten:
Ein Dach ist unabhängig von der Dachneigung dann ein Flachdach, wenn es konstruktiv dem oben genannten Grundtyp des Flachdaches nahekommt.
Ein Dach ist unabhängig von der Dachneigung dann ein Steildach, wenn es konstruktiv dem oben genannten Grundtyp des Steildachs nahekommt. Es kann deshalb im Sinne der EnEV beispielsweise Flachdächer mit 12° und Steildächer mit 8° Dachneigung geben.

Sonderfall Zwischensparrendämmung Für Sanierungen von Steildächern gilt allgemein ein zulässiger U-Wert von 0,24. Wenn ein Dach mit einer Zwischensparrendämmung ausgeführt wird und die Dicke der Wärmedämmung entweder (bei Dämmung von außen) nach unten durch eine vorhandene Bekleidung oder (bei Dämmung von innen oder von außen) nach oben durch die Sparrenhöhe begrenzt ist, dann gilt der Einbau einer Vollsparrendämmung als ausreichend. Auch dann, wenn damit der U-Wert von 0,24 nicht erreicht wird. Ein Aufdoppeln der Sparren zugunsten einer dickeren Dämmung oder eine zusätzliche Unter- oder Aufsparrendämmung wird nicht verlangt.

Diese Regelung kommt beispielsweise zum Tragen, wenn

- die Dachdeckung/Dachhaut/Schalung von außen erneuert wird und die Innenbekleidung erhalten wird,
- die Wärmedämmung von außen erneuert oder neu eingebaut wird und die Innenbekleidung erhalten wird,
- die Wärmedämmung von innen erneuert oder neu eingebaut wird und die Dachdeckung/Dachhaut erhalten wird.

Im folgenden Fall muss und darf man allerdings „die Notbremse ziehen":

- belüftetes Dach
- vorhandene und intakte Teilsparrendämmung, Wärmeleitfähigkeit bis ca. 0,040 W/(m · K) (entspricht alte Wärmeleitfähigkeitsgruppe WLG 040)
- Belüftungsebene von wenigen cm (ca. 2 bis 4 cm)
- intakte Schalung auf den Sparren, die eigentlich nicht erneuert werden muss
- technisch erforderliche Sanierung betrifft nur die Dachdeckung oberhalb der Schalung

In diesem Fall steht die minimale mögliche Verbesserung des Wärmeschutzes in keinem Verhältnis zum hohen Aufwand der Schalungserneuerung. Die Mehraufwendungen würden sich nie amortisieren können. Dies begründet einen Antrag auf Befreiung (*siehe Kapitel 3.1 ab Seite 197*).

Dachdeckung auf Schalung oder Lattung Gelegentlich wird die Auffassung vertreten, dass die Anforderungen der EnEV an Steildachsanierungen nur dann greifen, wenn alle zwischen Sparrenoberkante und Dachdeckung befindlichen Schalungen und Lattungen im Rahmen der Dachsanierung erneuert werden.

Diese Auslegung wird durch den Text der Verordnung nicht belegt – einschlägig ist danach vielmehr der Ersatz der Dachhaut **oder** der Schalung.

Deshalb wird in allen Fällen, in denen die Schalung oder Lattung erhalten werden soll und dadurch eine Verbesserung des Wärmeschutzes nicht möglich ist, der Antrag auf Befreiung wegen fehlender Wirtschaftlichkeit (§ 25 EnEV) empfohlen.

Begrenzte Dämm-schichtdicke

In den Bauteilanforderungen für Altbauten (Anlage 3 EnEV) findet sich u. a. bei Flachdächern der Hinweis, dass für den Fall, dass die Dämmschichtdicke aus technischen Gründen begrenzt ist, der Einbau der höchstmöglichen Dämmschichtdicke (nach anerkannten Regeln der Technik und bei einer Wärmeleitfähigkeit von 0,040 W/(m · K)) ausreichend sei.

Problem: Technisch ist fast nichts unmöglich. Bei einer Dachterrasse ist es durchaus technisch möglich, zugunsten ausreichender Dämmung die Terrassentüre zu ändern, das Geländer zu erneuern und alle An- und Abschlüsse zu erhöhen. Aber dabei wird der Grundsatz der Wirtschaftlichkeit durchbrochen.

Es soll also nicht darum gehen, was grundsätzlich technisch möglich ist, sondern was unter Einhaltung des Wirtschaftlichkeitsgrundsatzes technisch möglich ist.

Dieses Vorgehen soll die Baurechtsbehörden hinsichtlich möglicher Befreiungsanträge entlasten, birgt für den Entscheider (Planer, Unternehmer, Bauherr) aber das Risiko, dass die zuständige Behörde dies im Nachhinein anders sieht.

In jedem nicht ganz eindeutigen Einzelfall ist es deshalb unbedingt ratsam, formell eine Befreiung nach § 25 EnEV zu beantragen (*Seite 202*).

Nicht betroffene Bauteile

Es gibt einige Bauteile, an welche die EnEV im Sanierungsfall keine Anforderungen stellt. Dazu gehören beispielsweise Lichtkuppeln. Lichtkuppeln fallen nicht unter Fenster oder Dachfenster, weil sie gänzlich anders konstruiert sind. Die konstruktiven Anforderungen an Lichtkuppeln, etwa hinsichtlich Durchtrittsicherheit, erlauben derzeit keine den normalen Fenstern vergleichbaren U-Werte – zumindest nicht, wenn die Lichtkuppel bezahlbar sein soll.

An alle nicht in der EnEV genannte Bauteile werden auch keine Anforderungen seitens der EnEV gestellt.

Ungeachtet dessen wird man im Zuge der energetischen Ertüchtigung eines Gebäudes auf Bauteile mit möglichst gutem Wärmeschutz zurückgreifen.

Energieausweis

Ein Energieausweis muss für bestehende Gebäude (Altbauten) unabhängig von etwaigen Bauteilsanierungen nur dann ausgestellt werden, wenn das Gebäude verkauft oder neu vermietet werden soll. *Siehe hierzu Kapitel 3.5 auf Seite 233.*

3.3.2   Nachrüstpflichten

Nachrüstpflicht Spitzboden

Alle bisher beschriebenen Anforderungen der EnEV an Bauteile sind „bedingte" Anforderungen. Sie sind an die Bedingung geknüpft, dass ohnehin an den Bauteilen gearbeitet wird.

Die EnEV allein löst für kein Bauteil eine Sanierungspflicht aus, ausgenommen die ungedämmte oberste Geschossdecke zum unbeheizten Dachraum (Spitzbodendecke).

Die Ausnahme betrifft Wohngebäude und Nichtwohngebäude, die mindestens 4 Monate im Jahr auf mindestens 19 °C beheizt werden: Oberste Geschossdecken zum unbeheizten Dachraum müssen unter Einhaltung eines U-Wertes von 0,24 W/(m² · K) gedämmt werden, wenn folgende Bedingungen erfüllt sind:

- Die Decke ist zugänglich (zumindest bekriechbar), kann aber mangels trittfesten Belags bzw. mangels ausreichender Höhe des Dachraums nicht aufrecht begangen werden.
- Die Decke ist bisher ungedämmt.

Ab dem 01.01.2012 gilt diese Nachrüstpflicht auch für begehbare oberste Geschossdecken.

Sonderregel für Ein- und Zweifamilienhäuser, in denen der Eigentümer am 01.02.2002 (ggf. neben einer anderen Partei) selbst gewohnt hat: Die Pflicht greift erst, wenn nach dem 01.02.2002 ein Eigentümerwechsel stattgefunden hat. Der neue Eigentümer hat 2 Jahre Zeit, die Pflicht zu erfüllen.

Sonderregel zur Sonderregel: Findet der Eigentümerwechsel vor dem 01.01.2010 statt und sind seitdem noch keine 2 Jahre vergangen, reicht die Einhaltung eines U-Wertes von 0,30 W/(m² · K).

Die Pflicht entfällt, wenn die darüberliegende Dachschräge gedämmt ist (egal in welcher Dämmstärke). Die Pflicht kann ersatzweise durch entsprechende Dämmung der bisher ungedämmten Dachschräge erfüllt werden.

Ungeachtet dieser Nachrüstpflicht stellt die EnEV Anforderungen an den Wärmeschutz der Spitzbodendecke, wenn ohnehin an diesem Bauteil gearbeitet wird.

Anlagentechnik Unbedingte Nachrüstpflichten betreffen in der Anlagentechnik insbesondere

- alte Heizkessel,
- ungedämmte Wärmeverteil- und Warmwasserleitungen,
- fehlende Raumthermostate,
- fehlende Heizungsregelung (Außentemperaturfühler und Zeitschaltung).

Heizkessel Heizkessel müssen ausgetauscht werden, wenn alle folgenden Bedingungen erfüllt sind:

1. Der Kessel wird mit gasförmigem oder flüssigem Brennstoff befeuert, welcher nicht erheblich von den marktüblichen abweicht.
2. Der Kessel wurde vor dem 01.10.1978 eingebaut.
3. Der Kessel ist kein Niedertemperatur- oder Brennwertkessel.
4. Die Nennleistung beträgt mindestens 4 und höchstens 400 kW.
5. Der Kessel dient nicht nur der Warmwasserbereitung.

Sonderregel für Ein- und Zweifamilienhäuser, in denen der Eigentümer am 01.02.2002 (ggf. neben einer anderen Partei) selbst gewohnt hat: Die Pflicht greift erst, wenn nach dem 01.02.2002 ein Eigentümerwechsel stattgefunden hat. Der neue Eigentümer hat 2 Jahre Zeit, die Pflicht zu erfüllen.

Warmgehende Leitungen

Wärmeverteil- und Warmwasserleitungen und Armaturen, die sich nicht in beheizten Räumen befinden, müssen im Sinne von Anlage 5 EnEV gedämmt werden, wenn beide folgenden Bedingungen erfüllt sind:

1. Die Leitungen bzw. Armaturen sind zugänglich.
2. Die Leitungen bzw. Armaturen sind bisher ungedämmt.

Dies gilt nicht nur für Leitungen in unbeheizten Räumen, sondern auch für Leitungen im Freien (also gegen Außenluft).

Sonderregel für Ein- und Zweifamilienhäuser, in denen der Eigentümer am 01.02.2002 (ggf. neben einer anderen Partei) selbst gewohnt hat: Die Pflicht greift erst, wenn nach dem 01.02.2002 ein Eigentümerwechsel stattgefunden hat. Der neue Eigentümer hat 2 Jahre Zeit, die Pflicht zu erfüllen.

Thermostatregelung

Soweit „Einrichtungen zur raumweisen Regelung der Raumtemperatur" (z. B. Thermostatventile an den Heizkörpern) fehlen, müssen diese nachgerüstet werden.

Die Nachrüstpflicht besteht nicht für Fußbodenheizungen in Gebäuden, die vor dem 01.02.2002 (Inkrafttreten der EnEV 2002) gebaut wurden. Bei diesen Fußbodenheizungen reicht es, wenn die Wärmeleistung raumweise angepasst werden kann, z. B. durch (für den Bewohner problemlos zugängliche) Absperrventile. Bei neueren Fußbodenheizungen ist die raumweise, thermostatische Regelung im Gegensatz dazu vorgeschrieben.

Heizungssteuerung

Soweit in Zentralheizungen Heizungssteuerungen zur automatischen Anpassung der Wärmezufuhr anhand einer geeigneten Führungsgröße (z. B. Außentemperatur) und zur Schaltung elektrischer Antriebe fehlen, müssen diese nachgerüstet werden.

Mit zunehmendem Wärmeschutzniveau verliert die Außentemperatur als ausschließliche Führungsgröße an Bedeutung. Neue Ansätze berücksichtigen statt der statischen Regelung über die Außentemperatur eine dynamische Regelung in Abhängigkeit des tatsächlichen momentanen Wärmebedarfs, der beispielsweise von der Wärmespeicherung des Gebäudes und den solaren Wärmegewinnen abhängt.

3.3.3   Elektrospeicherheizungen

Außerbetriebnahme

Elektrospeicherheizsysteme (zentral mit Speicher oder dezentral als Einzelöfen) sollen wegen ihres hohen Primärenergieverbrauchs ab 2020 stufenweise außer Betrieb genommen werden. Die Pflicht zur Außerbetriebnahme kommt nur infrage, wenn alle folgenden Bedingungen erfüllt sind:

1. Das Gebäude ist
   a) ein Wohngebäude mit mindestens 6 Wohneinheiten, welches ausschließlich mittels Elektrospeicherheizung beheizt wird, oder
   b) ein Nichtwohngebäude, das mindestens 4 Monate im Jahr auf mindestens 19 °C beheizt wird und in dem mehr als 500 m² Nutzfläche mittels Elektrospeicherheizung beheizt werden.

2. Das Gebäude erfüllt nicht mindestens die Wärmeschutzverordnung 1995. (Dies betrifft Gebäude mit Bauantrag vor dem 01.01.1995, die weder bei Erstellung der Wärmeschutzverordnung entsprachen noch durch spätere Modernisierung auf dieses Niveau gebracht wurden.)
3. Die Heizleistung ist größer als 20 Watt je m² Nutzfläche.
4. Der Einbau einer anderen Heizungsanlage ist technisch möglich und wirtschaftlich vertretbar.

Die Pflicht greift erst am 01.01.2020, wobei eine Elektrospeicherheizung nach Einbau bzw. Austausch wesentlicher Bauteile auf jeden Fall 30 Jahre betrieben werden darf. (Bei mehreren im Gebäude vorhandenen Geräten ist auf das zweitälteste Gerät abzustellen.)

> **Bei dezentralen Elektrospeicherheizsystemen (einzelne Nachtspeicheröfen) wird in der Praxis der Umstieg auf ein alternatives Heizsystem wirtschaftlich kaum vertretbar sein. Eine Befreiung gemäß § 25 EnEV erscheint begründet.**

Austausch einzelner Öfen

Wenn ein Gebäude nicht von der Pflicht zur Außerbetriebnahme von Elektrospeicherheizungen betroffen ist, dürfen einzelne defekte Speicheröfen oder auch die gesamte Heizungsanlage unter Beibehaltung der Elektrospeichertechnik ersetzt werden.

Wenn ein Gebäude von der oben genannten Pflicht betroffen ist, steht dem Austausch einzelner Speicheröfen Anlage 4a EnEV im Weg: Demnach darf nur Heiztechnik mit einer primärenergetischen Effizienz eingebaut werden, die mit Elektrospeicherheiztechnik nie erreicht werden kann. Dies liegt weniger an mangelnder Effizienz der Heizung, sondern vielmehr an der Tatsache, dass Strom mit einem Primärenergiefaktor von 2,7 primärenergetisch sehr schlecht abschneidet.

Allerdings dürfte die Härtefallregelung nach § 25 EnEV hier greifen: Wenn ein Nachtspeicherofen nicht ausgetauscht werden darf, müsste, damit die Wohnung weiterhin ausreichend beheizt werden kann, stattdessen das ganze Heizsystem ersetzt werden. Das wiederum mag wirtschaftlich nicht vertretbar sein.

3.3.4 Unternehmererklärung und Schornsteinfeger

Fachunternehmererklärung

Die EnEV 2009 hat mit der Unternehmererklärung auf Bundesebene ein Instrument zur Stärkung des Vollzugs der EnEV in der Praxis geschaffen.

Gemäß § 26a EnEV ist eine Unternehmererklärung auszustellen bei

- Bauteilsanierungen (bei denen die EnEV zu beachten ist),
- Einbau/Austausch von Heizungen, Verteilungseinrichtungen und Warmwasseranlagen,
- Einbau/Austausch von Klimaanlagen sowie größeren Lüftungsanlagen (Letztere ab 4.000 m³/h Zuluft).

Das ausführende Unternehmen bestätigt darin, dass die Anforderungen der EnEV eingehalten wurden, bzw. warum sie ggf. nicht eingehalten wurden.

Die Unternehmererklärung ist vom Eigentümer mindestens 5 Jahre aufzubewahren und der zuständigen Baurechtsbehörde auf Verlangen vorzulegen.

Formblatt 3-2: Fachunternehmererklärung zur EnEV für Bauteilsanierungen, Seite 1 von 2

Fachunternehmererklärung
nach § 26a Energieeinsparverordnung
Begrenzung des Wärmedurchgangskoeffizienten (U-Wert) bei erstmaligem Einbau, Ersatz und Erneuerung von Bauteilen

I. Objekt

Gebäude/-teil		Nutzungsart	
PLZ, Ort		Straße, Haus-Nr.	
Baujahr		Beginn der baulichen Änderung	

Gebäude

☐ Wohngebäude bzw. Nichtwohngebäude mit Innentemperaturen ≥ 19 ℃

☐ Nichtwohngebäude mit Innentemperaturen ≥ 12 ℃ und < 19 ℃

II. Bauteile

Nr.	Von der Maßnahme betroffenes Bauteil, Art der Maßnahme	Wärmedurchgangskoeffizient (U-Wert)	
		Zulässig: zul U	Vorhanden: vorh U
1		W/(m²·K)	W/(m²·K)
2		W/(m²·K)	W/(m²·K)
3		W/(m²·K)	W/(m²·K)
4		W/(m²·K)	W/(m²·K)
5		W/(m²·K)	W/(m²·K)
6		W/(m²·K)	W/(m²·K)

Hinweis:
Der zulässige U-Wert ist Anhang 3, Nr. 7, Tab. 1 EnEV zu entnehmen.
Der vorhandene U-Wert (Zustand nach der Maßnahme) ist
- für nicht transparente (opake) Bauteile nach DIN EN ISO 6946 zu ermitteln,
- für Fenster technischen Produkt-Spezifikationen zu entnehmen oder nach DIN EN ISO 10077-1 zu ermitteln,
- für Verglasungen technischen Produkt-Spezifikationen zu entnehmen oder nach DIN EN 673 zu ermitteln.

Die U-Wert-Anforderungen der EnEV

☐ sind bei allen Bauteilen unter Beachtung von DIN 4108-2 und DIN 4108-3 (Feuchteschutz) eingehalten.

☐ konnten bei den Bauteilen Nr. _____ nicht eingehalten werden.

Begründung: ☐ Dämmschichtdicke bei Nr. _____ ist aus technischen Gründen begrenzt.
Maximal mögliche Dicke wurde eingebaut (Wärmeleitfähigkeit = _____)

☐ Dämmschichtdicke bei Nr. _____ durch Innenbekleidung oder durch Sparrenhöhe begrenzt.

☐ Befreiung (§ 25 EnEV, unbillige Härte) zu Nr. _____ wurde/wird vom Bauherrn beantragt.

☐ Ausnahme (§ 24 EnEV, Baudenkmal) zu Nr. _____ wurde/wird vom Bauherrn beantragt.

Forts. Formblatt 3-2: Fachunternehmererklärung zur EnEV für Bauteilsanierungen, Seite 2 von 2

III. Hinweis zur Aufbewahrung/Verwendung

Diese Erklärung ist von dem/der Auftraggeber/-in mindestens 5 Jahre aufzubewahren und auf Verlangen der zuständigen Behörde (i .d. R. Baurechtsbehörde) vorzulegen.

IV. Verantwortlich für die Angaben

Name		Datum	
Funktion/ Firma		Unterschrift	
Anschrift		ggf. Stempel/ Firmenzeichen	

V. Empfangsbestätigung des Auftraggebers

Diese Erklärung wurde dem/der Auftraggeber/-in in zweifacher Ausfertigung übergeben.

Name		Datum	
Funktion/ Firma		Unterschrift	
Anschrift		ggf. Stempel/ Firmenzeichen	

Unternehmererklärungen gab es auf Länderebene bereits vor der EnEV 2009, jedoch wurden diese in der Praxis im Bereich von Bauteilsanierungen selten ausgestellt.

> **Die Unternehmererklärung spielt eine Schlüsselrolle bei Arbeiten an Bestandsgebäuden. Unterlassene oder falsche Ausstellung kann als Ordnungswidrigkeit mit Bußgeld bis 5.000 € geahndet werden. Außerdem sind die Vollzugsregeln der Bundesländer zu beachten, welche die Handhabung der Unternehmererklärung weiter ausgestalten können.**

Formblatt 3-2 auf Seite 214 gibt eine solche Erklärung beispielhaft wieder. Eine interaktive Variante ist auf der CD-ROM zum Buch enthalten.

Schornsteinfeger Im Bereich der Anlagentechnik übernimmt der Bezirksschornsteinfegermeister im Rahmen der Feuerstättenschau eine überwachende Funktion: Er prüft, ob Nachrüstpflichten eingehalten werden (Austausch sehr alter Heizkessel, Dämmung von ungedämmten Wärmeverteilleitungen) und ob bei Einbau neuer Heizungen die EnEV-Anforderungen eingehalten werden.

3.3.5   Diagramme zur praktischen Umsetzung der EnEV im Altbau

Die Diagramme in diesem Kapitel helfen Ihnen bei der Umsetzung der EnEV im betrieblichen Alltag. Insbesondere alle für den Dach- und Holzbau relevanten Altbaufälle sind mit Bedingungen, Maßnahmen und Anforderungen enthalten.

Tabelle 3-8 auf Seite 222 fasst die Bauteilanforderungen für Altbauten ohne Detailhinweise zusammen.

Man beachte: Decken gegen den unbeheizten Dachraum von Steildächern (Spitzbodendecken) werden nicht Decken gegen unbeheizten Raum (*Diagramm 3-7 auf Seite 221*), sondern Dächern (*Diagramm 3-6 auf Seite 220*) zugeordnet.

Im Einzelfall mag es erforderlich sein, auf den originalen Verordnungstext zurückzugreifen *(siehe Anhang 5.1 ab Seite 363).*

Diagramm 3-3: EnEV-Nachweisschema für Altbauten

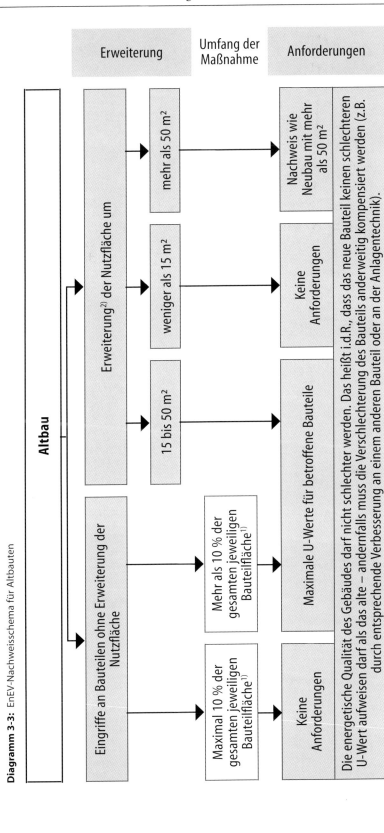

1) Entgegen der EnEV 2007 bezieht sich der Grenzwert nicht auf die Bauteilfläche gleicher Orientierung (Himmelsrichtung der Ansicht), sondern auf die gesamte Bauteilfläche einer Art, also z.B. das gesamte Steildach.

2) Beispiel: Ausbau eines bisher nicht bewohnten Dachgeschosses im Zuge einer Dachsanierung. Es gelten (bei mehr als 50 m² neuer Nutzfläche) nicht die Bauteilanforderungen – stattdessen ist der neue Gebäudeteil wie ein Neubau nachzuweisen.

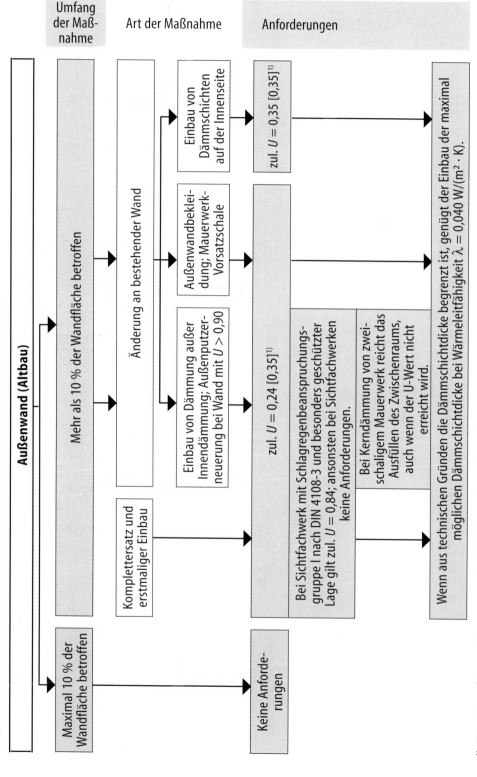

Diagramm 3-4: EnEV-Nachweisschema für Außenwand (Altbau)

Außenwand (Altbau)

Umfang der Maßnahme

Art der Maßnahme

Anforderungen

Mehr als 10 % der Wandfläche betroffen

Änderung an bestehender Wand

Einbau von Dämmschichten auf der Innenseite → zul. $U = 0,35$ [0,35][1]

Außenwandbekleidung; Mauerwerk-Vorsatzschale

Einbau von Dämmung außer Innendämmung; Außenputzerneuerung bei Wand mit $U > 0,90$ → zul. $U = 0,24$ [0,35][1]

Komplettersatz und erstmaliger Einbau

Bei Sichtfachwerk mit Schlagregenbeanspruchungsgruppe I nach DIN 4108-3 und besonders geschützter Lage gilt zul. $U = 0,84$; ansonsten bei Sichtfachwerken keine Anforderungen.

Bei Kerndämmung von zweischaligem Mauerwerk reicht das Ausfüllen des Zwischenraums, auch wenn der U-Wert nicht erreicht wird.

Wenn aus technischen Gründen die Dämmschichtdicke begrenzt ist, genügt der Einbau der maximal möglichen Dämmschichtdicke bei Wärmeleitfähigkeit $\lambda = 0,040$ W/(m² · K).

Maximal 10 % der Wandfläche betroffen

Keine Anforderungen

[1] Wert in eckigen Klammern gilt für Nichtwohngebäude mit Innentemperaturen ≥ 12 °C und < 19 °C.

Diagramm 3-5: EnEV-Nachweisschema für Fenster, Dachfenster, Fenstertür und Glasdach (Altbau)

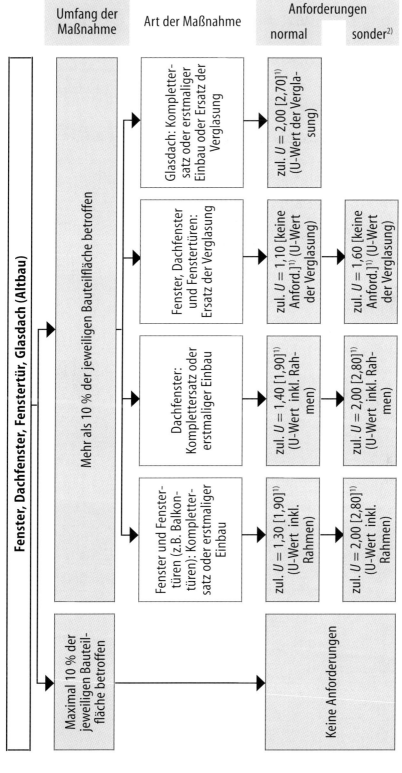

Umfang der Maßnahme	Art der Maßnahme	Anforderungen	
		normal	sonder[2]

Fenster, Dachfenster, Fenstertür, Glasdach (Altbau)

Mehr als 10 % der jeweiligen Bauteilfläche betroffen

Glasdach: Komplettersatz oder erstmaliger Einbau oder Ersatz der Verglasung → zul. $U = 2{,}00\ [2{,}70]^{1)}$ (U-Wert der Verglasung)

Fenster, Dachfenster und Fenstertüren: Ersatz der Verglasung → zul. $U = 1{,}10$ [keine Anford.]$^{1)}$ (U-Wert der Verglasung) → zul. $U = 1{,}60$ [keine Anford.]$^{1)}$ (U-Wert der Verglasung)

Dachfenster: Komplettersatz oder erstmaliger Einbau → zul. $U = 1{,}40\ [1{,}90]^{1)}$ (U-Wert inkl. Rahmen) → zul. $U = 2{,}00\ [2{,}80]^{1)}$ (U-Wert inkl. Rahmen)

Fenster und Fenstertüren (z.B. Balkontüren): Komplettersatz oder erstmaliger Einbau → zul. $U = 1{,}30\ [1{,}90]^{1)}$ (U-Wert inkl. Rahmen) → zul. $U = 2{,}00\ [2{,}80]^{1)}$ (U-Wert inkl. Rahmen)

Maximal 10 % der jeweiligen Bauteilfläche betroffen → Keine Anforderungen

1) Wert in eckigen Klammern gilt für Nichtwohngebäude mit Innentemperaturen $\geq 12\ ^\circ$C und $< 19\ ^\circ$C.

2) Sonderverglasung (z.B. 40 dB Schallschutz oder Durchschuss- oder Einbruchhemmung)

Diagramm 3-6: EnEV-Nachweisschema für Dach, Decke zum Dachraum und Abseitenwand (Altbau)

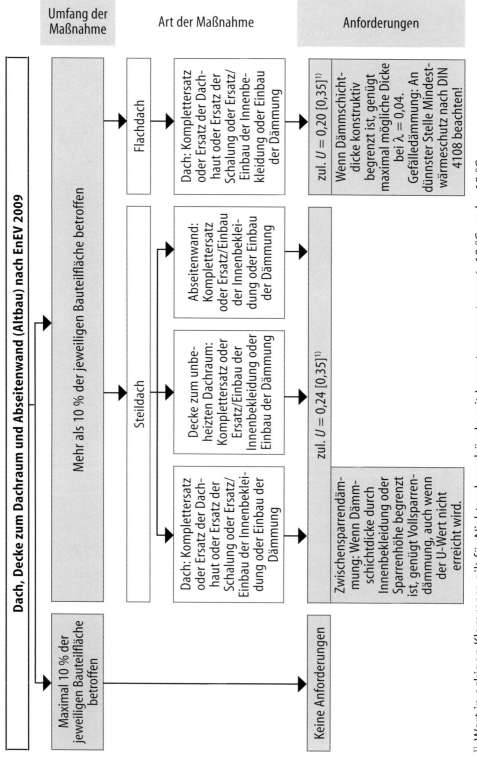

Dach, Decke zum Dachraum und Abseitenwand (Altbau) nach EnEV 2009

Umfang der Maßnahme

Art der Maßnahme

Anforderungen

Mehr als 10 % der jeweiligen Bauteilfläche betroffen

Flachdach

Dach: Komplettersatz oder Ersatz der Dachhaut oder Ersatz der Schalung oder Ersatz/ Einbau der Innenbekleidung oder Einbau der Dämmung

zul. $U = 0,20$ [0,35][1]

Wenn Dämmschichtdicke konstruktiv begrenzt ist, genügt maximal mögliche Dicke bei $\lambda = 0,04$. Gefälledämmung: An dünnster Stelle Mindestwärmeschutz nach DIN 4108 beachten!

Steildach

Abseitenwand: Komplettersatz oder Ersatz/Einbau der Innenbekleidung oder Einbau der Dämmung

Decke zum unbeheizten Dachraum: Komplettersatz oder Ersatz/Einbau der Innenbekleidung oder Einbau der Dämmung

Dach: Komplettersatz oder Ersatz der Dachhaut oder Ersatz der Schalung oder Ersatz/ Einbau der Innenbekleidung oder Einbau der Dämmung

zul. $U = 0,24$ [0,35][1]

Zwischensparrendämmung: Wenn Dämmschichtdicke durch Innenbekleidung oder Sparrenhöhe begrenzt ist, genügt Vollsparrendämmung, auch wenn der U-Wert nicht erreicht wird.

Maximal 10 % der jeweiligen Bauteilfläche betroffen

Keine Anforderungen

[1] Wert in eckigen Klammern gilt für Nichtwohngebäude mit Innentemperaturen $\geq$ 12 °C und < 19 °C.

Diagramm 3-7: EnEV-Nachweisschema für Wand/Decke gegen unbeheizt/Erdreich/nach unten (Altbau)

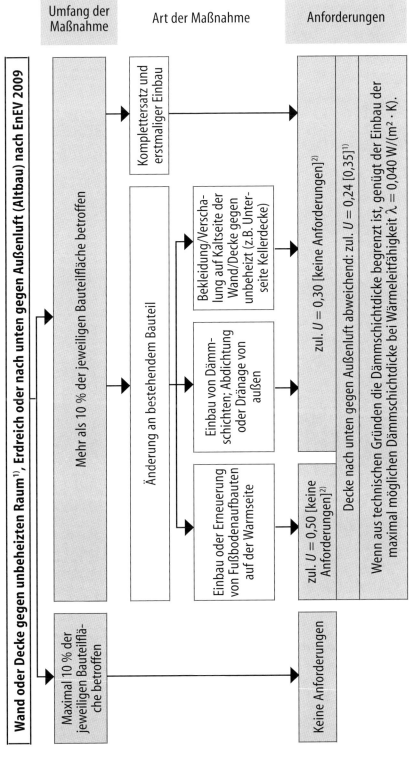

1) Wände und Decken gegen den unbeheizten Dachraum von Steildächern (Spitzbodendecken, Abseitenwände) werden Dächern zugeordnet.

2) Wert in eckigen Klammern gilt für Nichtwohngebäude mit Innentemperaturen ≥ 12 °C und < 19 °C.

Tabelle 3-8: Zusammenstellung der Bauteilanforderungen für Altbauten nach EnEV

	Bauteil		Maßnahme	Wohngeb. und Nichtwohngeb. ≥ 19 °C	Nichtwohngeb. ≥ 12 u. < 19 °C
1.1	Außenwand		Komplettersatz oder erstmaliger Einbau	0,24	0,35
1.2			Mauerwerk-Vorsatzschale		
1.3			Einbau von Dämmschichten außer Innendämmung		
1.4			Außenputzerneuerung bei Wänden mit U-Wert > 0,90		
1.5			Außenwandbekleidung (z.B. Schiefer, Faserzement, Ziegel, Holz)		
1.6			Einbau von Dämmschichten auf der Innenseite (Innendämmung)		
1.7			Sichtfachwerk mit geringer Schlagregenbeanspruchung	0,84	
1.8			Sichtfachwerk abweichend von 1.7	Keine Anforderung	
2.1	Glas	nor-mal	Fenster und Fenstertüren — Komplettersatz oder erstmaliger Einbau (U-Wert des Fensters)	1,30	1,90
2.2			Nur Ersatz der Verglasung (U-Wert der Verglasung)	1,10	Keine Anford.
2.3			Dachfenster — Komplettersatz oder erstmaliger Einbau (U-Wert des Fensters)	1,40	1,90
2.4			Nur Ersatz der Verglasung (U-Wert der Verglasung)	1,10	Keine Anford.
2.5			Glasdach — Komplettersatz oder erstmaliger Einbau (U-Wert der Verglasung)	2,00	2,70
2.6			Nur Ersatz der Verglasung (U-Wert der Verglasung)	2,00	
2.7		son-der[1]	Fenster, Fenstertüren, Dachfenster — Komplettersatz oder erstmaliger Einbau (U-Wert des Fensters)	2,00	2,80
2.8			Nur Ersatz der Verglasung (U-Wert der Verglasung)	1,60	Keine Anford.
3.1	Dach	Steil-dach	Komplettersatz oder Ersatz der Dachhaut oder Ersatz der Schalung oder Ersatz/Einbau der Innenbekleidung oder Einbau der Dämmung	0,24	Keine Anford.
3.2			Decke/Wand zum unbeheizten Dachraum — Komplettersatz oder Ersatz/Einbau der Innenbekleidung oder Einbau der Dämmung		
3.3		Flachdach	Komplettersatz oder Ersatz der Dachhaut oder Ersatz der Schalung oder Ersatz/Einbau der Innenbekleidung oder Einbau der Dämmung	0,20	
4.1	Wand und Decke gegen unbeheizte Räume[2] oder Erdreich		Komplettersatz oder erstmaliger Einbau	0,24	
4.2			Einbau von Dämmschichten; Bekleidung/Verschalung auf Kaltseite der Wand/Decke gegen unbeheizt; Abdichtung oder Dränage von außen	0,30	
4.3			Einbau oder Erneuerung von Fußbodenaufbauten auf der Warmseite	0,50	
4.4	Decke nach unten gegen Außenluft		Maßnahmen nach Zeilen 4.1 bis 4.3	0,24	0,35

1) Sonderverglasung (z.B. 40 dB Schallschutz oder Durchschuss- oder Einbruchhemmung)

2) Decken und Wände gegen den unbeheizten Dachraum von Steildächern werden Dächern zugeordnet.

3.4 Umsetzung der EnEV im Neubau

3.4.1 Unterscheidung der Gebäude

Nachweis-
verfahren

Das energetische Gebäudemodell nach EnEV ist in *Kapitel 1.3.1 ab Seite 41* beschrieben. Neubauten (zu errichtende Gebäude) sind bezüglich des Nachweisverfahrens zu unterteilen in

- kleine Gebäude mit nicht mehr als 50 m² Nutzfläche (nach DIN 277, *siehe Diagramm 3-1 auf Seite 205*),
- Wohngebäude (auch Wohn-, Alten- und Pflegeheime und Ähnliches, mindestens 4 Monate jährlich genutzt) mit mehr als 50 m² Nutzfläche,
- Nichtwohngebäude (Gebäude, die nicht Wohngebäude sind, mindestens auf 12 °C und mindestens 4 Monate jährlich beheizt) mit mehr als 50 m² Nutzfläche.

Nachfolgend werden die grundlegenden Aspekte des Nachweises erläutert, dabei sind aber zugunsten der Übersichtlichkeit nicht alle Ausnahmen und Besonderheiten berücksichtigt. *Hierzu sei auf den im Anhang 5.1 ab Seite 363 befindlichen Originaltext der EnEV verwiesen.*

3.4.2 Kleine Gebäude

Bauteil-
anforderungen

Für kleine Gebäude, deren Nutzfläche 50 m² nicht übersteigt, ist ein vereinfachter Nachweis zulässig, wenn auch nicht verpflichtend: Die Außenbauteile müssen die U-Werte einhalten, welche auch für die Sanierung von Bauteilen bei Altbauten gefordert sind (*siehe Tabelle 3-8 auf Seite 222*). Ein Ausgleich der Bauteile untereinander ist dabei nicht möglich. Es ist also nicht zulässig, beispielsweise ein Dach mit einem nicht ausreichenden U-Wert auszuführen und dies durch eine besonders guten U-Wert an einer Wand zu kompensieren.

Daneben sind Anforderungen an Art und Ausführung der Heizung und Warmwasseranlage (§ 13 und § 14 EnEV) zu beachten.

Ein Energieausweis ist für kleine Gebäude nicht verpflichtend.

3.4.3 Wohngebäude

Für Wohngebäude mit mehr als 50 m² Nutzfläche ist der Primärenergiebedarf mittels Referenzgebäudeverfahren zu ermitteln und zu begrenzen. Berücksichtigt wird dabei der Energiebedarf für:

- Heizung
- Brauchwassererwärmung
- Lüftung
- Kühlung (soweit Klimaanlage o. Ä. planmäßig vorhanden)

Referenzgebäude-
verfahren

Das Referenzgebäude hat die gleiche Geometrie und Ausrichtung wie das reale Gebäude. Somit hat jedes reale Gebäude sein eigenes, individuelles Referenzgebäude. Es verfügt über eine durch die EnEV (Anlage 1 Tabelle 1) vorgegebene technische Ausführung (z. B. Wärmeschutz der Außenbauteile, Art der Fenster, Art der Heizung, Solaranlage).

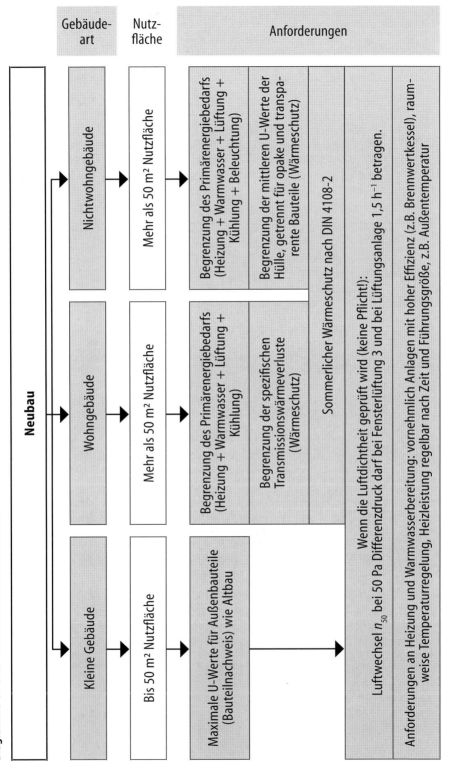

Diagramm 3-9: EnEV-Nachweisschema für Neubauten

Für das Referenzgebäude wird der Primärenergiebedarf berechnet. Dieser Primärenergiebedarf des Referenzgebäudes darf vom Primärenergiebedarf des realen Gebäudes nicht überschritten werden.

Nebenanforderung

Außerdem ist der spezifische, auf die wärmeübertragende Umfassungsfläche bezogene Transmissionswärmeverlust H_T' (mittlerer U-Wert der Außenhülle einschließlich Wärmebrückeneinfluss) zu begrenzen. Der zulässige Wert richtet sich nach der Art der Bebauung (frei stehendes Haus, Reiheneckhaus, Reihenmittelhaus usw.) und ist Anhang 1 Tabelle 2 der EnEV zu entnehmen.

EEWärmeG

Bei Neubauten (Wohn- und Nichtwohngebäude) sind seit dem 01.01.2009 (Datum des Bauantrags) neben der EnEV die Anforderungen des Erneuerbare-Energien-Wärmegesetzes zu beachten. Dieses legt fest, dass spätestens im Jahr 2020 14 Prozent der Wärme in Deutschland aus Erneuerbaren Energien stammen muss. Jeder Eigentümer eines neuen Gebäudes muss dazu seinen Wärmebedarf (Endenergie) anteilig aus Erneuerbaren Energien decken. Je nach örtlichen Gegebenheiten kann der Bauherr wählen, welche Energie er nutzen möchte: Solarthermie, Geothermie (Erdwärme, genutzt durch Wärmepumpe), Umweltwärme (Luft oder Wasser, genutzt durch Wärmepumpe) oder Biomasse (als Heizungsbrennstoff, gasförmig, fest oder flüssig). Für jede der genannten Energien gelten Mindestanteile:

- Solarthermie: 15 % des Endenergiebedarfs aus Solarstrahlung
- Geothermie: 50 % des Wärmebedarfs über die Anlage (Wärmepumpe) gedeckt
- Umweltwärme: 50 % des Wärmebedarfs über die Anlage (Wärmepumpe) gedeckt
- Biomasse, gasförmig: 30 % des Endenergiebedarfs aus Biomasse
- Biomasse, fest oder flüssig: 50 % des Endenergiebedarfs aus Biomasse

Bei Wohngebäuden kann die Erfüllung der Nutzungspflicht bei Nutzung von Solarthermie vereinfacht erfolgen: Bei Ein- und Zweifamilienhäusern reicht eine Kollektorfläche (Aperturfläche) von 0,04 m² je m² Gebäudenutzfläche im Sinne der EnEV.

Beispiel: Ein Einfamilienhaus hat eine Gebäudenutzfläche (*siehe Seite 232*) von 150 m². Zur pauschalen Erfüllung des EEWärmeG reicht eine Kollektorfläche von 6 m².

Bei größeren Wohngebäuden genügen 0,03 m² Kollektorfläche je m² Gebäudenutzfläche.

Es besteht die Möglichkeit der ersatzweisen Erfüllung beispielsweise derart, dass die Anforderungen der EnEV (Primärenergiebedarf und Wärmeschutz der Gebäudehülle) um 15 % unterschritten werden.

Die Erfüllungsmöglichkeiten können beliebig kombiniert werden.

Beispiele:

- 10 % Wärme aus Solarthermie (also 67 % des Mindestanteils), kombiniert mit 10 % Wärme aus gasförmiger Biomasse (33 % des Mindestanteils)
- 7,5 % Wärme aus Solarthermie (50 % des Mindestanteils), kombiniert mit 7,5 % Unterschreitung der EnEV-Anforderungen (50 % des Mindestanteils)

- 7,5 % Wärme aus Solarthermie (50 % des Mindestanteils), kombiniert mit 15 % Wärme aus fester Biomasse (30 % des Mindestanteils) und mit 3 % Unterschreitung der EnEV-Anforderungen (20 % des Mindestanteils)

Das EEWärmeG ist im Volltext auf der CD-ROM zum Buch enthalten.

EWärmeG

Auf Länderebene können Vorschriften für Bestandsgebäude erlassen werden. Beispiel: In Baden-Württemberg müssen Eigentümer von bestehenden Wohngebäuden seit dem 01.01.2010 bei Austausch der Heizung das EWärmeG (Erneuerbare-Wärme-Gesetz) beachten. Dieses verlangt 10 % Anteil erneuerbarer Energie am Wärmebedarf. Die Anforderung gilt bei Nutzung von Solarthermie als erfüllt, wenn eine Kollektorfläche von 0,04 m² je m² Wohnfläche installiert wird.

Wie beim EEWärmeG besteht auch beim EWärmeG die Möglichkeit der ersatzweisen Erfüllung durch Unterschreitung der EnEV-Anforderungen – beispielsweise, indem die nach oben abschließenden Bauteile besser gedämmt werden, als von der EnEV 2009 bei Bauteilsanierung verlangt.

DIN V 4108-6/ DIN V 4701-10 oder DIN V 18599

Die Ermittlung des Primärenergiebedarfs Q_p erfolgt nach DIN V 18599 (neu in EnEV 2009), alternativ nach DIN V 4108-6 i. V. m. DIN V 4701-10 (Monatsbilanzverfahren, wie schon bis einschließlich EnEV 2007).

> **Das Referenzgebäude und das reale Gebäude sind nach den selben Normen zu rechnen.**

Die EnEV verlangt dabei die Berücksichtigung bestimmter Randbedingungen. Damit soll die Vergleichbarkeit der Ergebnisse verschiedener Gebäude unabhängig vom Standort des Gebäudes oder individuellen, nutzungsbedingten Einflüssen sichergestellt werden. Allerdings trifft dies nur innerhalb einer Berechnungsnorm zu: Zwei Gebäude, die beide mittels DIN V 18599 berechnet wurden, sind miteinander vergleichbar. Zwei Gebäude, von denen eines nach DIN V 18599 und das andere nach DIN V 4108-6/DIN V 4701-10 berechnet wurde, sind nicht oder nur eingeschränkt vergleichbar, weil beide Verfahren bei demselben Gebäude zu mitunter sehr unterschiedlichen Ergebnissen führen.

In DIN V 18599 ist die gesamte Berechnung zusammengefasst. Im alternativen Rechenverfahren wird aufgeteilt: DIN V 4108-6 dient der Ermittlung des Jahres-Heizwärmebedarfs Q_h. DIN V 4701-10 dient der Bewertung der Heizanlage und der Ermittlung des End- und des Primärenergiebedarfs.

Gesamtergebnis maßgebend

Es zählen für den Nachweis nach EnEV nur die Endergebnisse der Berechnungen. Es spielt keine Rolle, welchen Anteil die einzelnen Anteile haben. So kann eine besonders sparsame Heizungstechnik einen etwas schlechteren baulichen Wärmeschutz ausgleichen, umgekehrt ermöglicht ein besonders guter Wärmeschutz den Einsatz einer weniger energieeffizienten Heizanlage. Bauteilbezogene Anforderungen werden nicht für die einzelnen Bauteile gestellt, sondern nur für die Außenhülle als Ganzes. Dies ermöglicht den Ausgleich von Bauteilen untereinander: Beispielsweise kann ein Dach mit einem schlechten U-Wert durch eine Wand mit entsprechend besserem U-Wert kompensiert werden.

Die Beliebigkeit der U-Werte einzelner Bauteile hat Grenzen: So darf der nach DIN 4108-2 erforderliche Mindestwärmeschutz nicht unterschritten werden, da ansonsten die Leistung technisch mangelhaft ist.

3.4.4 Hinweise zur Berechnung von Wohngebäuden

EDV-Einsatz Die nachfolgenden Hinweise sollen bei der EDV-gestützten Berechnung von Wohngebäuden helfen. Sie stellen keine eigenständigen Verfahren/Rechengänge dar.

Nicht bewertbare Komponenten Wenn Bauteile oder Anlagen (insbesondere die Heizung) nicht mittels einschlägiger Normen oder bekannt gemachter Erfahrungswerte bewertet werden können, sind an deren Stelle Bauteile bzw. Anlagen anzusetzen, die bewertbar sind und ähnliche energetische Eigenschaften haben.

Vereinfachtes Verfahren Für bestimmte Wohngebäude war bis zur EnEV 2007 ein vereinfachtes Verfahren zur Bilanzierung zulässig (Heizperiodenbilanz). Dieses Verfahren wurde mit der EnEV 2009 ersatzlos gestrichen. Damit steht kein Verfahren mehr zur Verfügung, welches in manueller Berechnung sinnvoll beherrscht werden kann.

Einfluss konstruktiver Wärmebrücken Konstruktive Wärmebrücken bedingen zusätzliche Transmissionswärmeverluste. Deren Anteil am gesamten Transmissionswärmeverlust steigt mit zunehmendem Wärmeschutzniveau. Wärmebrücken sind deshalb bei der Gebäudebilanzierung zu berücksichtigen. Dazu stehen vier Varianten zur Auswahl:

- pauschale Berücksichtigung eines U-Wert-Zuschlags $\Delta U_{WB} = 0,10$ W/(m² · K)
- pauschale Berücksichtigung eines U-Wert-Zuschlags $\Delta U_{WB} = 0,05$ W/(m² · K) bei konsequenter Anwendung der Ausführungsbeispiele nach DIN 4108 Beiblatt 2 (*siehe Kapitel 1.3.3 ab Seite 43*) an allen im Beiblatt aufgeführten Details
- pauschale Berücksichtigung eines U-Wert-Zuschlags $\Delta U_{WB} = 0,15$ W/(m² · K) bei Außenwänden mit Innendämmung und einbindender Massivdecke (nur im Verfahren nach DIN V 18599)
- detaillierte Berücksichtigung der Wärmebrücken durch längenbezogene Wärmedurchgangskoeffizienten (Ψ-Werte = „Psi-Werte" in W/(m · K))

Tatsächlich kann bei sorgfältiger Planung der Wärmebrücken in Verbindung mit der detaillierten Berücksichtigung der Wärmebrückenzuschlag noch deutlich geringer ausfallen als der günstigste Pauschalzuschlag $\Delta U_{WB} = 0,05$ W/(m² · K), oder gar zu null werden.

Gleichwertigkeitsnachweis Der Ansatz des geringsten Pauschalzuschlags $\Delta U_{WB} = 0,05$ W/(m² · K) erfordert zwingend die Anwendung der Musterausführungen nach DIN 4108 Beiblatt 2. Schon bei Abweichungen der Dämmstärken ist normalerweise ein Gleichwertigkeitsnachweis der Wärmebrücke erforderlich.

Gleichwertig ist eine Konstruktion,

- wenn sie dem Konstruktionsprinzip einer Ausführung im Beiblatt eindeutig entspricht und gleichwertige Bauteileigenschaften (Wärmedurchlasswiderstand der konstruktiven Dämmung der Wärmebrücke und der angrenzenden Bauteile) vorliegen, oder

- wenn die Gleichwertigkeit anhand des längenbezogenen Wärmedurchgangskoeffizienten Ψ rechnerisch mittels eines Wärmebrücken-Berechnungsprogramms nachgewiesen wird, oder
- wenn die Gleichwertigkeit anhand des längenbezogenen Wärmedurchlasskoeffizienten Ψ über Wärmebrückenkataloge, Herstellernachweise oder Publikationen nachgewiesen wird.

DIN 4108 Beiblatt 2 begrenzt für die angrenzenden Bauteile (z. B. für das Flachdach und für die Außenwand an der Wärmebrücke „Attika") den Wärmedurchlasswiderstand nicht nur nach unten, sondern auch nach oben. Dies ist auch fachlich korrekt, da bei deutlich verbessertem Wärmeschutz der angrenzenden Bauteile und unveränderter konstruktiver Dämmung der Wärmebrücke der längenbezogene Wärmedurchgangskoeffizient Ψ ansteigt, sprich: Die Wärmebrücke hat mit zunehmend gedämmten angrenzenden Bauteilen zunehmend höhere Wärmeverluste.

Das Dilemma in der Praxis besteht nun darin, dass nach EnEV immer größere Dämmschichtdicken erforderlich sind und dass DIN 4108 Beiblatt 2 dem hinterherhinkt. Somit wäre sehr häufig der Gleichwertigkeitsnachweis erforderlich. Zur Entlastung der Nachweispraxis enthält die EnEV deshalb in § 7 den Hinweis, dass eine Überschreitung des Wärmedurchlasswiderstands der angrenzenden Bauteile keine (fachlich eigentlich gebotene) Pflicht zum Gleichwertigkeitsnachweis begründet.

Nutzwärme für Warmwasser

Der Ansatz der Nutzwärme für Warmwasser hängt vom gewählten Nachweisverfahren ab.

Wenn nach DIN 4108-6 i. V. m. DIN V 4701-10 gerechnet wird, sieht die EnEV im Nachweis für Wohngebäude zwingend vor, dass pro m² Gebäudenutzfläche ein Warmwasser-Nutzenergiebedarf von 12,5 kWh pro Jahr angesetzt wird.

Wenn nach DIN V 18599 gerechnet wird, muss der Warmwasser-Nutzenergiebedarf DIN V 18599-10, Tabelle 3 entnommen werden. Diese Tabelle sieht für Einfamilienhäuser 12 und für Mehrfamilienhäuser 16 kWh/(m² · a) vor, allerdings bezogen auf die beheizte Wohnfläche.

Dies zeigt übrigens, dass die beiden Nachweisverfahren i. d. R. zu unterschiedlichen Ergebnissen führen müssen.

Sommerlicher Wärmeschutz

Zur Vermeidung sommerlicher Überhitzung ist der Sonneneintragskennwert nach DIN 4108-2 zu begrenzen. Diese Regel soll einen energiesparenden sommerlichen Wärmeschutz gewährleisten, also insbesondere Klimaanlagen zur Raumluftkühlung entbehrlich machen.

Der Nachweis ist etwas umständlich und sprengt den Rahmen dieses Buches. *Auf der CD-ROM zum Buch ist ein entsprechendes Berechnungstool zu finden.*

> **Gemäß DIN 4108-2 kann bei Ein- und Zweifamilienhäusern auf den Nachweis verzichtet werden, wenn die Fenster mit West-, Süd- und Ostorientierung über Rollläden oder Fensterläden verfügen.**

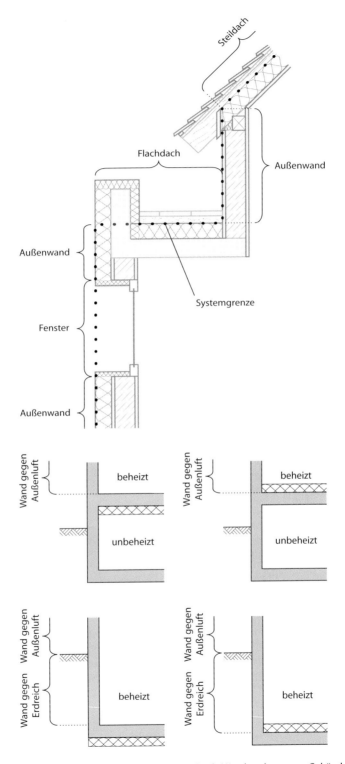

Bild 3-10: Verlauf der Systemgrenze an Dach, Wand und unterem Gebäudeabschluss

Luftdichtheit Generell wird diejenige Luftdichtheit der Gebäudehülle verlangt, welche den anerkannten Regeln der Technik entspricht. Gleichzeitig muss der aus hygienischen Gründen erforderliche Mindestluftwechsel gewährleistet sein – entweder durch Fensterlüftung oder durch entsprechende Lüftungsanlagen.

Die messtechnische Überprüfung der Luftdichtheit (Blower-Door-Test) wird von der EnEV nicht verlangt. Wenn der Blower-Door-Test dennoch durchgeführt wird und wenn dabei die zulässigen Luftwechselraten ($n_{50} \leq 3{,}0\ h^{-1}$ bei Gebäuden ohne Lüftungsanlage bzw. $n_{50} \leq 1{,}5\ h^{-1}$ bei Gebäuden mit Lüftungsanlage) eingehalten werden, dann wird der rechnerische Lüftungswärmeverlust verringert. Dies kommt der Planung als Bonus zugute und ermöglicht Einsparungen an anderer Stelle.

Systemgrenze Für das Gebäude (bzw. den zu betrachtenden Gebäudeteil) werden die Bauteilflächen bestimmt, die eine abgeschlossene beheizte Zone umfassen. Maßgeblich ist der Fall „Außenabmessungen" nach DIN EN ISO 13789 (leider mit inkonsistenter Annahme der Außenabmessung am unteren Gebäudeabschluss, siehe unten). Es geht dabei um die „wärmeübertragende Umfassungsfläche", also die gedämmte Hülle. In dieser Hülle können auch Räume oder Raumteile liegen, die nicht bestimmungsgemäß beheizt werden (beispielsweise der Raum hinter dem Kniestock eines Daches, wenn die Wärmedämmung in der Dachebene durchläuft und den Raum des Kniestocks einschließt).

Vorgehensweise: Man ermittle für die betreffenden Bauteile jeweils die von innen gesehen letzte Schicht, die in der U-Wert-Berechnung rechnerisch berücksichtigt wird. Dies ist dann die Grenzebene. Man bilde die wärmeübertragende Umfassungsfläche aus der Verschneidung der Grenzebenen der betreffenden Bauteile. (Die Verschneidungskanten begrenzen die Bauteilflächen; sie müssen dabei nicht mit tatsächlichen Bauteilkanten identisch sein.) So ergeben sich für die Bauteile charakteristische Flächen. Versprünge der Grenzebenen im Bereich von Fenstern bleiben unberücksichtigt, außerdem Bauteilauskragungen (z. B. Streifenfundament, Balkonkragplatte, Attika).

Ausnahme: Unterer Gebäudeabschluss. Die Grenzebene ist (unabhängig von der Lage einer ggf. vorhandenen Dämmschicht) die Oberkante derjenigen Rohdecke/Bodenplatte, welche das beheizte Volumen gegen unbeheizten Raum oder Erdreich abgrenzt.

Bei Platte unter Erdgleiche (z. B. beheiztes Kellergeschoss) wird die Außenwand in außenluft- und erdberührt unterteilt, jeweils begrenzt durch das äußere Erdbodenniveau.

Die Summe der in den Grenzebenen liegenden Flächen ist die wärmeübertragende Umfassungsfläche A. Das davon eingeschlossene Volumen ist das beheizte Volumen V_e.

Siehe auch Bild 3-10 auf Seite 229.

Fenster Für Fenster gilt bei der Bestimmung der Fensterfläche das lichte Rohbaumaß, also i. d. R. die Fensteröffnung im Mauerwerk, gemessen an den unverputzten/unbekleideten Laibungen.

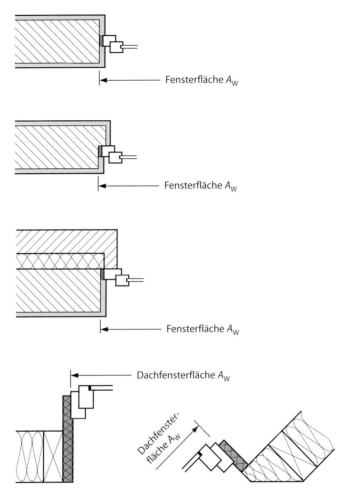

Bild 3-11: Maßbegrenzung für Fenster

Bei zweischaligem Mauerwerk oder Mauerwerk mit Anschlag kann es verschiedene Rohbauöffnungen geben. Maßgeblich ist dann die Rohbauöffnung, in der das Fenster eingebaut wird, bei Mauerwerk mit Anschlag also die größere Öffnung.

Anders ausgedrückt: Es gelten stets die Blendrahmenaußenmaße zuzüglich Einbaufuge.

Bei Dachfenstern gibt es üblicherweise keine klassische Einbaufuge. Deshalb sind hier die Blendrahmenaußenmaße anzusetzen.

Folgerichtig wird der U-Wert eines Fensters auf die gleiche Fläche bezogen. Ansonsten wäre die Berechnung des Transmissionswärmeverlusts durch ein Fenster nicht konsistent.

Siehe auch Bild 3-11 auf Seite 231.

Gebäude-nutzfläche und Geschosshöhe

Bei durchschnittlicher Geschosshöhe von 2,5 bis 3 m (Oberfläche bis Oberfläche des darüberliegenden Geschosses) ergibt sich die Gebäudenutzfläche A_N aus dem beheizten Volumen V_e wie bei neuen Wohngebäuden:

$$A_N = 0{,}32 \cdot V_e$$

Wenn die durchschnittliche Geschosshöhe weniger als 2,5 oder mehr als 3 m beträgt, ergibt sich die Gebäudenutzfläche A_N aus dem beheizten Volumen V_e und der Geschosshöhe h_G wie folgt:

$$A_N = \left(\frac{1}{h_G} - 0{,}04 \right) \cdot V_e$$

V_e wird jeweils in m³ eingesetzt, h_G in m.

Energieausweis

Für neue Wohngebäude muss ein Energieausweis erstellt werden. *Siehe hierzu Kapitel 3.5 auf Seite 233.*

3.4.5   Nichtwohngebäude

Für Nichtwohngebäude mit mehr als 50 m² Nutzfläche (im Sinne des *Kapitels 3.4.1 auf Seite 223*) ist der Primärenergiebedarf zu ermitteln und zu begrenzen. Berücksichtigt wird dabei der Energiebedarf für:

- Heizung
- Brauchwassererwärmung
- Lüftung
- Kühlung
- Beleuchtung (nur fest installierte)

Referenzgebäude-verfahren

Auch Nichtwohngebäude werden mit dem Referenzgebäudeverfahren berechnet. Das Referenzgebäude verfügt über eine durch die EnEV (Anlage 2 Tabelle 1) vorgegebene technische Ausführung (z. B. Wärmeschutz der Außenbauteile, Art der Fenster, Art der Heizung, Beleuchtung, Lüftungsanlage).

Für das Referenzgebäude wird der Primärenergiebedarf berechnet. Dieser Primärenergiebedarf des Referenzgebäudes darf vom Primärenergiebedarf des realen Gebäudes nicht überschritten werden.

Nebenanforde-rung

Die mittleren U-Werte der wärmeübertragenden Umfassungsfläche dürfen die in Anlage 2 EnEV angegebenen Höchstwerte nicht überschreiten.

Rechenverfahren

Die Ermittlung des Primärenergiebedarfs erfolgt nach DIN V 18599. Die EnEV verlangt dabei die Berücksichtigung bestimmter Randbedingungen. Damit wird die Vergleichbarkeit der Ergebnisse verschiedener Gebäude unabhängig vom Standort des Gebäudes oder individuellen, nutzungsbedingten Einflüssen sichergestellt. Der Nachweis ist umfangreich und komplex, er kann sinnvoll nur mit EDV-Programmen bewältigt werden.

In diesem Buch wird auf Nichtwohngebäude nicht weiter eingegangen.

Energieausweis

Für neue Nichtwohngebäude muss ein Energieausweis erstellt werden. *Siehe hierzu Kapitel 3.5.*

3.5 Energieausweis

3.5.1 Grundsätze und Ausstellungsberechtigung

Betroffene
Gebäude

Ein Energieausweis muss ausgestellt werden für

1. neue Gebäude (Wohn- und Nichtwohngebäude),
2. bestehende Gebäude, wenn diese oder Teile davon (z. B. Wohnung im Mehrfamilienhaus) verkauft oder neu vermietet (auch Pacht und Leasing) werden sollen,
3. große behördliche Gebäude (mehr als 1.000 m² Nutzfläche) mit Publikumsverkehr.

Im Fall 1 erhält der Eigentümer den Ausweis und legt ihn auf Verlangen der Bauaufsichtsbehörde vor.

Im Fall 2 muss der Verkäufer oder Vermieter (bzw. Verpächter oder Leasinggeber) dem Interessenten den Ausweis zugänglich machen.

Im Fall 3 muss der Energieausweis (oder ein verkürzter Aushang) für das Publikum gut sichtbar ausgehängt werden.

Kleine Gebäude mit maximal 50 m² Nutzfläche benötigen keinen Energieausweis.

Der Energieausweis hat eine Gültigkeit von 10 Jahren.

Inhalt

Der Energieausweis für Wohngebäude (*siehe Formblattsatz 3-13 ab Seite 239*) enthält als wichtigste Größen:

- im bedarfsbezogenen Ausweis den Primärenergiebedarf, den Endenergiebedarf und den spezifischen Transmissionswärmeverlust (Wärmeschutz der Gebäudehülle)
- im verbrauchsbezogenen Ausweis den Energieverbrauchskennwert

Der Energieausweis für Nichtwohngebäude (*siehe Formblattsatz 3-14 ab Seite 244*) enthält als wichtigste Größen:

- im bedarfsbezogenen Ausweis den Primärenergiebedarf, den Endenergiebedarf, den Nutzenergiebedarf getrennt für die Bereiche Heizung, Warmwasser, Lüftung, Kühlung und eingebaute Beleuchtung
- im verbrauchsbezogenen Ausweis den Heizenergieverbrauchskennwert und den Stromverbrauchskennwert

Neubau

Die Ausstellung des bedarfsbezogenen Energieausweises für ein neues (bzw. geändertes) Gebäude kann erst erfolgen, wenn der Endzustand des Gebäudes vorliegt oder zumindest sicher bekannt ist. Wenn dagegen schon früher ein Ausweis erstellt wird, empfiehlt sich ggf. die Aufnahme eines Hinweises auf die Vorläufigkeit, damit am Ende nicht unterschiedliche, konkurrierende Fassungen existieren. Auf jeden Fall muss der nach Baufertigstellung vorliegende Ausweis auch den Endzustand des Gebäudes dokumentieren.

Sinn

Zunächst ermöglicht der Energieausweis der Bauaufsichtsbehörde bei neuen Gebäuden die Überprüfung der Einhaltung der EnEV.

> **Eigentlicher Sinn des Energieausweises ist es, Kauf- und Mietinteressenten Informationen über die Energieeffizienz eines Gebäudes zur Verfügung zu stellen.**

Der Energiebedarf eines Gebäudes ist ein wichtiges Entscheidungskriterium für den Interessenten – ähnlich dem Kraftstoffverbrauch eines Autos oder der Energieeffizienzklasse eines Kühlschranks. Das ausgewiesene Gebäude wird im Energieausweis in eine Skala von Vergleichswerten eingereiht. Jeder Laie kann anhand dieser Vergleichsskala sofort sehen, ob das Gebäude gut oder schlecht hinsichtlich Energieeffizienz ist.

Vergleichbarkeit Zwar lässt sich wegen der standardisierten Randbedingungen (z. B. hinsichtlich Klima) aus den Angaben im Energieausweis nicht unmittelbar auf den Energieverbrauch (z. B. Gas oder Öl) schließen. Ein Vergleich zwischen verschiedenen Gebäuden, auch an unterschiedlichen Standorten, ist mit Hilfe des Energieausweises möglich, solange beide Gebäude nach demselben Verfahren (DIN V 4108-6 bzw. DIN V 18599) berechnet wurden.

Wenn letztgenannte Bedingung nicht erfüllt ist, fällt der Vergleich sogar Fachleuten schwer – die eigentlichen Adressaten des Ausweises (Bauherren, Mieter und Käufer) sind damit sicher überfordert.

Vorgänger Die Vorgänger des Energieausweises, nämlich der Energiebedarfsausweis bzw. der Wärmebedarfsausweis, waren zur schnellen Information von Interessenten weniger geeignet, denn sie waren schwerer verständlich und enthielten vor allen Dingen keine Vergleichswerte. Energieausweise, Energiebedarfsausweise und Wärmebedarfsausweise, die auf Grundlage der Wärmeschutzverordnung oder der EnEV (2002, 2004, 2007) ausgestellt worden sind, bleiben gültig für eine Dauer von 10 Jahren ab Ausstellungsdatum. Sie werden ungültig nach 10 Jahren, bzw. wenn vor Ablauf von 10 Jahren ein neuer Ausweis erstellt wird.

Bedarf oder Verbrauch Der bedarfsbezogene Energieausweis berücksichtigt den Energiebedarf eines Gebäudes, also den im Voraus berechneten Bedarf an Energie. Dabei werden standardisierte Randbedingungen berücksichtigt. Insbesondere nutzer- und standortbedingte Einflüsse bleiben unberücksichtigt.

Der verbrauchsbezogene Energieausweis berücksichtigt den gemessenen, tatsächlichen Energieverbrauch (z. B. Gas oder Öl) der mindestens 3 vorangegangenen Kalender- bzw. Abrechnungsjahre. Die Messwerte werden witterungsbereinigt, längere Leerstände werden berücksichtigt. Der Nutzereinfluss kann jedoch nicht eliminiert werden.

Für neue Gebäude kommt nur der bedarfsbezogene Energieausweis in Frage.

Für bestehende Gebäude ist der bedarfsbezogene Energieausweis immer zulässig. Die Anwendung des verbrauchsbezogenen Energieausweises wird beschränkt: Für bestehende Gebäude war bis zum 30.09.2008 (Tag der Ausstellung des Ausweises) generell der verbrauchsbezogene Energieausweis zulässig. Seit dem 01.10.2008 darf der verbrauchsbezogene Ausweis nur noch für folgende Gebäude ausgestellt werden:

- Wohngebäude mit mindestens 5 Wohnungen,

Diagramm 3-12: Fristen für Energieausweise

- Wohngebäude mit weniger als 5 Wohnungen, für die der Bauantrag nicht vor dem 01.11.1977 gestellt worden ist,
- Wohngebäude mit weniger als 5 Wohnungen, für die der Bauantrag zwar vor dem 01.11.1977 gestellt worden ist, die aber die Anforderungen der Wärmeschutzverordnung 1977 erfüllen (entweder schon bei Baufertigstellung oder durch nachträgliche Verbesserung).

Fristen   Mit Blick auf die große Zahl von Bestandsgebäuden hat man die Frist zur Einführung der Ausweispflicht bei bestehenden Gebäuden mehrstufig gestaltet:

- Wohngebäude mit Fertigstellung bis 31.12.1965: Ausweis muss bei Verkauf/Neuvermietung seit 01.07.2008 zugänglich gemacht werden.
- Wohngebäude mit Fertigstellung nach 31.12.1965: Ausweis muss bei Verkauf/Neuvermietung seit 01.01.2009 zugänglich gemacht werden.
- Nichtwohngebäude: Ausweis muss bei Verkauf/Neuvermietung seit 01.07.2009 zugänglich gemacht werden.
- behördliche Gebäude mit Publikumsverkehr: Ausweis musste bis 01.07.2009 ausgestellt und ausgehängt werden.

Aussteller für neue Gebäude

Der Kreis derjenigen, die für neue Gebäude Energieausweise ausstellen dürfen, wird von landesrechtlichen Vorschriften bestimmt. Die Bundesländer verknüpfen die Ausstellungsberechtigung meist mit der Bauvorlageberechtigung.

Wer für ein bestimmtes Gebäude bauvorlageberechtigt ist, darf für dieses Gebäude auch den EnEV-Nachweis führen und den Energieausweis ausstellen.

Dies ist klassisch der Architekt oder Bauingenieur, es kann aber auch ein bauvorlageberechtigter Handwerker sein, etwa ein Maurer- oder Zimmermeister.

Aussteller für bestehende Gebäude

Die EnEV gibt den Kreis derjenigen an, die für bestehende Gebäude Energieausweise ausstellen dürfen.

Zunächst gilt:

- Wer für Neubauten Energieausweise ausstellen darf (siehe oben), darf dies auch für entsprechende bestehende Gebäude. (Ein Zimmermeister in Baden-Württemberg, der für ein neues Einfamilienhaus in Baden-Württemberg ausstellungsberechtigt ist, darf auch für ein bestehendes Einfamilienhaus in Baden-Württemberg den Energieausweis ausstellen.)

Für die Ausstellung von Energieausweisen für bestehende Wohn- und Nichtwohngebäude kommen u. a. in Frage:

- Architekt, Bauingenieur, Ingenieur für Bauphysik, Physik oder technische Gebäudeausrüstung, jeweils mit Studienschwerpunkt im energiesparenden Bauen oder mit zweijähriger, einschlägiger Berufspraxis oder mit einschlägiger Fortbildung.

Für die Ausstellung von Energieausweisen ausschließlich für bestehende Wohngebäude kommen u. a. in Frage:

- Handwerker aus zulassungspflichtigen Gewerken in Bau, Ausbau und Anlagentechnik (Dachdecker, Installateur und Heizungsbauer, Klempner, Maler, Maurer, Tischler, Zimmerer etc.), die für die Eintragung in die Handwerksrolle in Frage kommen, also insbesondere Meister dieser Gewerke, mit einschlägiger Fortbildung, z. B. Energieberater des Handwerks.
- Meister aus zulassungsfreien Gewerken in Bau, Ausbau und Anlagentechnik (Fliesenleger, Estrichleger etc.), mit einschlägiger Fortbildung, z. B. Energieberater des Handwerks.
- Handwerksmeister anderer Gewerke mit Abschluss als Energieberater des Handwerks – die Weiterbildung muss vor dem 25.04.2007 begonnen haben (Bestandsschutz).

- Personen mit abgeschlossener Berufsausbildung im Baustofffachhandel oder in der Baustoffindustrie und Abschluss zum Energiefachberater im Baustofffachhandel oder in der Baustoffindustrie – die Weiterbildung muss vor dem 25.04.2007 begonnen haben (Bestandsschutz).
- Personen, die vor dem 25.04.2007 für die Energiesparberatung vor Ort (Vor-Ort-Beratung) als Antragsberechtigte beim Bundesamt für Wirtschaft und Ausfuhrkontrolle (BAFA) registriert wurden (Bestandsschutz).

Modernisierungs-empfehlungen

Wenn kostengünstige Möglichkeiten zur Verbesserung der Energieeffizienz des Gebäudes vorhanden sind, müssen diese Möglichkeiten in Form kurz gefasster, fachlicher Hinweise als Anlage dem Energieausweis beigefügt werden (*siehe Formblatt 3-17 auf Seite 252*). Wenn solche Möglichkeiten nicht vorhanden sind, ist dies dem Bauherrn auf dem Formblatt mitzuteilen. Die Berechtigung zur Ausstellung des Energieausweises umfasst immer auch die Berechtigung zur Ausstellung der Modernisierungsempfehlungen.

3.5.2 Muster zu Energieausweis und Modernisierungsempfehlungen

Formblätter

Zwar gibt es für den Energieausweis nach EnEV keine amtlich verbindliche Vorlage, aber Aufbau und Inhalt sind verbindlich vorgegeben. Es hat sich deshalb bewährt, nah an den Mustern der Anlagen 6 bis 9 der EnEV zu bleiben. Auf diesen Mustern beruhen auch nachfolgende Formblattsätze für

- Wohngebäude,
- Nichtwohngebäude,
- Nichtwohngebäude mit Aushangpflicht und
- Modernisierungsempfehlungen.

Wohngebäude

Formblattsatz 3-13 ab Seite 239 zeigt das Muster zum Energieausweis für Wohngebäude. Es gilt gleichermaßen für neue wie für bestehende Wohngebäude.

Blatt 1:
Auf diesem Blatt werden allgemeine Angaben zum Objekt gemacht. Es wird angekreuzt, ob der Ausweis bedarfs- oder verbrauchsbezogen erstellt wurde, außerdem wer die Daten für die Berechnung erhoben hat: der Eigentümer oder/und der Aussteller. Dazu sei angemerkt: Der Eigentümer kann die Daten für die Berechnung zur Verfügung stellen, so dass insbesondere bei bestehenden Gebäuden mit Verbrauchserfassung keine Objektbesichtigung erfolgen muss. Der Aussteller muss aber die erhaltenen Daten auf Plausibilität hin überprüfen. Er darf keinen Energieausweis ausstellen, wenn er offensichtlich unzutreffende Daten erhalten hat.

Blatt 2:
Dieses Blatt gehört zwar immer zum Energieausweis, wird aber nur ausgefüllt, wenn es sich um einen bedarfsbezogenen Ausweis handelt. Dies ist bei neuen Gebäuden stets der Fall. Unscheinbar, aber wichtig ist die Angabe des Rechenverfahrens: DIN V 4108-6 oder DIN V 18599. Sowohl der Endenergiebedarf als auch der Primärenergiebedarf werden ausgewiesen und im Vergleichswertbalken dargestellt, so dass die Einordnung hinsichtlich Energieeffizienz (gut oder schlecht) mit einem Blick erfasst wird. Die Felder zum Nachweis der Einhaltung der EnEV werden nur ausgefüllt, wenn es sich um einen Neubau oder eine größere Erweiterung handelt, oder wenn im Falle

einer Modernisierung das Gebäude freiwillig wie ein Neubau nachgewiesen wird. Unter „Ersatzmaßnahmen" wird angegeben, ob und inwieweit die Anforderungen des „Erneuerbare Energien Wärmegesetzes" (EEWärmeG) an Neubauten in Form der Unterschreitung der EnEV-Anforderungen erfüllt werden.

Blatt 3:
Dieses Blatt gehört ebenfalls immer zum Energieausweis, wird aber nur ausgefüllt, wenn es sich um einen verbrauchsbezogenen Ausweis handelt, oder wenn beim bedarfsbezogenen Energieausweis zusätzlich und freiwillig Angaben zum Verbrauch gemacht werden. Beides kann nur bei bestehenden Gebäuden der Fall sein. Es wird der Energieverbrauchskennwert ausgewiesen, welcher sich nach Bereinigung des Verbrauchs hinsichtlich Witterung und längerer Leerstände ergibt. Das Ergebnis wird im Vergleichswertbalken dargestellt. Allerdings ist die Vergleichbarkeit bei verbrauchsbezogenen Ausweisen nur bedingt gegeben.

Blatt 4:
Die enthaltenen Erläuterungen der zentralen Begriffe des Ausweises richten sich in erster Linie an den Bauherrn als Laien in Sachen EnEV. Sie sind aber für den Baufachmann ebenso hilfreich, wenn es um das Verständnis der Zusammenhänge geht.

Kapitel 4.4 ab Seite 317 und 4.5 ab Seite 345 enthalten Beispiele ausgefüllter Energieausweise für Wohngebäude.

Formblattsatz 3-13: Blatt 1 von 4 zum Energieausweis für Wohngebäude

ENERGIEAUSWEIS für Wohngebäude

gemäß den §§ 16 ff. Energieeinsparverordnung (EnEV)

Gültig bis:

1

Gebäude

Gebäudetyp		
Adresse		
Gebäudeteil		
Baujahr Gebäude		**Gebäudefoto (freiwillig)**
Baujahr Anlagentechnik[1])		
Anzahl Wohnungen		
Gebäudenutzfläche (A_N)		
Erneuerbare Energien		
Lüftung		
Anlass der Ausstellung des Energieausweises	☐ Neubau ☐ Vermietung / Verkauf	☐ Modernisierung (Änderung / Erweiterung) ☐ Sonstiges (freiwillig)

Hinweise zu den Angaben über die energetische Qualität des Gebäudes

Die energetische Qualität eines Gebäudes kann durch die Berechnung des **Energiebedarfs** unter standardisierten Randbedingungen oder durch die Auswertung des **Energieverbrauchs** ermittelt werden. Als Bezugsfläche dient die energetische Gebäudenutzfläche nach der EnEV, die sich in der Regel von den allgemeinen Wohnflächenangaben unterscheidet. Die angegebenen Vergleichswerte sollen überschlägige Vergleiche ermöglichen (**Erläuterungen – siehe Seite 4**).

☐ Der Energieausweis wurde auf der Grundlage von Berechnungen des **Energiebedarfs** erstellt. Die Ergebnisse sind auf **Seite 2** dargestellt. Zusätzliche Informationen zum Verbrauch sind freiwillig.

☐ Der Energieausweis wurde auf der Grundlage von Auswertungen des **Energieverbrauchs** erstellt. Die Ergebnisse sind auf **Seite 3** dargestellt.

Datenerhebung Bedarf/Verbrauch durch   ☐ Eigentümer   ☐ Aussteller

☐ Dem Energieausweis sind zusätzliche Informationen zur energetischen Qualität beigefügt (freiwillige Angabe).

Hinweise zur Verwendung des Energieausweises

Der Energieausweis dient lediglich der Information. Die Angaben im Energieausweis beziehen sich auf das gesamte Wohngebäude oder den oben bezeichneten Gebäudeteil. Der Energieausweis ist lediglich dafür gedacht, einen überschlägigen Vergleich von Gebäuden zu ermöglichen.

Aussteller

....
Datum   Unterschrift des Ausstellers

[1]) Mehrfachangaben möglich

Fortsetzung Formblattsatz 3-13: Blatt 2 von 4 zum Energieausweis für Wohngebäude

ENERGIEAUSWEIS für Wohngebäude
gemäß den §§ 16 ff. Energieeinsparverordnung (EnEV)

Berechneter Energiebedarf des Gebäudes

Adresse, Gebäudeteil

2

Energiebedarf

CO_2-Emissionen [1]   kg/(m²·a)

Endenergiebedarf dieses Gebäudes
kWh/(m²·a)

0	50	100	150	200	250	300	350	≥400

kWh/(m²·a)
Primärenergiebedarf dieses Gebäudes
(„Gesamtenergieeffizienz")

Anforderungen gemäß EnEV [2])

Primärenergiebedarf
Ist-Wert   kWh/(m²·a) Anforderungswert   kWh/(m²·a)

Energetische Qualität der Gebäudehülle H'_T
Ist-Wert   W/(m²·K) Anforderungswert   W/(m²·K)

Sommerlicher Wärmeschutz (bei Neubau) ☐ eingehalten

Für Energiebedarfsberechnungen verwendetes Verfahren

☐ Verfahren nach DIN V 4108-6 und DIN V 4701-10

☐ Verfahren nach DIN V 18599

☐ Vereinfachungen nach § 9 Abs. 2 EnEV

Endenergiebedarf

Energieträger	Jährlicher Endenergiebedarf in kWh/(m²·a) für			Gesamt in kWh/(m²·a)
	Heizung	Warmwasser	Hilfsgeräte [4]	

Ersatzmaßnahmen [3]

Anforderungen nach § 7 Nr. 2 EEWärmeG

☐ Die um 15 % verschärften Anforderungswerte sind
eingehalten.

Anforderungen nach § 7 Nr. 2 i. V. m. § 8 EEWärmeG

Die Anforderungswerte der EnEV sind um   % verschärft.

Primärenergiebedarf
Verschärfter Anforderungswert: kWh/(m²·a).

Transmissionswärmeverlust H'_T
Verschärfter Anforderungswert: W/(m²·K).

Vergleichswerte Endenergiebedarf

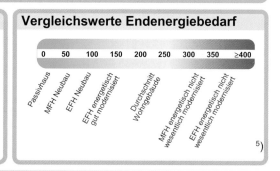

0	50	100	150	200	250	300	350	≥400

[5])

Erläuterungen zum Berechnungsverfahren

Die Energieeinsparverordnung lässt für die Berechnung des Energiebedarfs zwei alternative Berechnungsverfahren zu, die im Einzelfall zu unterschiedlichen Ergebnissen führen können. Insbesondere wegen standardisierter Randbedingungen erlauben die angegebenen Werte keine Rückschlüsse auf den tatsächlichen Energieverbrauch. Die ausgewiesenen Bedarfswerte sind spezifische Werte nach der EnEV pro Quadratmeter Gebäudenutzfläche (A_N).

[1] freiwillige Angabe   [2] bei Neubau sowie bei Modernisierung im Falle des § 16 Abs. 1 Satz 2 EnEV
[3] nur bei Neubau im Falle der Anwendung von § 7 Nr. 2 Erneuerbare-Energien-Wärmegesetz   [4] ggf. einschließlich Kühlung
[5] EFH: Einfamilienhäuser, MFH: Mehrfamilienhäuser

Fortsetzung Formblattsatz 3-13: Blatt 3 von 4 zum Energieausweis für Wohngebäude

ENERGIEAUSWEIS für Wohngebäude

gemäß den §§ 16 ff. Energieeinsparverordnung (EnEV)

Erfasster Energieverbrauch des Gebäudes

Adresse, Gebäudeteil

③

Energieverbrauchskennwert

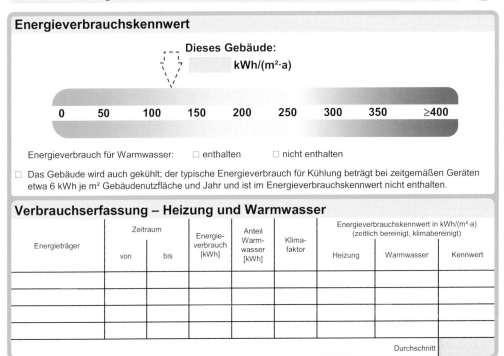

Dieses Gebäude: ⌐ ⌐ ⌐ kWh/(m²·a)

| 0 | 50 | 100 | 150 | 200 | 250 | 300 | 350 | ≥400 |

Energieverbrauch für Warmwasser: ☐ enthalten ☐ nicht enthalten

☐ Das Gebäude wird auch gekühlt; der typische Energieverbrauch für Kühlung beträgt bei zeitgemäßen Geräten etwa 6 kWh je m² Gebäudenutzfläche und Jahr und ist im Energieverbrauchskennwert nicht enthalten.

Verbrauchserfassung – Heizung und Warmwasser

Energieträger	Zeitraum		Energie-verbrauch [kWh]	Anteil Warm-wasser [kWh]	Klima-faktor	Energieverbrauchskennwert in kWh/(m²·a) (zeitlich bereinigt, klimabereinigt)		
	von	bis				Heizung	Warmwasser	Kennwert
								Durchschnitt

Vergleichswerte Endenergiebedarf

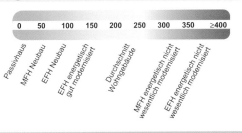

| 0 | 50 | 100 | 150 | 200 | 250 | 300 | 350 | ≥400 |

Passivhaus
MFH Neubau
EFH Neubau
EFH energetisch gut modernisiert
Durchschnitt Wohngebäude
MFH energetisch nicht wesentlich modernisiert
EFH energetisch nicht wesentlich modernisiert

[1]

Die modellhaft ermittelten Vergleichswerte beziehen sich auf Gebäude, in denen die Wärme für Heizung und Warmwasser durch Heizkessel im Gebäude bereitgestellt wird.
Soll ein Energieverbrauchskennwert verglichen werden, der keinen Warmwasseranteil enthält, ist zu beachten, dass auf die Warmwasserbereitung je nach Gebäudegröße 20 – 40 kWh/(m²·a) entfallen können.
Soll ein Energieverbrauchskennwert eines mit Fern- oder Nahwärme beheizten Gebäudes verglichen werden, ist zu beachten, dass hier normalerweise ein um 15 – 30 % geringerer Energieverbrauch als bei vergleichbaren Gebäuden mit Kesselheizung zu erwarten ist.

Erläuterungen zum Verfahren

Das Verfahren zur Ermittlung von Energieverbrauchskennwerten ist durch die Energieeinsparverordnung vorgegeben. Die Werte sind spezifische Werte pro Quadratmeter Gebäudenutzfläche (A_N) nach der Energieeinsparverordnung. Der tatsächliche Verbrauch einer Wohnung oder eines Gebäudes weicht insbesondere wegen des Witterungseinflusses und sich ändernden Nutzerverhaltens vom angegebenen Energieverbrauchskennwert ab.

[1] EFH: Einfamilienhäuser, MFH: Mehrfamilienhäuser

Fortsetzung Formblattsatz 3-13: Blatt 4 von 4 zum Energieausweis für Wohngebäude

ENERGIEAUSWEIS für Wohngebäude
gemäß den §§ 16 ff. Energieeinsparverordnung (EnEV)

Erläuterungen   4

Energiebedarf – Seite 2
Der Energiebedarf wird in diesem Energieausweis durch den Jahres-Primärenergiebedarf und den Endenergie-bedarf dargestellt. Diese Angaben werden rechnerisch ermittelt. Die angegebenen Werte werden auf der Grundlage der Bauunterlagen bzw. gebäudebezogener Daten und unter Annahme von standardisierten Randbedingungen (z. B. standardisierte Klimadaten, definiertes Nutzerverhalten, standardisierte Innentemperatur und innere Wärme-gewinne usw.) berechnet. So lässt sich die energetische Qualität des Gebäudes unabhängig vom Nutzerverhalten und der Wetterlage beurteilen. Insbesondere wegen standardisierter Randbedingungen erlauben die angegebenen Werte keine Rückschlüsse auf den tatsächlichen Energieverbrauch.

Primärenergiebedarf – Seite 2
Der Primärenergiebedarf bildet die Gesamtenergieeffizienz eines Gebäudes ab. Er berücksichtigt neben der End-energie auch die so genannte „Vorkette" (Erkundung, Gewinnung, Verteilung, Umwandlung) der jeweils eingesetz-ten Energieträger (z. B. Heizöl, Gas, Strom, erneuerbare Energien etc.). Kleine Werte signalisieren einen geringen Bedarf und damit eine hohe Energieeffizienz und eine die Ressourcen und die Umwelt schonende Energienutzung. Zusätzlich können die mit dem Energiebedarf verbundenen CO_2-Emissionen des Gebäudes freiwillig angegeben werden.

Energetische Qualität der Gebäudehülle – Seite 2
Angegeben ist der spezifische, auf die wärmeübertragende Umfassungsfläche bezogene Transmissionswärme-verlust (Formelzeichen in der EnEV H'_T). Er ist ein Maß für die durchschnittliche energetische Qualität aller wärme-übertragenden Umfassungsflächen (Außenwände, Decken, Fenster etc.) eines Gebäudes. Kleine Werte signali-sieren einen guten baulichen Wärmeschutz. Außerdem stellt die EnEV Anforderungen an den sommerlichen Wärmeschutz (Schutz vor Überhitzung) eines Gebäudes.

Endenergiebedarf – Seite 2
Der Endenergiebedarf gibt die nach technischen Regeln berechnete, jährlich benötigte Energiemenge für Heizung, Lüftung und Warmwasserbereitung an. Er wird unter Standardklima- und Standardnutzungsbedingungen errechnet und ist ein Maß für die Energieeffizienz eines Gebäudes und seiner Anlagentechnik. Der Endenergiebedarf ist die Energiemenge, die dem Gebäude bei standardisierten Bedingungen unter Berücksichtigung der Energieverluste zugeführt werden muss, damit die standardisierte Innentemperatur, der Warmwasserbedarf und die notwendige Lüftung sichergestellt werden können. Kleine Werte signalisieren einen geringen Bedarf und damit eine hohe Energieeffizienz.
Die Vergleichswerte für den Energiebedarf sind modellhaft ermittelte Werte und sollen Anhaltspunkte für grobe Ver-gleiche der Werte dieses Gebäudes mit den Vergleichswerten ermöglichen. Es sind ungefähre Bereiche ange-geben, in denen die Werte für die einzelnen Vergleichskategorien liegen. Im Einzelfall können diese Werte auch außerhalb der angegebenen Bereiche liegen.

Energieverbrauchskennwert – Seite 3
Der ausgewiesene Energieverbrauchskennwert wird für das Gebäude auf der Basis der Abrechnung von Heiz- und ggf. Warmwasserkosten nach der Heizkostenverordnung und/oder auf Grund anderer geeigneter Verbrauchsdaten ermittelt. Dabei werden die Energieverbrauchsdaten des gesamten Gebäudes und nicht der einzelnen Wohn- oder Nutzeinheiten zugrunde gelegt. Über Klimafaktoren wird der erfasste Energieverbrauch für die Heizung hinsichtlich der konkreten örtlichen Wetterdaten auf einen deutschlandweiten Mittelwert umgerechnet. So führen beispielsweise hohe Verbräuche in einem einzelnen harten Winter nicht zu einer schlechteren Beurteilung des Gebäudes. Der Energieverbrauchskennwert gibt Hinweise auf die energetische Qualität des Gebäudes und seiner Heizungsanlage. Kleine Werte signalisieren einen geringen Verbrauch. Ein Rückschluss auf den künftig zu erwartenden Verbrauch ist jedoch nicht möglich; insbesondere können die Verbrauchsdaten einzelner Wohneinheiten stark differieren, weil sie von deren Lage im Gebäude, von der jeweiligen Nutzung und vom individuellen Verhalten abhängen.

Gemischt genutzte Gebäude
Für Energieausweise bei gemischt genutzten Gebäuden enthält die Energieeinsparverordnung besondere Vorga-ben. Danach sind - je nach Fallgestaltung - entweder ein gemeinsamer Energieausweis für alle Nutzungen oder zwei getrennte Energieausweise für Wohnungen und die übrigen Nutzungen auszustellen; dies ist auf Seite 1 der Ausweise erkennbar (ggf. Angabe „Gebäudeteil").

Nichtwohn-
gebäude

Formblattsatz 3-14 auf Seite 244 zeigt das Muster zum Energieausweis für Nichtwohngebäude. Es gilt gleichermaßen für neue wie für bestehende Nichtwohngebäude.

Blatt 1:
Auf diesem Blatt werden allgemeine Angaben zum Objekt gemacht. Es wird angekreuzt, ob der Ausweis bedarfs- oder verbrauchsbezogen erstellt wurde, außerdem wer die Daten für die Berechnung erhoben hat: der Eigentümer oder/und der Aussteller. Wie bei Wohngebäuden darf der Aussteller des Ausweises offensichtlich unzutreffende Angaben des Eigentümers nicht verwenden.

Blatt 2:
Dieses Blatt gehört zwar immer zum Energieausweis, wird aber nur ausgefüllt, wenn es sich um einen bedarfsbezogenen Ausweis handelt. Dies ist bei neuen Gebäuden stets der Fall. Der Primärenergiebedarf wird ausgewiesen und im Vergleichswertbalken dargestellt. Ein direkter Vergleich zu anderen Energieeffizienzstandards (wie beim Wohngebäude) ist nicht enthalten, stattdessen wird der nach EnEV gültige Primärenergiebedarf gegenübergestellt. Der Endenergiebedarf wird differenziert nach Energieträgern (soweit mehrere vorhanden) und Verbrauchsbereichen angegeben. Eine weitere Differenzierung schlüsselt den Energiebedarf auf in Nutzenergie, Endenergie und Primärenergie. Die Felder zum Nachweis der Einhaltung der EnEV werden nur ausgefüllt, wenn es sich um einen Neubau oder eine größere Erweiterung handelt, oder wenn im Falle einer Modernisierung das Gebäude freiwillig wie ein Neubau nachgewiesen wird. Unter „Ersatzmaßnahmen" wird angegeben, ob und inwieweit die Anforderungen des „Erneuerbare Energien Wärmegesetzes" (EEWärmeG) an Neubauten in Form der Unterschreitung der EnEV-Anforderungen erfüllt werden.

Blatt 3:
Dieses Blatt gehört ebenfalls immer zum Energieausweis, wird aber nur ausgefüllt, wenn es sich um einen verbrauchsbezogenen Ausweis handelt, oder wenn beim bedarfsbezogenen Energieausweis zusätzlich und freiwillig Angaben zum Verbrauch gemacht werden. Beides kann nur bei bestehenden Gebäuden der Fall sein. Es wird der Energieverbrauchskennwert getrennt für Heizung und Strom ausgewiesen. Der Heizenergieverbrauchskennwert ergibt sich nach Bereinigung des Verbrauchs hinsichtlich Witterung und längerer Leerstände. Ein direkter Vergleich zu anderen Energieeffizienzstandards (wie beim Wohngebäude) ist nicht enthalten.

Blatt 4:
Die enthaltenen Erläuterungen der zentralen Begriffe des Ausweises richten sich in erster Linie an den Bauherrn als Laien in Sachen EnEV. Sie sind aber für den Baufachmann ebenso hilfreich, wenn es um das Verständnis der Zusammenhänge geht.

In diesem Buch werden nur Wohngebäude detailliert behandelt. Deshalb wird auf den Energieausweis für Nichtwohngebäude nicht weiter eingegangen.

Formblattsatz 3-14: Blatt 1 von 4 zum Energieausweis für Nichtwohngebäude

ENERGIEAUSWEIS für Nichtwohngebäude

gemäß den §§ 16 ff. Energieeinsparverordnung (EnEV)

Gültig bis: **1**

Gebäude

Hauptnutzung / Gebäudekategorie		
Adresse		
Gebäudeteil		**Gebäudefoto (freiwillig)**
Baujahr Gebäude		
Baujahr Wärmeerzeuger [1]		
Baujahr Klimaanlage [1]		
Nettogrundfläche [2]		
Erneuerbare Energien		
Lüftung		
Anlass der Ausstellung des Energieausweises	☐ Neubau ☐ Vermietung / Verkauf	☐ Modernisierung (Änderung / Erweiterung) ☐ Aushang b. öff. Gebäuden ☐ Sonstiges (freiwillig)

Hinweise zu den Angaben über die energetische Qualität des Gebäudes

Die energetische Qualität eines Gebäudes kann durch die Berechnung des **Energiebedarfs** unter standardisierten Randbedingungen oder durch die Auswertung des **Energieverbrauchs** ermittelt werden. **Als Bezugsfläche dient die Nettogrundfläche.**

☐ Der Energieausweis wurde auf der Grundlage von Berechnungen des **Energiebedarfs** erstellt. Die Ergebnisse sind auf **Seite 2** dargestellt. Zusätzliche Informationen zum Verbrauch sind freiwillig. Diese Art der Ausstellung ist Pflicht bei Neubauten und bestimmten Modernisierungen. Die angegebenen Vergleichswerte sind die Anforderungen der EnEV zum Zeitpunkt der Erstellung des Energieausweises **(Erläuterungen – siehe Seite 4)**.

☐ Der Energieausweis wurde auf der Grundlage von Auswertungen des **Energieverbrauchs** erstellt. Die Ergebnisse sind auf **Seite 3** dargestellt. Die Vergleichswerte beruhen auf statistischen Auswertungen.

Datenerhebung Bedarf/Verbrauch durch   ☐ Eigentümer   ☐ Aussteller

☐ Dem Energieausweis sind zusätzliche Informationen zur energetischen Qualität beigefügt (freiwillige Angabe).

Hinweise zur Verwendung des Energieausweises

Der Energieausweis dient lediglich der Information. Die Angaben im Energieausweis beziehen sich auf das gesamte Gebäude oder den oben bezeichneten Gebäudeteil. Der Energieausweis ist lediglich dafür gedacht, einen überschlägigen Vergleich von Gebäuden zu ermöglichen.

Aussteller

....
Datum   Unterschrift des Ausstellers

[1] Mehrfachangaben möglich   [2] Nettogrundfläche ist im Sinne der EnEV ausschließlich der beheizte / gekühlte Teil der Nettogrundfläche

Fortsetzung Formblattsatz 3-14: Blatt 2 von 4 zum Energieausweis für Nichtwohngebäude

ENERGIEAUSWEIS für Nichtwohngebäude

gemäß den §§ 16 ff. Energieeinsparverordnung (EnEV)

Adresse, Gebäudeteil

②

Berechneter Energiebedarf des Gebäudes

Primärenergiebedarf　　„Gesamtenergieeffizienz"

CO_2-Emissionen [1]　　☐ kg/(m²·a)

┌ ┐ Dieses Gebäude:
└ ┘ ☐ kWh/(m²·a)

| 0 | 100 | 200 | 300 | 400 | 500 | 600 | 700 | 800 | 900 | ≥1000 |

↑ EnEV-Anforderungswert Neubau (Vergleichswert)

↑ EnEV-Anforderungswert modernisierter Altbau (Vergleichswert)

Anforderungen gemäß EnEV [2]

Primärenergiebedarf

Ist-Wert ☐ kWh/(m²·a) Anforderungswert ☐ kWh/(m²·a)

Mittlere Wärmedurchgangskoeffizienten ☐ eingehalten

Sommerlicher Wärmeschutz (bei Neubau) ☐ eingehalten

Für Energiebedarfsberechnungen verwendetes Verfahren

☐ Verfahren nach Anlage 2 Nr. 2 EnEV

☐ Verfahren nach Anlage 2 Nr. 3 EnEV („Ein-Zonen-Modell")

☐ Vereinfachungen nach § 9 Abs. 2 EnEV

Endenergiebedarf

Jährlicher Endenergiebedarf in kWh/(m²·a) für

Energieträger	Heizung	Warmwasser	Eingebaute Beleuchtung	Lüftung [4]	Kühlung einschl. Befeuchtung	Gebäude insgesamt

Aufteilung Energiebedarf

[kWh/(m²·a)]	Heizung	Warmwasser	Eingebaute Beleuchtung	Lüftung [4]	Kühlung einschl. Befeuchtung	Gebäude insgesamt
Nutzenergie						
Endenergie						
Primärenergie						

Ersatzmaßnahmen [3]

Anforderungen nach § 7 Nr. 2 EEWärmeG

☐ Die um 15 % verschärften Anforderungswerte sind eingehalten.

Anforderungen nach § 7 Nr. 2 i. V. m. § 8 EEWärmeG

Die Anforderungswerte der EnEV sind um ☐ % verschärft.

Primärenergiebedarf

Verschärfter Anforderungswert ☐ kWh/(m²·a).

Wärmeschutzanforderungen

☐ Die verschärften Anforderungswerte sind eingehalten.

Gebäudezonen

Nr.	Zone	Fläche [m²]	Anteil [%]
1			
2			
3			
4			
5			
6			
☐	weitere Zonen in Anlage		

Erläuterungen zum Berechnungsverfahren

Die Energieeinsparverordnung lässt für die Berechnung des Energiebedarfs in vielen Fällen neben dem Berechnungsverfahren alternative Vereinfachungen zu, die im Einzelfall zu unterschiedlichen Ergebnissen führen können. Insbesondere wegen standardisierter Randbedingungen erlauben die angegebenen Werte keine Rückschlüsse auf den tatsächlichen Energieverbrauch. Die ausgewiesenen Bedarfswerte sind spezifische Werte nach der EnEV pro Quadratmeter beheizte / gekühlte Nettogrundfläche.

[1] freiwillige Angabe
[3] nur bei Neubau im Falle der Anwendung von § 7 Nr. 2 Erneuerbare-Energien-Wärmegesetz
[2] bei Neubau sowie bei Modernisierung im Falle des § 16 Abs. 1 Satz 2 EnEV
[4] nur Hilfsenergiebedarf

Fortsetzung Formblattsatz 3-14: Blatt 3 von 4 zum Energieausweis für Nichtwohngebäude

ENERGIEAUSWEIS für Nichtwohngebäude

gemäß den §§ 16 ff. Energieeinsparverordnung (EnEV)

Erfasster Energieverbrauch des Gebäudes

Adresse, Gebäudeteil

3

Heizenergieverbrauchskennwert (einschließlich Warmwasser)

Dieses Gebäude:

_____ kWh/(m²·a)

0	100	200	300	400	500	600	700	800	900	≥1000

↑Vergleichswert dieser Gebäudekategorie
für Heizung und Warmwasser [1]

Stromverbrauchskennwert

Dieses Gebäude:

_____ kWh/(m²·a)

0	100	200	300	400	500	600	700	800	900	≥1000

↑Vergleichswert dieser Gebäudekategorie
für Strom [1]

Der Wert enthält den Stromverbrauch für

☐ Zusatz-heizung   ☐ Warmwasser   ☐ Lüftung   ☐ eingebaute Beleuchtung   ☐ Kühlung   ☐ Sonstiges: _____

Verbrauchserfassung – Heizung und Warmwasser

Energieträger	Zeitraum		Ernergie-verbrauch [kWh]	Anteil Warmwasser [kWh]	Klima-faktor	Energieverbrauchskennwert in kWh/(m²·a) (zeitlich bereinigt, klimabereinigt)		
	von	bis				Heizung	Warmwasser	Kennwert
							Durchschnitt	

Verbrauchserfassung – Strom

Zeitraum		Ablesewert [kWh]	Kennwert [kWh/(m²·a)]
von	bis		

Gebäudenutzung

Gebäudekategorie oder Nutzung, ggf. mit Prozentanteil		%
		%
		%
Sonderzonen		

Erläuterungen zum Verfahren

Das Verfahren zur Ermittlung von Energieverbrauchskennwerten ist durch die Energieeinsparverordnung vorgegeben. Die Werte sind spezifische Werte pro Quadratmeter beheizte / gekühlte Nettogrundfläche. Der tatsächliche Verbrauch eines Gebäudes weicht insbesondere wegen des Witterungseinflusses und sich ändernden Nutzerverhaltens von den angegebenen Kennwerten ab.

[1] veröffentlicht im Bundesanzeiger / Internet durch das Bundesministerium für Verkehr, Bau und Stadtentwicklung und das Bundesministerium für Wirtschaft und Technologie

Fortsetzung Formblattsatz 3-14: Blatt 4 von 4 zum Energieausweis für Nichtwohngebäude

ENERGIEAUSWEIS für Nichtwohngebäude

gemäß den §§ 16 ff. Energieeinsparverordnung (EnEV)

Erläuterungen

Energiebedarf – Seite 2
Der Energiebedarf wird in diesem Energieausweis durch den Jahres-Primärenergiebedarf und den Endenergiebedarf für die Anteile Heizung, Warmwasser, eingebaute Beleuchtung, Lüftung und Kühlung dargestellt. Diese Angaben werden rechnerisch ermittelt. Die angegebenen Werte werden auf der Grundlage der Bauunterlagen bzw. gebäudebezogener Daten und unter Annahme von standardisierten Randbedingungen (z. B. standardisierte Klimadaten, definiertes Nutzerverhalten, standardisierte Innentemperatur und innere Wärmegewinne usw.) berechnet. So lässt sich die energetische Qualität des Gebäudes unabhängig vom Nutzerverhalten und der Wetterlage beurteilen. Insbesondere wegen standardisierter Randbedingungen erlauben die angegebenen Werte keine Rückschlüsse auf den tatsächlichen Energieverbrauch.

Primärenergiebedarf – Seite 2
Der Primärenergiebedarf bildet die Gesamtenergieeffizienz eines Gebäudes ab. Er berücksichtigt neben der Endenergie auch die so genannte „Vorkette" (Erkundung, Gewinnung, Verteilung, Umwandlung) der jeweils eingesetzten Energieträger (z. B. Heizöl, Gas, Strom, erneuerbare Energien etc.). Kleine Werte signalisieren einen geringen Bedarf und damit eine hohe Energieeffizienz und eine die Ressourcen und die Umwelt schonende Energienutzung. Die angegebenen Vergleichswerte geben für das Gebäude die Anforderungen der Energieeinsparverordnung an, die zum Zeitpunkt der Erstellung des Energieausweises galt. Sie sind im Falle eines Neubaus oder der Modernisierung des Gebäudes nach §9 Abs. 1 Satz 2 EnEV einzuhalten. Bei Bestandsgebäuden dienen sie der Orientierung hinsichtlich der energetischen Qualität des Gebäudes. Zusätzlich können die mit dem Energiebedarf verbundenen CO_2-Emissionen des Gebäudes freiwillig angegeben werden.
Der Skalenendwert des Bandtachometers beträgt, auf die Zehnerstelle gerundet, das Dreifache des Vergleichswerts „EnEV Anforderungswert modernisierter Altbau" (140 % des „EnEV Anforderungswerts Neubau").

Wärmeschutz – Seite 2
Die Energieeinsparverordnung stellt bei Neubauten und bestimmten baulichen Änderungen auch Anforderungen an die energetische Qualität aller wärmeübertragenden Umfassungsflächen (Außenwände, Decken, Fenster etc.) sowie bei Neubauten an den sommerlichen Wärmeschutz (Schutz vor Überhitzung) eines Gebäudes.

Endenergiebedarf – Seite 2
Der Endenergiebedarf gibt die nach technischen Regeln berechnete, jährlich benötigte Energiemenge für Heizung, Warmwasser, eingebaute Beleuchtung, Lüftung und Kühlung an. Er wird unter Standardklima und Standardnutzungsbedingungen errechnet und ist ein Maß für die Energieeffizienz eines Gebäudes und seiner Anlagentechnik. Der Endenergiebedarf ist die Energiemenge, die dem Gebäude bei standardisierten Bedingungen unter Berücksichtigung der Energieverluste zugeführt werden muss, damit die standardisierte Innentemperatur, der Warmwasserbedarf, die notwendige Lüftung und eingebaute Beleuchtung sichergestellt werden können. Kleine Werte signalisieren einen geringen Bedarf und damit eine hohe Energieeffizienz.

Heizenergie- und Stromverbrauchskennwert (Energieverbrauchskennwerte) – Seite 3
Der Heizenergieverbrauchskennwert (einschließlich Warmwasser) wird für das Gebäude auf der Basis der Erfassung des Verbrauchs ermittelt. Das Verfahren zur Ermittlung von Energieverbrauchskennwerten ist durch die Energieeinsparverordnung vorgegeben. Die Werte sind spezifische Werte pro Quadratmeter Nettogrundfläche nach der Energieeinsparverordnung. Über Klimafaktoren wird der erfasste Energieverbrauch hinsichtlich der örtlichen Wetterdaten auf ein standardisiertes Klima für Deutschland umgerechnet. Der ausgewiesene Stromverbrauchskennwert wird für das Gebäude auf der Basis der Erfassung des Verbrauchs oder der entsprechenden Abrechnung ermittelt. Die Energieverbrauchskennwerte geben Hinweise auf die energetische Qualität des Gebäudes. Kleine Werte signalisieren einen geringen Verbrauch. Ein Rückschluss auf den künftig zu erwartenden Verbrauch ist jedoch nicht möglich. Der tatsächliche Verbrauch einer Nutzungseinheit oder eines Gebäudes weicht insbesondere wegen des Witterungseinflusses und sich ändernden Nutzerverhaltens oder sich ändernder Nutzungen vom angegebenen Energieverbrauchskennwert ab.
Die Vergleichswerte ergeben sich durch die Beurteilung gleichartiger Gebäude. Kleinere Verbrauchswerte als der Vergleichswert signalisieren eine gute energetische Qualität im Vergleich zum Gebäudebestand dieses Gebäudetyps. Die Vergleichswerte werden durch das Bundesministerium für Verkehr, Bau und Stadtentwicklung im Einvernehmen mit dem Bundesministerium für Wirtschaft und Technologie bekannt gegeben.
Die Skalenendwerte der Bandtachometer betragen, auf die Zehnerstelle gerundet, das Doppelte des jeweiligen Vergleichswerts.

Aushang   In Gebäuden mit mehr als 1.000 m² Nutzfläche und Publikumsverkehr, in denen Behörden Dienstleistungen für die Bürger erbringen, muss ein Energieausweis an gut sichtbarer Stelle ausgehängt werden.

Grundsätzlich kann der gesamte Energieausweis für Nichtwohngebäude nach *Formblattsatz 3-14 auf Seite 244* ausgehängt werden – dieser umfasst allerdings 4 Seiten. Die beiden nachfolgenden Formblätter umfassen jeweils nur eine Seite. Sie dienen indes nur als Aushang. Der vorgenannte, umfassendere Ausweis muss dennoch erstellt, aber nicht ausgehängt werden. *Formblatt 3-15 auf Seite 249* zeigt das Muster zum Aushang eines bedarfsbezogenen Energieausweises für Nichtwohngebäude. Es gilt gleichermaßen für neue wie für bestehende Nichtwohngebäude.

Formblatt 3-16 auf Seite 250 zeigt das entsprechende Muster eines verbrauchsbezogenen Ausweises. Dieser kommt nur für bestehende Nichtwohngebäude in Frage.

Beide Aushangmuster beschränken sich auf allgemeine Angaben zum Gebäude und die grafische Darstellung der energetischen Kennwerte.

Formblatt 3-15: Aushang eines bedarfsbezogenen Energieausweises für Nichtwohngebäude

ENERGIEAUSWEIS für Nichtwohngebäude

gemäß den §§ 16 ff. Energieeinsparverordnung

Gültig bis:

Aushang

Gebäude

Hauptnutzung / Gebäudekategorie	
Sonderzone(n)	
Adresse	
Gebäudeteil	
Baujahr Gebäude	
Baujahr Wärmeerzeuger	
Baujahr Klimaanlage	
Nettogrundfläche	

Gebäudefoto
(freiwillig)

Primärenergiebedarf   „Gesamtenergieeffizienz"

Dieses Gebäude:

kWh/(m²·a)

| 0 | 100 | 200 | 300 | 400 | 500 | 600 | 700 | 800 | 900 | ≥1000 |

EnEV-Anforderungswert
Neubau (Vergleichswert)

EnEV-Anforderungswert
modernisierter Altbau (Vergleichswert)

Aufteilung Energiebedarf

500
400
300
200
100

Nutzenergie   Endenergie   Primärenergie
„Gesamtenergieeffizienz"

Kühlung einschl. Befeuchtung

Lüftung

Eingebaute Beleuchtung

Warmwasser

Heizung

Aussteller

Datum   Unterschrift des Ausstellers

Formblatt 3-16: Aushang eines verbrauchsbezogenen Energieausweises für Nichtwohngebäude

ENERGIEAUSWEIS für Nichtwohngebäude

gemäß den §§ 16 ff. Energieeinsparverordnung

Gültig bis:

Aushang

Gebäude

Hauptnutzung / Gebäudekategorie		
Sonderzone(n)		
Adresse		
Gebäudeteil		**Gebäudefoto (freiwillig)**
Baujahr Gebäude		
Baujahr Wärmeerzeuger		
Baujahr Klimaanlage		
Nettogrundfläche		

Heizenergieverbrauchskennwert

Dieses Gebäude:

kWh/(m²·a)

| 0 | 100 | 200 | 300 | 400 | 500 | 600 | 700 | 800 | 900 | ≥1000 |

↑Vergleichswert dieser Gebäudekategorie
für Heizung und Warmwasser

☐ Warmwasser enthalten

Stromverbrauchskennwert

Dieses Gebäude:

kWh/(m²·a)

| 0 | 100 | 200 | 300 | 400 | 500 | 600 | 700 | 800 | 900 | ≥1000 |

↑Vergleichswert dieser Gebäudekategorie
für Strom

Der Wert enthält den Stromverbrauch für

☐ Zusatz-heizung   ☐ Warmwasser   ☐ Lüftung   ☐ Eingebaute Beleuchtung   ☐ Kühlung   ☐ Sonstiges:

Aussteller

....
Datum   Unterschrift des Ausstellers

Modernisierungs-
empfehlungen

Wenn ein Energieausweis für bestehende Gebäude erstellt wird, gehören laut § 20 EnEV als Anlage immer Modernisierungsempfehlungen gemäß nachfolgendem *Formblatt 3-17 auf Seite 252* dazu. Wenn keine kostengünstige Modernisierung möglich ist, ist diese Option im Formblatt anzukreuzen.

Ein Variantenvergleich zeigt die Einsparpotenziale von Modernisierungsmaßnahmen auf. Diese freiwillige Zusatzinformation kann der Ansatzpunkt für eine professionelle Energieberatung sein.

Die Modernisierungsempfehlungen dienen lediglich der Information, und sie ersetzen auf keinen Fall eine Energieberatung.

Dies sagt der Hinweis auf dem Muster aus. Allerdings sind die Empfehlungen für den Aussteller möglicherweise nicht ganz risikofrei.

Beispiel

Wenn etwa ein Heizungsaustausch als Maßnahme vorgeschlagen wird und eine mögliche, viel kostengünstigere und effizientere Nachdämmung des Daches unerwähnt bleibt, könnte dies ein Beratungsfehler sein.

Es wird empfohlen, an geeigneter Stelle ausdrücklich die Haftung für eventuelle Fehler in den Modernisierungsempfehlungen zu begrenzen.

Formblatt 3-17: Modernisierungsempfehlungen für bestehende Gebäude

Modernisierungsempfehlungen zum Energieausweis

gemäß § 20 Energieeinsparverordnung

Gebäude

Adresse	Hauptnutzung / Gebäudekategorie

Empfehlungen zur kostengünstigen Modernisierung

Maßnahmen zur kostengünstigen Verbesserung der Energieeffizienz sind   ☐   möglich   ☐   nicht möglich

Empfohlene Modernisierungsmaßnahmen

Nr.	Bau- oder Anlagenteile	Maßnahmenbeschreibung

☐   weitere Empfehlungen auf gesondertem Blatt

Hinweis: Modernisierungsempfehlungen für das Gebäude dienen lediglich der Information. Sie sind nur kurz gefasste Hinweise und kein Ersatz für eine Energieberatung.

Beispielhafter Variantenvergleich (Angaben freiwillig)

	Ist-Zustand	Modernisierungsvariante 1	Modernisierungsvariante 2
Modernisierung gemäß Nummern:			
Primärenergiebedarf [kWh/(m²·a)]			
Einsparung gegenüber Ist-Zustand [%]			
Endenergiebedarf [kWh/(m²·a)]			
Einsparung gegenüber Ist-Zustand [%]			
CO_2-Emissionen [kg/(m²·a)]			
Einsparung gegenüber Ist-Zustand [%]			

Aussteller

....
Datum   Unterschrift des Ausstellers

3.6   Verbrauchskennwertermittlung im Wohngebäudebestand

3.6.1   Grundsätze der Verbrauchskennwertermittlung

Geringer Aufwand

In *Kapitel 3.5.1 auf Seite 233* ist angegeben, unter welchen Voraussetzungen der verbrauchsbezogene Energieausweis zulässig ist. Für bestehende Wohngebäude dürfte dieser Ausweis vorzugsweise ausgestellt werden, da er weit weniger Aufwand zur Datenerhebung und damit in aller Regel auch weniger Kosten verursacht als der bedarfsbezogene Energieausweis.

Verbrauchsdaten

Als Datenbasis ist der Energieverbrauch mindestens der letzten 3 Kalender- oder Abrechnungsjahre (mindestens 3 einzelne Jahreszeiträume oder mindestens 36 Monate am Stück) zu erfassen. Dazu können herangezogen werden:

- Heizkostenabrechnungen nach der Heizkostenverordnung
- Abrechnungen des Energielieferanten (z. B. Jahres-Gasrechnung)
- Verbrauchsmessungen (Zählerstandsablesungen)

Die Werte sind für das gesamte Wohngebäude zu erfassen, weil auch der Energieausweis stets für das gesamte Wohngebäude erstellt wird.

Der Aussteller des Energieausweises, etwa der Energieberater, kann Gebäude- und Verbrauchsdaten selbst erheben, oder er verwendet in seinen Berechnungen Daten, die der Eigentümer ihm stellt. Letzteres ermöglicht die Ausstellung des Ausweises auch ohne Objektbesichtigung, es erhöht aber die Gefahr falsch ausgestellter Ausweise.

Leerstands-bereinigung

Längere Leerstände (ab ca. 5 % zeit- und flächenbezogen) müssen in der Verbrauchskennwertermittlung berücksichtigt werden, indem für den Zeitraum des Leerstands die Gebäudenutzfläche entsprechend abgemindert wird.

Witterungs-bereinigung

Um Gebäude vergleichbar zu machen, müssen die erfassten Energieverbräuche von Witterungs- und Klimaeinflüssen bereinigt werden. Auf der Internetseite des Deutschen Wetterdienstes (*www.dwd.de/klimafaktoren, Link und Zwischenstand vom Herbst 2009 auf der CD-ROM zum Buch*) werden zu diesem Zweck Klimafaktoren veröffentlicht. Diese können entsprechend der Postleitzahl bestimmt werden.

Bekanntmachung des Ministeriums

In der EnEV ist kein Berechnungsverfahren zur Ermittlung der Energieverbrauchskennwerte für den Energieausweis angegeben. Die EnEV verweist vielmehr auf die „Bekanntmachung der Regeln für Energieverbrauchskennwerte im Wohngebäudebestand" des Bundesministeriums für Verkehr, Bau und Stadtentwicklung vom 30.07.2009. *Diese Bekanntmachung ist auf der CD-ROM zum Buch zu finden.*

3.6.2   Formblatt für die Verbrauchskennwertermittlung

Formblatt für Von-Hand-Rechnung

Formblatt 3-19 auf Seite 256 deckt die häufigsten Fälle ab, wobei längere Leerstände darin nicht berücksichtigt werden können. Es sei darauf hingewiesen, dass die Anwendung von Formblättern nicht von der Notwendigkeit befreit, im konkreten Fall den originalen Verordnungstext (*siehe Anhang*) heranzuziehen.

In *Kapitel 4.5 auf Seite 345* ist die Anwendung des Formblatts anhand von Beispielen nachvollziehbar dargestellt.

Hinweise zur
Berechnung Gebäudenutzfläche:
Diese ergibt sich entweder aus dem beheizten Gebäudevolumen (*siehe hierzu Seite 232*) oder vereinfacht aus der Wohnfläche. Meist ist die Wohnfläche (berechnet nach Wohnflächenverordnung) bekannt, während das beheizte Volumen erst berechnet werden muss. Wenn die Gebäudenutzfläche über das beheizte Volumen ermittelt wird, entfallen die Angabe der Wohnfläche und die Auswahl der Art des Gebäudes. Wenn die Gebäudenutzfläche über die Wohnfläche ermittelt wird, entfällt die Angabe des beheizten Volumens.

Energieträger:
Es sind der Energieträger und dessen Energieinhalt anzugeben. Wenn der genaue Energieinhalt nicht bekannt ist, ist dieser beim Energielieferanten zu erfragen. Wenn genauere Angaben nicht vorliegen, kann mit den Werten nachfolgender Tabelle gerechnet werden.

Tabelle 3-18: Heizwerte (Energieinhalte) von Energieträgern nach Heizkostenverordnung

Energieträger	Einheit	Heizwert H_i (Energieinhalt) in kWh je Einheit
Heizöl leicht EL	l	10,0
Heizöl schwer	kg	10,9
Erdgas H	m³	10,0
	kWh (Brennwert)	0,9
Erdgas L	m³	9,0
	kWh (Brennwert)	0,9
Flüssiggas	kg	13,0
Koks	kg	8,0
Braunkohle	kg	5,5
Steinkohle	kg	8,0
Holz (lufttrocken)	kg	4,1
Holzpellets	kg	5,0
Holzhackschnitzel	SRm (Schüttraummeter)	650,0

Verbrauchsdaten und Witterungsbereinigung:
Die Energieverbräuche (mindestens der 3 letzten Kalender- bzw. Abrechnungsjahre) werden getrennt nach Heizung und Brauchwassererwärmung in den Spalten A und B eingetragen. Im Idealfall liegen die Verbrauchsdaten getrennt nach Heizung und Brauchwassererwärmung vor. Wenn dies nicht der Fall ist, kann entweder aus dem Warmwasserverbrauch (soweit dieser

bekannt ist) der Energieverbrauch errechnet werden, oder der Energieverbrauch für Warmwasser wird ersatzweise über die Wohnfläche abgeschätzt.

Warmwasser über Wassermenge

Berechnung über Warmwasserverbrauch:.

$$Q = 2{,}5 \cdot V \cdot (\vartheta_{WW} - 10)$$

Dabei ist:
Q: Energieverbrauch für Warmwasser, in kWh/a
V: Menge des erwärmten Trinkwassers, in m³/a
ϑ_{WW}: Temperatur des Warmwassers (Aufheiztemperatur), in °C

Für den häufigen Fall, dass das Warmwasser auf 60 °C erwärmt wird, vereinfacht sich die Formel zu

$$Q = 125 \cdot V$$

Warmwasser über Wohnfläche

Ersatzweise Berechnung über Wohnfläche:

$$Q = 32 \cdot A_{Wohn}$$

Dabei ist:
Q: Energieverbrauch für Warmwasser, in kWh/a
A_{Wohn}: Wohnfläche in m²

Die Verbräuche der Spalten B und C werden jeweils mit dem Energieinhalt multipliziert. So ergeben sich in den Spalten D und E die Verbräuche in kWh.

Die Klimafaktoren werden der aktuellen Tabelle entnommen und in Spalte F eingetragen. Wenn die Verbrauchszeiträume nicht mit den in der Tabelle angegebenen Monatsgrenzen zusammenfallen, dürfen sie auf die nächstliegenden Monatsgrenzen ab- oder aufgerundet werden. Beispiel: Verbrauchszeitraum 12.05.2008 bis 11.05.2009. Runden auf Tabellenzeitraum 01.05.2008 bis 30.04.2009.

Der Energieverbrauch für Heizung aus Spalte D wird durch Multiplikation mit dem Klimafaktor in Spalte F witterungsbereinigt und in Spalte G eingetragen. Der Energieverbrauch für Brauchwassererwärmung aus Spalte E wird nicht bereinigt, sondern unverändert in Spalte F übernommen.

In Spalte I wird der Verbrauchskennwert der einzelnen Jahre berechnet, in dem jeweils die Summe der Spalten G und H durch die Gebäudenutzfläche dividiert wird.

Das Endergebnis ist der gemittelte Verbrauchskennwert, welcher im unteren Feld der Spalte I eingetragen wird. Dieser ist die zentrale Größe im verbrauchsbezogenen Energieausweis.

Formblatt 3-19: Verbrauchskennwertermittlung für Wohngebäude

Ermittlung des Verbrauchskennwertes für den Energieausweis bestehender Wohngebäude

1. Objektdaten

Gebäude:

Adresse:

Bauherr:

2. Gebäudenutzfläche

Berechnung über beheiztes Volumen oder vereinfacht über Wohnfläche

Beheiztes Volumen (Außenmaße): V_e =	m³
Wohnfläche: A_{Wohn} =	m²
Ein- und Zweifamilienhäuser mit beheiztem Keller: Faktor =	1,35
Sonstige Wohngebäude: Faktor =	1,20
Gewählt Faktor =	
Gebäudenutzfläche: $A_N = 0{,}32 \cdot V_e$ (bei 2,5 bis 3,0 m Brutto-Geschosshöhe) oder $A_N =$ Faktor $\cdot A_{Wohn}$	m²

3. Energieträger

Bezeichnung:

	Einheit
Heizwert H_i (Energieinhalt)	kWh/Einheit

4. Verbrauchsdaten und Witterungsbereinigung

Zeitraum (≥ 3 Jahre)			A	B = A – C	C = A – B	D = B · H_i	E = C · H_i	F	G = D · F/A_N	H = E/A_N	I = G + H
			Heizung + Warmwasser	Verbrauch in Einheiten		Verbrauch in kWh		Klima-faktor	Verbrauch flächenbezogen		
Nr.	von	bis	Warmwasser	Heizung	Warmwasser	Heizung	Warmwasser		Heizung witterungsbereinigt	Warmwasser	Verbrauchs-kennwert
1											
2											
3											
4											

Mittelwert kWh/(m² · a)

4 Projekte

Jedes praxisnahe Beispiel bedingt den Zwang, sich für bestimmte Baustoffe zu entscheiden. Der Leser sei ausdrücklich darauf hingewiesen, dass die Auswahl der Baustoffe ausschließlich von didaktischen Überlegungen bestimmt ist. Eine Wertung der Baustoffe oder der Gesamtkonstruktion im Sinne einer „Kaufempfehlung" oder „Bloß nicht kaufen" ist damit nicht verbunden. Auf die Verwendung herstellerspezifischer Produkte wird weitgehend verzichtet, stattdessen werden fast ausschließlich Baustoffe verwendet, die in *Tabelle 2-1 auf Seite 89* aufgeführt sind.

4.1 EnEV-Bauteilprojekte: Flachdächer

4.1.1 Flachdacherneuerung Buchladen

Sachverhalt

Das Flachdach in Leichtbauweise eines Buchladens steht zur Kompletterneuerung an. Einige bisher tragende Zwischenwände sollen wegfallen, außerdem werden verbesserter Schallschutz und verbesserter sommerlicher Wärmeschutz angestrebt. Man entscheidet sich für eine Massivdecke als tragende Konstruktion.

Das Gebäude hat während der Heizperiode normale Innentemperaturen ($\geq 19\ °C$), normales Raumklima und ist nicht klimatisiert.

Anwendung der EnEV

Die Erneuerung der Dachkonstruktion ist im Sinne der EnEV ein normales Sanierungsvorhaben und löst entsprechende Anforderungen der EnEV aus.

Für das sanierte Dach gilt als zulässiger U-Wert:

zul $U = 0{,}20\ \text{W}/(\text{m}^2 \cdot \text{K})$

Siehe auch Diagramm 3-6 auf Seite 220

Neuer Aufbau

Der neue Aufbau hat folgende Schichtenfolge:

- 15 mm Gipskartonplatte an abgehängter Metallkonstruktion
- 200 mm nicht belüftete Luftschicht (Installationsebene)
- 200 mm Stahlbetondecke
- 4 mm Bitumenschweißbahn als Dampfsperre
- ??? (noch zu ermitteln) mm Wärmedämmung aus Mineralfaser MW 037, Typ DAA-dm
- 8 mm Bitumenschweißbahnen (zweilagige Abdichtung)
- 100 mm Grobkies 16/32

Berechnung

Beispielsatz 4-2 auf Seite 260 gibt die formblattgestützte Berechnung wieder. Die erforderliche Dicke der Wärmedämmung ist zu ermitteln. Der Aufbau hat ohne die neue Wärmedämmung einen U-Wert von 2,033. Die Optimierung ergibt eine erforderliche Dämmstoffdicke von 130 mm, als handelsübliche Dicke werden 140 mm gewählt.

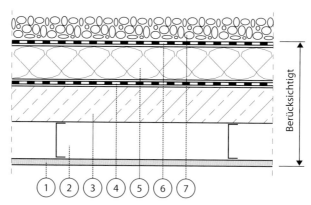

Bild 4-1: Flachdachaufbau Buchladen, Nummerierung wie im Rechenformblatt

Die Kontrollrechnung bestätigt die Einhaltung des zulässigen U-Werts für den optimierten Aufbau:

vorh $U = 0,187 \cong 0,19 <$ zul $U = 0,20$ W/(m² · K) → o. k.

Zu beachten ist bei dieser Berechnung:
Der Kies wird nicht auf den Wärmeschutz angerechnet (*siehe Kapitel 2.2 ab Seite 109*).

Feuchteschutz Überprüfung der Kriterien für die Nachweisfreiheit:

1. Die Dampfsperre muss einen sd-Wert von mindestens 100 m haben. Die Bitumenschweißbahn hat eine Dicke $d = 4$ mm $= 0,004$ m sowie eine Diffusionswiderstandszahl $\mu = 50.000$.
   Daraus ergibt sich:

$$s_d = \mu \cdot d$$
$$= 50.000 \cdot 0,004$$
$$= 200 \text{ m}$$

Die Anforderung ist erfüllt.

2. Der Wärmedurchlasswiderstand der Schichten unterhalb der Dampfsperre darf maximal 20 % des Gesamt-Wärmedurchlasswiderstandes betragen. Unterhalb der Dampfsperre liegen Gipskartonplatte, Luftschicht und Beton, deren Teilwiderstand beträgt:

$$R_{Teil} = 0,060 + 0,160 + 0,080$$
$$= 0,300 \text{ m}² \cdot \text{K/W}$$

Der Gesamtwiderstand beträgt:

$$R_{Gesamt} = R_T - \left(R_{si} + R_{se}\right)$$
$$= 5,357 - \left(0,10 + 0,04\right)$$
$$= 5,217 \text{ m}² \cdot \text{K/W}$$

Teilwiderstand prozentual:

$$\frac{R_{\text{Teil}}}{R_{\text{Gesamt}}} \cdot 100$$

$$= \frac{0,300}{5,217} \cdot 100$$

$$= 5,75\,\%$$

Die Anforderung ist erfüllt.

3. Luftdichtheit raumseits der Wärmedämmung ist durch die Betondecke, spätestens aber durch die Dampfsperre gegeben.
4. Mindestwärmeschutz nach DIN 4108-2 (*siehe Tabelle 1-43 auf Seite 75*) ist eingehalten.
5. „Normales Klima" liegt vor.

Der neue Aufbau ist nachweisfrei bezüglich schädlicher Tauwasserbildung im Sinne von DIN 4108-3. Schädliche Tauwasserbildung ist nicht zu erwarten. *Siehe auch Diagramm 1-48 auf Seite 80.*

Unternehmerer- Die Sanierungsmaßnahme erfordert eine Unternehmererklärung gemäß §
klärung   26a EnEV. Diese wird in *Beispielsatz 4-3 auf Seite 263* dargestellt.

Beispielsatz 4-2: Blatt 1 von 3: U-Wert-Berechnung, Buchladen

Spalte →	A		B	C	D
	U-Wert-Berechnung, thermisch homogenes Bauteil				
	Projekt: *EnEV-Sanierungsprojekt, Buchladen*			Datum: *01.08.10*	
	Bauteil: *Flachdach, nicht belüftet*			Bearbeiter: *Maßong*	
Zeile / Schicht Nr.	Schichtenfolge		Dicke d [m]	Wärme-leitfähigkeit λ [W/(m · K)]	Widerstand $R = \dfrac{d}{\lambda}$ [m² · K/W]
0	Übergang innen R_{si}			→	0,10
1	1	*Gipskartonplatte*	0,015	0,25	0,060
2	2	*Luftschicht, nicht belüftet*	0,2	–	0,160
3	3	*Stahlbetondecke (Bewehrungsgrad 2 %)*	0,2	2,5	0,080
4	4	*Dampfsperre: Bitumenschweißbahn*	0,004	0,23	0,017
5	5	*Mineralfaserdämmung MW 037, Typ DAA-dm*	???	0,037	???
6	6	*Abdichtung: 2 Lagen Bitumenschweißbahn*	0,008	0,23	0,035
7	7	*Kies 16/32*	0,1	n.b.	n.b.
8	8				
9	9				
10	10				
11	Übergang außen R_{se}			→	0,04
12	Wärmedurchgangswiderstand [m² · K/W]		$R_T = R_{si} + R_1 + R_2 + \dots R_{se}$		0,492
13	Wärmedurchgangskoeffizient [W/(m² · K)]		$U = \dfrac{1}{R_T}$		2,033

Fortsetzung Beispielsatz 4-2: Blatt 2 von 3: Optimierung

Optimierung des U-Werts

Projekt: *EnEV-Sanierungsprojekt, Buchladen*	Datum: *01.08.10*
Bauteil: *Flachdach, nicht belüftet*	Bearbeiter: *Maßong*

Geforderter U-Wert	zul U [W/(m² · K)]	**0,200**
Vorläufiger U-Wert (vor Optimierung)	vorl U [W/(m² · K)]	**2,033**

Optimierung durch thermisch homogene Schicht

Optimierung über die Schichtdicke bei vorgegebener Wärmeleitfähigkeit

	Wärmeleitfähigkeit der Stoffschicht	λ [W/(m² · K)]	**0,037**
Erforderliche (zusätzliche) Schichtdicke [m]		$d = \left(\dfrac{1}{zul\ U} - \dfrac{1}{vorl\ U} \right) \cdot \lambda$	**0,167** $\rightarrow$ **0,18 m**

Optimierung über die Wärmeleitfähigkeit bei vorgegebener Schichtdicke

	Dicke der Stoffschicht	d [m]	
Erforderliche Wärmeleitfähigkeit [W/(m² · K)]		$\lambda = \dfrac{d}{\left(\dfrac{1}{zul\ U} - \dfrac{1}{vorl\ U} \right)}$	

Optimierung durch unterbrochene Schicht

Optimierung über die Schichtdicke bei vorgegebener Wärmeleitfähigkeit

	Wärmeleitfähigkeit der Stoffschicht	λ [W/(m² · K)]	
	Rippenanteil in der Stoffschicht	$f_{Rippe} = \dfrac{b_{Rippe}}{b_{Gesamt}} = \dfrac{A_{Rippe}}{A_{Gesamt}}$	
	Vorläufige (zusätzliche) Schichtdicke [m]	vorl $d = \left(\dfrac{1}{zul\ U} - \dfrac{1}{vorl\ U} \right) \cdot \lambda$	
Erforderliche (zusätzliche) Schichtdicke [m]		$d = \left(1 + 2 \cdot f_{Rippe} \right) \cdot$ vorl d	

Fortsetzung Beispielsatz 4-2: Blatt 3 von 3: Kontrollrechnung

Spalte	A	B	C	D
Zeile	**U-Wert-Berechnung, thermisch homogenes Bauteil** Projekt: *EnEV-Sanierungsprojekt, Buchladen* Datum: *01.08.10* Bauteil: *Flachdach, nicht belüftet* Bearbeiter: *Maßong*			
	Schicht Nr. / Schichtenfolge	Dicke d [m]	Wärme-leitfähigkeit λ [W/(m · K)]	Widerstand $R = \dfrac{d}{\lambda}$ [m² · K/W]
0	Übergang innen R_{si}			0,10
1	1 *Gipskartonplatte*	0,015	0,25	0,060
2	2 *Luftschicht, nicht belüftet*	0,2	–	0,160
3	3 *Stahlbetondecke (Bewehrungsgrad 2 %)*	0,2	2,5	0,080
4	4 *Dampfsperre: Bitumenschweißbahn*	0,004	0,23	0,017
5	5 *Mineralfaserdämmung MW 037, Typ DAA-dm*	0,18	0,037	4,865
6	6 *Abdichtung: 2 Lagen Bitumenschweißbahn*	0,008	0,23	0,035
7	7 *Kies 16/32*	0,1	n.b.	0
8	8			
9	9			
10	10			
11	Übergang außen R_{se}			0,04
12	Wärmedurchgangswiderstand [m² · K/W]	$R_T = R_{si} + R_1 + R_2 + \ldots R_{se}$		5,357
13	Wärmedurchgangskoeffizient [W/(m² · K)]	$U = \dfrac{1}{R_T}$		0,187 $\cong 0,19$

Beispielsatz 4-3: Blatt 1 von 2 zur Unternehmererklärung, Buchladen

Fachunternehmererklärung
nach § 26a Energieeinsparverordnung

Begrenzung des Wärmedurchgangskoeffizienten (U-Wert) bei erstmaligem Einbau, Ersatz und Erneuerung von Bauteilen

I. Objekt

Gebäude/-teil	Buchladen		Nutzungsart	Nichtwohngebäude	
Gebäude/-teil	Buchladen		Nutzungsart	Nichtwohngebäude	
PLZ, Ort	88662	Überlingen	Straße, Haus-Nr.	Buchweg	1
Baujahr	1981		Beginn der baulichen Änderung		15.08.2010

Gebäude

☐ Wohngebäude bzw. Nichtwohngebäude mit Innentemperaturen ≥ 19 ℃

☒ Nichtwohngebäude mit Innentemperaturen ≥ 12 ℃ und < 19 ℃

II. Bauteile

Nr.	Von der Maßnahme betroffenes Bauteil, Art der Maßnahme	Wärmedurchgangskoeffizient (U-Wert)	
		Zulässig: zul U	Vorhanden: vorh U
1	Flachdach	0,20 W/(m²·K)	0,19 W/(m²·K)
2		W/(m²·K)	W/(m²·K)
3		W/(m²·K)	W/(m²·K)
4		W/(m²·K)	W/(m²·K)
5		W/(m²·K)	W/(m²·K)
6		W/(m²·K)	W/(m²·K)

Hinweis:
Der zulässige U-Wert ist Anhang 3, Nr. 7, Tab. 1 EnEV zu entnehmen.
Der vorhandene U-Wert (Zustand nach der Maßnahme) ist
- für nicht transparente (opake) Bauteile nach DIN EN ISO 6946 zu ermitteln,
- für Fenster technischen Produkt-Spezifikationen zu entnehmen oder nach DIN EN ISO 10077-1 zu ermitteln,
- für Verglasungen technischen Produkt-Spezifikationen zu entnehmen oder nach DIN EN 673 zu ermitteln.

Die U-Wert-Anforderungen der EnEV

☒ sind bei allen Bauteilen unter Beachtung von DIN 4108-2 und DIN 4108-3 (Feuchteschutz) eingehalten.

☐ konnten bei den Bauteilen Nr. _____ nicht eingehalten werden.

Begründung: ☐ Dämmschichtdicke bei Nr. _____ ist aus technischen Gründen begrenzt. Maximal mögliche Dicke wurde eingebaut (Wärmeleitfähigkeit = _____)

☐ Dämmschichtdicke bei Nr. _____ durch Innenbekleidung oder durch Sparrenhöhe begrenzt.

☐ Befreiung (§ 25 EnEV, unbillige Härte) zu Nr. _____ wurde/wird vom Bauherrn beantragt.

☐ Ausnahme (§ 24 EnEV, Baudenkmal) zu Nr. _____ wurde/wird vom Bauherrn beantragt.

Seite 1 von 2

Fortsetzung Beispielsatz 4-3: Blatt 2 von 2

III. Hinweis zur Aufbewahrung/Verwendung

Diese Erklärung ist von dem/der Auftraggeber/in mindestens 5 Jahre aufzubewahren und auf Verlangen der zuständigen Behörde (i.d.R. Baurechtsbehörde) vorzulegen.

IV. Verantwortlich für die Angaben

Name	Herbert Dachfein	Datum	31.08.2010
Funktion/ Firma	Dachfein GmbH	Unterschrift	
Anschrift	Dachweg 1 88662 Überlingen	ggf. Stempel/ Firmenzeichen	

V. Empfangsbestätigung des Auftraggebers

Diese Erklärung wurde dem/der Auftraggeber/in in zweifacher Ausfertigung übergeben.

Name	Lieschen Müller	Datum	31.08.2010
Funktion/ Firma		Unterschrift	
Anschrift	Buchweg 2 88662 Überlingen	ggf. Stempel/ Firmenzeichen	

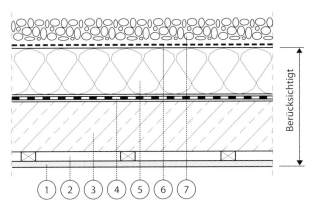

Bild 4-4: Flachdachaufbau Touristinformation, Nummerierung wie im Rechenformblatt

4.1.2   **Flachdacherneuerung Touristinformation, Umkehrdach**

Sachverhalt

Das Flachdach einer Touristinformation steht zur Sanierung an. Die vorhandene Tragkonstruktion aus Stahltrapezblech ist aufgrund erheblicher Korrosionsschäden nicht zu erhalten und wird durch eine Massivdecke aus Stahlbeton-Fertigteilen ersetzt. Darauf soll ein Umkehrdach zur Ausführung kommen.

Das Gebäude hat während der Heizperiode normale Innentemperaturen (≥ 19 °C), normales Raumklima und ist nicht klimatisiert.

Anwendung der EnEV

Die Erneuerung der Dachkonstruktion ist im Sinne der EnEV ein normales Sanierungsvorhaben und löst entsprechende Anforderungen der EnEV aus.

Für das sanierte Dach gilt als zulässiger U-Wert:

zul $U = 0{,}20$ W/(m² · K)

Siehe auch Diagramm 3-6 auf Seite 220.

Die Sanierungsmaßnahme erfordert eine Unternehmererklärung gemäß § 26a EnEV (hier nicht abgebildet).

Neuer Aufbau

Der neue Aufbau hat folgende Schichtenfolge:

- 15 mm Gipskartonplatte an abgehängter Metallkonstruktion
- 40 mm nicht belüftete Luftschicht (Installationsebene)
- 200 mm Stahlbetondecke
- 8 mm Bitumenschweißbahnen (zweilagige Abdichtung)
- vorläufig 140 mm Umkehrdämmung aus extrudiertem Polystyrol XPS 033, Typ DAA-dh
- Filtervlies, diffusionsoffen
- 100 mm Grobkies 16/32

Es wird vorläufig eine Dämmstoffdicke von 140 mm berücksichtigt. Grund: Es handelt sich um ein Umkehrdach, bei dem die Wärmedämmung oberhalb der Abdichtung liegt. Tatsächlich bedingt dies eine erweiterte Berechnung, da bei Umkehrdächern ein Zuschlag für die Kaltwasserunterströmung zu berücksichtigen ist. Dieser Zuschlag hängt mittelbar von der Dämmstoffdicke ab und kann drei verschiedene Werte annehmen. Wenn die Wärmedämmung zunächst im realistischen Bereich geschätzt wird, kann dies unnötige Korrektur-Rechengänge aufgrund eines geänderten Zuschlags ersparen.

Berechnung *Beispielsatz 4-5 auf Seite 267 gibt die formblattgestützte Berechnung wieder.* Die erforderliche Dicke der Wärmedämmung ist zu ermitteln, ausgehend von einer vorläufigen Dicke von 140 mm. Der Aufbau hat einen vorläufigen U-Wert von 0,212. Mit dem U-Wert-Zuschlag für Umkehrdächer von 0,05 ergibt sich ein maßgebender U-Wert von 0,262, gerundet 0,26. Damit wird der zulässige U-Wert von 0,20 überschritten:

vorh $U = 0,262 \cong 0,26 >$ zul $U = 0,20$ W/(m² · K) → nicht o. k.

Bei der Optimierung von Umkehrdächern ist zu beachten: Der eigentlich geforderte U-Wert (hier 0,20) wird um den U-Wert-Zuschlag (hier 0,05) vermindert. Diesen verschärften U-Wert (hier 0,15) verwendet man bei der Optimierungsrechnung als geforderten U-Wert. Als vorläufiger U-Wert wird der U-Wert ohne den U-Wert-Zuschlag verwendet (hier 0,212). Es wird hier also die erforderliche zusätzliche Dämmstoffdicke zur Optimierung des U-Werts von 0,212 auf 0,15 berechnet: 64 mm. Diese 64 mm werden auf die vorhandene Dämmstoffdicke von 140 mm aufgeschlagen, die Summe von 204 mm wird auf die marktübliche Dicke von 200 mm abgerundet, weil der gewählte Hersteller keine dickeren Dämmplatten anbietet.

Dann wird als Kontrollrechnung der U-Wert des Aufbaus mit der geänderten Dämmstoffdicke berechnet und nachfolgend um den U-Wert-Zuschlag erhöht. Diese Kontrollrechnung bestätigt die Einhaltung des zulässigen U-Werts für den optimierten Aufbau:

vorh $U = 0,203 \cong 0,20 =$ zul $U = 0,20$ W/(m² · K) → o. k.

Zu beachten ist bei dieser Berechnung:
Der Kies wird nicht auf den Wärmeschutz angerechnet (*siehe Kapitel 2.2 auf Seite 109*).

Feuchteschutz Überprüfung der sinngemäß auf Umkehrdächer übertragenen Kriterien für die Nachweisfreiheit:

1. Die Abdichtung dient als Dampfsperre und muss einen sd-Wert von mindestens 100 m haben. Die Bitumenschweißbahnen haben eine Dicke $d = 8$ mm $= 0,008$ m sowie eine Diffusionswiderstandszahl $\mu = 50.000$. Daraus ergibt sich:

$$s_d = \mu \cdot d$$
$$= 50.000 \cdot 0,008$$
$$= 400 \text{ m}$$

Die Anforderung ist erfüllt.

2. Der Wärmedurchlasswiderstand der Schichten unterhalb der Abdichtung darf maximal 20 % des korrigierten Gesamt-Wärmedurchlasswiderstandes betragen. Unterhalb der Abdichtung liegen Gipskartonplatte, Luftschicht und Beton, deren Teilwiderstand beträgt:

Beispielsatz 4-5: Blatt 1 von 5: U-Wert-Berechnung, Touristinformation

Spalte		A	B	C	D
Zeile		**U-Wert-Berechnung, thermisch homogenes Bauteil**			
		Projekt: *EnEV-Sanierungsprojekt, Touristinfo*		Datum: *01.08.10*	
		Bauteil: *Umkehrdach*		Bearbeiter: *Maßong*	
	Schicht Nr.	Schichtenfolge	Dicke d [m]	Wärme-leitfähigkeit λ [W/(m · K)]	Widerstand $R = \dfrac{d}{\lambda}$ [m² · K/W]
0		Übergang innen R_{si} ⟶			0,10
1	1	*Gipskartonplatte*	*0,015*	*0,25*	*0,060*
2	2	*Luftschicht, nicht belüftet*	*0,04*	*–*	*0,160*
3	3	*Stahlbetondecke (Bewehrungsgrad 2 %)*	*0,2*	*2,5*	*0,080*
4	4	*Abdichtung: 2 Lagen Bitumenschweißbahn*	*0,008*	*0,23*	*0,035*
5	5	*Extrudiertes Polystyrol XPS 033, Typ DAA-dh*	*0,14*	*0,033*	*4,242*
6	6	*Filtervlies*	*0,002*	*n.b.*	*n.b.*
7	7	*Kies 16/32*	*0,1*	*n.b.*	*n.b.*
8	8				
9	9				
10	10				
11		Übergang außen R_{se} ⟶			*0,04*
12		Wärmedurchgangswiderstand [m² · K/W]		$R_T = R_{si} + R_1 + R_2 + \dots R_{se}$	*4,717*
13		Wärmedurchgangskoeffizient [W/(m² · K)]		$U = \dfrac{1}{R_T}$	*0,212*

$$R_{\text{Teil}} = 0{,}060 + 0{,}160 + 0{,}080$$
$$= 0{,}300 \text{ m}^2 \cdot \text{K/W}$$

Der korrigierte Gesamtwiderstand beträgt:

$$R_{\text{Gesamt}} = R_T - \left(R_{si} + R_{se} \right)$$
$$= 4{,}926 - \left(0{,}10 + 0{,}04 \right)$$
$$= 4{,}786 \text{ m}^2 \cdot \text{K/W}$$

Teilwiderstand prozentual:

$$\frac{R_{\text{Teil}}}{R_{\text{Gesamt}}} \cdot 100$$
$$= \frac{0{,}300}{4{,}786} \cdot 100$$
$$= 6{,}27 \%$$

Die Anforderung ist erfüllt.

Fortsetzung Beispielsatz 4-5: Blatt 2 von 5: U-Wert-Korrektur

Korrektur der U-Wert-Berechnung

		übern R_T	übern U
Projekt: *EnEV-Sanierungsprojekt, Touristinfo*	Datum: *01.08.10*		
Bauteil: *Umkehrdach*	Bearbeiter: *Maßong*		
Übernahme R_T und U aus U-Wert-Berechnung $\longrightarrow$			0,212

$[\text{m}^2 \cdot \text{K/W}]$ $[\text{W/(m}^2 \cdot \text{K)}]$

Verbesserung des U-Werts

Dämmwirkung unbeheizter kleiner Räume (Garage, Wintergarten, Lagerraum etc.)

Gesamtfläche aller trennenden Bauteile zwischen Innenraum und unbeheiztem Raum A_i = _____ $[\text{m}^2]$

Gesamtfläche aller Außenbauteile des unbeheizten Raums A_e = _____ $[\text{m}^2]$

Zuschlag zum Wärmedurchlasswiderstand $R_U = \dfrac{A_i}{2 \cdot A_e + 1}$

Dämmwirkung des belüfteten Dachraums und der Deckung, nur bei U-Wert der Decke unter dem Dachraum

Dachkonstruktion ankreuzen und Wert R_U in Feld R_U übernehmen:

☐ 1: Ziegel oder Dachsteine ohne Unterspannung, Schalung o. Ä. $\rightarrow R_U = 0,06$

☐ 2: Platten, Schiefer, Ziegel oder Dachsteine über Unterspannung, Schalung o. Ä. $\rightarrow R_U = 0,20$

☐ 3: Wie 2, jedoch mit Alufolie oder anderer reflektierender Oberfläche an Dachunterseite $\rightarrow R_U = 0,30$

☐ 4: Dachdeckung mit Schalung und Vordeckung oder Unterdach o. Ä. $\rightarrow R_U = 0,30$

☐ 5: Abweichende Dachdeckung: $\rightarrow R_U$ wählen

vorl R_T = übern R_T + R_U (wenn keine Korrektur, dann vorl R_T = übern R_T)

vorl U = 1/vorl R_T (wenn keine Korrektur, dann vorl U = übern U)   **0,212**

Verschlechterung des U-Werts

Luftspalte/Fugen in der Dämmebene, Luftzirkulation

Vorliegenden Fall ankreuzen und Wert $\Delta U''$ in Feld $\Delta U''$ übernehmen:

☐ Stufe 0: Dämmung ohne warmseitigen Luftraum und ohne durchgehende Fugen über 5 mm; Dämmung, deren Wärmedurchlasswiderstand $R_{\text{Dämm}}$ höchstens 50 % des Wärmedurchgangswiderstands R_T beträgt: $R_{\text{Dämm}}$ / vorl $R_T \leq 0,5$ $\rightarrow \Delta U'' = 0$

☐ Stufe 1: Dämmung mit warmseitigem Luftraum oder mit durchgehenden Fugen > 5mm $\rightarrow \Delta U'' = 0,01$

☐ Stufe 2: Dämmung mit warmseitigem Luftraum und mit durchgehenden Fugen > 5mm $\rightarrow \Delta U'' = 0,04$

$\Delta U''$ = _____

Wärmedurchlasswiderstand $R_{\text{Dämm}}$ der Dämmung (aus U-Wert-Berechnung): _____

vorl R_T _____

U-Wert-Zuschlag $\Delta U_g = \Delta U'' \cdot \left(\dfrac{R_{\text{Dämm}}}{\text{vorl } R_T} \right)^2$

Mechanische Befestigungen, die Dämmschicht durchdringend

Material des Befestigungsteil ankreuzen und Wärmeleitfähigkeit λ_f in Feld λ_f übernehmen:

☐ Stahl, auch verzinkt $\rightarrow \lambda_f = 50$ W/(m · K)

☐ Nicht rostender Stahl $\rightarrow \lambda_f = 17$ W/(m · K)

☐ Aluminium $\rightarrow \lambda_f = 160$ W/(m · K)

☐ Anderes Material: $\rightarrow \lambda_f$ wählen

λ_f = _____

Querschnittsfläche eines Befestigungsteils A_f = _____ $[\text{m}^2]$

Anzahl der Befestigungsteile je m² n_f = _____ $[\text{St/m}^2]$

Gesamtdicke der Dämmung d_0 = _____ $[\text{m}]$

durchdrungene Teildicke der Dämmung d_1 = _____ $[\text{m}]$

Wärmeleitfähigkeit Dämmstoffes λ_f = _____

vorl R_T _____

Zwischenwert $R_1 = \dfrac{d_1}{\lambda_{\text{Dämm}}}$ U-Wert-Zuschlag $\Delta U_f = \dfrac{0,8 \cdot \lambda_f \cdot A_f \cdot n_f \cdot d_1}{d_0^2} \cdot \left(\dfrac{R_1}{\text{vorl } R_T} \right)$

Umkehrdach (Wärmedämmung aus XPS außenseits der Abdichtung, Kaltwasserunterströmung)

Gesamt-Wärmedurchlasswiderstand (ohne Übergänge) R_{gesamt} _____ (aus U-Wert-Berechnung)

Teil-Durchlasswiderstand innenseits der Abdichtung R_{innen} _____ (aus U-Wert-Berechnung)

Teil-Durchlasswiderstand in Prozent $f_{R,\text{innen}} = \dfrac{R_{\text{innen}}}{R_{\text{gesamt}}} \cdot 100$

U-Wert-Zuschlag ΔU_r : wenn $\begin{cases} f_{R,\text{innen}} \geq 50\% \rightarrow \Delta U_r = 0 \\ f_{R,\text{innen}} \geq 10\% \rightarrow \Delta U_r = 0,03 \\ f_{R,\text{innen}} < 10\% \rightarrow \Delta U_r = 0,05 \end{cases}$ **0,05**

korr U = vorl U + ΔU_g + ΔU_f + ΔU_r (wenn keine Korrektur, dann korr U = vorl U)   **0,262 ≅ 0,26**

korr R_T = 1 / korr U (wenn keine Korrektur, dann korr R_T = vorl R_T)   **3,817**

Fortsetzung Beispielsatz 4-5: Blatt 3 von 5: Optimierung

Optimierung des U-Werts

Projekt: *EnEV-Sanierungsprojekt, Touristinfo*	Datum: *01.08.10*
Bauteil: *Umkehrdach*	Bearbeiter: *Maßong*

Geforderter U-Wert	zul U [W/(m²·K)]	**0,150**
Vorläufiger U-Wert (vor Optimierung)	vorl U [W/(m²·K)]	**0,212**

Optimierung durch thermisch homogene Schicht

Optimierung über die Schichtdicke bei vorgegebener Wärmeleitfähigkeit

Wärmeleitfähigkeit der Stoffschicht	λ [W/(m²·K)]	**0,033**
Erforderliche (zusätzliche) Schichtdicke [m]	$d = \left(\dfrac{1}{\text{zul } U} - \dfrac{1}{\text{vorl } U} \right) \cdot \lambda$	**0,064** $\rightarrow$ **0,06 m**

Optimierung über die Wärmeleitfähigkeit bei vorgegebener Schichtdicke

Dicke der Stoffschicht	d [m]	
Erforderliche Wärmeleitfähigkeit [W/(m²·K)]	$\lambda = \dfrac{d}{\left(\dfrac{1}{\text{zul } U} - \dfrac{1}{\text{vorl } U} \right)}$	

Optimierung durch unterbrochene Schicht

Optimierung über die Schichtdicke bei vorgegebener Wärmeleitfähigkeit

Wärmeleitfähigkeit der Stoffschicht	λ [W/(m²·K)]	
Rippenanteil in der Stoffschicht	$f_{\text{Rippe}} = \dfrac{b_{\text{Rippe}}}{b_{\text{Gesamt}}} = \dfrac{A_{\text{Rippe}}}{A_{\text{Gesamt}}}$	
Vorläufige (zusätzliche) Schichtdicke [m]	vorl $d = \left(\dfrac{1}{\text{zul } U} - \dfrac{1}{\text{vorl } U} \right) \cdot \lambda$	
Erforderliche (zusätzliche) Schichtdicke [m]	$d = \left(1 + 2 \cdot f_{\text{Rippe}} \right) \cdot$ vorl d	

3. Luftdichtheit raumseits der Wärmedämmung ist durch die Betondecke, spätestens aber durch die Abdichtung gegeben.

4. Mindestwärmeschutz nach DIN 4108-2 (*siehe Tabelle 1-43 auf Seite 75*) ist eingehalten.

5. „Normales Klima" liegt vor.

6. Besonders wichtig bei Umkehrdächern: Die Wärmedämmung darf nicht durch sperrende Schichten abgedeckt werden, welche das Ausdiffundieren von Wasserdampf aus dem Dämmstoff behindern können. Hier wird die Wärmedämmung durch ein diffusionsoffenes Filtervlies und Grobkies abgedeckt, beides stellt kein nennenswertes Diffusionshindernis dar.

Der neue Aufbau ist nachweisfrei bezüglich schädlicher Tauwasserbildung im Sinne von DIN 4108-3. Schädliche Tauwasserbildung ist nicht zu erwarten. *Siehe auch Diagramm 1-48 auf Seite 80.*

Fortsetzung Beispielsatz 4-5: Blatt 4 von 5: Kontrollrechnung

Spalte	A	B	C	D
	U-Wert-Berechnung, thermisch homogenes Bauteil			
	Projekt: *EnEV-Sanierungsprojekt, Touristinfo* Datum: *01.08.10*			
	Bauteil: *Umkehrdach* Bearbeiter: *Maßong*			
Zeile / Schicht Nr.	Schichtenfolge	Dicke d [m]	Wärme-leitfähigkeit λ [W/(m $\cdot$ K)]	Widerstand $R = \dfrac{d}{\lambda}$ [m² $\cdot$ K/W]
0	Übergang innen R_{si} $\longrightarrow$			0,10
1 1	*Gipskartonplatte*	0,015	0,25	0,060
2 2	*Luftschicht, nicht belüftet*	0,04	–	0,160
3 3	*Stahlbetondecke (Bewehrungsgrad 2 %)*	0,2	2,5	0,080
4 4	*Abdichtung: 2 Lagen Bitumenschweißbahn*	0,008	0,23	0,035
5 5	*Extrudiertes Polystyrol XPS 033, Typ DAA-dh*	0,2	0,033	6,061
6 6	*Filtervlies*	0,002	*n.b.*	*n.b.*
7 7	*Kies 16/32*	0,1	*n.b.*	*n.b.*
8 8				
9 9				
10 10				
11	Übergang außen R_{se} $\longrightarrow$			0,04
12	Wärmedurchgangswiderstand [m² $\cdot$ K/W]	$R_T = R_{si} + R_1 + R_2 + \dots R_{se}$		6,536
13	Wärmedurchgangskoeffizient [W/(m² $\cdot$ K)]	$U = \dfrac{1}{R_T}$		0,153

Fortsetzung Beispielsatz 4-5: Blatt 5 von 5: U-Wert-Korrektur

Korrektur der U-Wert-Berechnung

Projekt: *EnEV-Sanierungsprojekt, Touristinfo* — Datum: *01.08.10*

Bauteil: *Umkehrdach* — Bearbeiter: *Maßong*

	übern R_T	übern U
Übernahme R_T und U aus U-Wert-Berechnung		0,153
	[m²·K/W]	[W/(m²·K)]

Dämmwirkung unbeheizter kleiner Räume (Garage, Wintergarten, Lagerraum etc.)

Gesamtfläche aller trennenden Bauteile zwischen Innenraum und unbeheiztem Raum $A_i =$ [m²]

Gesamtfläche aller Außenbauteile des unbeheizten Raums $A_e =$ [m²]

Zuschlag zum Wärmedurchlasswiderstand $\qquad R_U = \dfrac{A_i}{2 \cdot A_e + 1}$

Dämmwirkung des belüfteten Dachraums und der Deckung, nur bei U-Wert der Decke unter dem Dachraum

Dachkonstruktion ankreuzen und Wert R_U in Feld R_U übernehmen:

☐ 1: Ziegel oder Dachsteine ohne Unterspannung, Schalung o. Ä. → $R_U = 0{,}06$

☐ 2: Platten, Schiefer, Ziegel oder Dachsteine über Unterspannung, Schalung o. Ä. → $R_U = 0{,}20$

☐ 3: Wie 2, jedoch mit Alufolie oder anderer reflektierender Oberfläche an Dachunterseite → $R_U = 0{,}30$

☐ 4: Dachdeckung mit Schalung und Vordeckung oder Unterdach o. Ä. → $R_U = 0{,}30$

☐ 5: Abweichende Dachdeckung: → R_U wählen

vorl $R_T =$ übern $R_T + R_U$ (wenn keine Korrektur, dann vorl $R_T =$ übern R_T)		
vorl $U =$ 1/vorl R_T (wenn keine Korrektur, dann vorl $U =$ übern U)		0,153

Luftspalte/Fugen in der Dämmebene, Luftzirkulation

Vorliegenden Fall ankreuzen und Wert $\Delta U''$ in Feld $\Delta U''$ übernehmen:

☐ Stufe 0: Dämmung ohne warmseitigen Luftraum und ohne durchgehende Fugen über 5 mm; Dämmung, deren Wärmedurchlasswiderstand $R_{Dämm}$ höchstens 50 % des Wärmedurchgangswiderstands R_T beträgt: $R_{Dämm}$ / vorl $R_T \leq 0{,}5$ → $\Delta U'' = 0$

☐ Stufe 1: Dämmung mit warmseitigem Luftraum oder mit durchgehenden Fugen > 5mm → $\Delta U'' = 0{,}01$

☐ Stufe 2: Dämmung mit warmseitigem Luftraum und mit durchgehenden Fugen > 5mm → $\Delta U'' = 0{,}04$

$\Delta U'' =$

Wärmedurchlasswiderstand $R_{Dämm}$ der Dämmung (aus U-Wert-Berechnung):

vorl R_T

U-Wert-Zuschlag $\qquad \Delta U_g = \Delta U'' \cdot \left(\dfrac{R_{Dämm}}{\text{vorl } R_T}\right)^2$

Mechanische Befestigungen, die Dämmschicht durchdringend

Typ des Befestigungsteil ankreuzen und Koeffizient α in Feld α übernehmen:

Material des Befestigungsteil ankreuzen und Wärmeleitfähigkeit λ_f in Feld λ_f übernehmen:

☐ Stahl, auch verzinkt → $\lambda_f = 50$ W/(m · K)

☐ Nicht rostender Stahl → $\lambda_f = 17$ W/(m · K)

☐ Aluminium → $\lambda_f = 160$ W/(m · K)

☐ Anderes Material: → λ_f wählen

$\lambda_f =$

Querschnittsfläche eines Befestigungsteils $A_f =$ [m²]

Anzahl der Befestigungsteile je m² $n_f =$ [St/m²]

Gesamtdicke der Dämmung $d_0 =$ [m]

durchdrungene Teildicke der Dämmung $d_1 =$ [m]

Wärmeleitfähigkeit Dämmstoffes $\lambda_f =$

vorl R_T

Zwischenwert $\quad R_1 = \dfrac{d_1}{\lambda_{Dämm}}$ $\qquad$ U-Wert-Zuschlag $\quad \Delta U_f = \dfrac{0{,}8 \cdot \lambda_f \cdot A_f \cdot n_f \cdot d_1}{d_0^2} \cdot \left(\dfrac{R_1}{\text{vorl } R_T}\right)$

Umkehrdach (Wärmedämmung aus XPS außenseits der Abdichtung, Kaltwasserunterströmung)

Gesamt-Wärmedurchlasswiderstand (ohne Übergänge) $R_{gesamt} =$ (aus U-Wert-Berechnung)

Teil-Durchlasswiderstand innenseits der Abdichtung R_{innen}: (aus U-Wert-Berechnung)

Teil-Durchlasswiderstand in Prozent $\quad f_{R,\,innen} = \dfrac{R_{innen}}{R_{gesamt}} \cdot 100$

U-Wert-Zuschlag ΔU_r : wenn $\begin{cases} f_{R,\,innen} \geq 50\% \to \Delta U_r = 0 \\ f_{R,\,innen} \geq 10\% \to \Delta U_r = 0{,}03 \\ f_{R,\,innen} < 10\% \to \Delta U_r = 0{,}05 \end{cases}$

		0,05
korr $U =$ vorl $U + \Delta U_g + \Delta U_f + \Delta U_r$ (wenn keine Korrektur, dann korr $U =$ vorl U)		0,203 ≅ 0,20
korr $R_T =$ 1 / korr U (wenn keine Korrektur, dann korr $R_T =$ vorl R_T)		4,926

Verbesserung des U-Werts

Verschlechterung des U-Werts

4.1.3   Terrassensanierung Café

Sachverhalt, alter Aufbau

Die Terrassenabdichtung eines Cafés steht zur Sanierung an. Die Gaststube unter der Terrasse hat während der Heizperiode normale Innentemperaturen ($\geq 19\,°C$), normales Raumklima und ist nicht dauernd klimatisiert. Lediglich an sehr heißen Sommertagen wird bedarfsbezogen mit einem mobilen Raumklimagerät gekühlt.

Die Dachanalyse hat ergeben:

- Vorgefundene Schichtenfolge von innen nach außen:
  - 28 mm OSB-Platten (sichtbar) auf sichtbaren Deckenbalken
  - 3 mm Bitumendachbahn V 13 als Trennlage
  - 4 mm Bitumenschweißbahn
  - 40 mm Wärmedämmung aus Polyurethan-Hartschaum (PUR), ehemalige Wärmeleitgruppe WLG 025
  - 2 mm Kunststoffbahn (ECB)
  - Kunstfaservlies 300 g/m² als Schutzlage
  - 30 mm Kies 4/8
  - 40 mm Betonwerkstein-Terrassenplatten
- Die Dampfsperre ist intakt und soll bleiben.
- Die Wärmedämmung ist sehr stark durchfeuchtet und muss entfernt werden.
- Die Abdichtung ist nicht mehr funktionsfähig.
- An- und Abschlüsse erlauben eine Erhöhung der Dämmschichtdicke um mehr als 40 mm nur mit erheblichem Aufwand (Ersatz der Terrassentür, Ändern des Geländers, Ändern aller An- und Abschlüsse).
- Aus fachtechnischer Sicht sind Abtrag des Aufbaus bis zur Dampfsperre und Neuaufbau erforderlich.

Anwendung der EnEV

Die Erneuerung der Abdichtung löst Anforderungen der EnEV aus, wenn die Dachhaut ersetzt wird. Die Erneuerung ist hier zweifelsfrei gegeben, also greift die EnEV.

Für das sanierte Dach gilt zunächst als zulässiger U-Wert:

$$\text{zul } U = 0,20 \text{ W/(m}^2 \cdot \text{K)}$$

Siehe auch Diagramm 3-6 auf Seite 220.

Im vorliegenden Fall stößt die energetische Ertüchtigung der alten Terrasse allerdings schnell an wirtschaftliche Grenzen: Eine Erhöhung der Wärmedämmdicke um mehr als 40 mm führt zu sehr teuren Mehraufwendungen (weiter oben benannt), weil die vorgeschriebenen An- und Abschlusshöhen eingehalten werden müssen. Diese Mehraufwendungen könnten nicht durch eingesparte Heizkosten kompensiert werden. Im Sinne des Wirtschaftlichkeitsgebots darf dies also nicht verlangt werden.

Es kann also von vornherein mit einer Wärmedämmdicke von 80 mm gerechnet werden, mehr ist nicht wirtschaftlich machbar.

Insgesamt greift die Sonderregel, dass bei technisch begrenzter Dämmschichtdicke der Einbau der maximal möglichen Dämmschichtdicke bei einer Wärmeleitfähigkeit von 0,04 genügt.

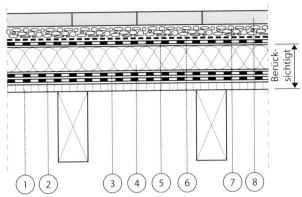

Bild 4-6: Flachdachaufbau Terrasse Café, Nummerierung wie im Rechenformblatt

Man beachte aber das Verschlechterungsverbot: Der Terrassenaufbau darf nach der Sanierung keinen schlechteren U-Wert als vor der Sanierung haben. Man ist also tatsächlich gehalten, einen Dämmstoff zu wählen, der eine ähnlich niedrige Wärmeleitfähigkeit aufweist wie die alte PUR-Dämmung.

In der Berechnung wird versucht, den normalerweise geforderten U-Wert von 0,20 über eine Verbesserung der Wärmeleitfähigkeit bei fixer Dicke zu erreichen. Als Grenze wird wegen der sehr hohen Kosten für Dämmstoffe mit extrem niedriger Wärmeleitfähigkeit und der allgemeinen Lieferbarkeit ein Wert von $\lambda = 0{,}024$ angesetzt.

Konsequenz, neuer Aufbau

Der Aufbau wird bis auf die Dampfsperre abgetragen.

Der neue Aufbau hat folgende Schichtenfolge:

- 28 mm OSB-Platten (sichtbar) auf sichtbaren Deckenbalken
- 3 mm Bitumendachbahn V13 als Trennlage
- 4 mm Bitumenschweißbahn
- 80 mm Wärmedämmung aus Polyurethan-Hartschaum PUR, $\lambda =$??? (Bemessungswert, noch zu bestimmen), Typ DAA-dh
- 2 mm Kunststoffbahn (FPO)
- Kunstfaservlies 300 g/m² als Schutzlage
- 30 mm Kies 4/8
- 40 mm Betonwerkstein-Terrassenplatten

Berechnung

Beispielsatz 4-7 auf Seite 275 gibt die formblattgestützte Berechnung wieder. Der neue Aufbau hat ohne die Wärmedämmung einen U-Wert von 2,564. Die Optimierung ergibt eine erforderliche Wärmeleitfähigkeit von 0,017 W/ (m · K). Die bestenfalls verfügbare Wärmeleitfähigkeit beträgt aber 0,024. Im Sinne der EnEV wird deshalb als wirtschaftliche Lösung vorgeschlagen: Einbau einer neuen Polyurethan-Hartschaum-Wärmedämmung mit einer Dicke von 80 mm und einem Bemessungswert der Wärmeleitfähigkeit $\lambda = 0{,}024$.

Die Kontrollrechnung ergibt einen zu hohen, aber bestmöglichen U-Wert für den optimierten Aufbau:

vorh $U = 0{,}269 \cong 0{,}27 >$ zul $U = 0{,}20$ W/(m² · K) ➔ Antrag auf Befreiung

Antrag auf Befreiung

Zunächst verlangt die EnEV keinen Befreiungsantrag, denn es wurde die oben zitierte Sonderregel eingehalten (Einbau der maximal möglichen Dämmschichtdicke bei einer Wärmeleitfähigkeit von 0,04 bei technisch begrenzter Dämmschichtdicke). Da aber der Begriff „technisch begrenzte Dämmschichtdicke" nicht eindeutig definiert ist, empfiehlt sich der formelle Antrag auf Befreiung (*siehe Seite 202*). Dieses konsequente Vorgehen bringt Sicherheit vor möglichen, negativen Rechtsfolgen, die bei abweichender Auffassung der Baurechtsbehörde drohen könnten.

Der Antrag des Bauherrn kann so aussehen, wie in *Beispiel 4-8 auf Seite 278* dargestellt. Adressat ist die nach Landesrecht zuständige Behörde, in Baden-Württemberg das Wirtschaftsministerium in Stuttgart.

Unternehmererklärung

Die Sanierungsmaßnahme erfordert eine Unternehmererklärung gemäß § 26a EnEV. Diese wird in *Beispielsatz 4-9 auf Seite 279* dargestellt. Darin erfolgt der Hinweis auf den vom Bauherrn gestellten Befreiungsantrag.

Feuchteschutz

Überprüfung der Kriterien für die Nachweisfreiheit:

1. Die Dampfsperre muss einen sd-Wert von mindestens 100 m haben. Die Bitumenschweißbahn alleine (ohne Berücksichtigung der V13) hat eine Dicke d = 4 mm = 0,004 m sowie eine Diffusionswiderstandszahl μ = 50.000.
   Daraus ergibt sich:

$$s_d = \mu \cdot d$$
$$= 50.000 \cdot 0,004$$
$$= 200 \text{ m}$$

Die Anforderung ist erfüllt.

2. Der Wärmedurchlasswiderstand der Schichten unterhalb der Dampfsperre darf maximal 20 % des Gesamt-Wärmedurchlasswiderstandes betragen. Unterhalb der Dampfsperre (hier wird die V13 der Dampfsperre zugerechnet) liegt die OSB-Platte, deren Teilwiderstand beträgt:

$$R_{\text{Teil}} = 0,215 \text{ m}^2 \cdot \text{K/W}$$

Der Gesamtwiderstand beträgt:

$$R_{\text{Gesamt}} = R_T - \left(R_{si} + R_{se}\right)$$
$$= 3,723 - \left(0,10 + 0,04\right)$$
$$= 3,583 \text{ m}^2 \cdot \text{K/W}$$

Teilwiderstand prozentual:

$$\frac{R_{\text{Teil}}}{R_{\text{Gesamt}}} \cdot 100$$
$$= \frac{0,215}{3,583} \cdot 100$$
$$= 6,00 \text{ %}$$

Die Anforderung ist erfüllt.

Beispielsatz 4-7: Blatt 1 von 3: U-Wert-Berechnung, Café

Spalte	A		B	C	D
Zeile	**U-Wert-Berechnung, thermisch homogenes Bauteil**				
	Projekt: *EnEV-Sanierungsprojekt, Café*			Datum: **01.08.10**	
	Bauteil: *Dachterrasse*			Bearbeiter: *Maßong*	
Schicht Nr.	Schichtenfolge		Dicke d [m]	Wärmeleitfähigkeit λ [W/(m · K)]	Widerstand $R = \dfrac{d}{\lambda}$ [m² · K/W]
0		Übergang innen R_{si}	⟶		*0,10*
1	1	OSB-Platten auf Deckenbalken	*0,028*	*0,13*	*0,215*
2	2	Glasvlies-Bitumendachbahnen V13	*0,003*	*0,17*	*0,018*
3	3	Dampfsperre: Bitumenschweißbahn	*0,004*	*0,23*	*0,017*
4	4	Polyurethan-Hartschaum PUR, λ = ???, Typ DAA-dh	*0,08*	*???*	*???*
5	5	Kunststoff-Dachbahnen (FPO)	*0,002*	*n.b.*	*n.b.*
6	6	Faservlies als Schutzlage	*0,002*	*n.b.*	*n.b.*
7	7	Kiesbett 4/8 mm	*0,03*	*n.b.*	*n.b.*
8	8	Betonwerkstein-Terrassenplatten	*0,04*	*n.b.*	*n.b.*
9	9				
10	10				
11		Übergang außen R_{se}	⟶		*0,04*
12		Wärmedurchgangswiderstand [m² · K/W]		$R_T = R_{si} + R_1 + R_2 + \ldots R_{se}$	*0,390*
13		Wärmedurchgangskoeffizient [W/(m² · K)]		$U = \dfrac{1}{R_T}$	*2,564*

3. Luftdichtheit raumseits der Wärmedämmung ist durch die Dampfsperre gegeben.

4. Mindestwärmeschutz nach DIN 4108-2 (*siehe Tabelle 1-43 auf Seite 75*) ist eingehalten.

5. „Normales Klima" liegt vor.

Der neue Aufbau ist nachweisfrei bezüglich schädlicher Tauwasserbildung im Sinne von DIN 4108-3. Schädliche Tauwasserbildung ist nicht zu erwarten. *Siehe auch Diagramm 1-48 auf Seite 80.*

Fortsetzung Beispielsatz 4-7: Blatt 2 von 3: Optimierung

Optimierung des U-Werts

Projekt: *EnEV-Sanierungsprojekt, Café*	Datum: *01.08.10*
Bauteil: *Dachterrasse*	Bearbeiter: *Maßong*

Geforderter U-Wert	zul U [W/(m²·K)]	**0,200**
Vorläufiger U-Wert (vor Optimierung)	vorl U [W/(m²·K)]	**2,564**

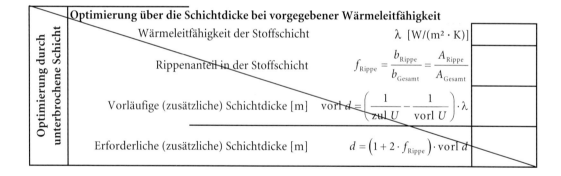

Optimierung durch thermisch homogene Schicht

Optimierung über die Schichtdicke bei vorgegebener Wärmeleitfähigkeit

Wärmeleitfähigkeit der Stoffschicht	λ [W/(m²·K)]	
Erforderliche (zusätzliche) Schichtdicke [m]	$d = \left(\dfrac{1}{\text{zul } U} - \dfrac{1}{\text{vorl } U} \right) \cdot \lambda$	

Optimierung über die Wärmeleitfähigkeit bei vorgegebener Schichtdicke

Dicke der Stoffschicht	d [m]	**0,08**
Erforderliche Wärmeleitfähigkeit [W/(m²·K)]	$\lambda = \dfrac{d}{\left(\dfrac{1}{\text{zul } U} - \dfrac{1}{\text{vorl } U} \right)}$	**0,017**

Optimierung durch unterbrochene Schicht

Optimierung über die Schichtdicke bei vorgegebener Wärmeleitfähigkeit

Wärmeleitfähigkeit der Stoffschicht	λ [W/(m²·K)]	
Rippenanteil in der Stoffschicht	$f_{\text{Rippe}} = \dfrac{b_{\text{Rippe}}}{b_{\text{Gesamt}}} = \dfrac{A_{\text{Rippe}}}{A_{\text{Gesamt}}}$	
Vorläufige (zusätzliche) Schichtdicke [m]	vorl $d = \left(\dfrac{1}{\text{zul } U} - \dfrac{1}{\text{vorl } U} \right) \cdot \lambda$	
Erforderliche (zusätzliche) Schichtdicke [m]	$d = \left(1 + 2 \cdot f_{\text{Rippe}} \right) \cdot$ vorl d	

Fortsetzung Beispielsatz 4-7: Blatt 3 von 3: Kontrollrechnung

Spalte	A	B	C	D
Zeile	**U-Wert-Berechnung, thermisch homogenes Bauteil**			
	Projekt: *EnEV-Sanierungsprojekt, Café*		Datum: *01.08.10*	
	Bauteil: *Dachterrasse*		Bearbeiter: *Maßong*	

Schicht Nr.		Schichtenfolge	Dicke d [m]	Wärme-leitfähigkeit λ [W/(m · K)]	Widerstand $R = \dfrac{d}{\lambda}$ [m² · K/W]
0		Übergang innen R_{si}			*0,10*
1	1	*OSB-Platten auf Deckenbalken*	*0,028*	*0,13*	*0,215*
2	2	*Glasvlies-Bitumendachbahnen V13*	*0,003*	*0,17*	*0,018*
3	3	*Dampfsperre: Bitumenschweißbahn*	*0,004*	*0,23*	*0,017*
4	4	*Polyurethan-Hartschaum PUR 024, Typ DAA-dh*	*0,08*	*0,024*	*3,333*
5	5	*Kunststoff-Dachbahnen (FPO)*	*0,002*	*n.b.*	*n.b.*
6	6	*Faservlies als Schutzlage*	*0,002*	*n.b.*	*n.b.*
7	7	*Kiesbett 4/8 mm*	*0,03*	*n.b.*	*n.b.*
8	8	*Betonwerkstein-Terrassenplatten*	*0,04*	*n.b.*	*n.b.*
9	9				
10	10				
11		Übergang außen R_{se}			*0,04*
12		Wärmedurchgangswiderstand [m² · K/W]	$R_T = R_{si} + R_1 + R_2 + \ldots R_{se}$		*3,723*
13		Wärmedurchgangskoeffizient [W/(m² · K)]		$U = \dfrac{1}{R_T}$	*0,269* $\cong$ *0,27*

Beispiel 4-8: Antrag auf Befreiung, Café

Hein Schmitz
Kaffeegasse 5
88662 Überlingen
Telefon: 07773 6565

Wirtschaftsministerium Baden-Württemberg
Theodor-Heuss-Straße 4
70174 Stuttgart

                                                    Überlingen, den 01.08.2010

Sanierung unseres Flachdaches; Antrag auf Befreiung nach § 25 EnEV

Sehr geehrte Damen und Herren,

ich beantrage Befreiung nach § 25 EnEV wegen unbilliger Härte aufgrund fehlender Wirtschaftlichkeit.

Zur Begründung:

Die Abdichtung unserer 35 m² großen Dachterrasse muss erneuert werden. In diesem Zusammenhang verlangt die EnEV einen U-Wert des neuen Aufbaus von 0,20 W/(m²·K). Als Dämmstoff kommen 80 mm Polyurethan 024 zum Einsatz. Damit wird ein U-Wert von 0,27 W/(m²·K) erreicht.

Theoretisch ließe sich eine dickere Wärmedämmung realisieren, allerdings unter Inkaufnahme erheblicher Mehraufwendungen (ca. 4.500 €) für die Änderung des Geländers, der Terrrassentüre und sämtlicher An- und Abschlüsse.

Dem stehen jährliche Einsparungen von ca. 200 kWh gegenüber, entsprechend ca. 12 €. Eine Amortisation innerhalb der Nutzungsdauer der Sanierung ist definitiv nicht gegeben. Damit wäre die Einhaltung der EnEV für mich mit einer unbilligen Härte verbunden.

Ich erbitte rasche Zustimmung, damit die Arbeiten zeitnah weitergeführt werden können.

Für Fragen stehe ich gerne zur Verfügung. Bei fachlichen Fragen wenden Sie sich am besten direkt an meinen Handwerker:

  Fa. Dachfein GmbH
  Dachweg 1
  88662 Überlingen
  Telefon 07773 5656

Mit freundlichen Grüßen

Hein Schmitz

Beispielsatz 4-9: Blatt 1 von 2 zur Unternehmererklärung, Café

Fachunternehmererklärung
nach § 26a Energieeinsparverordnung

Begrenzung des Wärmedurchgangskoeffizienten (U-Wert) bei erstmaligem Einbau, Ersatz und Erneuerung von Bauteilen

I. Objekt

Gebäude/-teil	Café		Nutzungsart	Nichtwohngebäude	
PLZ, Ort	88662	Überlingen	Straße, Haus-Nr.	Kaffeegasse	4
Baujahr	1964		Beginn der baulichen Änderung	01.09.2010	

Gebäude

☐ Wohngebäude bzw. Nichtwohngebäude mit Innentemperaturen ≥ 19 ℃

☒ Nichtwohngebäude mit Innentemperaturen ≥ 12 ℃ und < 19 ℃

II. Bauteile

Nr.	Von der Maßnahme betroffenes Bauteil, Art der Maßnahme	Wärmedurchgangskoeffizient (U-Wert)			
		Zulässig: zul U		Vorhanden: vorh U	
1	Flachdach	0,20	W/(m²·K)	0,27	W/(m²·K)
2			W/(m²·K)		W/(m²·K)
3			W/(m²·K)		W/(m²·K)
4			W/(m²·K)		W/(m²·K)
5			W/(m²·K)		W/(m²·K)
6			W/(m²·K)		W/(m²·K)

Hinweis:
Der zulässige U-Wert ist Anhang 3, Nr. 7, Tab. 1 EnEV zu entnehmen.
Der vorhandene U-Wert (Zustand nach der Maßnahme) ist
- für nicht transparente (opake) Bauteile nach DIN EN ISO 6946 zu ermitteln,
- für Fenster technischen Produkt-Spezifikationen zu entnehmen oder nach DIN EN ISO 10077-1 zu ermitteln,
- für Verglasungen technischen Produkt-Spezifikationen zu entnehmen oder nach DIN EN 673 zu ermitteln.

Die U-Wert-Anforderungen der EnEV

☐ sind bei allen Bauteilen unter Beachtung von DIN 4108-2 und DIN 4108-3 (Feuchteschutz) eingehalten.

☒ konnten bei den Bauteilen Nr. ⟨1⟩   nicht eingehalten werden.

    Begründung: ☐ Dämmschichtdicke bei Nr. _____ ist aus technischen Gründen begrenzt.
                 Maximal mögliche Dicke wurde eingebaut (Wärmeleitfähigkeit = _____)

                        ☐ Dämmschichtdicke bei Nr. _____ durch Innenbekleidung oder durch Sparrenhöhe begrenzt.

                        ☒ Befreiung (§ 25 EnEV, unbillige Härte) zu Nr. 1_____ wurde/wird vom Bauherrn beantragt.

                        ☐ Ausnahme (§ 24 EnEV, Baudenkmal) zu Nr. _____ wurde/wird vom Bauherrn beantragt.

Seite 1 von 2

Fortsetzung Beispielsatz 4-9: Blatt 2 von 2

III. Hinweis zur Aufbewahrung/Verwendung

Diese Erklärung ist von dem/der Auftraggeber/in mindestens 5 Jahre aufzubewahren und auf Verlangen der zuständigen Behörde (i.d.R. Baurechtsbehörde) vorzulegen.

IV. Verantwortlich für die Angaben

Name	Herbert Dachfein	Datum	01.10.2010
Funktion/ Firma	Dachfein GmbH	Unterschrift	
Anschrift	Dachweg 1	ggf. Stempel/ Firmenzeichen	
	88662 Überlingen		

V. Empfangsbestätigung des Auftraggebers

Diese Erklärung wurde dem/der Auftraggeber/in in zweifacher Ausfertigung übergeben.

Name	Hein Schmitz	Datum	01.10.2010
Funktion/ Firma	Café Schmitz	Unterschrift	
Anschrift	Kaffeegasse 5	ggf. Stempel/ Firmenzeichen	
	88662 Überlingen		

Antrag auf Befreiung (Schreiben des Bauherrn vom 01.08.2010) wurde genehmigt vom Wirtschaftsministerium des Landes Baden-Württemberg (Schreiben vom 20.08.2010).

4.2 EnEV-Bauteilprojekte: Steildächer

4.2.1 Steildachsanierung Dachstudio

Sachverhalt Das ausgebaute Dachgeschoss eines Zweifamilienhauses ist samt Ziegeldach-konstruktion durch einen Brand zerstört worden und soll neu hergestellt werden.

Das Gebäude hat während der Heizperiode normale Innentemperaturen ($\geq 19\,°C$), normales Raumklima und ist nicht klimatisiert.

Folgende Dachkonstruktion (Dachneigung 35°) ist geplant:

- Sichtbarer gehobelter Dachstuhl, auf den folgendes Schichtenpaket aufgelegt wird:
  - 22 mm gehobelte Nut/Feder-Schalung (Fichte)
  - Spezialpappe als Dampfbremse und Luftdichtheitsschicht, $s_d = 2{,}0$ m, Nähte verklebt
  - ??? (noch zu ermitteln) mm Aufsparrendämmung aus Mineralfaser MW 038, Typ DAD
  - Unterdeckbahn, $s_d = 0{,}03$ m
  - Belüftung der Dachdeckung mittels Konterlatten 40/80 mm
  - Biberschwanz-Doppeldeckung auf Latten 30/50 mm
- 8 Dachflächenfenster verschiedener Größen

Anwendung der EnEV Da das Dachgeschoss bereits vor dem Brand ausgebaut war, liegt keine Erweiterung des beheizten Volumens vor. Die Erneuerung der Dachkon-struktion ist im Sinne der EnEV ein normales Sanierungsvorhaben und löst entsprechende Anforderungen der EnEV aus.

Für das sanierte Dach gilt als zulässiger U-Wert:

zul $U = 0{,}24$ W/(m² · K)

Für die Dachflächenfenster gilt als zulässiger U-Wert (des Fensters, nicht der Verglasung):

zul $U = 1{,}40$ W/(m² · K)

Siehe auch Diagramme 3-5 auf Seite 219 und 3-6 auf Seite 220.

Zu den Fenstern ist keine Berechnung erforderlich. Die U-Werte werden in aller Regel vom Hersteller angegeben. Alle namhaften Hersteller führen in ihrem Programm Fenster mit den geforderten oder besseren U-Werten.

Die Sanierungsmaßnahme erfordert eine Unternehmererklärung gemäß § 26a EnEV (hier nicht abgebildet).

Berechnung *Beispielsatz 4-11 auf Seite 283 gibt die formblattgestützte Berechnung wieder.* Die erforderliche Dicke der Wärmedämmung ist zu ermitteln. Berücksichtigt werden die Schichten ab Oberkante Sparren bis unterhalb der Belüf-tungsebene. Dieser Bereich ist ohne Unterbrechungen und wird deshalb als thermisch homogenes Bauteil berechnet.

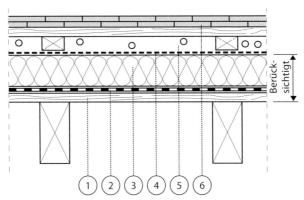

Bild 4-10: Steildachkonstruktion Dachstudio, Nummerierung wie im Rechenformblatt

> In diesem Beispiel wird zunächst bewusst ein Fehler in Kauf genommen: Die Korrektur für Befestigungen, welche die Dämmschicht durchdringen, wird vernachlässigt. Am Schluss des Beispiels wird die Korrektur berücksichtigt.

Der neue Aufbau hat ohne die neue Wärmedämmung einen U-Wert von 2,710. Die Optimierung ergibt unter Berücksichtigung der verfügbaren Dämmstoffdicken eine erforderliche Dicke von gerundet 160 mm. Die Kontrollrechnung bestätigt die Einhaltung des zulässigen U-Werts für den optimierten Aufbau:

vorh $U = 0,218 \cong 0,22 <$ zul $U = 0,24$ W/(m² · K) → o. k.

Feuchteschutz   Einordnung des Bauteils als nicht belüftetes Dach mit belüfteter Dachdeckung. Überprüfung der Kriterien für die Nachweisfreiheit:

1. Dampfbremse: Die äußere Abdeckung der Wärmedämmung hat einen sd-Wert $s_{d,e} = 0,03$ m. Dieser Wert ist kleiner als 0,1 m, somit gilt für die Dampfbremse ein erforderlicher sd-Wert $s_{d,i} \geq 1,0$ m. Die Dampfbremse hat sogar einen sd-Wert von 2,0 m.
   Die Anforderung ist erfüllt.

2. Der Wärmedurchlasswiderstand der Schichten unterhalb der Dampfbremse darf maximal 20% des Gesamt-Wärmedurchlasswiderstandes betragen. Unterhalb der Dampfbremse liegt die Schalung, deren Teilwiderstand beträgt:

$$R_{\text{Teil}} = 0,169 \ \text{m}^2 \cdot \text{K/W}$$

Der Gesamtwiderstand beträgt:

$$\begin{aligned} R_{\text{Gesamt}} &= R_{\text{T}} - \left(R_{\text{si}} + R_{\text{se}} \right) \\ &= 4,580 - \left(0,10 + 0,10 \right) \\ &= 4,380 \ \text{m}^2 \cdot \text{K/W} \end{aligned}$$

Teilwiderstand prozentual:

Beispielsatz 4-11: Blatt 1 von 4: U-Wert-Berechnung, Dachstudio

Spalte		A	B	C	D
Zeile		**U-Wert-Berechnung, thermisch homogenes Bauteil**			
		Projekt: *EnEV-Sanierungsprojekt, Dachstudio*		Datum: *01.08.10*	
		Bauteil: *Steildach mit Aufsparrendämmung*		Bearbeiter: *Maßong*	
	Schicht Nr.	Schichtenfolge	Dicke d [m]	Wärme-leitfähigkeit λ [W/(m · K)]	Widerstand $R = \dfrac{d}{\lambda}$ [m² · K/W]
0		Übergang innen R_{si}			*0,10*
1	1	*Sichtschalung Nadelholz*	*0,022*	*0,13*	*0,169*
2	2	*Dampfbremspappe*	*0,001*	*n.b.*	*n.b.*
3	3	*Mineralfaserdämmung MW 038, Typ DAD*	*???*	*0,038*	*???*
4	4	*Unterdeckbahn, s$_d$ 0,10 m*	*0,001*	*n.b.*	*n.b.*
5	5	*Belüftung bzw. Konterlattung*	*0,04*	*n.b.*	*n.b.*
6	6	*Biberschwanz-Doppeldeckung auf Lattung*		*n.b.*	*n.b.*
7	7				
8	8				
9	9				
10	10				
11		Übergang außen R_{se}			*0,10*
12		Wärmedurchgangswiderstand [m² · K/W]	$R_T = R_{si} + R_1 + R_2 + \ldots R_{se}$		*0,369*
13		Wärmedurchgangskoeffizient [W/(m² · K)]	$U = \dfrac{1}{R_T}$		*2,710*

$$\frac{R_{Teil}}{R_{Gesamt}} \cdot 100$$

$$= \frac{0,169}{4,380} \cdot 100$$

$$= 3,86 \ \%$$

Die Anforderung ist erfüllt.

3. Luftdichtheit raumseits der Wärmedämmung ist durch die Dampfbremse gegeben.
4. Mindestwärmeschutz nach DIN 4108-2 (*siehe Tabelle 1-43 auf Seite 75*) ist eingehalten.
5. „Normales Klima" liegt vor.

Der neue Aufbau ist nachweisfrei bezüglich schädlicher Tauwasserbildung im Sinne von DIN 4108-3. Schädliche Tauwasserbildung ist nicht zu erwarten. *Siehe auch Diagramm 1-48 auf Seite 80.*

Fortsetzung Beispielsatz 4-11: Blatt 2 von 4: U-Wert-Berechnung

Optimierung des U-Werts

Projekt: *EnEV-Sanierungsprojekt, Dachstudio*   Datum: *01.08.10*

Bauteil: *Steildach mit Aufsparrendämmung*   Bearbeiter: *Maßong*

Geforderter U-Wert	zul U [W/(m² · K)]	**0,240**
Vorläufiger U-Wert (vor Optimierung)	vorl U [W/(m² · K)]	**2,710**

Optimierung durch thermisch homogene Schicht

Optimierung über die Schichtdicke bei vorgegebener Wärmeleitfähigkeit

Wärmeleitfähigkeit der Stoffschicht	λ [W/(m² · K)]	**0,038**
Erforderliche (zusätzliche) Schichtdicke [m]	$d = \left(\dfrac{1}{\text{zul } U} - \dfrac{1}{\text{vorl } U} \right) \cdot \lambda$	**0,144** $\rightarrow$ **0,16 m**

Optimierung über die Wärmeleitfähigkeit bei vorgegebener Schichtdicke

Dicke der Stoffschicht	d [m]	
Erforderliche Wärmeleitfähigkeit [W/(m² · K)]	$\lambda = \dfrac{d}{\left(\dfrac{1}{\text{zul } U} - \dfrac{1}{\text{vorl } U} \right)}$	

Optimierung durch unterbrochene Schicht

Optimierung über die Schichtdicke bei vorgegebener Wärmeleitfähigkeit

Wärmeleitfähigkeit der Stoffschicht	λ [W/(m² · K)]	
Rippenanteil in der Stoffschicht	$f_{\text{Rippe}} = \dfrac{b_{\text{Rippe}}}{b_{\text{Gesamt}}} = \dfrac{A_{\text{Rippe}}}{A_{\text{Gesamt}}}$	
Vorläufige (zusätzliche) Schichtdicke [m]	vorl $d = \left(\dfrac{1}{\text{zul } U} - \dfrac{1}{\text{vorl } U} \right) \cdot \lambda$	
Erforderliche (zusätzliche) Schichtdicke [m]	$d = \left(1 + 2 \cdot f_{\text{Rippe}} \right) \cdot \text{vorl } d$	

Fortsetzung Beispielsatz 4-11: Blatt 3 von 4: U-Wert-Berechnung

Spalte	A	B	C	D
U-Wert-Berechnung, thermisch homogenes Bauteil				
Projekt: *EnEV-Sanierungsprojekt, Dachstudio*			Datum: *01.08.10*	
Bauteil: *Steildach mit Aufsparrendämmung*			Bearbeiter: *Maßong*	

Zeile	Schicht Nr.	Schichtenfolge	Dicke d [m]	Wärmeleitfähigkeit λ [W/(m $\cdot$ K)]	Widerstand $R = \dfrac{d}{\lambda}$ [m² $\cdot$ K/W]
0		Übergang innen R_{si} ⟶			0,10
1	1	*Sichtschalung Nadelholz*	*0,022*	*0,13*	*0,169*
2	2	*Dampfbremspappe*	*0,001*	*n.b.*	*n.b.*
3	3	*Mineralfaserdämmung MW 038, Typ DAD*	*0,16*	*0,038*	*4,211*
4	4	*Unterdeckbahn, s$_d$ 0,10 m*	*0,001*	*n.b.*	*n.b.*
5	5	*Belüftung bzw. Konterlattung*	*0,04*	*n.b.*	*n.b.*
6	6	*Biberschwanz-Doppeldeckung auf Lattung*		*n.b.*	*n.b.*
7	7				
8	8				
9	9				
10	10				
11		Übergang außen R_{se} ⟶			0,10
12		Wärmedurchgangswiderstand [m² $\cdot$ K/W]	$R_T = R_{si} + R_1 + R_2 + \dots R_{se}$		4,580
13		Wärmedurchgangskoeffizient [W/(m² $\cdot$ K)]	$U = \dfrac{1}{R_T}$		0,218 $\cong$ 0,22

In diesem Beispiel wurde bisher zunächst bewusst eine Ungenauigkeit in Kauf genommen: Die Korrektur für Befestigungen, welche die
Dämmschicht durchdringen, wurde vernachlässigt. Praktisch lässt
sich diese Ungenauigkeit begründen: Die Schrauben, welche Konterlattung und Wärmedämmung befestigen, sind durch den Holz-
querschnitt des Sparrens thermisch von der Raumluft getrennt. Die
Korrektur wird dennoch nun nachgeholt, denn tatsächlich reduzieren
die Schrauben die Wirksamkeit der Wärmedämmung.

Korrektur Basisangaben für die Korrektur:

- Konterlattenabstand = Abstand der Schraubenreihen:
  $a_{KL} = 0{,}70$ m
- Abstand der Schrauben untereinander in einer Reihe:
  $a_{Schr} = 0{,}65$ m
- Schraubendurchmesser (Kern) $D = 6$ mm
- Schraubenmaterial: verzinkter Stahl

Der Schraubenquerschnitt A_f wird aus dem Schraubendurchmesser berechnet:

$$A_f = r^2 \cdot \pi$$
$$= 0{,}003^2 \cdot \pi$$
$$= 0{,}0000283 \text{ m}^2$$

Die Zahl n_f der Befestigungen je Quadratmeter wird aus a_{KL} und a_{Schr} berechnet:

$$n_f = \frac{1}{a_{KL} \cdot a_{Schr}}$$
$$= \frac{1}{0{,}70 \text{ m} \cdot 0{,}65 \text{ m}}$$
$$= 2{,}198 \text{ St/m}^2$$

Der Rest wird mit dem entsprechenden Formblatt erledigt. Der U-Wert-Zuschlag beträgt demnach 0,014. Damit steigt der zunächst ermittelte U-Wert
von 0,218 (nach Optimierung) auf 0,232 und ist so noch in Ordnung:

vorh $U = 0{,}232 \cong 0{,}23 <$ zul $U = 0{,}24$ W/(m² · K) ➜ o. k.

Im Einzelfall kann der U-Wert-Zuschlag niedriger oder höher ausfallen.

Fortsetzung Beispielsatz 4-11: Blatt 4 von 4: U-Wert-Korrektur

Korrektur der U-Wert-Berechnung

Projekt: *EnEV-Sanierungsprojekt, Dachstudio*	Datum: *01.08.10*	
Bauteil: *Steildach mit Aufsparrendämmung*	Bearbeiter: *Maßong*	übern R_T / übern U

Übernahme R_T und U aus U-Wert-Berechnung ⟶ **4,580** | **0,218**

[m² · K/W] [W/(m²·K)]

Verbesserung des U-Werts

Dämmwirkung unbeheizter kleiner Räume (Garage, Wintergarten, Lagerraum etc.)

Gesamtfläche aller trennenden Bauteile zwischen Innenraum und unbeheiztem Raum A_i = [m²]

Gesamtfläche aller Außenbauteile des unbeheizten Raums A_e = [m²]

Zuschlag zum Wärmedurchlasswiderstand $R_U = \dfrac{A_i}{2 \cdot A_e + 1}$

Dämmwirkung des belüfteten Dachraums und der Deckung, nur bei U-Wert der Decke unter dem Dachraum

Dachkonstruktion ankreuzen und Wert R_U in Feld R_U übernehmen:

- 1: Ziegel oder Dachsteine ohne Unterspannung, Schalung o. Ä. → $R_U = 0{,}06$
- 2: Platten, Schiefer, Ziegel oder Dachsteine über Unterspannung, Schalung o. Ä. → $R_U = 0{,}20$
- 3: Wie 2, jedoch mit Alufolie oder anderer reflektierender Oberfläche an Dachunterseite → $R_U = 0{,}30$
- 4: Dachdeckung mit Schalung und Vordeckung oder Unterdach o. Ä. → $R_U = 0{,}30$
- 5: Abweichende Dachdeckung: → R_U wählen

vorl R_T = übern R_T + R_U (wenn keine Korrektur, dann vorl R_T = übern R_T) | **4,580**

vorl U = 1/vorl R_T (wenn keine Korrektur, dann vorl U = übern U) | **0,218**

Verschlechterung des U-Werts

Luftspalte/Fugen in der Dämmebene, Luftzirkulation

Vorliegenden Fall ankreuzen und Wert $\Delta U''$ in Feld $\Delta U''$ übernehmen:

- Stufe 0: Dämmung ohne warmseitigen Luftraum und ohne durchgehende Fugen über 5 mm; Dämmung, deren Wärmedurchlasswiderstand $R_{Dämm}$ höchstens 50 % des Wärmedurchgangswiderstands R_T beträgt: $R_{Dämm}$ / vorl $R_T \leq 0{,}5$ → $\Delta U'' = 0$
- Stufe 1: Dämmung mit warmseitigem Luftraum <u>oder</u> mit durchgehenden Fugen > 5mm → $\Delta U'' = 0{,}01$
- Stufe 2: Dämmung mit warmseitigem Luftraum <u>und</u> mit durchgehenden Fugen > 5mm → $\Delta U'' = 0{,}04$

$\Delta U''$ =

Wärmedurchlasswiderstand $R_{Dämm}$ der Dämmung (aus U-Wert-Berechnung):

vorl R_T

U-Wert-Zuschlag $\Delta U_g = \Delta U'' \cdot \left(\dfrac{R_{Dämm}}{\text{vorl } R_T} \right)^2$

Mechanische Befestigungen, die Dämmschicht durchdringend

Material des Befestigungsteil ankreuzen und Wärmeleitfähigkeit λ_f in Feld λ_f übernehmen:

- **X** Stahl, auch verzinkt → $\lambda_f = 50$ W/(m · K)
- Nicht rostender Stahl → $\lambda_f = 17$ W/(m · K)
- Aluminium → $\lambda_f = 160$ W/(m · K)
- Anderes Material: → λ_f wählen

λ_f =	**50**
Querschnittsfläche eines Befestigungsteils A_f =	**0,0000283** [m²]
Anzahl der Befestigungsteile je m² n_f =	**2,197802198** [St/m²]
Gesamtdicke der Dämmung d_0 =	**0,160** [m]
durchdrungene Teildicke der Dämmung d_1 =	**0,160** [m]
Wärmeleitfähigkeit Dämmstoffes λ_f =	**0,038**
vorl R_T	**4,580**

Zwischenwert $R_1 = \dfrac{d_1}{\lambda_{Dämm}}$ **4,211** U-Wert-Zuschlag $\Delta U_f = \dfrac{0{,}8 \cdot \lambda_f \cdot A_f \cdot n_f \cdot d_1}{d_0^2} \cdot \left(\dfrac{R_1}{\text{vorl } R_T} \right)$ | **0,014**

Umkehrdach (Wärmedämmung aus XPS außenseits der Abdichtung, Kaltwasserunterströmung)

Gesamt-Wärmedurchlasswiderstand (ohne Übergänge) R_{gesamt} = (aus U-Wert-Berechnung)

Teil-Durchlasswiderstand innenseits der Abdichtung R_{innen} = (aus U-Wert-Berechnung)

Teil-Durchlasswiderstand in Prozent $f_{R,innen} = \dfrac{R_{innen}}{R_{gesamt}} \cdot 100$

U-Wert-Zuschlag ΔU_r : wenn $\begin{cases} f_{R,innen} \geq 50\% \to \Delta U_r = 0 \\ f_{R,innen} \geq 10\% \to \Delta U_r = 0{,}03 \\ f_{R,innen} < 10\% \to \Delta U_r = 0{,}05 \end{cases}$

korr U = vorl U + ΔU_g + ΔU_f + ΔU_r (wenn keine Korrektur, dann korr U = vorl U) | **0,232 ≅ 0,23**

korr R_T = 1 / korr U (wenn keine Korrektur, dann korr R_T = vorl R_T) | **4,310**

4.2.2   Steildachsanierung Kindergarten

Sachverhalt Im Dachgeschoss eines Kindergartens (Dachneigung 25°) soll ein neuer Gruppenraum entstehen. Dazu wird das bisher ungenutzte Dachgeschoss teilweise ausgebaut, dadurch vergrößert sich die beheizte Nutzfläche um 46 m². Das Dach soll von außen unverändert bleiben, die Dämmung wird von innen in die Gefache eingebracht.

Das Gebäude hat während der Heizperiode normale Innentemperaturen ($\geq$ 19 °C), normales Raumklima und ist nicht klimatisiert.

Folgende Konstruktion ist im Bereich des neuen Gruppenraums geplant:

- Belüftetes Dach, Dachneigung 25°, mit folgender Schichtenfolge im Gefach:
  - 12,5 mm Gipskartonplatte
  - 19 mm zementgebundene Spanplatte
  - 30 mm Installationsebene
  - PE-Dampfsperre (s_d = 130 m), gleichzeitig Luftdichtheitsschicht, Nähte verklebt
  - ??? (noch zu ermitteln) mm Mineralfaserdämmung MW 035, Typ DZ, als Teilsparrendämmung
  - Differenz zwischen Sparrenhöhe und Dämmdicke für Belüftung
  - 24 mm Schalung
  - 3 mm Bitumendachbahn V13
  - 40 mm Belüftung der Dachdeckung durch Konterlatten
  - Großflächen-Falzziegel auf Latten 30/50 mm
- Das Gefach hat eine Breite von 65 cm, der Sparren ist 80 mm breit und 180 mm hoch.
- Der Sparren unterbricht lediglich die Wärmedämmung.
- 9 Dachflächenfenster verschiedener Größen

Anwendung der EnEV Die Erweiterung der beheizten Nutzfläche um 46 m² liegt über 15 und unter 50 m². Im Sinne der EnEV ist es also ausreichend, bei der Dachfläche über dem Gruppenraum die U-Wert-Anforderung wie bei einer Dachsanierung einzuhalten:

zul U = 0,24 W/(m² · K)

Für die Dachflächenfenster gilt als zulässiger U-Wert (des Fensters, nicht der Verglasung):

zul U = 1,40 W/(m² · K)

Siehe auch Diagramme 3-5 auf Seite 219 und 3-6 auf Seite 220.

Für die Fenster ist keine Berechnung erforderlich. Die U-Werte werden in aller Regel vom Hersteller angegeben. Alle namhaften Hersteller führen in ihrem Programm Fenster mit den geforderten oder besseren U-Werten.

Die Sanierungsmaßnahme erfordert eine Unternehmererklärung gemäß § 26a EnEV (hier nicht abgebildet).

Berechnung vor Änderung *Beispielsatz 4-13 auf Seite 292 gibt die formblattgestützte Berechnung wieder.* Es ist zu prüfen, welche Dicke die Teilsparrendämmung haben muss. Berücksichtigt werden die Schichten von innen bis unterhalb der Belüf-

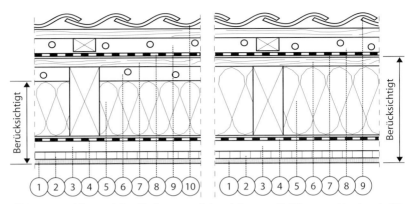

Bild 4-12: Dachkonstruktion Kindergarten, links mit knapper Belüftung, rechts als unbelüftetes Dach, Nummerierung wie im jeweiligen Rechenformblatt

tungsebene. Die Wärmedämmung wird durch die Sparren unterbrochen, deshalb wird das Dach als thermisch inhomogenes Bauteil berechnet. Dabei wird eine vorläufige Dämmdicke von 100 mm angesetzt, weil dann die Optimierung bessere Ergebnisse liefert.

Der neue Aufbau hat mit der vorläufigen Dämmdicke einen U-Wert von 0,359, gerundet 0,36. Damit wird der zulässige U-Wert von 0,24 überschritten:

vorh $U = 0{,}362 \cong 0{,}36 >$ zul $U = 0{,}24 \ \text{W}/(\text{m}^2 \cdot \text{K}) \rightarrow$ nicht o. k.

Also muss optimiert werden, in diesem Fall über die Dicke der Teilsparrendämmung. Die Optimierung ergibt eine erforderliche zusätzliche Dämmstoffdicke von 60 mm, die Gesamt-Dämmstoffdicke beträgt dann 100 + 60 = 160 mm.

> **Der Sparren hat eine Höhe von 180 mm. Es wird eine Teilsparrendämmung aus Mineralwolle mit 160 mm Dicke eingebaut. Die Belüftungsebene hat dann genau die vorgeschriebene Mindesthöhe von 20 mm. Mineralwolle kann aber, wenn in gerollter oder zusammengedrückter Form geliefert, eine Dicke erreichen, die deutlich über der Nenndicke liegt. Wenn das passiert, bleibt für die Belüftung keine ausreichende Höhe mehr. Aus diesem Grund gilt die Faustregel: Bei Mineralwolle, deren Dicke sich erhöhen kann, sollte die Höhe der Belüftungsebene auf 40 mm erhöht werden.**

Änderung Nach dieser Überlegung bieten sich zwei mögliche Lösungen an:

1. Einsatz eines Dämmstoffs mit geringerer Wärmeleitfähigkeit, so dass die erforderliche Dicke reduziert und damit die Höhe der Belüftungsebene gesichert wird.
2. Umbau zum nicht belüfteten Dach: Wegfall der Belüftung zugunsten einer Vollsparrendämmung. Dabei wird aus dem belüfteten ein nicht belüftetes Dach. Dies ist bei der Beurteilung des Feuchteschutzes zu beachten.

Der Übung halber wird hier Weg 2 gewählt, obwohl Weg 1 schneller und einfacher wäre.

Das Dach des Kindergartens wird also wie folgt geändert:

- Die Teilsparrendämmung wird durch eine Vollsparrendämmung ersetzt.
- Es wird eine fehlertolerantere, feuchtevariable Dampfbremse anstelle der bisher geplanten PE-Dampfsperre eingebaut.
- Neue Konstruktion: nicht belüftetes Dach, Dachneigung 25°, mit folgender Schichtenfolge im Gefach:
  - 12,5 mm Gipskartonplatte
  - 19 mm zementgebundene Spanplatte
  - 30 mm Installationsebene
  - feuchtevariable Dampfbremse (s_d von 0,5 bis 8 m), gleichzeitig Luftdichtheitsschicht, Nähte verklebt
  - 180 mm Mineralfaserdämmung MW 035, Typ WZ, als Vollsparrendämmung
  - 30 mm Holzfaserplatte, Rohdichte 250 kg/m³
  - Unterdeckbahn, $s_d = 0{,}10$ m
  - 40 mm Belüftung der Dachdeckung durch Konterlatten
  - Großflächen-Falzziegel auf Latten 30/50 mm
  - 24 mm Schalung
  - 3 mm Bitumendachbahn V13
  - 40 mm Belüftung der Dachdeckung durch Konterlatten
  - Großflächen-Falzziegel auf Latten 30/50 mm
- Das Gefach hat eine Breite von 65 cm, der Sparren ist 80 mm breit und 180 mm hoch.
- Der Sparren unterbricht lediglich die Wärmedämmung.

Berechnung nach Änderung

Die Kontrollrechnung bestätigt die Einhaltung des zulässigen U-Werts für den geänderten Aufbau:

vorh $U = 0{,}211 \cong 0{,}21 <$ zul $U = 0{,}24$ W/(m² · K) → o. k.

Der U-Wert ist damit nennenswert besser als gefordert. Dies sollte für den Auftraggeber kein Problem darstellen.

Zu beachten ist bei dieser Berechnung (gilt auch für die Berechnung vor der Änderung):

- Die Installationsebene wird als nicht belüftete Luftschicht ohne Unterbrechungen angesetzt, obwohl sie tatsächlich durch eine Querlattung unterbrochen wird. Dies kann aber auf der sicheren Seite liegend vernachlässigt werden. Eine Berücksichtigung würde die Berechnung erheblich verkomplizieren, ohne die Genauigkeit des Ergebnisses wirklich zu verbessern.

Feuchteschutz

Einordnung des Bauteils als nicht belüftetes Dach mit belüfteter Dachdeckung. Überprüfung der Kriterien für die Nachweisfreiheit:

1. Die äußere Abdeckung der Wärmedämmung besteht aus Schalung und Bitumendachbahn V13, der sd-Wert beträgt:

$$s_{d,\,i} = s_{d,\,\text{Schalung}} + s_{d,\,\text{V13}}$$

$$= \mu_{\text{Schalung}} \cdot d_{\text{Schalung}} + \mu_{\text{V13}} \cdot d_{\text{V13}}$$

$$= 50 \cdot 0{,}024 + 60.000 \cdot 0{,}003$$

$$= 181{,}2 \text{ m}$$

Dieser Wert ist größer als 0,3 m, somit ist für die Nachweisfreiheit eine Dampfsperre mit $s_d \geq 100$ m erforderlich. Die feuchtevariable Dampfbremse hat einen sd-Wert von 0,5 bis 8 m.
Die Anforderung ist also nicht erfüllt.

2. Der Wärmedurchlasswiderstand der Schichten unterhalb der Dampfbremse darf maximal 20% des Gesamt-Wärmedurchlasswiderstandes betragen. Betrachtet wird das Gefach.
Unterhalb der Dampfbremse liegen Gipskartonplatte, zementgebundene Spanplatte und Luftschicht, der Teilwiderstand beträgt:

$$R_{\text{Teil}} = 0,05 + 0,083 + 0,16$$
$$= 0,293 \text{ m}^2 \cdot \text{K/W}$$

Der Gesamtwiderstand beträgt:

$$R_{\text{Gesamt}} = R_T - \left(R_{\text{si}} + R_{\text{se}} \right)$$
$$= 5,821 - \left(0,10 + 0,10 \right)$$
$$= 5,621 \text{ m}^2 \cdot \text{K/W}$$

Teilwiderstand prozentual:

$$\frac{R_{\text{Teil}}}{R_{\text{Gesamt}}} \cdot 100$$
$$= \frac{0,293}{5,621} \cdot 100$$
$$= 5,21 \%$$

Die Anforderung ist erfüllt.

3. Luftdichtheit raumseits der Wärmedämmung ist durch die Dampfbremse gegeben.
Die Anforderung ist erfüllt.

4. Mindestwärmeschutz nach DIN 4108-2 (*siehe Tabelle 1-43 auf Seite 75*) ist eingehalten.

5. „Normales Klima" liegt vor.

Der neue Aufbau ist wegen der Sperrwertanordnung nicht nachweisfrei bezüglich schädlicher Tauwasserbildung im Sinne von DIN 4108-3. *Siehe auch Diagramm 1-48 auf Seite 80.*

Im rechnerischen Nachweis (*siehe Kapitel 2.3 auf Seite 143*) wird die feuchtevariable Dampfbremse mit dem vom Hersteller genannten, fixen sd-Wert von 2,5 m angesetzt. Der Nachweis gelingt (Fall d nach DIN 4108-3, unschädliches Tauwasser im Bereich der Schalung).

Beispielsatz 4-13: Blatt 1 von 3: U-Wert-Berechnung, Kindergarten

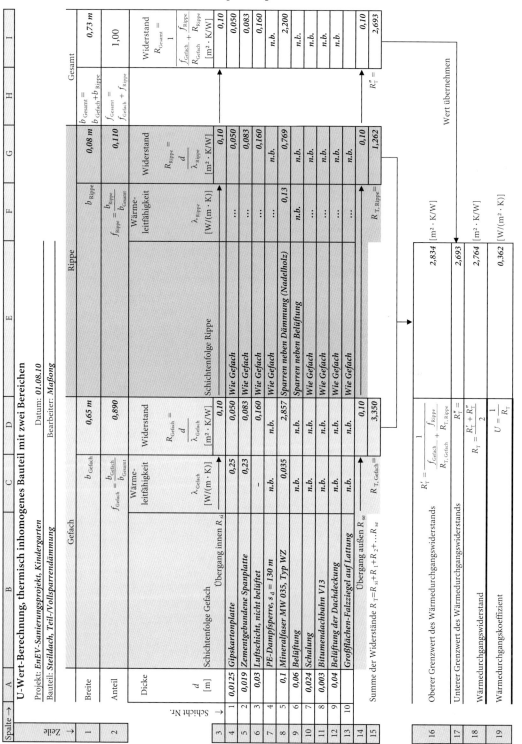

U-Wert-Berechnung, thermisch inhomogenes Bauteil mit zwei Bereichen

Projekt: *EnEV-Sanierungsprojekt, Kindergarten* Datum: *01.08.10*
Bauteil: *Steildach, Teil-/Vollsparrendämmung* Bearbeiter: *Maßong*

Spalte →	A	B	C (Gefach)	D (Gefach)	E (Gefach)	F (Rippe)	G (Rippe)	H (Gesamt)	I (Gesamt)
Zeile 1	Breite		b_{Gefach} = 0,65 m			b_{Rippe} = 0,08 m		$b_{Gesamt} = b_{Gefach} + b_{Rippe}$ = 0,73 m	
Zeile 2	Anteil		$f_{Gefach} = \dfrac{b_{Gefach}}{b_{Gesamt}}$ = 0,890			$f_{Rippe} = \dfrac{b_{Rippe}}{b_{Gesamt}}$ = 0,110		$f_{Gesamt} = f_{Gefach} + f_{Rippe}$ = 1,00	

Dicke:

Schicht Nr.	*d* [m]	Schichtenfolge Gefach	Wärmeleitfähigkeit λ_{Gefach} [W/(m·K)]	Widerstand $R_{Gefach} = \dfrac{d}{\lambda_{Gefach}}$ [m²·K/W]	Schichtenfolge Rippe	Wärmeleitfähigkeit λ_{Rippe} [W/(m·K)]	Widerstand $R_{Rippe} = \dfrac{d}{\lambda_{Rippe}}$ [m²·K/W]	Widerstand $R_{Gesamt} = \dfrac{1}{\frac{f_{Gefach}}{R_{Gefach}} + \frac{f_{Rippe}}{R_{Rippe}}}$ [m²·K/W]
Zeile 3		Übergang innen R_{si}		0,10			0,10	0,10
1	0,0125	*Gipskartonplatte*	*0,25*	*0,050*	*Wie Gefach*	*...*	*0,050*	*0,050*
2	0,019	*Zementgebundene Spanplatte*	*0,23*	*0,083*	*Wie Gefach*	*...*	*0,083*	*0,083*
3	0,03	*Luftschicht, nicht belüftet*	*–*	*0,160*	*Wie Gefach*	*...*	*0,160*	*0,160*
4		*PE-Dampfsperre, s_d = 130 m*	*n.b.*	*n.b.*	*Wie Gefach*	*...*	*n.b.*	*n.b.*
5	0,1	*Mineralfaser MW 035, Typ WZ*	*0,035*	*2,857*	*Sparren neben Dämmung (Nadelholz)*	*0,13*	*0,769*	*2,200*
6	0,06	*Belüftung*	*n.b.*	*n.b.*	*Sparren neben Belüftung*	*n.b.*	*n.b.*	*n.b.*
7	0,024	*Schalung*	*n.b.*	*n.b.*	*Wie Gefach*	*...*	*n.b.*	*n.b.*
8	0,003	*Bitumendachbahn V13*	*n.b.*	*n.b.*	*Wie Gefach*	*...*	*n.b.*	*n.b.*
9	0,04	*Beluftung der Dachdeckung*	*n.b.*	*n.b.*	*Wie Gefach*	*...*	*n.b.*	*n.b.*
10		*Großflächen-Falzziegel auf Lattung*	*n.b.*	*n.b.*	*Wie Gefach*	*...*	*n.b.*	*n.b.*
Zeile 14		Übergang außen R_{se}		0,10			0,10	0,10
Zeile 15		Summe der Widerstände $R_T = R_{si} + R_1 + R_2 + \ldots R_{se}$	$R_{T,\,Gefach}$ = 3,350			$R_{T,\,Rippe}$ = 1,262		R_T'' = 2,693

Oberer Grenzwert des Wärmedurchgangswiderstands
$$R_T' = \frac{1}{\dfrac{f_{Gefach}}{R_{T,\,Gefach}} + \dfrac{f_{Rippe}}{R_{T,\,Rippe}}} = 2,834 \;[\text{m}^2\cdot\text{K/W}]$$

Unterer Grenzwert des Wärmedurchgangswiderstands
$$R_T'' = 2,693$$

Wärmedurchgangswiderstand
$$R_T = \frac{R_T' + R_T''}{2} = 2,764 \;[\text{m}^2\cdot\text{K/W}]$$

Wärmedurchgangskoeffizient
$$U = \frac{1}{R_T} = 0,362 \;[\text{W/(m}^2\cdot\text{K)}]$$

Wert übernehmen

Fortsetzung Beispielsatz 4-13: Blatt 2 von 3: Optimierung

Optimierung des U-Werts

Projekt: *EnEV-Sanierungsprojekt, Kindergarten*	Datum: *01.08.10*
Bauteil: *Steildach, Teil-/Vollsparrendämmung*	Bearbeiter: *Maßong*

Geforderter U-Wert	zul U [W/(m² · K)]	*0,240*
Vorläufiger U-Wert (vor Optimierung)	vorl U [W/(m² · K)]	*0,362*

Optimierung durch thermisch homogene Schicht

Optimierung über die Schichtdicke bei vorgegebener Wärmeleitfähigkeit

Wärmeleitfähigkeit der Stoffschicht	λ [W/(m² · K)]	
Erforderliche (zusätzliche) Schichtdicke [m]	$d = \left(\dfrac{1}{\text{zul } U} - \dfrac{1}{\text{vorl } U} \right) \cdot \lambda$	

Optimierung über die Wärmeleitfähigkeit bei vorgegebener Schichtdicke

Dicke der Stoffschicht	d [m]	
Erforderliche Wärmeleitfähigkeit [W/(m² · K)]	$\lambda = \dfrac{d}{\left(\dfrac{1}{\text{zul } U} - \dfrac{1}{\text{vorl } U} \right)}$	

Optimierung durch unterbrochene Schicht

Optimierung über die Schichtdicke bei vorgegebener Wärmeleitfähigkeit

Wärmeleitfähigkeit der Stoffschicht	λ [W/(m² · K)]	*0,035*
Rippenanteil in der Stoffschicht	$f_{\text{Rippe}} = \dfrac{b_{\text{Rippe}}}{b_{\text{Gesamt}}} = \dfrac{A_{\text{Rippe}}}{A_{\text{Gesamt}}}$	*0,110*
Vorläufige (zusätzliche) Schichtdicke [m]	vorl $d = \left(\dfrac{1}{\text{zul } U} - \dfrac{1}{\text{vorl } U} \right) \cdot \lambda$	*0,049*
Erforderliche (zusätzliche) Schichtdicke [m]	$d = \left(1 + 2 \cdot f_{\text{Rippe}} \right) \cdot \text{vorl } d$	*0,060* → *0,06 m*

Fortsetzung Beispielsatz 4-13: Blatt 3 von 3: Kontrollrechnung (geänderter Aufbau)

U-Wert-Berechnung, thermisch inhomogenes Bauteil mit zwei Bereichen

Projekt: *EnEV-Sanierungsprojekt, Kindergarten*
Bauteil: **Steildach, Teil-/Vollsparrendämmung**
Datum: *01.08.10*
Bearbeiter: *Maßong*

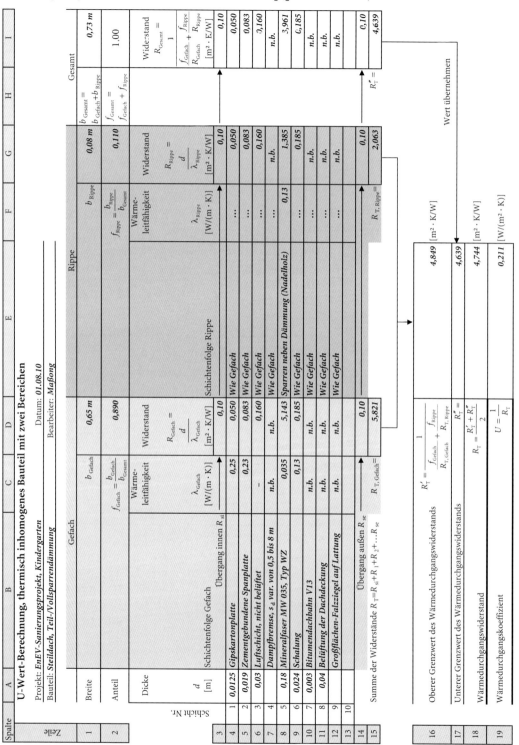

Spalte	A	B	C	D	E	F	G	H	I
Zeile		**Gefach**				**Rippe**			**Gesamt**
1	Breite		b_{Gefach}	**0,65 m**			b_{Rippe}	**0,08 m**	$b_{Gesamt}=b_{Gefach}+b_{Rippe}$ = **0,73 m**
2	Anteil		$f_{Gefach}=\dfrac{b_{Gefach}}{b_{Gesamt}}$	**0,890**			$f_{Rippe}=\dfrac{b_{Rippe}}{b_{Gesamt}}$	**0,110**	$f_{Gesamt}=f_{Gefach}+f_{Rippe}$ = **1,00**
(Schicht Nr. / Dicke d [m])		Schichtenfolge Gefach / Wärmeleitfähigkeit λ_{Gefach} [W/(m·K)]		Widerstand $R_{Gefach}=\dfrac{d}{\lambda_{Gefach}}$ [m²·K/W]	Schichtenfolge Rippe	Wärmeleitfähigkeit λ_{Rippe} [W/(m·K)]	Widerstand $R_{Rippe}=\dfrac{d}{\lambda_{Rippe}}$ [m²·K/W]		Widerstand $R_{Gesamt}=\dfrac{1}{\frac{f_{Gefach}}{R_{Gefach}}+\frac{f_{Rippe}}{R_{Rippe}}}$ [m²·K/W]
3	Übergang innen R_{si}			0,10			0,10		0,10
4	0,0125	Gipskartonplatte	0,25	0,050	Wie Gefach	…	0,050		0,050
5	0,019	Zementgebundene Spanplatte	0,23	0,083	Wie Gefach	…	0,083		0,083
6	0,03	Luftschicht, nicht belüftet	–	0,160	Wie Gefach	…	0,160		3,160
7		Dampfbremse, s_d var. von 0,5 bis 8 m	n.b.	n.b.	Wie Gefach	…	n.b.		n.b.
8	0,18	Mineralfaser MW 035, Typ WZ	0,035	5,143	Sparren neben Dämmung (Nadelholz)	0,13	1,385		3,961
9	0,024	Schalung	0,13	0,185	Wie Gefach	…	0,185		6,185
10	0,003	Bitumendachbahn V13	n.b.	n.b.	Wie Gefach	…	n.b.		n.b.
11	0,04	Belüftung der Dachdeckung	n.b.	n.b.	Wie Gefach	…	n.b.		n.b.
12		Großflächen-Falzziegel auf Lattung	n.b.	n.b.	Wie Gefach	…	n.b.		n.b.
13									
14	Übergang außen R_{se}			0,10			0,10		0,10
15	Summe der Widerstände $R_T=R_{si}+R_1+R_2+\dots R_{se}$		$R_{T,Gefach}=$	5,821		$R_{T,Rippe}=$	2,063		4,639

16	Oberer Grenzwert des Wärmedurchgangswiderstands	$R'_T=\dfrac{1}{\frac{f_{Gefach}}{R_{T,Gefach}}+\frac{f_{Rippe}}{R_{T,Rippe}}}$	**4,849** [m²·K/W]
17	Unterer Grenzwert des Wärmedurchgangswiderstands	$R''_T=$	**4,639** [m²·K/W]
18	Wärmedurchgangswiderstand	$R_T=\dfrac{R'_T+R''_T}{2}=$	**4,744** [m²·K/W]
19	Wärmedurchgangskoeffizient	$U=\dfrac{1}{R_T}=$	**0,211** [W/(m²·K)]

Wert übernehmen

4.2.3   Flachdachaufsattelung Mehrfamilienhaus

Sachverhalt, alter
Aufbau

Das Flachdach eines Mehrfamilienhauses soll mittels Aufsetzen eines Satteldaches (Aufsattelung) saniert werden. Das Wohngebäude hat normales Raumklima und ist nicht klimatisiert.

Die Dachanalyse hat ergeben:

- Vorgefundene Schichtenfolge von innen nach außen:
  - 16 mm Schalung aus Fichte mit offenen Fugen, luftdurchlässig
  - 40 mm Installationsebene
  - 240 mm Porenbetondecke aus Fertigteilen, Rohdichte unbekannt, Fugen vermörtelt
  - 30 bis 70 mm Ausgleichs- und Gefälleestrich (Zementestrich)
  - 4 mm Bitumenschweißbahn
  - 80 mm Wärmedämmung aus Mineralfaser, ehemalige Wärmeleitgruppe WLG 040
  - 2 mm Kunststoffbahn, mechanisch befestigt
- Die Wärmedämmung ist bereichsweise stark durchfeuchtet und kann in einem neuen Flachdachaufbau nicht weiter genutzt werden.
- Die Abdichtung weist neben neuen Lecks zahlreiche missglückte Reparaturversuche auf und ist nicht mehr funktionsfähig.
- Aus gestalterischer Sicht wird ein Umbau zum schwach geneigten Satteldach favorisiert. Der Fachtechnik kommt dies entgegen, weil dies die Möglichkeit zur Weiternutzung der alten Wärmedämmung eröffnet. Dazu soll die Abdichtung entfernt und die alte Wärmedämmung mit einer weiteren Lage Mineralfaser abgedeckt werden. So können die durchfeuchteten Bereiche der alten Wärmedämmung sehr schnell und schadlos nach außen trocknen.

Anwendung der
EnEV

Im Sinne der EnEV wird aus dem wärmeübertragenden Flachdach nun eine erstmalig eingebaute, wärmeübertragende Decke zum belüfteten Dachraum eines Steildaches. Die Maßnahme wird dem Bereich Steildach zugeordnet und löst als Erneuerungstatbestand entsprechende Anforderungen nach EnEV aus. Für die Decke gilt als zulässiger U-Wert:

$$zul\ U = 0{,}24\ \text{W/(m}^2 \cdot \text{K)}$$

Siehe auch Diagramm 3-6 auf Seite 220.

Der Bauherr möchte die Chance nutzen und den Wärmeschutz über die Anforderungen der EnEV hinaus verbessern. In diesem Fall bietet sich dies an, denn der zusätzliche Dämmstoff verursacht keinen nennenswerten Aufwand, da er nur auf den vorhandenen aufgelegt wird. Der angestrebte U-Wert wird wie folgt festgelegt:

$$zul\ U = 0{,}15\ \text{W/(m}^2 \cdot \text{K)}$$

Die Sanierungsmaßnahme erfordert eine Unternehmererklärung gemäß § 26a EnEV (hier nicht abgebildet).

Konsequenz,
neuer Aufbau

Die alte Abdichtung wird entfernt. Der Satteldachstuhl mit einer Dachneigung von 20° wird direkt auf die tragende Decke aufgesetzt, an den Auflagern wird die alte Dämmung entfernt.

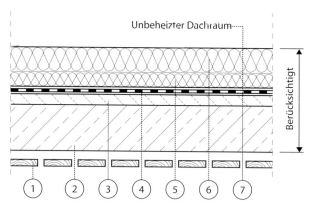

Bild 4-14: Flachdach Mehrfamilienhaus, Nummerierung wie im Rechenformblatt

Der neue Aufbau hat folgende Schichtenfolge:

- 16 mm Schalung aus Fichte mit offenen Fugen, luftdurchlässig
- 40 mm Installationsebene
- 240 mm Porenbetondecke aus Fertigteilen, Rohdichte unbekannt, Fugen vermörtelt
- 30 bis 70 mm Ausgleichs- und Gefälleestrich (Zementestrich)
- 4 mm Bitumenschweißbahn
- 80 mm vorhandene Wärmedämmung aus Mineralfaser, ehemalige Wärmeleitgruppe WLG 040
- ??? (noch zu ermitteln) mm neue Wärmedämmung aus Mineralfaser MW 040, Typ DZ
- belüfteter Dachraum
- Steildachkonstruktion: Sparren, Unterspannung, Belüftung, Lattung, Ziegeldeckung

Berechnung

Beispielsatz 4-15 auf Seite 298 gibt die formblattgestützte Berechnung wieder. Der neue Aufbau hat ohne die neue Wärmedämmung bereits einen U-Wert von 0,313. Wenn man den Zuschlag für den Wärmedurchlasswiderstand des belüfteten Dachraums (*siehe Tabelle 2-14 auf Seite 120*) berücksichtigt, verbessert sich der U-Wert auf 0,294. Die Optimierung ergibt eine erforderliche Dämmstoffdicke von gerundet 140 mm (lieferbare Dicke). Die Kontrollrechnung bestätigt die Einhaltung des zulässigen U-Werts für den optimierten Aufbau:

vorh $U = 0,145 \cong 0,15 <$ zul $U = 0,15$ W/(m² · K) → o. k.

Zu beachten ist bei dieser Berechnung:

- Die Innenbekleidung (Schalung mit offenen Fugen) kann nicht auf den Wärmeschutz angerechnet werden, da die Raumluft dazwischen bis zur Porenbetondecke zirkuliert.
- Für den Porenbeton wird der schlechteste verfügbare Bemessungswert der Wärmeleitfähigkeit angesetzt, weil die Rohdichte nicht bekannt ist.
- Der Zementestrich wird auf der sicheren Seite liegend mit seiner geringsten Dicke, also 30 mm, angesetzt.

- Die Unterbrechung der Wärmedämmung durch die Auflagerpunkte des Satteldachstuhls ist geringfügig und kann vernachlässigt werden. Der Aufbau kann also als thermisch homogenes Bauteil berechnet werden.
- Der äußere Wärmeübergangswiderstand kann wie bei Bauteilen mit Belüftungsebene mit dem gleichen Wert wie innen (also mit 0,10) angesetzt werden.

Feuchteschutz Die Decke zum belüfteten Dachraum ist nicht ausdrücklich in *Diagramm 1-47 auf Seite 79* aufgeführt. Die Kriterien für belüftete Dächer mit Dachneigung > 5° können aber herangezogen werden, weil Decke und Dach als Ganzes wie ein belüftetes Steildach funktionieren – ausreichende Belüftung des Dachraums vorausgesetzt.

Überprüfung der Kriterien für die Nachweisfreiheit:

1. Die Dampfbremse/-sperre muss einen sd-Wert von mindestens 2 m haben. Die Bitumenschweißbahn hat eine Dicke $d = 4$ mm $= 0,004$ m sowie eine Diffusionswiderstandszahl $\mu = 50.000$. Daraus ergibt sich:

$$s_d = \mu \cdot d$$
$$= 50.000 \cdot 0,004$$
$$= 200 \text{ m}$$

Die Anforderung ist erfüllt.

2. Der Wärmedurchlasswiderstand der Schichten unterhalb der Dampfsperre darf maximal 20 % des Gesamt-Wärmedurchlasswiderstandes betragen. Der Wärmedurchlasswiderstand des belüfteten Dachraums bleibt bei der Prüfung unberücksichtigt.
Unterhalb der Dampfsperre liegt der Porenbeton. Dieser wurde für den U-Wert auf der sicheren Seite liegend mit einer hohen Wärmeleitfähigkeit angesetzt, der Teilwiderstand beträgt deshalb mindestens:

$$R_{\text{Teil}} = 0,960 \text{ m}^2 \cdot \text{K/W}$$

Der Gesamtwiderstand beträgt:

$$R_{\text{Gesamt}} = R_T - \left(R_{\text{si}} + R_{\text{se}}\right)$$
$$= 6,698 - \left(0,10 + 0,10\right)$$
$$= 6,498 \text{ m}^2 \cdot \text{K/W}$$

Teilwiderstand prozentual:

$$\frac{R_{\text{Teil}}}{R_{\text{Gesamt}}} \cdot 100$$
$$= \frac{0,960}{6,498} \cdot 100$$
$$= 14,77 \%$$

Es ist davon auszugehen, dass der Porenbeton tatsächlich eine bessere (niedrigere) als die bei der U-Wert-Berechnung angesetzte Wärmeleitfähigkeit hat. Das bedingt unter ungünstigen Umständen eine Überschreitung der 20 %-Grenze.
Die Anforderung ist deshalb nicht erfüllt.

Beispielsatz 4-15: Blatt 1 von 5: U-Wert-Berechnung, Aufsattelung

Spalte → Zeile ↓	← Schicht Nr. ↓	A	B	C	D
		U-Wert-Berechnung, thermisch homogenes Bauteil			
		Projekt: *EnEV-Sanierungsprojekt, MFH Aufsattelung*		Datum: ***01.08.10***	
		Bauteil: ***Flachdach wird Decke zum belüfteten Steildachraum***		Bearbeiter: ***Maßong***	
		Schichtenfolge	Dicke d [m]	Wärme-leitfähigkeit λ [W/(m · K)]	Widerstand $R = \frac{d}{\lambda}$ [m² · K/W]
0		Übergang innen R_{si}	→	→	***0,10***
1	1	***Offene Schalung***	***0,016***	***n.b.***	***n.b.***
2	2	***Porenbeton, 800 kg/m³***	***0,24***	***0,25***	***0,960***
3	3	***Zement-Estrich***	***0,03***	***1,4***	***0,021***
4	4	***Dampfsperre: Bitumenschweißbahn***	***0,004***	***0,23***	***0,017***
5	5	***Mineralfaserdämmstoff WLG 040 (vorhanden)***	***0,08***	***0,04***	***2,000***
6	6	***Mineralfaserdämmstoff MW 040, Typ WZ***	***???***	***0,04***	***???***
7	7	***Dachraum und Deckung: siehe Korrekturformblatt***	–	–	–
8	8				
9	9				
10	10				
11		Übergang außen R_{se}	→	→	***0,10***
12		Wärmedurchgangswiderstand [m² · K/W]	$R_T = R_{si} + R_1 + R_2 + \ldots R_{se}$		***3,198***
13		Wärmedurchgangskoeffizient [W/(m² · K)]	$U = \frac{1}{R_T}$		***0,313***

3. Luftdichtheit raumseits der Wärmedämmung ist durch die Porenbetondecke gegeben, weil die Fugen vermörtelt sind.
4. Mindestwärmeschutz nach DIN 4108-2 (*siehe Tabelle 1-43 auf Seite 75*) ist eingehalten.
5. „Normales Klima“ liegt vor.

Der neue Aufbau ist wegen des zu hohen Teilwiderstandes innenseits der Dampfsperre nicht nachweisfrei bezüglich schädlicher Tauwasserbildung im Sinne von DIN 4108-3. *Siehe auch Diagramm 1-47 auf Seite 79.*

Ein rechnerischer Tauwassernachweis ist erforderlich. Dieser führt zu dem Ergebnis, dass keine schädliche Tauwasserbildung vorliegt (Fall a nach DIN 4108-3, Aufbau bleibt tauwasserfrei). Dies gilt auch dann, wenn im Tauwassernachweis der Porenbeton mit der besten verfügbaren Wärmeleitfähigkeit angesetzt wird.

Fortsetzung Beispielsatz 4-15: Blatt 2 von 5: U-Wert-Korrektur

Korrektur der U-Wert-Berechnung

Projekt: *EnEV-Sanierungsprojekt, MFH Aufsattelung* Datum: *01.08.10*

Bauteil: *Flachdach wird Decke zum belüfteten Steildachraum* Bearbeiter: *Maßong*

	übern R_T	übern U
Übernahme R_T und U aus U-Wert-Berechnung ⟶	**3,198**	
	[m²·K/W]	[W/(m²·K)]

Verbesserung des U-Werts

Dämmwirkung unbeheizter kleiner Räume (Garage, Wintergarten, Lagerraum etc.)

Gesamtfläche aller trennenden Bauteile zwischen Innenraum und unbeheiztem Raum A_i = [m²]

Gesamtfläche aller Außenbauteile des unbeheizten Raums A_e = [m²]

Zuschlag zum Wärmedurchlasswiderstand $R_U = \dfrac{A_i}{2 \cdot A_e + 1}$

Dämmwirkung des belüfteten Dachraums und der Deckung, nur bei U-Wert der Decke unter dem Dachraum

Dachkonstruktion ankreuzen und Wert R_U in Feld R_U übernehmen:

☐ 1: Ziegel oder Dachsteine ohne Unterspannung, Schalung o. Ä. → $R_U = 0,06$

☐ 2: Platten, Schiefer, Ziegel oder Dachsteine über Unterspannung, Schalung o. Ä. → $R_U = 0,20$ **0,20**

☐ 3: Wie 2, jedoch mit Alufolie oder anderer reflektierender Oberfläche an Dachunterseite → $R_U = 0,30$

☐ 4: Dachdeckung mit Schalung und Vordeckung oder Unterdach o. Ä. → $R_U = 0,30$

☐ 5: Abweichende Dachdeckung: → R_U wählen

vorl R_T = übern R_T + R_U (wenn keine Korrektur, dann vorl R_T = übern R_T) **3,398**

vorl U =1/vorl R_T (wenn keine Korrektur, dann vorl U = übern U) **0,294**

Verschlechterung des U-Werts

Luftspalte/Fugen in der Dämmebene, Luftzirkulation

Vorliegenden Fall ankreuzen und Wert $\Delta U''$ in Feld $\Delta U''$ übernehmen:

☐ Stufe 0: Dämmung ohne warmseitigen Luftraum und ohne durchgehende Fugen über 5 mm; Dämmung, deren Wärmedurchlasswiderstand $R_{Dämm}$ höchstens 50 % des Wärmedurchgangswiderstands R_T beträgt: $R_{Dämm}$ / vorl R_T ≤ 0,5 → $\Delta U'' = 0$

☐ Stufe 1: Dämmung mit warmseitigem Luftraum oder mit durchgehenden Fugen > 5mm → $\Delta U'' = 0,01$

☐ Stufe 2: Dämmung mit warmseitigem Luftraum und mit durchgehenden Fugen > 5mm → $\Delta U'' = 0,04$

$\Delta U''$ =

Wärmedurchlasswiderstand $R_{Dämm}$ der Dämmung (aus U-Wert-Berechnung):

vorl R_T

U-Wert-Zuschlag $\Delta U_g = \Delta U'' \cdot \left(\dfrac{R_{Dämm}}{\text{vorl } R_T}\right)^2$

Mechanische Befestigungen, die Dämmschicht durchdringend

Material des Befestigungsteil ankreuzen und Wärmeleitfähigkeit λ_f in Feld λ_f übernehmen:

☐ Stahl, auch verzinkt → $\lambda_f = 50$ W/(m · K)

☐ Nicht rostender Stahl → $\lambda_f = 17$ W/(m · K)

☐ Aluminium → $\lambda_f = 160$ W/(m · K)

☐ Anderes Material: → λ_f wählen

λ_f =

Querschnittsfläche eines Befestigungsteils A_f = [m²]

Anzahl der Befestigungsteile je m² n_f = [St/m²]

Gesamtdicke der Dämmung d_0 = [m]

durchdrungene Teildicke der Dämmung d_1 = [m]

Wärmeleitfähigkeit Dämmstoffes λ_f =

vorl R_T

Zwischenwert $R_1 = \dfrac{d_1}{\lambda_{Dämm}}$ U-Wert-Zuschlag $\Delta U_f = \dfrac{0,8 \cdot \lambda_f \cdot A_f \cdot n_f \cdot d_1}{d_0^2} \cdot \left(\dfrac{R_1}{\text{vorl } R_T}\right)$

Umkehrdach (Wärmedämmung aus XPS außenseits der Abdichtung, Kaltwasserunterströmung)

Gesamt-Wärmedurchlasswiderstand (ohne Übergänge) R_{gesamt}: (aus U-Wert-Berechnung)

Teil-Durchlasswiderstand innenseits der Abdichtung R_{innen}: (aus U-Wert-Berechnung)

Teil-Durchlasswiderstand in Prozent $f_{R, innen} = \dfrac{R_{innen}}{R_{gesamt}} \cdot 100$

U-Wert-Zuschlag ΔU_r: wenn $\begin{cases} f_{R, innen} \geq 50\% \to \Delta U_r = 0 \\ f_{R, innen} \geq 10\% \to \Delta U_r = 0,03 \\ f_{R, innen} < 10\% \to \Delta U_r = 0,05 \end{cases}$

korr U = vorl U + ΔU_g + ΔU_f + ΔU_r (wenn keine Korrektur, dann korr U = vorl U) **0,294**

korr R_T = 1 / korr U (wenn keine Korrektur, dann korr R_T = vorl R_T) **3,398**

Fortsetzung Beispielsatz 4-15: Blatt 3 von 5: Optimierung

Optimierung des U-Werts

Projekt: *EnEV-Sanierungsprojekt, MFH Aufsattelung*   Datum: *01.08.10*

Bauteil: *Flachdach wird Decke zum belüfteten Steildachraum*   Bearbeiter: *Maßong*

Geforderter U-Wert	zul U [W/(m² · K)]	*0,150*
Vorläufiger U-Wert (vor Optimierung)	vorl U [W/(m² · K)]	*0,294*

Optimierung durch thermisch homogene Schicht

Optimierung über die Schichtdicke bei vorgegebener Wärmeleitfähigkeit

Wärmeleitfähigkeit der Stoffschicht	λ [W/(m² · K)]	*0,04*
Erforderliche (zusätzliche) Schichtdicke [m]	$d = \left(\dfrac{1}{\text{zul } U} - \dfrac{1}{\text{vorl } U} \right) \cdot \lambda$	*0,131* → *0,14 m*

Optimierung über die Wärmeleitfähigkeit bei vorgegebener Schichtdicke

Dicke der Stoffschicht	d [m]	
Erforderliche Wärmeleitfähigkeit [W/(m² · K)]	$\lambda = \dfrac{d}{\left(\dfrac{1}{\text{zul } U} - \dfrac{1}{\text{vorl } U} \right)}$	

Optimierung durch unterbrochene Schicht

Optimierung über die Schichtdicke bei vorgegebener Wärmelei λ [W/(m² · K)]

Wärmeleitfähigkeit der Stoffschicht	λ [W/(m² · K)]	
Rippenanteil in der Stoffschicht	$f_{\text{Rippe}} = \dfrac{b_{\text{Rippe}}}{b_{\text{Gesamt}}} = \dfrac{A_{\text{Rippe}}}{A_{\text{Gesamt}}}$	
Vorläufige (zusätzliche) Schichtdicke [m]	vorl $d = \left(\dfrac{1}{\text{zul } U} - \dfrac{1}{\text{vorl } U} \right) \cdot \lambda$	
Erforderliche (zusätzliche) Schichtdicke [m]	$d = \left(1 + 2 \cdot f_{\text{Rippe}} \right) \cdot \text{vorl } d$	

Fortsetzung Beispielsatz 4-15: Blatt 4 von 5: U-Wert-Berechnung

Spalte →	A	B	C	D
Zeile ↓	**U-Wert-Berechnung, thermisch homogenes Bauteil**			
	Projekt: *EnEV-Sanierungsprojekt, MFH Aufsattelung*		Datum: *01.08.10*	
	Bauteil: *Flachdach wird Decke zum belüfteten Steildachraum*		Bearbeiter: *Maßong*	
	Schichtenfolge / Schicht Nr.	Dicke d [m]	Wärme-leitfähigkeit λ [W/(m · K)]	Widerstand $R = \dfrac{d}{\lambda}$ [m² · K/W]
0	Übergang innen R_{si}			*0,10*
1	1 *Offene Schalung*	*0,016*	*n.b.*	*n.b.*
2	2 *Porenbeton, 800 kg/m³*	*0,24*	*0,25*	*0,960*
3	3 *Zement-Estrich*	*0,03*	*1,4*	*0,021*
4	4 *Dampfsperre: Bitumenschweißbahn*	*0,004*	*0,23*	*0,017*
5	5 *Mineralfaserdämmstoff WLG 040 (vorhanden)*	*0,08*	*0,04*	*2,000*
6	6 *Mineralfaserdämmstoff MW 040, Typ WZ*	*0,14*	*0,04*	*3,500*
7	7 *Dachraum und Deckung: siehe Korrekturformblatt*	–	–	–
8	8			
9	9			
10	10			
11	Übergang außen R_{se}			*0,10*
12	Wärmedurchgangswiderstand [m² · K/W]		$R_T = R_{si} + R_1 + R_2 + \ldots R_{se}$	*6,698*
13	Wärmedurchgangskoeffizient [W/(m² · K)]		$U = \dfrac{1}{R_T}$	*0,149*

Fortsetzung Beispielsatz 4-15: Blatt 5 von 5: U-Wert-Korrektur

Korrektur der U-Wert-Berechnung

		übern R_T	übern U
Projekt: *EnEV-Sanierungsprojekt, MFH Aufsattelung*	Datum: *01.08.10*		
Bauteil: *Flachdach wird Decke zum belüfteten Steildachraum*	Bearbeiter: *Maßong*		
Übernahme R_T und U aus U-Wert-Berechnung $\longrightarrow$		6,698	
		[m² · K/W]	[W/(m²·K)]

Verbesserung des U-Werts

Dämmwirkung unbeheizter kleiner Räume (Garage, Wintergarten, Lagerraum etc.)

Gesamtfläche aller trennenden Bauteile zwischen Innenraum und unbeheiztem Raum A_i = [ ] [m²]

Gesamtfläche aller Außenbauteile des unbeheizten Raums A_e = [ ] [m²]

Zuschlag zum Wärmedurchlasswiderstand $\qquad R_U = \dfrac{A_i}{2 \cdot A_e + 1}$

Dämmwirkung des belüfteten Dachraums und der Deckung, nur bei U-Wert der Decke unter dem Dachraum

Dachkonstruktion ankreuzen und Wert R_U in Feld R_U übernehmen:

[ ] 1: Ziegel oder Dachsteine ohne Unterspannung, Schalung o. Ä.	$\rightarrow R_U = 0{,}06$	
[ ] 2: Platten, Schiefer, Ziegel oder Dachsteine über Unterspannung, Schalung o. Ä.	$\rightarrow R_U = 0{,}20$	**0,20**
[ ] 3: Wie 2, jedoch mit Alufolie oder anderer reflektierender Oberfläche an Dachunterseite	$\rightarrow R_U = 0{,}30$	
[ ] 4: Dachdeckung mit Schalung und Vordeckung oder Unterdach o. Ä.	$\rightarrow R_U = 0{,}30$	
[ ] 5: Abweichende Dachdeckung:	$\rightarrow R_U$ wählen	

vorl R_T = übern $R_T + R_U$ (wenn keine Korrektur, dann vorl R_T = übern R_T) — **6,898**

vorl U = 1/vorl R_T (wenn keine Korrektur, dann vorl U = übern U) — **0,145**

Verschlechterung des U-Werts

Luftspalte/Fugen in der Dämmebene, Luftzirkulation

Vorliegenden Fall ankreuzen und Wert $\Delta U''$ in Feld $\Delta U''$ übernehmen:

[ ] Stufe 0: Dämmung ohne warmseitigen Luftraum und ohne durchgehende Fugen über 5 mm; Dämmung, deren Wärmedurchlasswiderstand $R_{Dämm}$ höchstens 50 % des Wärmedurchgangswiderstands R_T beträgt: $R_{Dämm}$ / vorl $R_T \leq 0{,}5$ $\qquad \rightarrow \Delta U'' = 0$

[ ] Stufe 1: Dämmung mit warmseitigem Luftraum oder mit durchgehenden Fugen > 5mm $\quad \rightarrow \Delta U'' = 0{,}01$

[ ] Stufe 2: Dämmung mit warmseitigem Luftraum und mit durchgehenden Fugen > 5mm $\quad \rightarrow \Delta U'' = 0{,}04$

$\Delta U''$ = [ ]

Wärmedurchlasswiderstand $R_{Dämm}$ der Dämmung (aus U-Wert-Berechnung): [ ]

vorl R_T [ ]

U-Wert-Zuschlag $\qquad \Delta U_g = \Delta U'' \cdot \left(\dfrac{R_{Dämm}}{\text{vorl } R_T} \right)^2$

Mechanische Befestigungen, die Dämmschicht durchdringend

Material des Befestigungsteil ankreuzen und Wärmeleitfähigkeit λ_f in Feld λ_f übernehmen:

[ ] Stahl, auch verzinkt	$\rightarrow \lambda_f = 50$ W/(m · K)
[ ] Nicht rostender Stahl	$\rightarrow \lambda_f = 17$ W/(m · K)
[ ] Aluminium	$\rightarrow \lambda_f = 160$ W/(m · K)
[ ] Anderes Material:	$\rightarrow \lambda_f$ wählen

λ_f = [ ]

Querschnittsfläche eines Befestigungsteils A_f = [ ] [m²]

Anzahl der Befestigungsteile je m² n_f = [ ] [St/m²]

Gesamtdicke der Dämmung d_0 = [ ] [m]

durchdrungene Teildicke der Dämmung d_1 = [ ] [m]

Wärmeleitfähigkeit Dämmstoffes λ_f = [ ]

vorl R_T [ ]

Zwischenwert $\quad R_1 = \dfrac{d_1}{\lambda_{Dämm}}$ [ ] $\qquad$ U-Wert-Zuschlag $\quad \Delta U_f = \dfrac{0{,}8 \cdot \lambda_f \cdot A_f \cdot n_f \cdot d_1}{d_0^{\,2}} \cdot \left(\dfrac{R_1}{\text{vorl } R_T} \right)$

Umkehrdach (Wärmedämmung aus XPS außenseits der Abdichtung, Kaltwasserunterströmung)

Gesamt-Wärmedurchlasswiderstand (ohne Übergänge) R_{gesamt}: [ ] (aus U-Wert-Berechnung)

Teil-Durchlasswiderstand innenseits der Abdichtung R_{innen}: [ ] (aus U-Wert-Berechnung)

Teil-Durchlasswiderstand in Prozent $\qquad f_{R,innen} = \dfrac{R_{innen}}{R_{gesamt}} \cdot 100$

U-Wert-Zuschlag ΔU_r : wenn $\begin{cases} f_{R,innen} \geq 50\% \rightarrow \Delta U_r = 0 \\ f_{R,innen} \geq 10\% \rightarrow \Delta U_r = 0{,}03 \\ f_{R,innen} < 10\% \rightarrow \Delta U_r = 0{,}05 \end{cases}$

korr U = vorl $U + \Delta U_g + \Delta U_f + \Delta U_r$ (wenn keine Korrektur, dann korr U = vorl U) — **0,145 ≅ 0,15**

korr R_T = 1 / korr U (wenn keine Korrektur, dann korr R_T = vorl R_T) — **6,898**

4.3 EnEV-Bauteilprojekte: Außenwände

4.3.1 Außenwandbekleidung Ortsverwaltung

Sachverhalt Ein Teil der Westansicht einer Ortsverwaltung soll eine Außenwandbekleidung aus Holzschindeln erhalten. Betroffen ist eine Fläche von 108 m². Die Gesamtwandfläche beträgt 870 m². Das Gebäude hat während der Heizperiode normale Innentemperaturen (≥ 19 °C), normales Raumklima und ist nicht klimatisiert.

Folgende Konstruktion ist geplant:

- Mauerwerk mit hinterlüfteter Außenwandbekleidung, mit folgender Schichtenfolge im Gefach:
  - 25 mm Kalkgipsputz (vorhanden)
  - 365 mm Mauerwerk aus Leichthochlochziegeln, Rohdichte unbekannt (vorhanden)
  - 25 mm Kalkzementputz (vorhanden)
  - ??? (noch zu ermitteln) mm Mineralfaserdämmung MW 033, Typ WAB
  - diffusionsoffene Unterdeckbahn als „Windsperre" (s_d = 0,02 m)
  - 24 mm Belüftung
  - Holzschindeldeckung auf Latten 30/50
- Das Gefach hat eine Breite von 59 cm. Die Holzrippe ist 80 mm breit, die Höhe richtet sich nach der Dicke der Wärmedämmung, zuzüglich 2 cm für die Belüftungsebene.
- Die Holzrippe unterbricht lediglich die Wärmedämmung.

Anwendung der EnEV Die Außenwandbekleidung löst Anforderungen der EnEV aus, wenn mehr als 10 % der gesamten Außenwandfläche betroffen sind. Hier sind 108 von 870 m² betroffen, prozentual:

$$\frac{108}{870} \cdot 100 = 12,41\,\%$$

Die Erneuerung betrifft mehr als 10 % der Gesamtwandfläche, also greift die EnEV, aber nur für die betroffene Fläche. Nicht betroffene Flächen müssen nicht in einem Zuge mitgedämmt werden. Für die bekleidete Wand gilt als zulässiger U-Wert:

zul U = 0,24 W/(m² · K)

Siehe auch Diagramm 3-4 auf Seite 218.

Die Sanierungsmaßnahme erfordert eine Unternehmererklärung gemäß § 26a EnEV (hier nicht abgebildet).

Berechnung *Beispielsatz 4-17 auf Seite 305 gibt die formblattgestützte Berechnung wieder.* Die erforderliche Dicke der Wärmedämmung ist zu ermitteln. Berücksichtigt werden die Schichten inklusive Innenputz bis innenseits der Unterdeckbahn. Die Wärmedämmung wird durch die Holzrippen unterbrochen, deshalb wird die Wand als thermisch inhomogenes Bauteil berechnet. Dabei wird eine vorläufige Dämmdicke von 60 mm angesetzt, weil die Optimierung dann bessere Ergebnisse liefert.

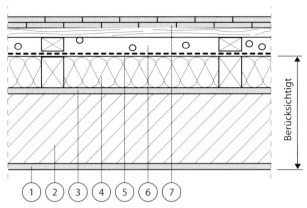

Bild 4-16: Wandkonstruktion Ortsverwaltung (Horizontalschnitt)

Der Aufbau hat mit der vorläufigen Dämmdicke einen U-Wert von 0,388, gerundet 0,39. Damit wird der zulässige U-Wert von 0,24 überschritten:

vorh $U = 0,388 \cong 0,39 >$ zul $U = 0,24$ W/(m² · K) ➔ nicht o. k.

Also muss optimiert werden, in diesem Fall über die Dicke der Wärmedämmung. Die Optimierung ergibt eine erforderliche zusätzliche Dämmstoffdicke von 64 mm, die Gesamt-Dämmstoffdicke beträgt dann 60 + 64 = 124 mm, aufgerundet 140 mm. Die Kontrollrechnung bestätigt die Einhaltung des zulässigen U-Werts für den optimierten Aufbau:

vorh $U = 0,226 \cong 0,23 <$ zul $U = 0,24$ W/(m² · K) ➔ o. k.

Feuchteschutz   Einordnung des Bauteils als Massivwand mit hinterlüfteter Außenwandbekleidung. Überprüfung der Kriterien für die Nachweisfreiheit:

1. Belüftung: Es wird unterstellt, dass die Belüftungsöffnungen unten und oben jeweils mindestens 50 cm²/m betragen. Die freie Belüftungshöhe muss mindestens 20 mm betragen, dies ist hier gegeben.
   Die Anforderung ist erfüllt.
2. Luftdichtheit raumseits der Konstruktion ist durch den Innenputz gegeben.
3. Mindestwärmeschutz nach DIN 4108-2 (*siehe Tabelle 1-43 auf Seite 75*) ist eingehalten.
4. „Normales Klima" liegt vor.

Der neue Aufbau ist nachweisfrei bezüglich schädlicher Tauwasserbildung im Sinne von DIN 4108-3. Schädliche Tauwasserbildung ist nicht zu erwarten. *Siehe auch Diagramm 1-44 auf Seite 76.*

Beispielsatz 4-17: Blatt 1 von 3: U-Wert-Berechnung, Außenwand Ortsverwaltung

U-Wert-Berechnung, thermisch inhomogenes Bauteil mit zwei Bereichen

Projekt: *EnEV-Sanierungsprojekt, Ortsverwaltung*   Datum: *01.08.10*
Bauteil: *Außenwand mit Bekleidung*   Bearbeiter: *Maßong*

Spalte →	A	B	C (Gefach)	D (Gefach)	E	F (Rippe)	G (Rippe)	H (Gesamt)	I (Gesamt)
1 Breite				$b_{Gefach}=$ 0,59 m		$b_{Rippe}=$	0,08 m	$b_{Gesamt}=b_{Gefach}+b_{Rippe}$	0,67 m
2 Anteil				$f_{Gefach}=\dfrac{b_{Gefach}}{b_{Gesamt}}=$ 0,881		$f_{Rippe}=\dfrac{b_{Rippe}}{b_{Gesamt}}=$	0,119	$f_{Gesamt}=f_{Gefach}+f_{Rippe}$	1,00
3 Dicke d [m]		Schichtenfolge Gefach	Wärmeleitfähigkeit λ_{Gefach} [W/(m·K)]	Widerstand $R_{Gefach}=\dfrac{d}{\lambda_{Gefach}}$ [m²·K/W]	Schichtenfolge Rippe	Wärmeleitfähigkeit λ_{Rippe} [W/(m·K)]	Widerstand $R_{Rippe}=\dfrac{d}{\lambda_{Rippe}}$ [m²·K/W]		Widerstand $R_{Gesamt}=\dfrac{1}{\frac{f_{Gefach}}{R_{Gefach}}+\frac{f_{Rippe}}{R_{Rippe}}}$ [m²·K/W]
		Übergang innen R_{si}		0,13			0,13		0,13
Schicht 1	0,025	Kalkgipsputz	0,7	0,036	Wie Gefach	...	0,036		0,036
2	0,365	Leichthochlochziegel 1.000 kg/m³	0,45	0,811	Wie Gefach	...	0,811		0,811
3	0,025	Kalkzementputz	1	0,025	Wie Gefach	...	0,025		0,025
4	0,06	Mineralfaser MW 033, Typ WZ	0,033	1,818	Rippe neben Dämmung (Nadelholz)	0,13	0,462		1,347
5		Unterdeckbahn, $s_d = 0,02$ m	n.b.	n.b.	Wie Gefach	...	n.b.		n.b.
6	0,024	Belüftung	n.b.	n.b.	Wie Gefach	...	n.b.		n.b.
7		Holzschindeln auf Latten 30/50 mm	n.b.	n.b.	Wie Gefach	...	n.b.		n.b.
8									
9									
10									
14		Übergang außen R_{se}		0,13			0,13		0,13
15		Summe der Widerstände $R_T = R_{si}+R_1+R_2+\dots+R_{se}$		$R_{T,Gefach}=$ 2,950			$R_{T,Rippe}=$ 1,594		$R_T''=$ 2,479

Zeile			
16	Oberer Grenzwert des Wärmedurchgangswiderstands	$R_T'=\dfrac{1}{\frac{f_{Gefach}}{R_{T,Gefach}}+\frac{f_{Rippe}}{R_{T,Rippe}}}$	2,679 [m²·K/W]
17	Unterer Grenzwert des Wärmedurchgangswiderstands	$R_T''=$	2,479 [m²·K/W]
18	Wärmedurchgangswiderstand	$R_T=\dfrac{R_T'+R_T''}{2}$	2,579 [m²·K/W]
19	Wärmedurchgangskoeffizient	$U=\dfrac{1}{R_T}$	0,388 [W/(m²·K)]

Wert übernehmen

Fortsetzung Beispielsatz 4-17: Blatt 2 von 3: Optimierung

Optimierung des U-Werts

Projekt: *EnEV-Sanierungsprojekt, Ortsverwaltung*   Datum: *01.08.10*

Bauteil: *Außenwand mit Bekleidung*   Bearbeiter: *Maßong*

Geforderter U-Wert	zul U [W/(m² · K)]	**0,240**
Vorläufiger U-Wert (vor Optimierung)	vorl U [W/(m² · K)]	**0,388**

Optimierung durch thermisch homogene Schicht

Optimierung über die Schichtdicke bei vorgegebener Wärmeleitfähigkeit

Wärmeleitfähigkeit der Stoffschicht	λ [W/(m² · K)]	
Erforderliche (zusätzliche) Schichtdicke [m]	$d = \left(\dfrac{1}{\text{zul } U} - \dfrac{1}{\text{vorl } U} \right) \cdot \lambda$	

Optimierung über die Wärmeleitfähigkeit bei vorgegebener Schichtdicke

Dicke der Stoffschicht	d [m]	
Erforderliche Wärmeleitfähigkeit [W/(m² · K)]	$\lambda = \dfrac{d}{\left(\dfrac{1}{\text{zul } U} - \dfrac{1}{\text{vorl } U} \right)}$	

Optimierung durch unterbrochene Schicht

Optimierung über die Schichtdicke bei vorgegebener Wärmeleitfähigkeit

Wärmeleitfähigkeit der Stoffschicht	λ [W/(m² · K)]	**0,033**
Rippenanteil in der Stoffschicht	$f_{\text{Rippe}} = \dfrac{b_{\text{Rippe}}}{b_{\text{Gesamt}}} = \dfrac{A_{\text{Rippe}}}{A_{\text{Gesamt}}}$	**0,119**
Vorläufige (zusätzliche) Schichtdicke [m]	vorl $d = \left(\dfrac{1}{\text{zul } U} - \dfrac{1}{\text{vorl } U} \right) \cdot \lambda$	**0,052**
Erforderliche (zusätzliche) Schichtdicke [m]	$d = \left(1 + 2 \cdot f_{\text{Rippe}} \right) \cdot \text{vorl } d$	**0,064** $\rightarrow$ **0,08 m**

Fortsetzung Beispielsatz 4-17: Blatt 3 von 3: Kontrollrechnung

U-Wert-Berechnung, thermisch inhomogenes Bauteil mit zwei Bereichen

Projekt: *EnEV-Sanierungsprojekt, Ortsverwaltung* Datum: *01.08.10*
Bauteil: *Außenwand mit Bekleidung* Bearbeiter: *Maßong*

Spalte →	A	B	C	D	E	F	G	H	I
Zeile ↓		Gefach			Rippe			Gesamt	
1	Breite	$b_{Gefach} =$	*0,59 m*		$b_{Rippe} =$	*0,08 m*		$b_{Gesamt} = b_{Gefach} + b_{Rippe}$	*0,67 m*
2	Anteil	$f_{Gefach} = \dfrac{b_{Gefach}}{b_{Gesamt}}$	*0,881*		$f_{Rippe} = \dfrac{b_{Rippe}}{b_{Gesamt}}$	*0,119*		$f_{Gesamt} = f_{Gefach} + f_{Rippe}$	*1,00*

Schicht Nr.	Dicke d [m]	Schichtenfolge Gefach	Wärmeleitfähigkeit λ_{Gefach} [W/(m·K)]	Widerstand $R_{Gefach} = \dfrac{d}{\lambda_{Gefach}}$ [m²·K/W]	Schichtenfolge Rippe	Wärmeleitfähigkeit λ_{Rippe} [W/(m·K)]	Widerstand $R_{Rippe} = \dfrac{d}{\lambda_{Rippe}}$ [m²·K/W]	Widerstand $R_{Gesamt} = \dfrac{1}{\frac{f_{Gefach}}{R_{Gefach}} + \frac{f_{Rippe}}{R_{Rippe}}}$ [m²·K/W]
3		Übergang innen R_{si}		0,13			0,13	0,13
4	0,025	*Kalkgipsputz*	0,7	0,036	*Wie Gefach*	...	0,036	0,036
5	0,365	*Leichthochlochziegel 1.000 kg/m³*	0,45	0,811	*Wie Gefach*	...	0,811	0,811
6	0,025	*Kalkzementputz*	1	0,025	*Wie Gefach*	...	0,025	0,025
7	0,14	*Mineralfaser MW 033, Typ WZ*	0,033	4,242	*Rippe neben Dämmung (Nadelholz)*	0,13	1,077	3,143
8		*Unterdeckbahn, s_d = 0,02 m*	n.b.	n.b.	*Wie Gefach*	...	n.b.	n.b.
9	0,024	*Belüftung*	n.b.	n.b.	*Wie Gefach*	...	n.b.	n.b.
10		*Holzschindeln auf Latten 30/50 mm*	n.b.	n.b.	*Wie Gefach*	...	n.b.	n.b.
11								
12								
13								
14		Übergang außen R_{se}		0,13			0,13	0,13
15		Summe der Widerstände $R_T = R_{si} + R_1 + R_2 + \dots R_{se}$		$R_{T,Gefach} =$ 5,374			$R_{T,Rippe} =$ 2,209	$R_T'' =$ 4,275

Wert übernehmen

Oberer Grenzwert des Wärmedurchgangswiderstands	$R_T' = \dfrac{1}{\frac{f_{Gefach}}{R_{T,Gefach}} + \frac{f_{Rippe}}{R_{T,Rippe}}}$	*4,591* [m²·K/W]
Unterer Grenzwert des Wärmedurchgangswiderstands	R_T''	*4,275* [m²·K/W]
Wärmedurchgangswiderstand	$R_T = \dfrac{R_T' + R_T''}{2}$	*4,433* [m²·K/W]
Wärmedurchgangskoeffizient	$U = \dfrac{1}{R_T}$	*0,226* [W/(m²·K)]

4.3.2　　　Giebelerneuerung Schule

Sachverhalt　Die beiden Giebel (Spitzen) einer Schule wurden beim Neubau vollständig in einer Metall-Rahmenkonstruktion verglast. Wegen gravierender Tauwasserprobleme sowie wegen der starken sommerlichen Aufheizung wird nun der Ersatz der Glas-Metall-Konstruktion durch eine opake (= nicht transparente) Wand in Holzrahmenbauweise durchgeführt. In jedem der zwei Giebel werden für ausreichenden Tageslichteinfall fünf große Fenster eingesetzt.

Das Gebäude hat während der Heizperiode normale Innentemperaturen ($\geq$ 19 °C), normales Raumklima und ist nicht klimatisiert.

Folgende Konstruktion ist geplant:

- Holzrahmenwand im Raster 62,5 cm mit hinterlüfteter Außenwandbekleidung, mit folgender Schichtenfolge im Gefach:
  - 12,5 mm Gipskartonplatte
  - 15 mm OSB-Platte
  - Dampfbremse, s_d = 5 m
  - 180 mm Holzfaserdämmung WF 040, Typ WH
  - 15 mm OSB-Platte
  - Bahn als Witterungsschutz, s_d = 0,10 m
  - 30 mm Belüftung
  - großformatige Faserzementtafeln auf Spezial-Aluprofilen
- Das Gefach hat eine Breite von 56,5 cm. Der Rahmen 60/120 mm unterbricht nur die Wärmedämmung.

Anmerkung: In der Giebelwand werden mit Sicherheit keine Installationen erfolgen, nur deshalb wurde auf eine Installationsebene verzichtet.

Anwendung der EnEV　Der erstmalige Einbau der Holzrahmenwand ist im Sinne der EnEV ein normales Sanierungsvorhaben und löst entsprechende Anforderungen der EnEV aus, wenn mindestens 10 % der Gesamtwandfläche gleicher Orientierung betroffen sind. Dies wird hier unterstellt. Für die neue Wand gilt als zulässiger U-Wert:

zul U = 0,24 W/(m² · K)

Für die neuen Fenster gilt als zulässiger U-Wert (des Fensters, nicht der Verglasung):

zul U = 1,30 W/(m² · K)

Siehe auch Diagramme 3-4 auf Seite 218 und 3-5 auf Seite 219.

Die Sanierungsmaßnahme erfordert eine Unternehmererklärung gemäß § 26a EnEV (hier nicht abgebildet).

Berechnung　*Beispiel 4-19 auf Seite 310 gibt die formblattgestützte Berechnung wieder.* Es ist zu prüfen, ob der Wärmeschutz der Wand den Anforderungen der EnEV genügt. Berücksichtigt werden die Schichten inklusive Gipskartonplatte bis innenseits der Belüftungsebene. Die Wärmedämmung wird durch die Rahmen unterbrochen, deshalb wird die Wand als thermisch inhomogenes Bauteil berechnet.

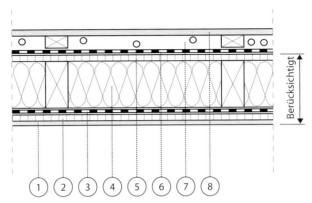

Bild 4-18: Wandkonstruktion Schulgiebel (Horizontalschnitt)

Der Rippenanteil der Konstruktion beträgt, wenn man nur die Rahmenhölzer im Regelraster von 62,5 cm berücksichtigt:

$$f_\text{Rippe} = \frac{b_\text{Rippe}}{b_\text{Gesamt}}$$

$$= \frac{0,06}{0,625}$$

$$= 0,096$$

Zur Berücksichtigung zusätzlicher Rahmenhölzer (z. B. am Fuß der Wand und um die Fenster herum) wird der Rippenanteil auf 0,12 (12 %) erhöht. Daraus folgt ein Gefachanteil von 1 – 0,12 = 0,88. Der Aufbau hat einen U-Wert von 0,2446, gerundet 0,24. Der zulässige U-Wert wird eingehalten:

vorh $U = 0,2446 \cong 0,24 =$ zul $U = 0,24$ W/(m² · K) → o. k.

Feuchteschutz   Einordnung des Bauteils als Wand in Holzbauweise mit hinterlüfteter Außenwandbekleidung. Überprüfung der Kriterien für die Nachweisfreiheit:

1. Belüftung: Es wird unterstellt, dass die Belüftungsöffnungen unten und oben jeweils mindestens 50 cm²/m betragen. Die freie Belüftungshöhe muss mindestens 20 mm betragen, dies ist hier gegeben.
   Die Anforderung ist erfüllt.
2. Die Dampfbremse (hier Beplankung und Dampfbremse gemeinsam) muss einen sd-Wert $s_\text{d,i} \geq 2,0$ m haben. Die Dampfbremse allein hat schon einen sd-Wert von 5 m.
   Die Anforderung ist erfüllt.
3. Luftdichtheit raumseits der Konstruktion ist schon durch den Gipskarton gegeben.
4. Mindestwärmeschutz nach DIN 4108-2 (*siehe Tabelle 1-43 auf Seite 75*) ist eingehalten.
5. „Normales Klima" liegt vor.

Der neue Aufbau ist nachweisfrei bezüglich schädlicher Tauwasserbildung im Sinne von DIN 4108-3. Schädliche Tauwasserbildung ist nicht zu erwarten. *Siehe auch Diagramm 1-45 auf Seite 77.*

Beispiel 4-19: U-Wert-Berechnung, Giebelerneuerung Schule

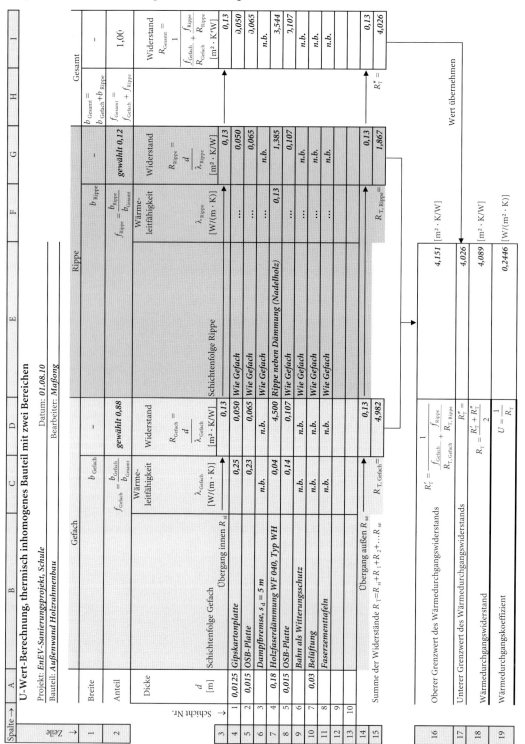

4.3.3   Fachwerk-Innendämmung Zeughaus

Sachverhalt   Ein altes, denkmalgeschütztes Gebäude in Fachwerkbauweise soll von innen grundlegend saniert werden. Von außen dürfen keine Änderungen am Gebäude vorgenommen werden, da es sich bei der Außenwand um ein Sichtfachwerk handelt. Die Fachwerkwände sollen nicht zuletzt zugunsten der Luftdichtheit mit einer Innenbekleidung versehen werden. Bisher wurden die Räumlichkeiten nur zu öffentlichen Empfängen, Hochzeiten u. Ä. genutzt. Nach der Sanierung werden sie als Büroräume durch eine Privatbank genutzt.

Das Gebäude hat während der Heizperiode normale Innentemperaturen ($\geq 19\,°C$), normales Raumklima und ist nicht klimatisiert.

Folgende Konstruktion wird vorgefunden:

- Eichenfachwerk mit folgender Schichtenfolge im Gefach:
  - ca. 40 mm Kalkgipsputz (rissig und teilweise schimmelbehaftet)
  - ca. 150 mm Ausfachung aus Vollziegel, Rohdichte ca. 1.600 kg/m³
  - 30 mm Kalkzementputz (spezielle Rezeptur)
- Die Gefache haben einen Flächenanteil von ca. 70 % ($f_{\text{Gefach}} = 0{,}7$), das Fachwerk von ca. 30 % ($f_{\text{Rippe}} = 0{,}3$).
- Das Fachwerk ist innen überputzt und außen sichtbar, und es hat eine Stärke von ca. 180 mm. Das Holz unterbricht Ausfachung und Außenputz.

Anwendung der EnEV   Die Innenbekleidung löst Anforderungen der EnEV aus, wenn mehr als 10 % der Gesamtwandfläche betroffen sind. Hier ist die gesamte Außenwandfläche betroffen, also greift die EnEV (vorläufig). Bei Sichtfachwerkwänden mit Innendämmung greift die EnEV nur, wenn das Gebäude der Schlagregenbeanspruchungsgruppe I nach DIN 4108-3 zugeordnet ist (Jahresniederschlag < 600 mm) und wenn gleichzeitig das Gebäude sehr geschützt liegt. Das Gebäude steht in Berlin in sehr geschützter Lage. Berlin ist Schlagregenbeanspruchungsgruppe I zugeordnet. Die EnEV greift also in diesem Falle. Für die sanierte Wand gilt als zulässiger U-Wert:

zul $U = 0{,}84\ \text{W/(m}^2 \cdot \text{K)}$

Siehe auch Diagramm 3-4 auf Seite 218.

Die Sanierungsmaßnahme erfordert eine Unternehmererklärung gemäß § 26a EnEV (hier nicht abgebildet).

Bei der Sanierung eines Baudenkmals steht meist der Erhalt der Bausubstanz im Vordergrund. Sollte der Erhalt es unmöglich machen, mit vertretbarem Aufwand die EnEV in eine sichere Konstruktion umzusetzen, dann ist in jedem Fall ein Tatbestand für eine Ausnahme auf Antrag gegeben. In solchen Fällen ist frühzeitig die Denkmalbehörde einzuschalten. Wir suchen aber zunächst einen Weg, der beidem gerecht wird: EnEV und Substanzerhalt.

Konsequenz: neuer Aufbau   Von außen sichtbare Fachwerkwände mit Innendämmung sind nicht unproblematisch. Der Grund ist die Niederschlagsfeuchte aus Schlagregen, die insbesondere bei Schwindfugen die Oberseite der Riegel (horizontale Balken) am Übergang zum darüberliegenden Gefach angreift. Untersuchungen haben gezeigt, dass zur Verdunstung nach außen eine Verdunstung nach innen kommen muss, um die Holzfeuchte dauerhaft ausreichend niedrig zu

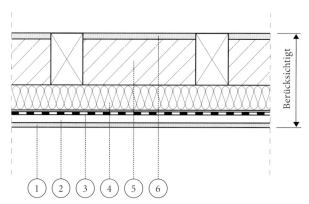

Bild 4-20: Wandkonstruktion Zeughaus

halten. Eine sehr dichte Dampfsperre (beispielsweise PE-Folie) verhindert zwar winterlichen Tauwasserausfall, unterbindet aber auch die wichtige sommerliche Verdunstung nach innen und kommt deshalb nicht in Frage.

DIN 4108-3 verlangt für die Nachweisfreiheit bei Innendämmung von Holzfachwerk die Begrenzung des Wärmedurchlasswiderstands der Innendämmung auf $R \le 1{,}0$ m² · K/W, alternativ die Verwendung von Holzwolleleichtbauplatten als Innendämmung (*siehe auch Diagramm 1-45 auf Seite 77*). Im Falle von Holzfachwerk wird empfohlen, die Regeln zur Nachweisfreiheit auch als Regel für die Schadenfreiheit der Konstruktion aufzufassen. Ein Abweichen ist zwar möglich, aber die Funktionssicherheit der Konstruktion lässt sich dann schwer oder gar nicht mit dem Tauwassernachweis nach DIN 4108-3 überprüfen.

Folgende Lösung wird vorgeschlagen:

- Abbau der inneren Putzschicht
- Geänderte Konstruktion mit folgenden Schichten (Gefachbereich):
  - 15 mm Gipskartonplatte
  - 30 mm Luftschicht, unbelüftet, bzw. Latten 30/50 mm
  - Dampfbremse mit variablem sd-Wert von 1 bis 2 m, gleichzeitig Luftdichtheitsschicht
  - ??? (noch zu ermitteln) mm Holzwolleleichtbauplatten WW 080, Typ WI
  - ca. 150 mm Ausfachung aus Vollziegel, Rohdichte ca. 2.000 kg/m³
  - 30 mm Kalkzementputz (spezielle Rezeptur für Fachwerk)

Berechnung
Beispielsatz 4-21 auf Seite 314 gibt die formblattgestützte Berechnung wieder. Die erforderliche Dicke der Wärmedämmung ist zu ermitteln. Berücksichtigt werden alle Schichten. Ausfachung und Außenputz werden vom Holz unterbrochen, deshalb wird die Wand als thermisch inhomogenes Bauteil berechnet. Der Aufbau hat ohne die Dämmung einen U-Wert von 1,497.

Die Optimierung ergibt eine erforderliche Dämmstoffdicke von 41 mm, gerundet 40 mm. Die Kontrollrechnung bestätigt die Einhaltung des zulässigen U-Werts für den optimierten Aufbau:

vorh $U = 0{,}843 \cong 0{,}84 =$ zul $U = 0{,}84$ W/(m² · K) → o. k.

Jedweder Zweifel an der Funktionsfähigkeit der Konstruktion begründet einen Antrag auf Ausnahme nach § 24 EnEV. Das Vorgehen ist mit der Denkmalbehörde abzustimmen.

Jedenfalls hat die sichere Funktion der Konstruktion unbedingten Vorrang vor den für Sichtfachwerkwände ohnehin vagen Anforderungen der EnEV.

Feuchteschutz Einordnung des Bauteils als Holzfachwerkwand mit Innendämmung. Überprüfung der Kriterien für die Nachweisfreiheit:

1. Die Dampfbremse muss streng nach DIN 4108-3 keinen bestimmten sd-Wert haben. Jedoch ist es sinnvoll, eine feuchtevariable Dampfbremse als Luftdichtheitsschicht zu wählen. Die verwendete Bahn hat einen sd-Wert von 1 bis 2 m.
   Die Anforderung ist erfüllt.
2. Luftdichtheit raumseits der Konstruktion ist durch die Dampfbremse gegeben.
3. Mindestwärmeschutz nach DIN 4108-2 (*siehe Tabelle 1-43 auf Seite 75*) ist eingehalten.
4. „Normales Klima" liegt vor.

Der neue Aufbau ist nachweisfrei bezüglich schädlicher Tauwasserbildung im Sinne von DIN 4108-3. Schädliche Tauwasserbildung ist nicht zu erwarten. *Siehe auch Diagramm 1-45 auf Seite 77.*

Beispielsatz 4-21: Blatt 1 von 3: U-Wert-Berechnung, Fachwerkwand Zeughaus

U-Wert-Berechnung, thermisch inhomogenes Bauteil mit zwei Bereichen

Projekt: *EnEV-Sanierungsprojekt, Zeughaus*   Datum: *01.08.10*
Bauteil: *Holzfachwerkwand*   Bearbeiter: *Maßong*

Spalte →	A	B	C	D	E	F	G	H	I
Zeile →			Gefach			Rippe			Gesamt
1	Breite		b_{Gefach}	–		b_{Rippe}	–	$b_{\text{Gesamt}} = b_{\text{Gefach}} + b_{\text{Rippe}}$	–
2	Anteil		$f_{\text{Gefach}} = \dfrac{b_{\text{Gefach}}}{b_{\text{Gesamt}}}$	*gewählt 0,70*		$f_{\text{Rippe}} = \dfrac{b_{\text{Rippe}}}{b_{\text{Gesamt}}}$	*gewählt 0,30*	$f_{\text{Gesamt}} = f_{\text{Gefach}} + f_{\text{Rippe}}$	*1,0)*
3	Dicke d [m]	Schichtenfolge Gefach	Wärme-leitfähigkeit λ_{Gefach} [W/(m·K)]	Widerstand $R_{\text{Gefach}} = \dfrac{d}{\lambda_{\text{Gefach}}}$ [m²·K/W]	Schichtenfolge Rippe	Wärme-leitfähigkeit λ_{Rippe} [W/(m·K)]	Widerstand $R_{\text{Rippe}} = \dfrac{d}{\lambda_{\text{Rippe}}}$ [m²·K/W]		Widerstand $R_{\text{Gesamt}} = \dfrac{1}{\frac{f_{\text{Gefach}}}{R_{\text{Gefach}}} + \frac{f_{\text{Rippe}}}{R_{\text{Rippe}}}}$ [m²·K/W]
		Übergang innen R_{si}		0,13			0,13		0,13
4 (1)	*0,015*	*Gipskartonplatte*	*0,25*	*0,060*	*Wie Gefach*	...	*0,060*		*0,060*
5 (2)	*0,03*	*Luftschicht, nicht belüftet*	*–*	*0,160*	*Wie Gefach*	...	*0,160*		*0,160*
6 (3)	*n.b.*	*Dampfbremse, s_a variabel 1 bis 2 m*	*n.b.*	*n.b.*	*Wie Gefach*	...	*n.b.*		*n.b.*
7 (4)	*???*	*Holzwolleplatten WW 080 Typ WI*	*0,08*	*???*	*Wie Gefach*	...	*???*		*???*
8 (5)	*0,15*	*Vollziegel-Ausfachung, 2.000 kg/m³*	*0,96*	*0,156*	*Eichenfachwerk*	*0,18*	*0,833*		*0,206*
9 (6)	*0,03*	*Kalkzementputz (Spezialrezeptur)*	*1*	*0,030*	*Eichenfachwerk*	*0,18*	*0,167*		*0,040*
10 (7)									
11 (8)									
12 (9)									
13 (10)									
14		Übergang außen R_{se}		0,04			0,04		0,04
15		Summe der Widerstände $R_T = R_{\text{si}} + R_1 + R_2 + \dots R_{\text{se}}$		$R_{T,\text{Gefach}} =$ *0,576*			$R_{T,\text{Rippe}} =$ *1,390*		$R_T'' =$ *0,636*

Wert übernehmen

16	Oberer Grenzwert des Wärmedurchgangswiderstands	$R_T' = \dfrac{1}{\frac{f_{\text{Gefach}}}{R_{T,\text{Gefach}}} + \frac{f_{\text{Rippe}}}{R_{T,\text{Rippe}}}} =$ *0,699*	[m²·K/W]
17	Unterer Grenzwert des Wärmedurchgangswiderstands	$R_T'' =$ *0,636*	[m²·K/W]
18	Wärmedurchgangswiderstand	$R_T = \dfrac{R_T' + R_T''}{2} =$ *0,668*	[m²·K/W]
19	Wärmedurchgangskoeffizient	$U = \dfrac{1}{R_T} =$ *1,497*	[W/(m²·K)]

Fortsetzung Beispielsatz 4-21: Blatt 2 von 3: Optimierung

Optimierung des U-Werts

Projekt: *EnEV-Sanierungsprojekt, Zeughaus*		Datum: *01.08.10*
Bauteil: *Holzfachwerkwand*		Bearbeiter: *Maßong*

Geforderter U-Wert	zul U [W/(m² · K)]	*0,840*
Vorläufiger U-Wert (vor Optimierung)	vorl U [W/(m² · K)]	*1,497*

Optimierung durch thermisch homogene Schicht

Optimierung über die Schichtdicke bei vorgegebener Wärmeleitfähigkeit

Wärmeleitfähigkeit der Stoffschicht	λ [W/(m² · K)]	*0,08*
Erforderliche (zusätzliche) Schichtdicke [m]	$d = \left(\dfrac{1}{\text{zul } U} - \dfrac{1}{\text{vorl } U} \right) \cdot \lambda$	*0,042* → *R prüfen*

Optimierung über die Wärmeleitfähigkeit bei vorgegebener Schichtdicke

Dicke der Stoffschicht	d [m]	
Erforderliche Wärmeleitfähigkeit [W/(m² · K)]	$\lambda = \dfrac{d}{\left(\dfrac{1}{\text{zul } U} - \dfrac{1}{\text{vorl } U} \right)}$	

Optimierung durch unterbrochene Schicht

Optimierung über die Schichtdicke bei vorgegebener Wärmeleitfähigkeit

Wärmeleitfähigkeit der Stoffschicht	λ [W/(m² · K)]	
Rippenanteil in der Stoffschicht	$f_{\text{Rippe}} = \dfrac{b_{\text{Rippe}}}{b_{\text{Gesamt}}} = \dfrac{A_{\text{Rippe}}}{A_{\text{Gesamt}}}$	
Vorläufige (zusätzliche) Schichtdicke [m]	vorl $d = \left(\dfrac{1}{\text{zul } U} - \dfrac{1}{\text{vorl } U} \right) \cdot \lambda$	
Erforderliche (zusätzliche) Schichtdicke [m]	$d = \left(1 + 2 \cdot f_{\text{Rippe}} \right) \cdot$ vorl d	

Fortsetzung Beispielsatz 4-21: Blatt 3 von 3: Kontrollrechnung

U-Wert-Berechnung, thermisch inhomogenes Bauteil mit zwei Bereichen

Projekt: *EnEV-Sanierungsprojekt, Zeughaus*   Datum: *01.08.10*
Bauteil: *Holzfachwerkwand*   Bearbeiter: *Maßong*

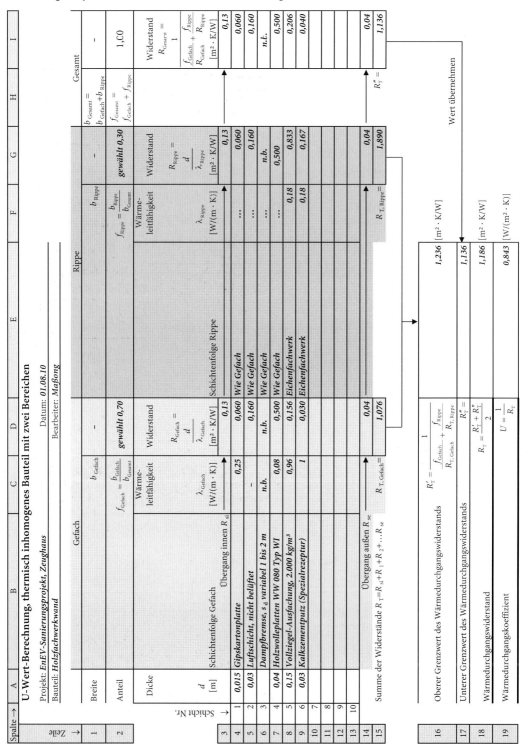

Spalte →	A	B	C / D			E	F / G			H / I	
Zeile			**Gefach**				**Rippe**			**Gesamt**	
1	Breite		b_{Gefach} = −				b_{Rippe} = −			$b_{\text{Gesamt}} = b_{\text{Gefach}} + b_{\text{Rippe}}$	
2	Anteil		$f_{\text{Gefach}} = \dfrac{b_{\text{Gefach}}}{b_{\text{Gesamt}}}$ = **gewählt 0,70**				$f_{\text{Rippe}} = \dfrac{b_{\text{Rippe}}}{b_{\text{Gesamt}}}$ = **gewählt 0,30**			$f_{\text{Gesamt}} = f_{\text{Gefach}} + f_{\text{Rippe}}$ = 1,00	

Schicht Nr.	d [m] Dicke	Schichtenfolge Gefach	Wärmeleitfähigkeit λ_{Gefach} [W/(m·K)]	Widerstand $R_{\text{Gefach}} = \dfrac{d}{\lambda_{\text{Gefach}}}$ [m²·K/W]	Schichtenfolge Rippe	Wärmeleitfähigkeit λ_{Rippe} [W/(m·K)]	Widerstand $R_{\text{Rippe}} = \dfrac{d}{\lambda_{\text{Rippe}}}$ [m²·K/W]	Widerstand $R_{\text{Gesamt}} = \dfrac{1}{\frac{f_{\text{Gefach}}}{R_{\text{Gefach}}} + \frac{f_{\text{Rippe}}}{R_{\text{Rippe}}}}$ [m²·K/W]
(3) Übergang innen R_{si}				0,13			0,13	0,13
1	0,015	*Gipskartonplatte*	0,25	0,060	*Wie Gefach*	…	0,060	0,060
2	0,03	*Luftschicht, nicht belüftet*	−	0,160	*Wie Gefach*	…	0,160	0,160
3		*Dampfbremse, s_d variabel 1 bis 2 m*	n.b.	n.b.	*Wie Gefach*	…	n.b.	n.b.
4	0,04	*Holzwolleplatten WW 080 Typ WI*	0,08	0,500	*Wie Gefach*	…	0,500	0,500
5	0,15	*Vollziegel-Ausfachung, 2.000 kg/m³*	0,96	0,156	*Eichenfachwerk*	0,18	0,833	0,206
6	0,03	*Kalkzementputz (Spezialrezeptur)*	1	0,030	*Eichenfachwerk*	0,18	0,167	0,040
7								
8								
9								
10								
(14) Übergang außen R_{se}				0,04			0,04	0,04
(15) Summe der Widerstände $R_{\text{T}} = R_{\text{si}} + R_1 + R_2 + \dots R_{\text{se}}$			$R_{\text{T, Gefach}}$ =	1,076		$R_{\text{T, Rippe}}$ =	1,890	$R''_{\text{T, Rippe}}$ = 1,136

Wert übernehmen

Zeile		Wert	
16	Oberer Grenzwert des Wärmedurchgangswiderstands	$R'_{\text{T}} = \dfrac{1}{\frac{f_{\text{Gefach}}}{R_{\text{T, Gefach}}} + \frac{f_{\text{Rippe}}}{R_{\text{T, Rippe}}}}$	1,236 [m²·K/W]
17	Unterer Grenzwert des Wärmedurchgangswiderstands	$R''_{\text{T}} =$	1,136 [m²·K/W]
18	Wärmedurchgangswiderstand	$R_{\text{T}} = \dfrac{R'_{\text{T}} + R''_{\text{T}}}{2}$	1,186 [m²·K/W]
19	Wärmedurchgangskoeffizient	$U = \dfrac{1}{R_{\text{T}}}$	0,843 [W/(m²·K)]

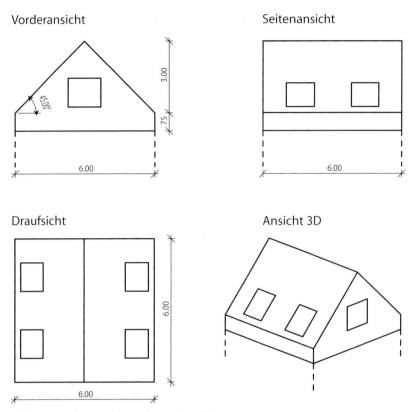

Vorderansicht

3.00

45,00°

.75

6.00

Seitenansicht

6.00

Draufsicht

6.00

6.00

Ansicht 3D

Bild 4-22: Geplanter Dachgeschossausbau, klein

4.4 Neubau- und Erweiterungsprojekte

Die Bilanzierungen in diesem Kapitel werden nach dem „alten" Rechenverfahren (DIN V 4108-6 i. V. m. DIN V 4701-10) durchgeführt. Soweit softwaretechnisch verfügbar, werden die Ergebnisse nach dem „neuen" Verfahren (DIN V 18599) gegenübergestellt.

Zur Berechnung wurden eingesetzt:

- Hottgenroth Energieberater Plus
- BKI Energieplaner Komplettversion

4.4.1 Dachgeschossausbau, klein mit Bauteilnachweis

Sachverhalt Ein bestehendes, kleines Bürogebäude hatte bisher ein Flachdach und soll nun aufgestockt werden. Dadurch nimmt die Nutzfläche des Gebäudes um 28 m² zu.

Das Gebäude hat während der Heizperiode normale Innentemperaturen (≥ 19 °C).

In *Bild 4-22 auf dieser Seite* ist das Dachgeschoss aus den Außenflächen der wärmeübertragenden Bauteile modelliert. Das bestehende Gebäude endet bei den Enden der gestrichelten Linien. Die senkrechten Begrenzungswände aller vier Seiten werden neu in Holzbauweise erstellt und verlaufen in der Verlängerung der Außenwand. Dachüberstände sind vorhanden, aber nicht dargestellt, weil sie nicht zur wärmeübertragenden Umfassungsfläche gehören.

Anwendung der EnEV

Die Erweiterung der Nutzfläche liegt über 15 m², aber unter 50 m². Deshalb genügt es, bei den neuen Bauteilen die Bauteilanforderungen für Altbauten einzuhalten (*siehe Diagramm 3-3 auf Seite 217*).

Folgende zulässige U-Werte müssen erreicht werden:

- Außenwand: 0,24 W(m² · K)
- Dach: 0,24 W(m² · K)
- Fassadenfenster 1,3 W(m² · K)
- Dachfenster: 1,4 W(m² · K)

Alternativ zur Einhaltung der genannten U-Werte besteht (im Falle höherer U-Werte) die Möglichkeit des Nachweises, dass der spezifische, auf die wärmeübertragende Umfassungsfläche bezogene Transmissionswärmeverlust des kompletten geänderten Gebäudes das 1,4fache des für Neubauten zulässigen Wertes nicht überschreitet (Nachweisrechnung hier nicht durchgeführt).

Ein Energieausweis wird nicht zwangsläufig ausgestellt. Dieser wäre nur bei Verkauf bzw. Neuvermietung des Gebäudes (oder eines Teils davon) erforderlich, und er dürfte dann auch nur für das gesamte Wohngebäude ausgestellt werden.

Anwendung des EEWärmeG

Das Erneuerbare-Energien-Wärmegesetz stellt keine Anforderungen, weil die Erweiterung nicht als Neubau gilt.

4.4.2 Dachgeschossausbau, groß mit Nachweis wie Neubau

Sachverhalt

Das Dachgeschoss eines bestehenden Wohnhauses war bisher nicht ausgebaut. Zur Gewinnung von Wohnraum soll es ausgebaut werden. Dadurch nimmt die Nutzfläche des Gebäudes um 78 m² zu.

Die Gebäudehülle wird geringfügig besser ausgeführt als die Referenzausführung (*siehe Kapitel 3.4.3 auf Seite 223*). Die Gas-Brennwertheizung versorgt nur das Dachgeschoss (Etagenheizung) und wird um eine solarthermische Anlage zur Brauchwassererwärmung ergänzt. Dies entspricht der Referenzausführung. Der Einfluss konstruktiver Wärmebrücken wird (im Bereich des Dachgeschosses) durch Anwendung der Planungsbeispiele nach DIN 4108 Beiblatt 2 begrenzt.

In *Bild 4-23 auf Seite 319* ist das Dachgeschoss aus den Außenflächen der wärmeübertragenden Bauteile modelliert. Der Ausbau wird nach unten durch die Oberkante der letzten Roh-Geschossdecke (oberes Ende der gestrichelten Gebäudekanten) und nach oben durch die Dachschräge begrenzt. Die Kehlbalkendecke ist offen und ungedämmt. Der Dachspitz wird also in das beheizte Volumen einbezogen. Dachüberstände sind vorhanden, aber nicht dargestellt, weil sie nicht zur wärmeübertragenden Umfassungsfläche gehören. Alle Fenster haben die Größe 1,40 x 1,20 m (4 Fassaden- und 6 Dachfenster).

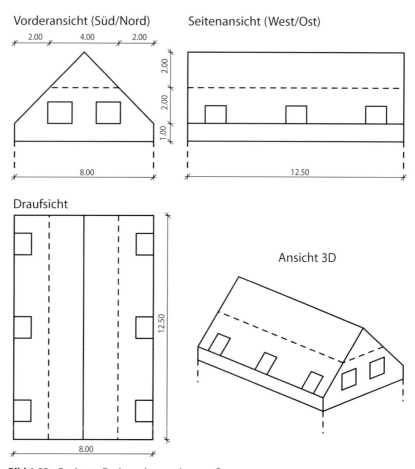

Bild 4-23: Geplanter Dachgeschossausbau, groß

Der First verläuft genau in Nord-Süd-Richtung. An der Wand des Südgiebels werden unter den Fenstern 4 m² Solarkollektoren (Flachkollektoren) zur Brauchwassererwärmung montiert.

Anwendung der EnEV

Die Erweiterung der Nutzfläche (hier 78 m²) liegt über 50 m². Deshalb gilt der Grundsatz, dass der neue Gebäudeteil wie ein Neubau zu behandeln ist.

Ausreichender sommerlicher Wärmeschutz im Sinne von DIN 4108-2 ist ohne rechnerischen Nachweis gegeben, weil sämtliche Fenster außen liegende Rollläden/Jalousien erhalten.

Bezüglich Wärmebrücken werden die Planungsbeispiele nach DIN 4108 Beiblatt 2 eingehalten.

Die Decke nach unten wird als wärmeundurchlässig betrachtet und bei der Berechnung der Hüllfläche vernachlässigt.

Ein Energieausweis wird nicht zwangsläufig ausgestellt, sondern nur im Falle von Verkauf bzw. Neuvermietung, und dann auch nur für das gesamte Wohngebäude.

Anwendung des
EEWärmeG

Das Erneuerbare-Energien-Wärmegesetz stellt keine Anforderungen, weil die Erweiterung nicht als Neubau gilt. Dennoch würden die Anforderungen eingehalten, denn es wird eine Solaranlage mit Kollektor-Aperturfläche von 4 m² vorgesehen. Nach EEWärmeG wären bei einem Neubau (Ein- oder Zweifamilienhaus) 0,04 m² Aperturfläche je m² Gebäudenutzfläche nach EnEV erforderlich, hier also 0,04 · 80,00 = 3,20 m².

Berechnung und
Fazit

Die Nachweisrechnung erfolgt mittels Software nach DIN V 4108-6 i. V. m. DIN V 4701-10.

Im Ergebnis ist festzuhalten, dass die zulässigen Grenzwerte für den nutzflächenbezogenen Primärenergiebedarf Q_p'' und den spezifischen Transmissionswärmeverlust H_T' eingehalten sind:

vorh $Q_p'' = 76,4$ kWh/(m² · a) < zul $Q_p'' = 91,9$ kWh/(m² · a) ➜ o. k.

vorh $H_T' = 0,35$ W/(m² · K) = zul $H_T' = 0,65$ W/(m² · K) ➜ o. k.

Die Bewertung nach DIN V 18599 führt zu deutlich höheren Werten sowohl beim zulässigen Primärenergiebedarf (Bedarf des Referenzgebäudes) als auch beim vorhandenen Primärenergiebedarf (Bedarf des realen Gebäudes).

Tabelle 4-24: Gebäudehülle des Dachgeschossausbaus, groß

Bauteil	Fläche	U-Wert	Bemerkung
Außenwand	65,00 m²		Bruttofläche
	− 6,72 m²		Abzug der Fenster
	= 58,28 m²	0,25	Nettofläche
Fassadenfenster	6,72 m²	1,30	Je zwei Fenster in den Giebelwänden, Energiedurchlassgrad $g = 0,60$.
Dach	141,42 m²		Bruttofläche
	− 10,08 m²		Abzug der Dachfenster
	= 131,34 m²	0,18	Nettofläche
Dachfenster	10,08 m²	1,30	Je drei Dachfenster in den Dachflächen, Energiedurchlassgrad $g = 0,60$.

Tabelle 4-25: Anlagentechnik und weitere Eckdaten des Dachgeschossausbaus, groß

Komponente	Ausführung
Heizung	Gas-Brennwertkessel, verbessert (Etagenheizung)
Übergabe	Heizkörper überwiegend an Außenwand, Thermostatventile (1 K)
Warmwasser	über Heizkessel, zusätzlich Solaranlage (Flachkollektoren), bivalenter Solarspeicher, keine Zirkulation
Aufstellung	Kessel und Speicher innerhalb der thermischen Hülle
Lüftung	Fensterlüftung
Luftdichtheit	nachgewiesen (Blower-Door-Test)
Wärmebrücken	Einhaltung von DIN 4108 Beiblatt 2 ($\Delta U_{WB} = 0,05$ W/(m² · K))

Tabelle 4-26: Ergebnisvergleich DIN V 4108-6 und DIN V 18599

Größe	DIN V 4108-6	DIN V 18599	Abweichung
zulässiger Primärenergiebedarf (Wert Referenzgebäude) zul Q_p'' in kWh/(m² · a)	91,9	111,3	+ 21 %
vorhanden vorh Q_p''	76,4	94,7	+ 24 %
Reserve vorhanden zu zulässig	− 17 %	− 15 %	

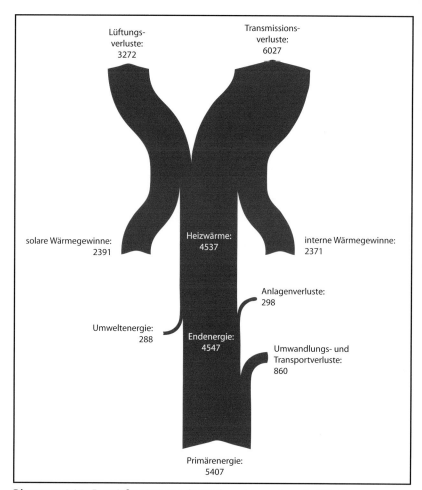

Diagramm 4-27: Energiefluss Heizung des Dachgeschossausbaus (in kWh/a)

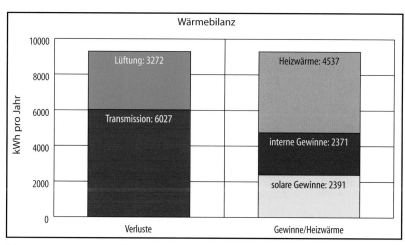

Diagramm 4-28: Wärmebilanz des Dachgeschossausbaus

4.4.3   Wohnhaus Neubau Variante 1

Varianten
In diesem und in den nächsten drei Kapiteln werden vier Varianten desselben Gebäudes untersucht.

Die erste Variante orientiert sich hinsichtlich Gebäudehülle und Anlagentechnik weitgehend an der Referenzausführung für Wohngebäude. Der Wärmeschutz der Gebäudehülle ist gerade noch ausreichend. Die Luftdichtheit wird nachgewiesen (Blower-Door-Test). Die Lüftung erfolgt als freie Fensterlüftung.

In *Kapitel 4.4.4 ab Seite 330* wird das geometrisch identische Gebäude als Variante mit sehr hohem Wärmeschutz untersucht. Das erlaubt den Verzicht auf die Solaranlage.

In *Kapitel 4.4.5 ab Seite 335* wird das Gebäude als Variante mit gerade noch ausreichendem Wärmeschutz und Pelletheizung mit solarer Unterstützung untersucht.

In *Kapitel 4.4.6 ab Seite 340* wird das Gebäude als Variante mit mit sehr hohem Wärmeschutz und Pelletheizung mit solarer Unterstützung untersucht.

Lüftungsanlage
Bei dichten Gebäuden dient eine mechanische Lüftung (im einfachsten Fall eine reine Abluftanlage) der Vermeidung zu hoher Luftfeuchtigkeit und daraus resultierender Probleme. Eine solche ist hier zugunsten der Vergleichbarkeit der Rechenergebnisse nicht berücksichtigt, weil die verfügbare Software die Lüftungsanlage im Rechenverfahren nach DIN V 18599 bei Redaktionsschluss noch nicht abbilden konnte.

Die vier Varianten zeigen ausschnittsweise die mögliche Bandbreite der technischen Ausführung.

Sachverhalt
Ein nicht unterkellertes Einfamilien-Wohnhaus soll erstellt werden. Das beheizte Volumen des Gebäudes (bezogen auf die Außenmaße) beträgt rund 640 m³.

Der Einfluss konstruktiver Wärmebrücken wird durch Anwendung der Planungsbeispiele nach DIN 4108 Beiblatt 2 begrenzt.

In *Bild 4-29 auf Seite 325* ist das Wohnhaus aus den Außenflächen der wärmeübertragenden Bauteile modelliert. Das beheizte Volumen wird nach unten durch die Unterseite der Bodenplatte gegen Erdreich begrenzt. Zugunsten der Vereinfachung der Bauteil- und Volumenerfassung wird hier auf einen Keller verzichtet. Der Heizkessel wird innerhalb der thermischen Hülle aufgestellt. Dachüberstände sind vorhanden, aber nicht dargestellt, weil sie nicht zur wärmeübertragenden Umfassungsfläche gehören. Alle Fassadenfenster haben die Größe 1,40 x 1,20 m. Alle Dachfenster haben die Größe 1,40 x 1,40 m. Alle Türen (Haustüre und Fenstertüren) haben die Größe 1,40 x 2,10 m.

Gebäudehülle und Anlagentechnik orientieren sich an der Referenzausführung. Lediglich auf die beim Referenzgebäude vorhandene zentrale Abluftanlage wird verzichtet.

Auf der Süd-Dachfläche werden 8,2 m² Solarkollektoren (Flachkollektoren) zur Brauchwassererwärmung montiert.

Anwendung der EnEV	Die Nutzfläche liegt weit über der für Neubauten gültigen „Vereinfachungsgrenze" von 50 m² (Grenze für kleine Gebäude nach § 8 EnEV). Deshalb ist hier der Nachweis der Begrenzung des Primärenergiebedarfs und des spezifischen Transmissionswärmeverlusts zu führen.

Ausreichender sommerlicher Wärmeschutz im Sinne von DIN 4108-2 ist ohne rechnerischen Nachweis gegeben, weil sämtliche Fenster außen liegende Rollläden/Jalousien erhalten.

Bezüglich Wärmebrücken werden die Planungsbeispiele nach DIN 4108 Beiblatt 2 eingehalten.

Ein Energieausweis wird ausgestellt.

Anwendung des EEWärmeG

Das Erneuerbare-Energien-Wärmegesetz stellt Anforderungen, weil es sich um einen Neubau handelt. Die Anforderungen werden eingehalten, denn es wird eine Solaranlage mit Kollektorfläche von 8,2 m² vorgesehen. Nach EEWärmeG sind bei einem Neubau (Ein- oder Zweifamilienhaus) 0,04 m² Kollektorfläche je m² Gebäudenutzfläche nach EnEV erforderlich, hier also 0,04 · 204,84 = 8,19 m².

Berechnung und Fazit

Die Nachweisrechnung erfolgt mittels Software nach DIN V 4108-6 i. V. m. DIN V 4701-10.

Im Ergebnis ist festzuhalten, dass die zulässigen Grenzwerte für den nutzflächenbezogenen Primärenergiebedarf Q_p'' und den spezifischen Transmissionswärmeverlust H_T' eingehalten sind:

vorh $Q_p'' = 79{,}7$ kWh/(m² · a) < zul $Q_p'' = 82{,}9$ kWh/(m² · a) ➜ o. k. (−4 %)

vorh $H_T' = 0{,}40$ W/(m² · K) = zul $H_T' = 0{,}40$ W/(m² · K) ➜ o. k. (−0 %)

Die Bewertung nach DIN V 18599 führt zu deutlich höheren Werten sowohl beim zulässigen Primärenergiebedarf (Bedarf des Referenzgebäudes) als auch beim vorhandenen Primärenergiebedarf (Bedarf des realen Gebäudes).

Die Orientierung an der Referenzausführung führt zum gewünschten Erfolg: Das Gebäude wird primärenergetisch knapp, aber erfolgreich nachgewiesen. Zur Gebäudehülle sei angemerkt, dass der zulässige Transmissionswärmeverlust H_T' sich nicht aus dem Referenzgebäude ergibt, sondern als fester Wert aus Anlage 1, Tabelle 2 der EnEV (0,40 für frei stehendes Einfamilienhaus bis 350 m² Gebäudenutzfläche).

Energieausweis

Abschließend wird exemplarisch ein bedarfsbezogener Energieausweis für das Gebäude erstellt (*Beispielsatz 4-35 ab Seite 328*). Dabei wird auf das leere, weil verbrauchsbezogene Blatt 3 und auf das stets gleiche, erläuternde Blatt 4 verzichtet (*siehe dazu Formblattsatz 3-13 auf Seite 239*).

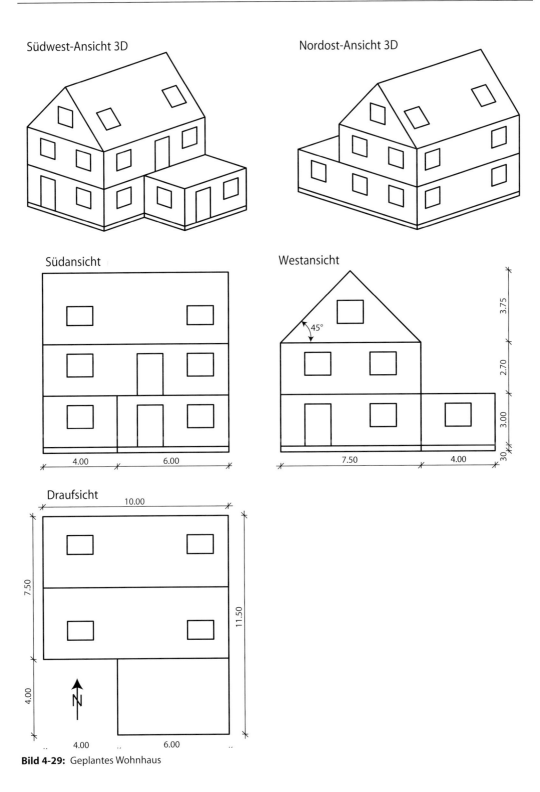

Bild 4-29: Geplantes Wohnhaus

Tabelle 4-30: Gebäudehülle des Einfamilienhauses, Variante 1

Bauteil	Fläche	U-Wert	Bemerkung
Außenwand	251,62 m²		Bruttofläche
	– 37,80 m²		Abzug der Fenster und Fenstertüren
	– 2,94 m²		Abzug der Haustür
	= 210,88 m²	0,28	Nettofläche
Haustür	2,94 m²	1,80	
Fassadenfenster und Fenstertüren	37,80 m²	1,30	Energiedurchlassgrad g = 0,60.
Steildach	106,07 m²		Bruttofläche
	– 7,84 m²		Abzug der Dachfenster
	= 98,23 m²	0,20	Nettofläche
Dachfenster	7,84 m²	1,30	Energiedurchlassgrad g = 0,60.
Flachdach	24,00 m²	0,20	
Bodenplatte	99,00 m²	0,33	

Tabelle 4-31: Anlagentechnik und weitere Eckdaten des Einfamilienhauses, Variante 1

Komponente	Ausführung
Heizung	Gas-Brennwertkessel, verbessert
Übergabe	Heizkörper überwiegend an Außenwand, Thermostatventile (1 K)
Warmwasser	über Heizkessel, zusätzlich Solaranlage (Flachkollektoren), bivalenter Solarspeicher, Zirkulationsleitung vorhanden
Aufstellung	Kessel und Speicher innerhalb der thermischen Hülle
Lüftung	Fensterlüftung
Luftdichtheit	nachgewiesen (Blower-Door-Test)
Wärmebrücken	Einhaltung von DIN 4108 Beiblatt 2 (ΔU_{WB} = 0,05 W/(m² · K))

Tabelle 4-32: Ergebnisvergleich zum Einfamilienhaus, Variante 1

Größe	DIN V 4108-6	DIN V 18599	Abweichung
zulässiger Primärenergiebedarf (Wert Referenzgebäude) zul Q_p" in kWh/(m² · a)	82,9	102,6	+ 24 %
vorhanden vorh Q_p"	79,7	97,5	+ 22 %
Reserve vorhanden zu zulässig	– 4 %	– 5 %	

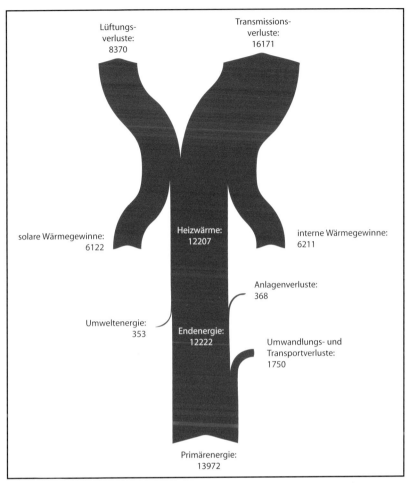

Diagramm 4-33: Energiefluss Heizung des Einfamilienhauses, Variante 1 (in kWh/a)

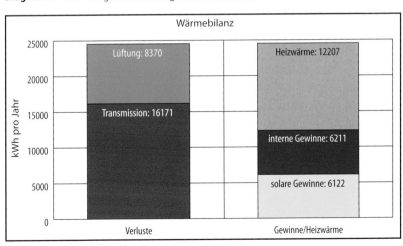

Diagramm 4-34: Wärmebilanz des Einfamilienhauses, Variante 1

Beispielsatz 4-35: Blatt 1 von 2 zum Energieausweis Einfamilienhaus Variante 1

ENERGIEAUSWEIS für Wohngebäude

gemäß den §§ 16 ff. Energieeinsparverordnung (EnEV)

Gültig bis: **01.08.2020**

Gebäude

Gebäudetyp	Einfamilienhaus Variante 1
Adresse	Musterweg 2, 88662 Überlingen
Gebäudeteil	
Baujahr Gebäude	2010
Baujahr Anlagentechnik[1]	2010
Anzahl Wohnungen	1
Gebäudenutzfläche (A_N)	205 m²
Erneuerbare Energien	Solarthermische Brauchwassererwärmung
Lüftung	Fensterlüftung

Anlass der Ausstellung des Energieausweises	☒ Neubau ☐ Vermietung/Verkauf	☐ Modernisierung (Änderung/Erweiterung)	☐ Sonstiges (freiwillig)

Hinweise zu den Angaben über die energetische Qualität des Gebäudes

Die energetische Qualität eines Gebäudes kann durch die Berechnung des **Energiebedarfs** unter standardisierten Randbedingungen oder durch die Auswertung des **Energieverbrauchs** ermittelt werden. Als Bezugsfläche dient die energetische Gebäudenutzfläche nach der EnEV, die sich in der Regel von den allgemeinen Wohnflächenangaben unterscheidet. Die angegebenen Vergleichswerte sollen überschlägige Vergleiche ermöglichen **(Erläuterungen – siehe Seite 4)**.

☒ Der Energieausweis wurde auf der Grundlage von Berechnungen des **Energiebedarfs** erstellt. Die Ergebnisse sind auf **Seite 2** dargestellt. Zusätzliche Informationen zum Verbrauch sind freiwillig.

☐ Der Energieausweis wurde auf der Grundlage von Auswertungen des **Energieverbrauchs** erstellt. Die Ergebnisse sind auf **Seite 3** dargestellt.

Datenerhebung Bedarf/Verbrauch durch: ☐ Eigentümer   ☒ Aussteller

☐ Dem Energieausweis sind zusätzliche Informationen zur energetischen Qualität beigefügt (freiwillige Angabe).

Hinweise zur Verwendung des Energieausweises

Der Energieausweis dient lediglich der Information. Die Angaben im Energieausweis beziehen sich auf das gesamte Wohngebäude oder den oben bezeichneten Gebäudeteil. Der Energieausweis ist lediglich dafür gedacht, einen überschlägigen Vergleich von Gebäuden zu ermöglichen.

Aussteller

Friedhelm Maßong
Dipl.-Ing. (FH), BI
Stockacher Straße 6
88662 Überlingen

01.08.2010
Datum

Unterschrift des Ausstellers

1) Mehrfachangaben möglich

Fortsetzung Beispielsatz 4-35: Blatt 2 von 2

ENERGIEAUSWEIS für Wohngebäude

gemäß den §§ 16 ff. Energieeinsparverordnung (EnEV)

Berechneter Energiebedarf des Gebäudes
Musterweg 2

Energiebedarf

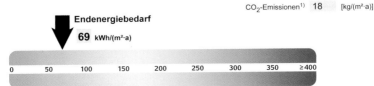

CO_2-Emissionen[1] **18** [kg/(m²·a)]

Endenergiebedarf
69 kWh/(m²·a)

| 0 | 50 | 100 | 150 | 200 | 250 | 300 | 350 | ≥400 |

80 kWh/(m²·a)
Primärenergiebedarf "Gesamtenergieeffizienz"

Anforderungen gemäß EnEV[2]

Primärenergiebedarf
Ist-Wert **80** kWh/(m²·a)   Anforderungswert **83** kWh/(m²·a)

Energetische Qualität der Gebäudehülle H'_T
Ist-Wert **0,40** W/(m²·K)   Anforderungswert **0,40** W/(m²·K)

Sommerlicher Wärmeschutz (bei Neubau) ☒ eingehalten

Für Energiebedarfsberechnungen verwendetes Verfahren

☒ Verfahren nach DIN V 4108-6 und DIN V 4701-10
☐ Verfahren nach DIN V 18599
☐ Vereinfachungen nach § 9 Abs. 2 EnEV

Endenergiebedarf

Energieträger	Jährlicher Endenergiebedarf in kWh/(m²·a) für			Gesamt in kWh/(m²·a)
	Heizung	Warmwasser	Hilfsgeräte[4]	
Erdgas H	57,9	7,9	0,0	65,9
Strom-Mix	0,0	0,0	2,8	2,8

Ersatzmaßnahmen[3]

Anforderungen nach § 7 Nr. 2 EEWärmeG
☐ Die um 15 % verschärften Anforderungswerte sind eingehalten.

Anforderungen nach § 7 Nr. 2 i. V. m. § 8 EEWärmeG
Die Anforderungswerte der EnEV sind um   % verschärft.

Primärenergiebedarf
Verschärfter Anforderungswert: kWh/(m²·a)

Transmissionswärmeverlust H'_T
Verschärfter Anforderungswert: W/(m²·K)

Vergleichswerte Endenergiebedarf

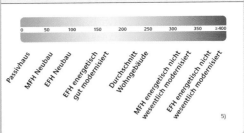

| 0 | 50 | 100 | 150 | 200 | 250 | 300 | 350 | ≥400 |

Passivhaus · MFH Neubau · EFH Neubau · EFH energetisch gut modernisiert · Durchschnitt Wohngebäude · MFH energetisch nicht wesentlich modernisiert · EFH energetisch nicht wesentlich modernisiert

[5]

Erläuterungen zum Berechnungsverfahren

Die Energieeinsparverordnung lässt für die Berechnung des Energiebedarfs zwei alternative Berechnungsverfahren zu, die im Einzelfall zu unterschiedlichen Ergebnissen führen können. Insbesondere wegen standardisierter Randbedingungen erlauben die angegebenen Werte keine Rückschlüsse auf den tatsächlichen Energieverbrauch. Die ausgewiesenen Bedarfswerte sind spezifische Werte nach der EnEV pro Quadratmeter Gebäudenutzfläche (A_N).

1) Freiwillige Angabe   2) bei Neubau sowie bei Modernisierung im Fall des § 16 Abs. 1 Satz 2 EnEV   3) nur bei Neubau im Falle der Anwendung von § 7 Nr. 2 Erneuerbare-Energien-Wärmegesetz
4) Ggf. einschließlich Kühlung   5) EFH: Einfamilienhäuser, MFH: Mehrfamilienhäuser

4.4.4 Wohnhaus mit Nachweis des Primärenergiebedarfs, Variante 2

Sachverhalt

Das bereits im vorigen Kapitel vorgestellte Gebäude wird nun in einer zweiten Variante untersucht. Dabei wird nur noch auf die Veränderungen gegenüber der Variante 1 eingegangen. Für alles andere wird auf Variante 1 verwiesen (*siehe Kapitel 4.4.3 ab Seite 323*).

Die Bauteile der Gebäudehülle werden nun wesentlich besser gedämmt. So werden u. a. die Wärmeschutzfenster mit 3- statt mit 2-fach-Verglasung ausgerüstet. Die Wärmebrücken werden nicht mehr mit dem standardmäßigen Pauschalzuschlag berücksichtigt, sondern durch einen Fachplaner detailliert nachgewiesen. Dadurch reduziert sich der Zuschlag auf den spezifischen Transmissionswärmeverlust von 0,05 auf 0,02 W/(m² · K).

Das Ziel besteht darin, den Heizwärmebedarf des Gebäudes durch Wärmeschutz so weit zu drücken, dass bei der Anlagentechnik Einsparungen möglich sind.

Es bleibt bei der Gas-Brennwert-Heizung aus Variante 1, nun aber ohne die Einbindung einer Solaranlage zur Brauchwassererwärmung. Das mag energetisch nicht sinnvoll sein, aber es genügt zur Erfüllung der gesetzlichen Anforderungen.

Anwendung des EEWärmeG

Die Anforderungen des Erneuerbare-Energien-Wärmegesetzes können ersatzweise u. a. dadurch erfüllt werden, dass die Anforderungswerte der EnEV (Primärenergiebedarf und Transmissionswärmeverlust) um mindestens 15 % unterschritten werden. Dies wird hier erreicht. Insofern ist die Nutzung erneuerbarer Energien gesetzlich nicht mehr vorgeschrieben.

Berechnung und Fazit

Die Nachweisrechnung erfolgt mittels Software nach DIN V 4108-6 i. V. m. DIN V 4701-10.

Im Ergebnis ist festzuhalten, dass die zulässigen Grenzwerte für den nutzflächenbezogenen Primärenergiebedarf Q_p" und den spezifischen Transmissionswärmeverlust H_T' eingehalten sind:

vorh Q_p" = 69,9 kWh/(m² · a) < zul Q_p" = 82,9 kWh/(m² · a) ➜ o. k. (–16 %)

vorh H_T' = 0,25 W/(m² · K) < zul H_T' = 0,40 W/(m² · K) ➜ o. k. (–38 %)

Auch hier liegen die Berechnungsergebnisse nach DIN V 18599 deutlich über denjenigen nach DIN V 4108-6. Dabei fällt auf, das der Nachweis nach DIN V 18599 mehr Reserve und damit einen größeren Spielraum für Veränderungen bietet.

Der ehrgeizige Wärmeschutz führt zum gewünschten Erfolg: Das primärenergetische Manko der fehlenden Solaranlage wird vollständig kompensiert.

Energieausweis

Abschließend wird wiederum der bedarfsbezogene Energieausweis verkürzt dargestellt. Die ersatzweise Erfüllung der Anforderungen des EEWärmeG wird auf Seite 2 unten links dokumentiert.

Tabelle 4-36: Gebäudehülle des Einfamilienhauses, Variante 2

Bauteil	Fläche	U-Wert	Bemerkung
Außenwand	251,62 m²		Bruttofläche
	– 37,80 m²		Abzug der Fenster und Fenstertüren
	– 2,94 m²		Abzug der Haustür
	= 210,88 m²	0,15	Nettofläche
Haustür	2,94 m²	1,30	
Fassadenfenster und Fenstertüren	37,80 m²	1,00	Energiedurchlassgrad $g = 0,50$.
Steildach	106,07 m²		Bruttofläche
	– 7,84 m²		Abzug der Dachfenster
	= 98,23 m²	0,13	Nettofläche
Dachfenster	7,84 m²	1,00	Energiedurchlassgrad $g = 0,50$.
Flachdach	24,00 m²	0,12	
Bodenplatte	99,00 m²	0,20	

Tabelle 4-37: Anlagentechnik und weitere Eckdaten des Einfamilienhauses, Variante 2

Komponente	Ausführung
Heizung	Gas-Brennwertkessel, verbessert
Übergabe	Heizkörper überwiegend an Außenwand, Thermostatventile (1 K)
Warmwasser	über Heizkessel, indirekt beheizter Speicher, Zirkulationsleitung vorhanden
Aufstellung	Kessel und Speicher innerhalb der thermischen Hülle
Lüftung	Fensterlüftung
Luftdichtheit	nachgewiesen (Blower-Door-Test)
Wärmebrücken	Detaillierter Nachweis (rechnerisch $\Delta U_{WB} = 0,02$ W/(m² · K))

Tabelle 4-38: Ergebnisvergleich zum Einfamilienhaus, Variante 2

Größe	DIN V 4108-6	DIN V 18599	Abweichung
zulässiger Primärenergiebedarf (Wert Referenzgebäude) zul Q_p'' in kWh/(m² · a)	82,9	102,6	+ 24 %
vorhanden vorh Q_p''	69,9	80,1	+ 15 %
Reserve vorhanden zu zulässig	– 16 %	– 22 %	

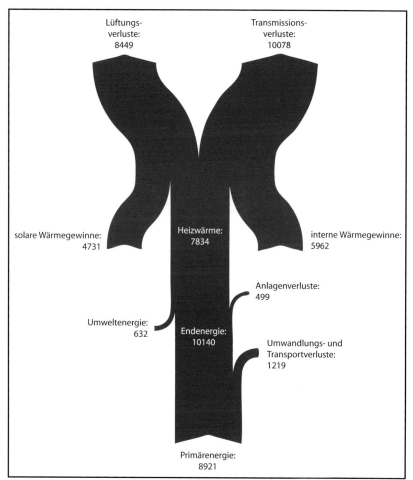

Diagramm 4-39: Energiefluss Heizung des Einfamilienhauses, Variante 2 (in kWh/a)

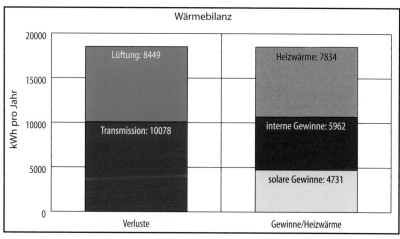

Diagramm 4-40: Wärmebilanz des Einfamilienhauses, Variante 2

Beispielsatz 4-41: Blatt 1 von 2 zum Energieausweis Einfamilienhaus Variante 2

ENERGIEAUSWEIS für Wohngebäude

gemäß den §§ 16 ff. Energieeinsparverordnung (EnEV)

Gültig bis: **01.08.2020**

Gebäude

Gebäudetyp	Einfamilienhaus Variante 2
Adresse	Musterweg 2, 88662 Überlingen
Gebäudeteil	
Baujahr Gebäude	2010
Baujahr Anlagentechnik[1]	2010
Anzahl Wohnungen	1
Gebäudenutzfläche (A_N)	205 m²
Erneuerbare Energien	
Lüftung	Fensterlüftung
Anlass der Ausstellung des Energieausweises	☒ Neubau ☐ Modernisierung ☐ Sonstiges (freiwillig) ☐ Vermietung/Verkauf (Änderung/Erweiterung)

Hinweise zu den Angaben über die energetische Qualität des Gebäudes

Die energetische Qualität eines Gebäudes kann durch die Berechnung des **Energiebedarfs** unter standardisierten Randbedingungen oder durch die Auswertung des **Energieverbrauchs** ermittelt werden. Als Bezugsfläche dient die energetische Gebäudenutzfläche nach der EnEV, die sich in der Regel von den allgemeinen Wohnflächenangaben unterscheidet. Die angegebenen Vergleichswerte sollen überschlägige Vergleiche ermöglichen **(Erläuterungen – siehe Seite 4).**

☒ Der Energieausweis wurde auf der Grundlage von Berechnungen des **Energiebedarfs** erstellt. Die Ergebnisse sind auf **Seite 2** dargestellt. Zusätzliche Informationen zum Verbrauch sind freiwillig.

☐ Der Energieausweis wurde auf der Grundlage von Auswertungen des **Energieverbrauchs** erstellt. Die Ergebnisse sind auf **Seite 3** dargestellt.

Datenerhebung Bedarf/Verbrauch durch: ☐ Eigentümer ☒ Aussteller

☐ Dem Energieausweis sind zusätzliche Informationen zur energetischen Qualität beigefügt (freiwillige Angabe).

Hinweise zur Verwendung des Energieausweises

Der Energieausweis dient lediglich der Information. Die Angaben im Energieausweis beziehen sich auf das gesamte Wohngebäude oder den oben bezeichneten Gebäudeteil. Der Energieausweis ist lediglich dafür gedacht, einen überschlägigen Vergleich von Gebäuden zu ermöglichen.

Aussteller

Friedhelm Maßong
Dipl.-Ing. (FH), BI
Stockacher Straße 6
88662 Überlingen

01.08.2010
Datum   Unterschrift des Ausstellers

1) Mehrfachangaben möglich

Fortsetzung Beispielsatz 4-41: Blatt 2 von 2

ENERGIEAUSWEIS für Wohngebäude

gemäß den §§ 16 ff. Energieeinsparverordnung (EnEV)

Berechneter Energiebedarf des Gebäudes

Musterweg 2

Energiebedarf

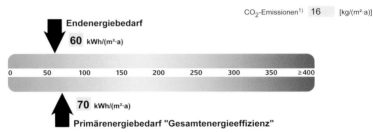

CO_2-Emissionen[1] 16 [kg/(m²·a)]

Endenergiebedarf
60 kWh/(m²·a)

0   50   100   150   200   250   300   350   ≥400

70 kWh/(m²·a)
Primärenergiebedarf "Gesamtenergieeffizienz"

<u>Anforderungen gemäß EnEV[2]</u>

Primärenergiebedarf

Ist-Wert   70 kWh/(m²·a)   Anforderungswert   83 kWh/(m²·a)

Energetische Qualität der Gebäudehülle H'_T

Ist-Wert   0,25 W/(m²·K)   Anforderungswert   0,40 W/(m²·K)

Sommerlicher Wärmeschutz (bei Neubau) ☒ eingehalten

<u>Für Energiebedarfsberechnungen</u>
<u>verwendetes Verfahren</u>

☒ Verfahren nach DIN V 4108-6 und DIN V 4701-10

☐ Verfahren nach DIN V 18599

☐ Vereinfachungen nach § 9 Abs. 2 EnEV

Endenergiebedarf

Energieträger	Jährlicher Endenergiebedarf in kWh/(m²·a) für			Gesamt in kWh/(m²·a)
	Heizung	Warmwasser	Hilfsgeräte[4]	
Erdgas H	36,1	21,8	0,0	57,9
Strom-Mix	0,0	0,0	2,4	2,4

Ersatzmaßnahmen[3]

<u>Anforderungen nach § 7 Nr. 2 EEWärmeG</u>

☒ Die um 15 % verschärften Anforderungswerte sind eingehalten.

<u>Anforderungen nach § 7 Nr. 2 i. V. m. § 8 EEWärmeG</u>

Die Anforderungswerte der EnEV sind um   % verschärft.

Primärenergiebedarf

Verschärfter Anforderungswert: 71 kWh/(m²·a)

Transmissionswärmeverlust H'_T

Verschärfter Anforderungswert: 0,34 W/(m²·K)

Vergleichswerte Endenergiebedarf

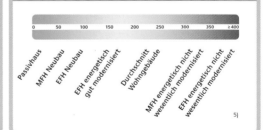

0   50   100   150   200   250   300   350   ≥400

Passivhaus   MFH Neubau   EFH Neubau   EFH energetisch gut modernisiert   Durchschnitt Wohngebäude   MFH energetisch nicht wesentlich modernisiert   EFH energetisch nicht wesentlich modernisiert

5)

Erläuterungen zum Berechnungsverfahren

Die Energieeinsparverordnung lässt für die Berechnung des Energiebedarfs zwei alternative Berechnungsverfahren zu, die im Einzelfall zu unterschiedlichen Ergebnissen führen können. Insbesondere wegen standardisierter Randbedingungen erlauben die angegebenen Werte keine Rückschlüsse auf den tatsächlichen Energieverbrauch. Die ausgewiesenen Bedarfswerte sind spezifische Werte nach der EnEV pro Quadratmeter Gebäudenutzfläche (A_N).

1) Freiwillige Angabe   2) bei Neubau sowie bei Modernisierung im Fall des § 16 Abs. 1 Satz 2 EnEV   3) nur bei Neubau im Falle der Anwendung von § 7 Nr. 2 Erneuerbare-Energien-Wärmegesetz   4) Ggf. einschließlich Kühlung   5) EFH: Einfamilienhäuser, MFH: Mehrfamilienhäuser

4.4.5 Wohnhaus mit Nachweis des Primärenergiebedarfs, Variante 3

Sachverhalt

Das bereits vorgestellte Gebäude wird in einer dritten Variante untersucht. Dabei wird nur noch auf die Veränderungen gegenüber der Variante 1 (*siehe Kapitel 4.4.3 ab Seite 323*) eingegangen.

Die Bauteile der Gebäudehülle werden mit gerade ausreichendem Wärmeschutz versehen.

Als Heizung kommt nun eine primärenergetisch sehr vorteilhafte, weil mit erneuerbarem Brennstoff betriebene Pelletheizung zum Einsatz, dazu eine solarthermische Anlage zur Brauchwassererwärmung und Heizungsunterstützung.

Anwendung des EEWärmeG

Die Anforderungen des Erneuerbare-Energien-Wärmegesetzes werden sowohl durch die Nutzung von Pellets als Brennstoff als auch durch die Solaranlage erfüllt.

Berechnung und Fazit

Die Nachweisrechnung erfolgt mittels Software nach DIN V 4108-6 i. V. m. DIN V 4701-10.

Im Ergebnis ist festzuhalten, dass die zulässigen Grenzwerte für den nutzflächenbezogenen Primärenergiebedarf Q_p'' und den spezifischen Transmissionswärmeverlust H_T' eingehalten sind:

vorh $Q_p'' = 23,3$ kWh/(m² · a) < zul $Q_p'' = 82,9$ kWh/(m² · a) ➜ o. k. (−72 %)

vorh $H_T' = 0,40$ W/(m² · K) = zul $H_T' = 0,40$ W/(m² · K) ➜ o. k. (−0 %)

Auch hier liegen die Berechnungsergebnisse nach DIN V 18599 über denjenigen nach DIN V 4108-6, wobei die Abweichung beim Referenzgebäude (zulässiger Wert) deutlich größer ausfällt als beim realen Gebäude.

Die konsequente Nutzung von Biomasse als Brennstoff beschert ein sehr gutes primärenergetisches Ergebnis auch bei wenig ehrgeizigem Wärmeschutz. Auch die Solaranlage leistet hierzu einen Beitrag, wenn auch nur einen geringen.

Das primärenergetische Ergebnis lässt sich durch den Einsatz einer Zu- und Abluftanlage mit Wärmerückgewinnung nicht verbessern.

Ein Teil der Pellets wird eingespart, dafür verbraucht die Lüftungsanlage wiederum Strom, wenn auch weniger als die bei den Pellets eingesparte Energie. Eine elektrische Kilowattstunde ist allerdings üblicherweise wesentlich teurer als eine aus Pellets erzeugte thermische Kilowattstunde, so dass keine große finanzielle Einsparung übrigbleibt. Der Primärenergiebedarf nimmt wegen der ungünstigen Bewertung von Strom insgesamt leicht zu.

Energieausweis

Abschließend wird wiederum der bedarfsbezogene Energieausweis verkürzt dargestellt. Dabei fällt auf, dass der Endenergiebedarf sehr viel höher liegt als der Primärenergiebedarf. Dies ist auf die Erneuerbarkeit des Brennstoffs zurückzuführen. Als Primärenergiebedarf wird nur der nicht erneuerbare Anteil ausgewiesen.

Der Endenergieverbrauch liegt merklich höher als bei Variante 1 (identischer Wärmeschutz, Gas-Brennwertheizung). Dies ist auf die höheren anlagentechnischen Verluste der Pelletheizung zurückzuführen.

Tabelle 4-42: Gebäudehülle des Einfamilienhauses, Variante 3

Bauteil	Fläche	U-Wert	Bemerkung
Außenwand	251,62 m²		Bruttofläche
	– 37,80 m²		Abzug der Fenster und Fenstertüren
	– 2,94 m²		Abzug der Haustür
	= 210,88 m²	0,28	Nettofläche
Haustür	2,94 m²	1,80	
Fassadenfenster und Fenstertüren	37,80 m²	1,30	Energiedurchlassgrad $g = 0{,}60$.
Steildach	106,07 m²		Bruttofläche
	– 7,84 m²		Abzug der Dachfenster
	= 98,23 m²	0,20	Nettofläche
Dachfenster	7,84 m²	1,30	Energiedurchlassgrad $g = 0{,}60$.
Flachdach	24,00 m²	0,20	
Bodenplatte	99,00 m²	0,33	

Tabelle 4-43: Anlagentechnik und weitere Eckdaten des Einfamilienhauses, Variante 3

Komponente	Ausführung
Heizung	Pelletkessel mit direkter und indirekter Wärmeabgabe, Pufferspeicher
Übergabe	Heizkörper überwiegend an Außenwand, optimierte elektronische Regelung (raumweise per Funk gesteuert)
Warmwasser	über Heizkessel und Solaranlage, keine Zirkulation
Solarthermie	Vakuum-Röhrenkollektoren (16 m² auf Süddachfläche) zur Brauchwassererwärmung und Heizungsunterstützung
Aufstellung	Kessel und Speicher innerhalb der thermischen Hülle
Lüftung	Fensterlüftung, Luftdichtheit nachgewiesen (Blower-Door-Test)
Wärmebrücken	Einhaltung von DIN 4108 Beiblatt 2 ($\Delta U_{WB} = 0{,}05$ W/(m² · K))

Tabelle 4-44: Ergebnisvergleich zum Einfamilienhaus, Variante 3

Größe	DIN V 4108-6	DIN V 18599	Abweichung
zulässiger Primärenergiebedarf (Wert Referenzgebäude) zul Q_p'' in kWh/(m² · a)	82,9	102,6	+ 24 %
vorhanden vorh Q_p''	23,3	25,3	+ 9 %
Reserve vorhanden zu zulässig	– 72 %	– 75 %	

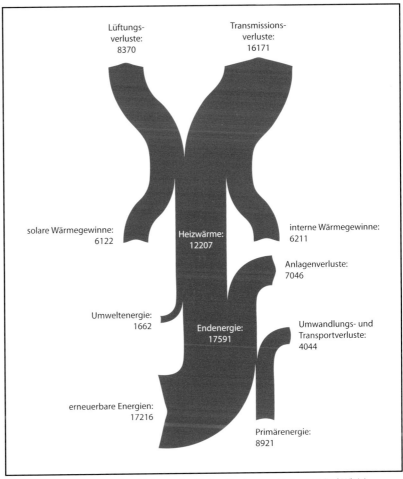

Diagramm 4-45: Energiefluss Heizung des Einfamilienhauses, Variante 3 (in kWh/a)

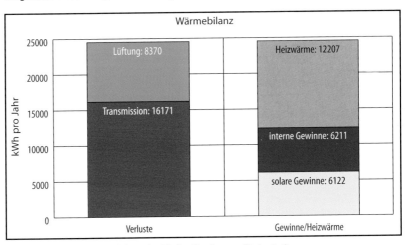

Diagramm 4-46: Wärmebilanz des Einfamilienhauses, Variante 3

Beispielsatz 4-47: Blatt 1 von 2 zum Energieausweis Einfamilienhaus Variante 3

ENERGIEAUSWEIS für Wohngebäude

gemäß den §§ 16 ff. Energieeinsparverordnung (EnEV)

Gültig bis: **01.08.2020**   ➊

Gebäude

Gebäudetyp	Einfamilienhaus Variante 3
Adresse	Musterweg 2, 88662 Überlingen
Gebäudeteil	
Baujahr Gebäude	2010
Baujahr Anlagentechnik[1)	2010
Anzahl Wohnungen	1
Gebäudenutzfläche (A$_N$)	205 m²
Erneuerbare Energien	Pelletheizung, Solarthermie für Warmwasser und Heizungsunterstützung
Lüftung	Fensterlüftung
Anlass der Ausstellung des Energieausweises	☒ Neubau ☐ Modernisierung ☐ Sonstiges (freiwillig) ☐ Vermietung/Verkauf (Änderung/Erweiterung)

Hinweise zu den Angaben über die energetische Qualität des Gebäudes

Die energetische Qualität eines Gebäudes kann durch die Berechnung des **Energiebedarfs** unter standardisierten Randbedingungen oder durch die Auswertung des **Energieverbrauchs** ermittelt werden. Als Bezugsfläche dient die energetische Gebäudenutzfläche nach der EnEV, die sich in der Regel von den allgemeinen Wohnflächenangaben unterscheidet. Die angegebenen Vergleichswerte sollen überschlägige Vergleiche ermöglichen (**Erläuterungen – siehe Seite 4**).

☒ Der Energieausweis wurde auf der Grundlage von Berechnungen des **Energiebedarfs** erstellt. Die Ergebnisse sind auf **Seite 2** dargestellt. Zusätzliche Informationen zum Verbrauch sind freiwillig.

☐ Der Energieausweis wurde auf der Grundlage von Auswertungen des **Energieverbrauchs** erstellt. Die Ergebnisse sind auf **Seite 3** dargestellt.

Datenerhebung Bedarf/Verbrauch durch: ☐ Eigentümer   ☒ Aussteller

☐ Dem Energieausweis sind zusätzliche Informationen zur energetischen Qualität beigefügt (freiwillige Angabe).

Hinweise zur Verwendung des Energieausweises

Der Energieausweis dient lediglich der Information. Die Angaben im Energieausweis beziehen sich auf das gesamte Wohngebäude oder den oben bezeichneten Gebäudeteil. Der Energieausweis ist lediglich dafür gedacht, einen überschlägigen Vergleich von Gebäuden zu ermöglichen.

Aussteller

Friedhelm Maßong
Dipl.-Ing. (FH), BI
Stockacher Straße 6
88662 Überlingen

01.08.2010

Datum   Unterschrift des Ausstellers

1) Mehrfachangaben möglich

Fortsetzung Beispielsatz 4-47: Blatt 2 von 2

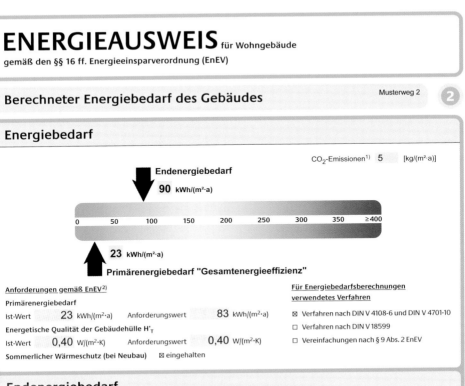

ENERGIEAUSWEIS für Wohngebäude

gemäß den §§ 16 ff. Energieeinsparverordnung (EnEV)

Berechneter Energiebedarf des Gebäudes

Musterweg 2   2

Energiebedarf

CO$_2$-Emissionen[1] 5 [kg/(m²·a)]

Endenergiebedarf

90 kWh/(m²·a)

| 0 | 50 | 100 | 150 | 200 | 250 | 300 | 350 | ≥400 |

23 kWh/(m²·a)

Primärenergiebedarf "Gesamtenergieeffizienz"

Anforderungen gemäß EnEV[2]

Primärenergiebedarf

Ist-Wert **23** kWh/(m²·a)   Anforderungswert **83** kWh/(m²·a)

Energetische Qualität der Gebäudehülle H'$_T$

Ist-Wert **0,40** W/(m²·K)   Anforderungswert **0,40** W/(m²·K)

Sommerlicher Wärmeschutz (bei Neubau)   ☒ eingehalten

Für Energiebedarfsberechnungen verwendetes Verfahren

☒ Verfahren nach DIN V 4108-6 und DIN V 4701-10

☐ Verfahren nach DIN V 18599

☐ Vereinfachungen nach § 9 Abs. 2 EnEV

Endenergiebedarf

| Energieträger | Jährlicher Endenergiebedarf in kWh/(m²·a) für | | | Gesamt in kWh/(m²·a) |
	Heizung	Warmwasser	Hilfsgeräte[4]	
Strom-Mix	0,0	0,0	2,2	2,2
Pellets	84,0	3,5	0,0	87,6

Ersatzmaßnahmen[3]

Anforderungen nach § 7 Nr. 2 EEWärmeG

☐ Die um 15 % verschärften Anforderungswerte sind eingehalten.

Anforderungen nach § 7 Nr. 2 i. V. m. § 8 EEWärmeG

Die Anforderungswerte der EnEV sind um ____ % verschärft.

Primärenergiebedarf

Verschärfter Anforderungswert: ____ kWh/(m²·a)

Transmissionswärmeverlust H'$_T$

Verschärfter Anforderungswert: ____ W/(m²·K)

Vergleichswerte Endenergiebedarf

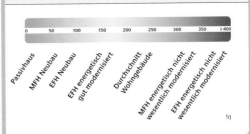

| 0 | 50 | 100 | 150 | 200 | 250 | 300 | 350 | ≥400 |

Passivhaus · MFH Neubau · EFH Neubau · EFH energetisch gut modernisiert · Durchschnitt Wohngebäude · MFH energetisch nicht wesentlich modernisiert · EFH energetisch nicht wesentlich modernisiert

[5]

Erläuterungen zum Berechnungsverfahren

Die Energieeinsparverordnung lässt für die Berechnung des Energiebedarfs zwei alternative Berechnungsverfahren zu, die im Einzelfall zu unterschiedlichen Ergebnissen führen können. Insbesondere wegen standardisierter Randbedingungen erlauben die angegebenen Werte keine Rückschlüsse auf den tatsächlichen Energieverbrauch. Die ausgewiesenen Bedarfswerte sind spezifische Werte nach der EnEV pro Quadratmeter Gebäudenutzfläche (A$_N$).

1) Freiwillige Angabe 2) bei Neubau sowie bei Modernisierung im Fall des § 16 Abs. 1 Satz 2 EnEV 3) nur bei Neubau im Falle der Anwendung von § 7 Nr. 2 Erneuerbare-Energien-Wärmegesetz 4) Ggf. einschließlich Kühlung 5) EFH: Einfamilienhäuser, MFH: Mehrfamilienhäuser

4.4.6   Wohnhaus mit Nachweis des Primärenergiebedarfs, Variante 4

Sachverhalt

Das bereits vorgestellte Gebäude wird in einer vierten Variante untersucht. Dabei wird nur noch auf die Veränderungen gegenüber der Variante 1 (*siehe Kapitel 4.4.3 ab Seite 323*) eingegangen.

Neben den ehrgeizigen Wärmeschutz aus Variante 2 tritt nun die Pelletheizung aus Variante 3, samt solarthermischer Anlage zur Brauchwassererwärmung und Heizungsunterstützung.

Anwendung des EEWärmeG

Die Anforderungen des Erneuerbare-Energien-Wärmegesetzes werden sowohl durch die Nutzung von Pellets als Brennstoff als auch durch die Solaranlage erfüllt.

Berechnung und Fazit

Die Nachweisrechnung erfolgt mittels Software nach DIN V 4108-6 i. V. m. DIN V 4701-10.

Im Ergebnis ist festzuhalten, dass die zulässigen Grenzwerte für den nutzflächenbezogenen Primärenergiebedarf Q_p'' und den spezifischen Transmissionswärmeverlust H_T' eingehalten sind:

vorh Q_p'' = 17,8 kWh/(m² · a) < zul Q_p'' = 82,9 kWh/(m² · a) ➔ o. k. (−79 %)

vorh H_T' = 0,25 W/(m² · K) < zul H_T' = 0,40 W/(m² · K) ➔ o. k. (−38 %)

Auch hier liegen die Berechnungsergebnisse nach DIN V 18599 über denjenigen nach DIN V 4108-6, wobei die Abweichung beim Referenzgebäude (zulässiger Wert) deutlich größer ausfällt als beim realen Gebäude.

Die konsequente Nutzung von Biomasse als Brennstoff beschert ein sehr gutes primärenergetisches Ergebnis auch bei wenig ehrgeizigem Wärmeschutz. Auch die Solaranlage leistet hierzu einen Beitrag, wenn auch nur einen geringen.

Der ehrgeizige Wärmeschutz führt zu einer nennenswerten Verringerung des Endenergiebedarfs, nicht aber des Primärenergiebedarfs. Grund: Durch den sehr günstigen Primärenergiefaktor von 0,2 für Pellets (also 80 weniger Primärenergiebedarf als Endenergiebedarf) verbleibt von der Einsparung nicht viel.

Das energetische Ergebnis lässt sich durch den Einsatz einer Zu- und Abluftanlage mit Wärmerückgewinnung nicht verbessern. Hier gilt das zu Variante 3 gesagte sinngemäß.

Energieausweis

Abschließend wird wiederum der bedarfsbezogene Energieausweis verkürzt dargestellt. Dabei fällt auf, dass der Endenergiebedarf sehr viel höher liegt als der Primärenergiebedarf. Dies ist auf die Erneuerbarkeit des Brennstoffs zurückzuführen. Als Primärenergiebedarf wird nur der nicht erneuerbare Anteil ausgewiesen.

Der Endenergieverbrauch trotz der großen energetischen Anstrengungen kaum niedriger als bei Variante 1 (wesentlich schlechterer Wärmeschutz, Gas-Brennwertheizung). Dies ist auf die höheren anlagentechnischen Verluste der Pelletheizung zurückzuführen.

Tabelle 4-48: Gebäudehülle des Einfamilienhauses, Variante 4

Bauteil	Fläche	U-Wert	Bemerkung
Außenwand	251,62 m²		Bruttofläche
	– 37,80 m²		Abzug der Fenster und Fenstertüren
	– 2,94 m²		Abzug der Haustür
	= 210,88 m²	0,15	Nettofläche
Haustür	2,94 m²	1,30	
Fassadenfenster und Fenstertüren	37,80 m²	1,00	Energiedurchlassgrad $g = 0{,}50$.
Steildach	106,07 m²		Bruttofläche
	– 7,84 m²		Abzug der Dachfenster
	= 98,23 m²	0,13	Nettofläche
Dachfenster	7,84 m²	1,00	Energiedurchlassgrad $g = 0{,}50$.
Flachdach	24,00 m²	0,12	
Bodenplatte	99,00 m²	0,20	

Tabelle 4-49: Anlagentechnik und weitere Eckdaten des Einfamilienhauses, Variante 4

Komponente	Ausführung
Heizung	Pelletkessel mit direkter und indirekter Wärmeabgabe, Pufferspeicher
Übergabe	Heizkörper überwiegend an Außenwand, optimierte elektronische Regelung (raumweise per Funk gesteuert)
Warmwasser	über Heizkessel und Solaranlage, keine Zirkulation
Solarthermie	Vakuum-Röhrenkollektoren (16 m² auf Süddachfläche) zur Brauchwassererwärmung und Heizungsunterstützung
Aufstellung	Kessel und Speicher innerhalb der thermischen Hülle
Lüftung	Fensterlüftung, Luftdichtheit nachgewiesen (Blower-Door-Test)
Wärmebrücken	Einhaltung von DIN 4108 Beiblatt 2 ($\Delta U_{WB} = 0{,}05$ W/(m² · K))

Tabelle 4-50: Ergebnisvergleich zum Einfamilienhaus, Variante 4

Größe	DIN V 4108-6	DIN V 18599	Abweichung
zulässiger Primärenergiebedarf (Wert Referenzgebäude) zul Q_p'' in kWh/(m² · a)	82,9	102,6	+ 24 %
vorhanden vorh Q_p''	17,8	19,5	+ 10 %
Reserve vorhanden zu zulässig	– 79 %	– 81 %	

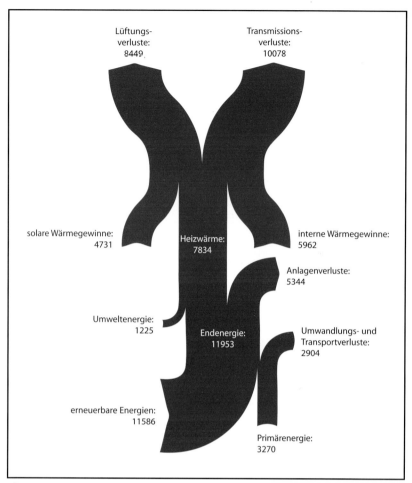

Diagramm 4-51: Energiefluss Heizung des Einfamilienhauses, Variante 4 (in kWh/a)

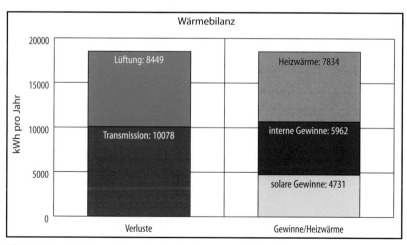

Diagramm 4-52: Wärmebilanz des Einfamilienhauses, Variante 4

Beispielsatz 4-53: Blatt 1 von 2 zum Energieausweis Einfamilienhaus Variante 4

ENERGIEAUSWEIS für Wohngebäude

gemäß den §§ 16 ff. Energieeinsparverordnung (EnEV)

Gültig bis: **01.08.2020** ①

Gebäude

Gebäudetyp	Einfamilienhaus Variante 4
Adresse	Musterweg 2, 88662 Überlingen
Gebäudeteil	
Baujahr Gebäude	2010
Baujahr Anlagentechnik[1]	2010
Anzahl Wohnungen	1
Gebäudenutzfläche (A_N)	205 m²
Erneuerbare Energien	Pelletheizung, Solarthermie für Warmwasser und Heizungsunterstützung
Lüftung	Fensterlüftung
Anlass der Ausstellung des Energieausweises	☒ Neubau ☐ Modernisierung ☐ Sonstiges (freiwillig) ☐ Vermietung/Verkauf (Änderung/Erweiterung)

Hinweise zu den Angaben über die energetische Qualität des Gebäudes

Die energetische Qualität eines Gebäudes kann durch die Berechnung des **Energiebedarfs** unter standardisierten Randbedingungen oder durch die Auswertung des **Energieverbrauchs** ermittelt werden. Als Bezugsfläche dient die energetische Gebäudenutzfläche nach der EnEV, die sich in der Regel von den allgemeinen Wohnflächenangaben unterscheidet. Die angegebenen Vergleichswerte sollen überschlägige Vergleiche ermöglichen **(Erläuterungen – siehe Seite 4).**

☒ Der Energieausweis wurde auf der Grundlage von Berechnungen des **Energiebedarfs** erstellt. Die Ergebnisse sind auf **Seite 2** dargestellt. Zusätzliche Informationen zum Verbrauch sind freiwillig.

☐ Der Energieausweis wurde auf der Grundlage von Auswertungen des **Energieverbrauchs** erstellt. Die Ergebnisse sind auf **Seite 3** dargestellt.

Datenerhebung Bedarf/Verbrauch durch: ☐ Eigentümer ☒ Aussteller

☐ Dem Energieausweis sind zusätzliche Informationen zur energetischen Qualität beigefügt (freiwillige Angabe).

Hinweise zur Verwendung des Energieausweises

Der Energieausweis dient lediglich der Information. Die Angaben im Energieausweis beziehen sich auf das gesamte Wohngebäude oder den oben bezeichneten Gebäudeteil. Der Energieausweis ist lediglich dafür gedacht, einen überschlägigen Vergleich von Gebäuden zu ermöglichen.

Aussteller

Friedhelm Maßong
Dipl.-Ing. (FH), BI
Stockacher Straße 6
88662 Überlingen

01.08.2010
Datum

Unterschrift des Ausstellers

1) Mehrfachangaben möglich

Fortsetzung Beispielsatz 4-53: Blatt 2 von 2

ENERGIEAUSWEIS für Wohngebäude

gemäß den §§ 16 ff. Energieeinsparverordnung (EnEV)

Berechneter Energiebedarf des Gebäudes

Musterweg 2

Energiebedarf

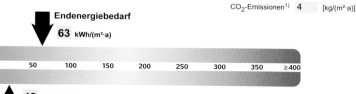

Endenergiebedarf

63 kWh/(m²·a)

CO_2-Emissionen[1] **4** [kg/(m²·a)]

18 kWh/(m²·a)

Primärenergiebedarf "Gesamtenergieeffizienz"

Anforderungen gemäß EnEV[2]

Primärenergiebedarf

Ist-Wert **18** kWh/(m²·a) Anforderungswert **83** kWh/(m²·a)

Energetische Qualität der Gebäudehülle H'_T

Ist-Wert **0,25** W/(m²·K) Anforderungswert **0,40** W/(m²·K)

Sommerlicher Wärmeschutz (bei Neubau) ☒ eingehalten

Für Energiebedarfsberechnungen verwendetes Verfahren

☒ Verfahren nach DIN V 4108-6 und DIN V 4701-10

☐ Verfahren nach DIN V 18599

☐ Vereinfachungen nach § 9 Abs. 2 EnEV

Endenergiebedarf

Energieträger	Jährlicher Endenergiebedarf in kWh/(m²·a) für			Gesamt in kWh/(m²·a)
	Heizung	Warmwasser	Hilfsgeräte[4]	
Strom-Mix	0,0	0,0	2,2	2,2
Pellets	56,6	3,7	0,0	60,3

Ersatzmaßnahmen[3]

Anforderungen nach § 7 Nr. 2 EEWärmeG

☐ Die um 15 % verschärften Anforderungswerte sind eingehalten.

Anforderungen nach § 7 Nr. 2 i. V. m. § 8 EEWärmeG

Die Anforderungswerte der EnEV sind um   % verschärft.

Primärenergiebedarf

Verschärfter Anforderungswert: kWh/(m²·a)

Transmissionswärmeverlust H'_T

Verschärfter Anforderungswert: W/(m²·K)

Vergleichswerte Endenergiebedarf

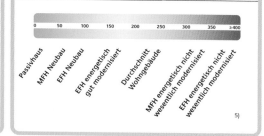

Erläuterungen zum Berechnungsverfahren

Die Energieeinsparverordnung lässt für die Berechnung des Energiebedarfs zwei alternative Berechnungsverfahren zu, die im Einzelfall zu unterschiedlichen Ergebnissen führen können. Insbesondere wegen standardisierter Randbedingungen erlauben die angegebenen Werte keine Rückschlüsse auf den tatsächlichen Energieverbrauch. Die ausgewiesenen Bedarfswerte sind spezifische Werte nach der EnEV pro Quadratmeter Gebäudenutzfläche (A_N).

1) Freiwillige Angabe 2) bei Neubau sowie bei Modernisierung im Fall des § 16 Abs. 1 Satz 2 EnEV 3) nur bei Neubau im Falle der Anwendung von § 7 Nr. 2 Erneuerbare-Energien-Wärmegesetz 4) Ggf. einschließlich Kühlung 5) EFH: Einfamilienhäuser, MFH: Mehrfamilienhäuser

4.5   Beratungsprojekte (Energieausweis im Wohngebäudebestand)

4.5.1   Bauernhaus Variante 1, verbrauchsbezogen

Varianten   In diesem und im nächsten Kapitel werden Energieausweise in zwei Varianten für dasselbe Gebäudes erstellt.

In beiden Varianten handelt es sich um einen freiwillig ausgestellten Ausweis, weil das Gebäude weder vermietet noch verkauft wird.

In der ersten Variante ist der gemessene Energieverbrauch Basis des Ausweises. In der zweiten in *Kapitel 4.5.2 ab Seite 351* wird der Ausweis auf Basis des berechneten Energiebedarfs erstellt.

Üblicherweise liegt der Energieverbrauch unter dem berechneten Energiebedarf, so auch im vorliegenden Fall.

Das teilunterkellerte Bauernhaus, Baujahr 1719, wurde in mehreren Etappen zwischen 1999 und 2005 energetisch saniert, zuletzt durch Anbringen einer gedämmten, hinterlüfteten Außenwandbekleidung aus Holz.

Dabei hat sich der Jahres-Erdgasverbrauch für die Heizung von über 3.000 m³ für 70 m² Wohnfläche auf rund 1.400 m³ für 135 m² Wohnfläche verringert, dies entspricht wohnflächenbezogen einer Verringerung um rund drei Viertel. Dieses Beispiel zeigt, wie groß das Einsparpotenzial im Altbaubereich sein kann.

Sachverhalt   Für das oben beschriebene Wohngebäude soll ein Energieausweis auf Verbrauchsbasis ausgestellt werden.

Das beheizte Volumen des Gebäudes (bezogen auf die Außenmaße) beträgt rund 511 m³. Es liegen Verbrauchswerte für Erdgas H in Form verlässlicher Zählerablesungen vor. Demnach wurden in den letzten 3 Ableseperioden verbraucht:

- Periode 1 von 01.05.2006 bis 30.04.2007: 1.297 m³
- Periode 2 von 01.05.2007 bis 30.04.2008: 1.356 m³
- Periode 3 von 01.05.2008 bis 30.04.2009: 1.361 m³

Mangels genauerer Daten wird der Energieverbrauch für die Warmwasserbereitung über die Wohnfläche abgeschätzt:

$$Q = 32 \cdot A_{\text{Wohn}}$$
$$= 32 \cdot 135$$
$$= 4.320 \text{ kWh/a}$$

Der Energieinhalt (Heizwert) des Erdgases H wird mit 10 kWh/m³ (*siehe Tabelle 3-18 auf Seite 254*) angesetzt, da ein genauerer Wert nicht verfügbar ist. Der Energieverbrauch für Warmwasser entspricht also 432 m³ Erdgas.

Der Gebäudestandort Überlingen hat die Postleitzahl 88662. Die Klimafaktoren für die Witterungsbereinigung werden der Tabelle des Deutschen Wetterdienstes (*siehe Kapitel 3.6.1 auf Seite 253*) entnommen und lauten:

- Periode 1 von 01.05.2006 bis 30.04.2007: 1,29
- Periode 2 von 01.05.2007 bis 30.04.2008: 1,04
- Periode 3 von 01.05.2008 bis 30.04.2009: 1,04

Berechnung und
Fazit

Die Berechnung mittels Formblatt ist in *Beispiel 4-54 auf Seite 347* dargestellt.

Die Gebäudenutzfläche wird über das beheizte Gebäudevolumen ermittelt. Die Angabe der Wohnfläche dient somit nur der Ermittlung des Energieverbrauchs für die Warmwasserbereitung.

Die Verbrauchswerte müssen getrennt für Heizung und Warmwasser erfasst werden. Deshalb werden in Spalte B die um jeweils 432 m³ verminderten Gasverbräuche eingetragen, während in Spalte C der Gasverbrauch für die Warmwasserbereitung in allen 3 Perioden jeweils 432 m³ beträgt.

Die Verbräuche in kWh in den Spalten D und E ergeben sich aus den Werten der Spalten B und C durch Multiplikation mit dem Energieinhalt von 10 kWh/m³.

Die Klimafaktoren werden zwecks Witterungsbereinigung nur auf den Verbrauch der Heizung angewendet, der Verbrauch für Warmwasserbereitung wird nicht witterungsbereinigt. Die Verbrauchskennwerte variieren in den 3 Ableseperioden von 85,19 bis 94,66 kWh/(m² · a). Der maßgebende Mittelwert der 3 Einzelwerte beträgt 88,45 kWh/(m² · a).

Dieser Verbrauchskennwert ist für ein solch altes Wohngebäude recht gut. Allerdings ist der Wert vom Nutzerverhalten (Heizgewohnheiten, bevorzugte Raumlufttemperaturen, Lüftungsverhalten etc.) beeinflusst, so dass das Gebäude allein über den Verbrauchskennwert nicht ohne weiteres mit anderen Gebäuden verglichen werden kann.

Energieausweis

Abschließend wird der verbrauchsbezogene Energieausweis für das Gebäude erstellt (*Beispielsatz 4-55 ab Seite 348*). Dabei wird auf das leere, weil bedarfsbezogene Blatt 2 und auf das stets gleiche, erläuternde Blatt 4 verzichtet (*siehe dazu Formblattsatz 3-13 auf Seite 239*).

Das für bestehende Gebäude obligatorische Blatt mit Modernisierungsempfehlungen (*Formblatt 3-17 Seite 252*) wird dargestellt. Darauf erfolgt der Hinweis, dass kostengünstige Maßnahmen zur Verbesserung der Energieeffizienz nicht möglich sind.

Beispiel 4-54: Verbrauchskennwertermittlung Bauernhaus Variante 1

Ermittlung des Verbrauchskennwertes für den Energieausweis bestehender Wohngebäude

1. Objektdaten

Gebäude: **Bauernhaus**

Adresse: **Musterweg 3, 88662 Überlingen**

Bauherr: **Fred Feuerstein**

2. Gebäudenutzfläche

Berechnung über beheiztes Volumen oder vereinfacht über Wohnfläche

Beheiztes Volumen (Außenmaße): V_e =	**511,00**	m³
Wohnfläche: A_{Wohn} =	**135,00**	m²
Ein- und Zweifamilienhäuser mit beheiztem Keller: Faktor =	1,35	○
Sonstige Wohngebäude: Faktor =	1,20	⊗
Gewählt Faktor =		
Gebäudenutzfläche: $A_N = 0,32 \cdot V_e$ (bei 2,5 bis 3,0 m Brutto-Geschosshöhe) oder A_N = Faktor · A_{Wohn} =	**163,52**	m²

3. Energieträger

Bezeichnung: **Erdgas H**

Einheit	**m³**
Heizwert H_i (Energieinhalt)	**10,00** kWh/Einheit

4. Verbrauchsdaten und Witterungsbereinigung

| Nr. | Zeitraum (≥ 3 Jahre) | | A | B = A – C | C = A – B | D = B · H_i | E = C · H_i | F | G = D · F/A_N | H = E/A_N | I = G + H |
| | | | Verbrauch in Einheiten | | | Verbrauch in kWh | | | Verbrauch flächenbezogen | | |
	von	bis	Heizung + Warmwasser	Heizung	Warmwasser	Heizung	Warmwasser	Klimafaktor	Heizung witterungsbereinigt	Warmwasser	Verbrauchskennwert
1	01.05.06	30.04.07	1.297,00	865,00	432,00	8.650,00	4.320,00	1,29	68,24	26,42	94,66
2	01.05.07	30.04.08	1.356,00	924,00	432,00	9.240,00	4.320,00	1,04	58,77	26,42	85,19
3	01.05.08	30.04.09	1.361,00	929,00	432,00	9.290,00	4.320,00	1,04	59,09	26,42	85,50
4											
									Mittelwert kWh/(m²·a)		**88,45**

Beispielsatz 4-55: Blatt 1 von 3 zum Energieausweis Bauernhaus Variante 1

ENERGIEAUSWEIS für Wohngebäude
gemäß den §§ 16 ff. Energieeinsparverordnung (EnEV)

Gültig bis: 01.08.2020   ①

Gebäude

Gebäudetyp	Einfamilienhaus
Adresse	Musterweg 3, 88662 Überlingen
Gebäudeteil	Wohnhaus
Baujahr Gebäude	1719
Baujahr Anlagentechnik[1]	1997
Anzahl Wohnungen	1
Gebäudenutzfläche (A_N)	164 m²
Erneuerbare Energien	
Lüftung	Fensterlüftung

Anlass der Ausstellung des Energieausweises	☐ Neubau	☐ Modernisierung	☒ Sonstiges (freiwillig)
	☐ Vermietung/Verkauf	(Änderung/Erweiterung)	

Hinweise zu den Angaben über die energetische Qualität des Gebäudes

Die energetische Qualität eines Gebäudes kann durch die Berechnung des **Energiebedarfs** unter standardisierten Randbedingungen oder durch die Auswertung des **Energieverbrauchs** ermittelt werden. Als Bezugsfläche dient die energetische Gebäudenutzfläche nach der EnEV, die sich in der Regel von den allgemeinen Wohnflächenangaben unterscheidet. Die angegebenen Vergleichswerte sollen überschlägige Vergleiche ermöglichen **(Erläuterungen – siehe Seite 4)**.

☐ Der Energieausweis wurde auf der Grundlage von Berechnungen des **Energiebedarfs** erstellt. Die Ergebnisse sind auf **Seite 2** dargestellt. Zusätzliche Informationen zum Verbrauch sind freiwillig.

☒ Der Energieausweis wurde auf der Grundlage von Auswertungen des **Energieverbrauchs** erstellt. Die Ergebnisse sind auf **Seite 3** dargestellt.

Datenerhebung Bedarf/Verbrauch durch: ☐ Eigentümer   ☒ Aussteller

☐ Dem Energieausweis sind zusätzliche Informationen zur energetischen Qualität beigefügt (freiwillige Angabe).

Hinweise zur Verwendung des Energieausweises

Der Energieausweis dient lediglich der Information. Die Angaben im Energieausweis beziehen sich auf das gesamte Wohngebäude oder den oben bezeichneten Gebäudeteil. Der Energieausweis ist lediglich dafür gedacht, einen überschlägigen Vergleich von Gebäuden zu ermöglichen.

Aussteller

Friedhelm Maßong
Dipl.-Ing. (FH), BI
Stockacher Straße 6
88662 Überlingen

01.08.2010
_____
Datum

_____
Unterschrift des Ausstellers

1) Mehrfachangaben möglich

Fortsetzung Beispielsatz 4-55: Blatt 2 von 3

ENERGIEAUSWEIS für Wohngebäude

gemäß den §§ 16 ff. Energieeinsparverordnung (EnEV)

Erfasster Energieverbrauch des Gebäudes

Musterweg 3
Wohnhaus

Energieverbrauchskennwert

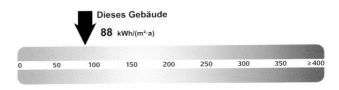

Dieses Gebäude

88 kWh/(m²·a)

| 0 | 50 | 100 | 150 | 200 | 250 | 300 | 350 | ≥400 |

Energieverbrauch für Warmwasser: ☒ enthalten   ☐ nicht enthalten

☐ Das Gebäude wird auch gekühlt; der typische Energieverbrauch für Kühlung beträgt bei zeitgemäßen Geräten etwa 6 kWh je m² Gebäudenutzfläche und Jahr und ist im Energieverbrauchskennwert nicht enthalten.

Verbrauchserfassung – Heizung und Warmwasser

Energieträger	Zeitraum		Energie-verbrauch [kWh]	Anteil Warmwasser [kWh]	Klima-faktor	Energieverbrauchskennwert in kWh/(m²·a) (zeitlich bereinigt, klimabereinigt)		
	von	bis				Heizung	Warmwasser	Kennwert
Erdgas H	01.05.2006	30.04.2007	12.970	4.320	1,29	68,2	26,4	94,7
Erdgas H	01.05.2007	30.04.2008	13.560	4.320	1,04	58,8	26,4	85,2
Erdgas H	01.05.2008	30.04.2009	13.610	4.320	1,04	59,1	26,4	85,5
							Durchschnitt	**88,4**

Vergleichswerte Endenergiebedarf

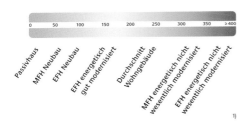

| 0 | 50 | 100 | 150 | 200 | 250 | 300 | 350 | ≥400 |

Passivhaus · MFH Neubau · EFH Neubau · EFH energetisch gut modernisiert · Durchschnitt Wohngebäude · MFH energetisch nicht wesentlich modernisiert · EFH energetisch nicht wesentlich modernisiert

1)

Die modellhaft ermittelten Vergleichswerte beziehen sich auf Gebäude, in denen die Wärme für Heizung und Warmwasser durch Heizkessel im Gebäude bereitgestellt wird.

Soll ein Energieverbrauchskennwert verglichen werden, der keinen Warmwasseranteil enthält, ist zu beachten, dass auf die Warmwasserbereitung je nach Gebäudegröße 20–40 kWh/(m²·a) entfallen können.

Soll ein Energieverbrauchskennwert eines mit Fern- oder Nahwärme beheizten Gebäudes verglichen werden, ist zu beachten, dass hier normalerweise ein um 15–30 % geringerer Energieverbrauch als bei vergleichbaren Gebäuden mit Kesselheizung zu erwarten ist.

Erläuterungen zum Verfahren

Das Verfahren zur Ermittlung von Energieverbrauchskennwerten ist durch die Energieeinsparverordnung vorgegeben. Die Werte sind spezifische Werte pro Quadratmeter Gebäudenutzfläche (A_N) nach Energieeinsparverordnung. Der tatsächliche Verbrauch einer Wohnung oder eines Gebäudes weicht insbesondere wegen des Witterungseinflusses und sich ändernden Nutzerverhaltens vom angegebenen Energieverbrauchskennwert ab.

1) EFH: Einfamilienhäuser, MFH: Mehrfamilienhäuser

Fortsetzung Beispielsatz 4-55: Blatt 3 von 3

Modernisierungsempfehlungen zum Energieausweis

gemäß § 20 Energieeinsparverordnung (EnEV)

Gebäude

Adresse/ Gebäudeteil	Musterweg 3, 88662 Überlingen Wohnhaus	Hauptnutzung/ Gebäudekategorie	Einfamilienhaus

Empfehlungen zur kostengünstigen Modernisierung

Maßnahmen zur kostengünstigen Verbesserung der Energieeffizienz	☐ sind möglich ☒ sind nicht möglich

Empfohlene Modernisierungsmaßnahmen

Nr.	Bau- oder Anlagenteile	Maßnahmenbeschreibung

☐ Weitere Empfehlungen auf gesondertem Blatt

Hinweis: Modernisierungsempfehlungen für das Gebäude dienen lediglich der Information. Sie sind nur kurz gefasste Hinweise und kein Ersatz für eine Energieberatung.

Beispielhafter Variantenvergleich (Angaben freiwillig)

	Ist-Zustand	Modernisierungsvariante 1	Modernisierungsvariante 2
Modernisierung gemäß Nummern:			
Primärenergiebedarf [kWh/(m²·a)]	111		
Einsparung gegenüber Ist-Zustand [%]			
Endenergiebedarf [kWh/(m²·a)]	97		
Einsparung gegenüber Ist-Zustand [%]			
CO₂-Emissionen [kg/(m²·a)]	25		
Einsparung gegenüber Ist-Zustand [%]			

Aussteller

Friedhelm Maßong
Dipl.-Ing. (FH), BI
Stockacher Straße 6
88662 Überlingen

01.08.2010
Datum

Unterschrift des Ausstellers

4.5.2   Bauernhaus Variante 2, bedarfsbezogen

Sachverhalt

In der ersten Variante ist für das Bauernhaus in *Kapitel 4.5.1 auf Seite 345* der Energieausweis auf Basis des Energieverbrauchs erstellt worden. In der hier untersuchten, zweiten Variante wird der Ausweis auf Basis des berechneten Energiebedarfs erstellt.

Das beheizte Volumen des Gebäudes beträgt 511 m³. Der fensterlose Ostgiebel trennt das Wohnhaus von der unbeheizten Tenne (Scheune).

Hinsichtlich Wärmebrücken liegt die allgemeine Ausführung vor: Weder ist DIN 4108 Beiblatt 2 konsequent eingehalten, noch sind die Außenwände innengedämmt mit einbindender Massivdecke. Es gilt also der Wärmebrückenzuschlag $\Delta U_{WB} = 0,10$ W/(m² · K).

Die Luftdichtheit des Gebäudes wurde im Rahmen der Sanierung wesentlich verbessert und dem Neubaustandard angenähert. Ein Blower-Door-Test wurde erfolgreich durchgeführt (Luftwechsel n_{50} unter 3,0).

Tabelle 4-56 auf Seite 352 enthält alle weiteren für die Berechnung erforderlichen Gebäude- und Bauteildaten.

Anlagentechnik

Im Jahre 1997 wurde eine neue, erdgasbetriebene NT-Zentralheizung installiert.

Berechnung und Fazit

Die Nachweisrechnung erfolgt mittels Software nach DIN V 4108-6 i. V. m. DIN V 4701-10.

Auffällig ist der im Vergleich zu Neubauten geringe solare Wärmegewinn (*siehe Diagramm 4-59 auf Seite 353*). Dies ist auf den nach modernen Maßstäben geringen Fensterflächenanteil zurückzuführen. Die Ostwand grenzt an die Scheune und ist deshalb ganz fensterlos.

Es besteht seitens der EnEV keine Pflicht zur Einhaltung bestimmter Anforderungen. Eine Gegenüberstellung von zulässigen Grenzwerten ist somit hinfällig.

Energieausweis

Abschließend wird der bedarfsbezogene Energieausweis für das Gebäude erstellt (*Beispielsatz 4-60 ab Seite 354*). Dabei wird auf das leere, weil verbrauchsbezogene Blatt 3 und auf das stets gleiche, erläuternde Blatt 4 verzichtet (*siehe dazu Formblattsatz 3-13 auf Seite 239*).

Auf das für bestehende Gebäude obligatorische Blatt mit Modernisierungsempfehlungen (*Formblatt 3-17 Seite 252*) wird ebenfalls verzichtet, da dieses im Energieausweis zu Variante 1 (*Beispielsatz 4-55 ab Seite 348*) enthalten ist und hier genau gleich aussehen würde.

Vergleich mit verbrauchsbezogenem Ausweis

Vergleicht man den berechneten Endenergiebedarf von 97,2 kWh/(m² · a) mit dem gemessenen und bereinigten Energieverbrauch von 88,4 kWh/(m² · a), so stellt man fest, dass das Gebäude im Verbrauch merklich günstiger liegt als im Bedarf. Das kommt in der Praxis häufig vor. Wesentliche Gründe dafür sind zum einen das Nutzerverhalten, zum anderen Ungenauigkeiten bzw. Vereinfachungen in der Bedarfsberechnung.

Tabelle 4-56: Eingangsgrößen für die Berechnung des Bauernhauses, Variante 2

Bauteil	Fläche	U-Wert	Bemerkung
Außenwand Süd	40,300 m²		Bruttofläche
	– 5,160 m²		Abzug der Fenster und Fenstertüren
	= 32,800 m²	0,212	Nettofläche
Außenwand West	65,936 m²		Nur wärmeübertragender Teil, also ohne Giebelspitze, Bruttofläche
	– 7,500 m²		Abzug der Fenster
	= 58,436 m²	0,212	Nettofläche
Außenwand Nord	40,300 m²		Bruttofläche
	– 5,600 m²		Abzug der Fenster
	– 2,000 m²		Abzug der Haustür
	= 32,700 m²	0,212	Nettofläche
Haustür	2,000 m²	2,000	
Fenster und Fenstertüren	18,260 m²	1,500	Gesamtenergiedurchlassgrad $g = 0,67$
Decke zum unbeheizten Spitzboden	98,270 m²	0,313	Bruttofläche = Nettofläche (keine Abzüge)
Kellerdecke	28,670 m²	0,222	Bruttofläche = Nettofläche (keine Abzüge)
Fußboden auf Erdreich	69,600 m²	0,208	Bruttofläche = Nettofläche (keine Abzüge)
Giebelwand zur unbeheizten Tenne (Ost)	65,936 m²	0,208	Nur wärmeübertragender Teil, also ohne Giebelspitze, Bruttofläche = Nettofläche (keine Abzüge)

Tabelle 4-57: Anlagentechnik und weitere Eckdaten des Bauernhauses, Variante 2

Komponente	Ausführung
Heizung	NT-Erdgasheizung Baujahr 1997
Übergabe	Heizkörper überwiegend an Außenwand, Thermostatventile (2 K)
Warmwasser	über Heizkessel, keine Zirkulation
Aufstellung	Kessel und Speicher innerhalb der thermischen Hülle
Lüftung	Fensterlüftung, Luftdichtheit nachgewiesen (Blower-Door-Test)
Wärmebrücken	keine Einhaltung von DIN 4108 Beiblatt 2 ($\Delta U_{WB} = 0,10$ W/(m² · K))

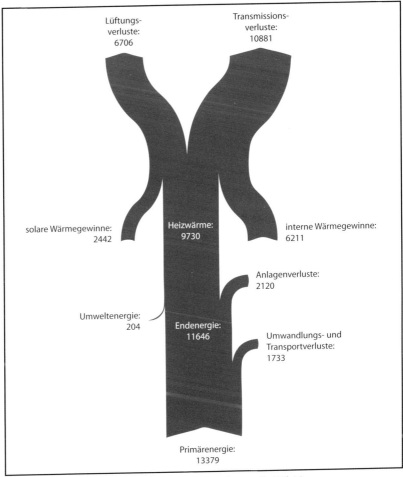

Diagramm 4-58: Energiefluss Heizung des Bauernhauses (in kWh/a)

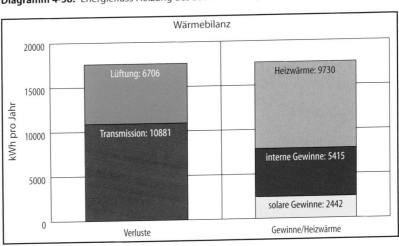

Diagramm 4-59: Wärmebilanz des Bauernhauses

Beispielsatz 4-60: Blatt 1 von 2 zum Energieausweis Bauernhaus Variante 2

ENERGIEAUSWEIS für Wohngebäude

gemäß den §§ 16 ff. Energieeinsparverordnung (EnEV)

Gültig bis: 01.08.2020

Gebäude

Gebäudetyp	Einfamilienhaus
Adresse	Musterweg 3, 88662 Überlingen
Gebäudeteil	Wohnhaus
Baujahr Gebäude	1719
Baujahr Anlagentechnik[1]	1997
Anzahl Wohnungen	1
Gebäudenutzfläche (A_N)	164 m²
Erneuerbare Energien	
Lüftung	Fensterlüftung
Anlass der Ausstellung des Energieausweises	☐ Neubau ☐ Modernisierung (Änderung/Erweiterung) ☒ Sonstiges (freiwillig) ☐ Vermietung/Verkauf

Hinweise zu den Angaben über die energetische Qualität des Gebäudes

Die energetische Qualität eines Gebäudes kann durch die Berechnung des **Energiebedarfs** unter standardisierten Randbedingungen oder durch die Auswertung des **Energieverbrauchs** ermittelt werden. Als Bezugsfläche dient die energetische Gebäudenutzfläche nach der EnEV, die sich in der Regel von den allgemeinen Wohnflächenangaben unterscheidet. Die angegebenen Vergleichswerte sollen überschlägige Vergleiche ermöglichen **(Erläuterungen – siehe Seite 4).**

☒ Der Energieausweis wurde auf der Grundlage von Berechnungen des **Energiebedarfs** erstellt. Die Ergebnisse sind auf **Seite 2** dargestellt. Zusätzliche Informationen zum Verbrauch sind freiwillig.

☐ Der Energieausweis wurde auf der Grundlage von Auswertungen des **Energieverbrauchs** erstellt. Die Ergebnisse sind auf **Seite 3** dargestellt.

Datenerhebung Bedarf/Verbrauch durch: ☐ Eigentümer ☒ Aussteller

☐ Dem Energieausweis sind zusätzliche Informationen zur energetischen Qualität beigefügt (freiwillige Angabe).

Hinweise zur Verwendung des Energieausweises

Der Energieausweis dient lediglich der Information. Die Angaben im Energieausweis beziehen sich auf das gesamte Wohngebäude oder den oben bezeichneten Gebäudeteil. Der Energieausweis ist lediglich dafür gedacht, einen überschlägigen Vergleich von Gebäuden zu ermöglichen.

Aussteller

Friedhelm Maßong
Dipl.-Ing. (FH), BI
Stockacher Straße 6
88662 Überlingen

01.08.2010
Datum

Unterschrift des Ausstellers

1) Mehrfachangaben möglich

Fortsetzung Beispielsatz 4-60: Blatt 2 von 2

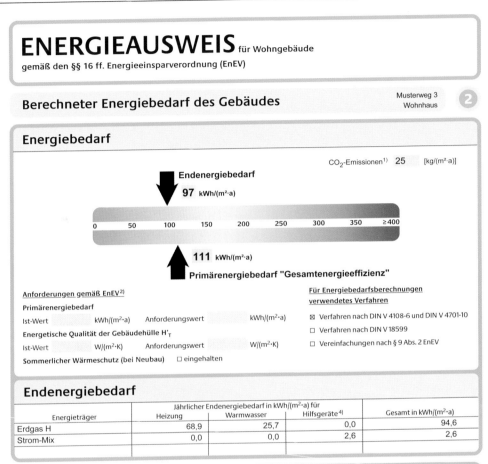

ENERGIEAUSWEIS für Wohngebäude
gemäß den §§ 16 ff. Energieeinsparverordnung (EnEV)

Berechneter Energiebedarf des Gebäudes

Musterweg 3
Wohnhaus

(2)

Energiebedarf

CO_2-Emissionen[1]   25   [kg/(m²·a)]

Endenergiebedarf

97 kWh/(m²·a)

0   50   100   150   200   250   300   350   ≥400

111 kWh/(m²·a)

Primärenergiebedarf "Gesamtenergieeffizienz"

Anforderungen gemäß EnEV[2]

Primärenergiebedarf

Ist-Wert ___ kWh/(m²·a)   Anforderungswert ___ kWh/(m²·a)

Energetische Qualität der Gebäudehülle H'_T

Ist-Wert ___ W/(m²·K)   Anforderungswert ___ W/(m²·K)

Sommerlicher Wärmeschutz (bei Neubau) ☐ eingehalten

Für Energiebedarfsberechnungen
verwendetes Verfahren

☒ Verfahren nach DIN V 4108-6 und DIN V 4701-10

☐ Verfahren nach DIN V 18599

☐ Vereinfachungen nach § 9 Abs. 2 EnEV

Endenergiebedarf

Energieträger	Jährlicher Endenergiebedarf in kWh/(m²·a) für			Gesamt in kWh/(m²·a)
	Heizung	Warmwasser	Hilfsgeräte[4]	
Erdgas H	68,9	25,7	0,0	94,6
Strom-Mix	0,0	0,0	2,6	2,6

Ersatzmaßnahmen[3]

Anforderungen nach § 7 Nr. 2 EEWärmeG

☐ Die um 15 % verschärften Anforderungswerte sind
  eingehalten.

Anforderungen nach § 7 Nr. 2 i. V. m. § 8 EEWärmeG

Die Anforderungswerte der EnEV sind um ___ % verschärft.

Primärenergiebedarf

Verschärfter Anforderungswert: ___ kWh/(m²·a)

Transmissionswärmeverlust H'_T

Verschärfter Anforderungswert: ___ W/(m²·K)

Vergleichswerte Endenergiebedarf

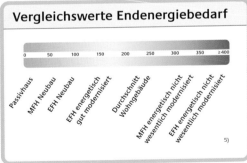

0   50   100   150   200   250   300   350   ≥400

Passivhaus | MFH Neubau | EFH Neubau | EFH energetisch gut modernisiert | Durchschnitt Wohngebäude | MFH energetisch nicht wesentlich modernisiert | EFH energetisch nicht wesentlich modernisiert

[5]

Erläuterungen zum Berechnungsverfahren

Die Energieeinsparverordnung lässt für die Berechnung des Energiebedarfs zwei alternative Berechnungsverfahren zu, die im Einzelfall zu unterschiedlichen Ergebnissen führen können. Insbesondere wegen standardisierter Randbedingungen erlauben die angegebenen Werte keine Rückschlüsse auf den tatsächlichen Energieverbrauch. Die ausgewiesenen Bedarfswerte sind spezifische Werte nach der EnEV pro Quadratmeter Gebäudenutzfläche (A_N).

1) Freiwillige Angabe   2) bei Neubau sowie bei Modernisierung im Fall des § 16 Abs. 1 Satz 2 EnEV   3) nur bei Neubau im Falle der Anwendung von § 7 Nr. 2 Erneuerbare-Energien-Wärmegesetz   4) Ggf. einschließlich Kühlung   5) EFH: Einfamilienhäuser, MFH: Mehrfamilienhäuser

4.5.3 Mehrfamilienhaus, verbrauchsbezogen

In Gegenüberstellung zu dem energetisch sanierten Bauernhaus aus vorangehendem Kapitel wird nun ein komplett vermietetes Mehrfamilienhaus untersucht, welches in weiten Teilen im Originalzustand von 1968 ist. Neben hohem Heizölverbrauch fällt auf, dass es an einigen Stellen im Gebäude Schimmelprobleme gibt, speziell im Bereich von Fensterleibungen und Außenwandecken.

Sachverhalt

Für das oben beschriebene Wohngebäude soll ein Energieausweis auf Verbrauchsbasis ausgestellt werden. Ein solcher ist im Falle eines Mieterwechsels für Gebäude ab Baufertigstellungsjahr 1966 seit 01.01.2009 obligatorisch.

Die Ausstellung eines verbrauchsbasierten Ausweises ist zulässig, *siehe hierzu Kapitel 3.5.1 auf Seite 233.*

Die Wohnfläche des Gebäudes beträgt 320 m². Es liegen Verbrauchswerte für Heizöl EL in Form von Tankrechnungen und ermittelten Resttankständen vor. Demnach wurden in den letzten 3 Abrechnungsperioden verbraucht:

- Periode 1 von 01.01.2006 bis 31.12.2006: 6.758 l
- Periode 2 von 01.01.2007 bis 31.12.2007: 6.922 l
- Periode 3 von 01.01.2008 bis 31.12.2008: 6.677 l

Mangels genauerer Daten wird der Energieverbrauch für die Warmwasserbereitung über die Wohnfläche abgeschätzt:

$$Q = 32 \cdot A_{\text{Wohn}}$$
$$= 32 \cdot 320$$
$$= 10.240 \text{ kWh/a}$$

Der Energieinhalt (Heizwert) des Heizöls EL wird mit 10 kWh/l (*siehe Tabelle 3-18 auf Seite 254*) angesetzt, da ein genauerer Wert nicht verfügbar ist. Der Energieverbrauch für Warmwasser entspricht also 1.024 l Heizöl.

Der Gebäudestandort Überlingen hat die Postleitzahl 88662. Die Klimafaktoren für die Witterungsbereinigung werden der Tabelle des Deutschen Wetterdienstes (*siehe Kapitel 3.6.1 auf Seite 253*) entnommen und lauten:

- Periode 1 von 01.01.2006 bis 31.12.2006: 1,06
- Periode 2 von 01.01.2007 bis 31.12.2007: 1,14
- Periode 3 von 01.01.2008 bis 31.12.2008: 1,08

Berechnung und Fazit

Die Berechnung mittels Formblatt ist in *Beispiel 4-61 auf Seite 358* dargestellt.

Die Gebäudenutzfläche wird über die Wohnfläche ermittelt. Die Angabe des beheizten Gebäudevolumens ist somit überflüssig.

Die Verbrauchswerte müssen getrennt für Heizung und Warmwasser erfasst werden. Deshalb werden in Spalte B die um jeweils 1.024 l verminderten Heizölverbräuche eingetragen, während in Spalte C der Heizölverbrauch für die Warmwasserbereitung in allen 3 Perioden jeweils 1.024 l beträgt.

Die Verbräuche in kWh in den Spalten D und E ergeben sich aus den Werten der Spalten B und C durch Multiplikation mit dem Energieinhalt von 10 kWh/l.

Die Verbrauchskennwerte variieren in den 3 Ableseperioden von 184,95 bis 201,76 kWh/(m² · a). Der maßgebende Mittelwert der 3 Einzelwerte beträgt 190,79 kWh/(m² · a).

Dieser Verbrauchskennwert ist verbesserungswürdig.

Energieausweis   Abschließend wird der verbrauchsbezogene Energieausweis für das Gebäude erstellt (*Beispielsatz 4-62 ab Seite 359*). Dabei wird auf das leere, weil bedarfsbezogene Blatt 2 und auf das stets gleiche, erläuternde Blatt 4 verzichtet (*siehe dazu Formblattsatz 3-13 auf Seite 239*).

Das für bestehende Gebäude obligatorische Blatt mit Modernisierungsempfehlungen (*Formblatt 3-17 Seite 252*) wird mit den dringlichsten Sanierungsmaßnahmen versehen und dem Energieausweis beigelegt.

Beispiel 4-61: Verbrauchskennwertermittlung für ein Dreifamilienhaus

Ermittlung des Verbrauchskennwertes für den Energieausweis bestehender Wohngebäude

1. Objektdaten

Gebäude:	*Mehrfamilienhaus*
Adresse:	*Musterweg 4, 88662 Überlingen*
Bauherr:	*Karlo Kaufmann*

2. Gebäudenutzfläche

Berechnung über beheiztes Volumen oder vereinfacht über Wohnfläche

Beheiztes Volumen (Außenmaße): V_e =		m³
Wohnfläche: A_{Wohn} =	**320,00**	m²
Ein- und Zweifamilienhäuser mit beheiztem Keller: Faktor =	1,35	○
Sonstige Wohngebäude: Faktor =	1,20	⊗
Gewählt Faktor =	*1,20*	
Gebäudenutzfläche: $A_N = 0{,}32 \cdot V_e$ (bei 2,5 bis 3,0 m Brutto-Geschosshöhe) oder $A_N = \text{Faktor} \cdot A_{Wohn}$	**384,00**	m²

3. Energieträger

Bezeichnung: *Heizöl leicht EL*

	Einheit
	l
Heizwert H_i (Energieinhalt)	**10,00** kWh/Einheit

4. Verbrauchsdaten und Witterungsbereinigung

Nr.	Zeitraum (≥ 3 Jahre) von	bis	A Verbrauch in Einheiten Heizung + Warmwasser	B = A − C Verbrauch in Einheiten Heizung	C = A − B Warmwasser	D = B · H_i Verbrauch in kWh Heizung	E = C · H_i Warmwasser	F Klimafaktor	G = D · F/A_N Heizung witterungsbereinigt	H = E/A_N Warmwasser	I = G + H Verbrauchskennwert
1	*01.01.06*	*31.12.06*	*6.758,00*	*5.734,00*	*1.024,00*	*57.340,00*	*10.240,00*	*1,06*	*158,28*	*26,67*	*184,95*
2	*01.01.07*	*31.12.07*	*6.922,00*	*5.898,00*	*1.024,00*	*58.980,00*	*10.240,00*	*1,14*	*175,10*	*26,67*	*201,76*
3	*01.01.08*	*31.12.08*	*6.677,00*	*5.653,00*	*1.024,00*	*56.530,00*	*10.240,00*	*1,08*	*158,99*	*26,67*	*185,66*
4											
									Mittelwert kWh/(m²·a)		**190,79**

Beispielsatz 4-62: Blatt 1 von 3 zum Energieausweis für ein Dreifamilienhaus

ENERGIEAUSWEIS für Wohngebäude

gemäß den §§ 16 ff. Energieeinsparverordnung (EnEV)

Gültig bis: **01.12.2019**

①

Gebäude

Gebäudetyp	Mehrfamilienhaus
Adresse	Musterweg 4, 88662 Überlingen
Gebäudeteil	
Baujahr Gebäude	1968
Baujahr Anlagentechnik[1]	1988
Anzahl Wohnungen	5
Gebäudenutzfläche (A_N)	384 m²
Erneuerbare Energien	
Lüftung	Fensterlüftung
Anlass der Ausstellung des Energieausweises	☐ Neubau ☒ Vermietung/Verkauf ☐ Modernisierung (Änderung/Erweiterung) ☐ Sonstiges (freiwillig)

Hinweise zu den Angaben über die energetische Qualität des Gebäudes

Die energetische Qualität eines Gebäudes kann durch die Berechnung des **Energiebedarfs** unter standardisierten Randbedingungen oder durch die Auswertung des **Energieverbrauchs** ermittelt werden. Als Bezugsfläche dient die energetische Gebäudenutzfläche nach der EnEV, die sich in der Regel von den allgemeinen Wohnflächenangaben unterscheidet. Die angegebenen Vergleichswerte sollen überschlägige Vergleiche ermöglichen **(Erläuterungen – siehe Seite 4)**.

☐ Der Energieausweis wurde auf der Grundlage von Berechnungen des **Energiebedarfs** erstellt. Die Ergebnisse sind auf **Seite 2** dargestellt. Zusätzliche Informationen zum Verbrauch sind freiwillig.

☒ Der Energieausweis wurde auf der Grundlage von Auswertungen des **Energieverbrauchs** erstellt. Die Ergebnisse sind auf **Seite 3** dargestellt.

Datenerhebung Bedarf/Verbrauch durch: ☐ Eigentümer ☒ Aussteller

☐ Dem Energieausweis sind zusätzliche Informationen zur energetischen Qualität beigefügt (freiwillige Angabe).

Hinweise zur Verwendung des Energieausweises

Der Energieausweis dient lediglich der Information. Die Angaben im Energieausweis beziehen sich auf das gesamte Wohngebäude oder den oben bezeichneten Gebäudeteil. Der Energieausweis ist lediglich dafür gedacht, einen überschlägigen Vergleich von Gebäuden zu ermöglichen.

Aussteller

Friedhelm Maßong
Dipl.-Ing. (FH), BI
Stockacher Straße 6
88662 Überlingen

01.12.2009
Datum

Unterschrift des Ausstellers

[1] Mehrfachangaben möglich

Fortsetzung Beispielsatz 4-62: Blatt 2 von 3

ENERGIEAUSWEIS für Wohngebäude

gemäß den §§ 16 ff. Energieeinsparverordnung (EnEV)

Erfasster Energieverbrauch des Gebäudes

Musterweg 4

Energieverbrauchskennwert

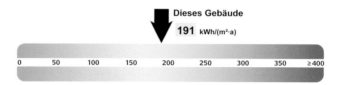

Dieses Gebäude

191 kWh/(m²·a)

```
0    50    100    150    200    250    300    350   ≥400
```

Energieverbrauch für Warmwasser: ☒ enthalten   ☐ nicht enthalten

☐ Das Gebäude wird auch gekühlt; der typische Energieverbrauch für Kühlung beträgt bei zeitgemäßen Geräten etwa 6 kWh je m² Gebäudenutzfläche und Jahr und ist im Energieverbrauchskennwert nicht enthalten.

Verbrauchserfassung – Heizung und Warmwasser

Energieträger	Zeitraum		Energie-verbrauch [kWh]	Anteil Warmwasser [kWh]	Klima-faktor	Energieverbrauchskennwert in kWh/(m²·a) (zeitlich bereinigt, klimabereinigt)		
	von	bis				Heizung	Warmwasser	Kennwert
Heizöl EL	01.01.2006	31.12.2006	67.580	10.240	1,06	158,3	26,7	184,9
Heizöl EL	01.01.2007	31.12.2007	69.220	10.240	1,14	175,1	26,7	201,8
Heizöl EL	01.01.2008	31.12.2008	66.770	10.240	1,08	159,0	26,7	185,7
							Durchschnitt	**190,8**

Vergleichswerte Endenergiebedarf

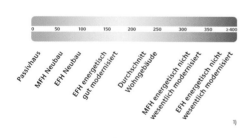

```
0    50    100    150    200    250    300    350   ≥400
```

Passivhaus
MFH Neubau
EFH Neubau
EFH energetisch gut modernisiert
Durchschnitt Wohngebäude
MFH energetisch nicht wesentlich modernisiert
EFH energetisch nicht wesentlich modernisiert

1)

Die modellhaft ermittelten Vergleichswerte beziehen sich auf Gebäude, in denen die Wärme für Heizung und Warmwasser durch Heizkessel im Gebäude bereitgestellt wird.

Soll ein Energieverbrauchskennwert verglichen werden, der keinen Warmwasseranteil enthält, ist zu beachten, dass auf die Warmwasserbereitung je nach Gebäudegröße 20–40 kWh/(m²·a) entfallen können.

Soll ein Energieverbrauchskennwert eines mit Fern- oder Nahwärme beheizten Gebäudes verglichen werden, ist zu beachten, dass hier normalerweise ein um 15–30 % geringerer Energieverbrauch als bei vergleichbaren Gebäuden mit Kesselheizung zu erwarten ist.

Erläuterungen zum Verfahren

Das Verfahren zur Ermittlung von Energieverbrauchskennwerten ist durch die Energieeinsparverordnung vorgegeben. Die Werte sind spezifische Werte pro Quadratmeter Gebäudenutzfläche (A_N) nach Energieeinsparverordnung. Der tatsächliche Verbrauch einer Wohnung oder eines Gebäudes weicht insbesondere wegen des Witterungseinflusses und sich ändernden Nutzerverhaltens vom angegebenen Energieverbrauchskennwert ab.

1) EFH: Einfamilienhäuser, MFH: Mehrfamilienhäuser

Fortsetzung Beispielsatz 4-62: Blatt 3 von 3

Modernisierungsempfehlungen zum Energieausweis

gemäß § 20 Energieeinsparverordnung (EnEV)

Gebäude

Adresse/ Gebäudeteil	Musterweg 4, 88662 Überlingen	Hauptnutzung/ Gebäudekategorie	Mehrfamilienhaus

Empfehlungen zur kostengünstigen Modernisierung

Maßnahmen zur kostengünstigen
Verbesserung der Energieeffizienz

☒ sind möglich
☐ sind nicht möglich

Empfohlene Modernisierungsmaßnahmen

Nr.	Bau- oder Anlagenteile	Maßnahmenbeschreibung
1	Heizung und Warmwasser	Neue Brennwertheizung, Solaranlage
2	Fenster	Neue Wärmeschutzfenster
3	Außenwand	Sanierung mit Wärmedämmverbundsystem (WDVS)
4	Dach	Einbau einer Vollsparrendämmung im Rahmen der anstehenden Dachsanierung
5	Kellerdecke	Wärmedämmung an der Deckenunterseite

☐ Weitere Empfehlungen auf gesondertem Blatt

Hinweis: Modernisierungsempfehlungen für das Gebäude dienen lediglich der Information.
Sie sind nur kurz gefasste Hinweise und kein Ersatz für eine Energieberatung.

Beispielhafter Variantenvergleich (Angaben freiwillig)

	Ist-Zustand	Modernisierungsvariante 1	Modernisierungsvariante 2
Modernisierung gemäß Nummern:			
Primärenergiebedarf [kWh/(m²·a)]			
Einsparung gegenüber Ist-Zustand [%]			
Endenergiebedarf [kWh/(m²·a)]			
Einsparung gegenüber Ist-Zustand [%]			
CO_2-Emissionen [kg/(m²·a)]			
Einsparung gegenüber Ist-Zustand [%]			

Aussteller

Friedhelm Maßong
Dipl.-Ing. (FH), BI
Stockacher Straße 6
88662 Überlingen

01.12.2009
Datum

Unterschrift des Ausstellers

5   Anhang

5.1   EnEV – vollständiger Verordnungstext

Nachfolgend finden Sie den vollständigen Text der Energieeinsparverordnung samt der wichtigsten Anlagen. Es existierte bis zum Redaktionsschluss keine rechtsverbindliche, konsolidierte Fassung. Die Änderungsverordnung vom 29.04.2009 zur EnEV wurde verkündet im Bundesgesetzblatt Jahrgang 2009 Teil I Nr. 23, ausgegeben zu Bonn am 30.04.2009.

Es sei darauf hingewiesen, dass der hier abgedruckte Verordnungstext kein amtlicher Text ist – für die Richtigkeit wird keine Gewähr übernommen.

Den vollständigen Text der EnEV finden Sie auch auf der CD-ROM zum Buch.

Hinweise   Die Anlagen 6 bis 10 zeigen Muster, die an anderer Stelle im Buch abgedruckt sind und deshalb hier nicht erneut erscheinen:

- Anlage 6 (zu § 16 EnEV): Muster Energieausweis Wohngebäude, *siehe Formblattsatz 3-13 auf Seite 239*
- Anlage 7 (zu § 16 EnEV): Muster Energieausweis Nichtwohngebäude, *siehe Formblattsatz 3-14 auf Seite 244*
- Anlage 8 (zu § 16 EnEV): Muster Aushang Energieausweis auf der Grundlage des Energiebedarfs, *siehe Formblatt 3-15 auf Seite 249*
- Anlage 9 (zu § 16 EnEV): Muster Aushang Energieausweis auf der Grundlage des Energieverbrauchs, *siehe Formblatt 3-16 auf Seite 250*
- Anlage 10 (zu § 20 EnEV): Muster Modernisierungsempfehlungen, *siehe Formblatt 3-17 auf Seite 252*

Folgende Anlagen sind für den Leserkreis dieses Buches weniger relevant und erscheinen deshalb hier nicht (*siehe CD-ROM zum Buch*):

- Anlage 2 (zu den §§ 4 und 9): Anforderungen an Nichtwohngebäude
- Anlage 11 (zu § 21 Absatz 2 Nummer 2): Anforderungen an die Inhalte der Fortbildung

Inhaltsübersicht

Nichtamtliche Lesefassung[1]

(einschließlich der Maßgaben des Bundesrates,
denen die Bundesregierung am 18. März 2009 zugestimmt hat)

Legende

Fettdruck = gegenüber EnEV 2007 neuer Text (in der Inhaltsübersicht und in Paragraphenüber-
schriften: durch Unterstreichung hervorgehoben)

In einigen Anlagen sind Änderungen teilweise nicht kenntlich gemacht (siehe dortige Hinweise).

Streichungen sind nicht separat kenntlich gemacht.

Verordnung

zur Änderung der Energieeinsparverordnung

Vom 29. April 2009

Auf Grund des § 1 Absatz 2, des § 2 Absatz 2 und 3, des § 3 Absatz 2, des § 4, jeweils in
Verbindung mit § 5, des § 5a Satz 1 und 2, des § 7 Absatz 3 Satz 3 und 4 und Absatz 4 sowie
des § 7a Absatz 1 des Energieeinsparungsgesetzes in der Fassung der Bekanntmachung vom
1. September 2005 (BGBl. I S. 2684), von denen § 4 und § 7 durch Artikel 1 des Gesetzes
vom [*einsetzen: Datum der Ausfertigung des Dritten Gesetzes zur Änderung des Energieeinsparungsgesetzes*] geändert und § 7a eingefügt worden sind, verordnet die Bundesregierung:

*) Diese Verordnung dient der Umsetzung der Richtlinie 2006/32/EG des Europäischen Parlaments und des
Rates vom 5. April 2006 über Endenergieeffizienz und Energiedienstleistungen und zur Aufhebung der Richtlinie 93/76/EWG des Rates (ABl. L 114 vom 27.4.2006, S. 64).
Die §§ 1 bis 5, 8, 9, 11 Absatz 3, §§ 12, 15 bis 22, 24 Absatz 1, §§ 26, 27 und 29 dienen der Umsetzung der
Richtlinie 2002/91/EG des Europäischen Parlaments und des Rates vom 16. Dezember 2002 über die Gesamtenergieeffizienz von Gebäuden (ABl. L 1 vom 4.1.2003, S. 65).
§ 13 Absatz 1 bis 3 und § 27 dienen der Umsetzung der Richtlinie 92/42/EWG des Rates vom 21. Mai 1992 über
die Wirkungsgrade von mit flüssigen oder gasförmigen Brennstoffen beschickten neuen Warmwasserheizkesseln
(ABl. L 167 vom 22.6.1992, S. 17, L 195 S. 32), zuletzt geändert durch die Richtlinie 2005/32/EG des Europäischen Parlaments und des Rates vom 6. Juli 2005 (ABl. L 191 vom 22.7.2005, S. 29).

---

[1] **Für die Richtigkeit der nichtamtlichen Lesefassung wird keine Gewähr übernommen.**

Abschnitt 1

Allgemeine Vorschriften

§ 1

Anwendungsbereich

(1)   Diese Verordnung gilt

1. für Gebäude, **soweit sie** unter Einsatz von Energie beheizt oder gekühlt werden, und

2. für Anlagen und Einrichtungen der Heizungs-, Kühl-, Raumluft- und Beleuchtungstechnik sowie der Warmwasserversorgung **von** Gebäuden nach Nummer 1.

Der Energieeinsatz für Produktionsprozesse in Gebäuden ist nicht Gegenstand dieser Verordnung.

(2)   Mit Ausnahme der §§ 12 und 13 gilt diese Verordnung nicht für

1. Betriebsgebäude, die überwiegend zur Aufzucht oder zur Haltung von Tieren genutzt werden,

2. Betriebsgebäude, soweit sie nach ihrem Verwendungszweck großflächig und lang anhaltend offen gehalten werden müssen,

3. unterirdische Bauten,

4. Unterglasanlagen und Kulturräume für Aufzucht, Vermehrung und Verkauf von Pflanzen,

5. Traglufthallen **und** Zelte,

6. Gebäude, **die dazu bestimmt sind, wiederholt aufgestellt und zerlegt zu werden, und provisorische Gebäude** mit einer geplanten Nutzungsdauer von bis zu zwei Jahren,

7. Gebäude, die dem Gottesdienst oder anderen religiösen Zwecken gewidmet sind,

8. Wohngebäude, die für eine Nutzungsdauer von weniger als vier Monaten jährlich bestimmt sind, und

9. sonstige handwerkliche, landwirtschaftliche, gewerbliche und industrielle Betriebsgebäude, die nach ihrer Zweckbestimmung auf eine Innentemperatur von weniger als 12 Grad Celsius oder jährlich weniger als vier Monate beheizt sowie jährlich weniger als zwei Monate gekühlt werden.

Auf Bestandteile von Anlagensystemen, die sich nicht im räumlichen Zusammenhang mit Gebäuden nach Absatz 1 Satz 1 **Nummer** 1 befinden, ist nur § 13 anzuwenden.

§ 2
Begriffsbestimmungen

Im Sinne dieser Verordnung

1. sind Wohngebäude Gebäude, die nach ihrer Zweckbestimmung überwiegend dem Wohnen dienen, einschließlich Wohn-, Alten- und Pflegeheimen sowie ähnlichen Einrichtungen,

2. sind Nichtwohngebäude Gebäude, die nicht unter Nummer 1 fallen,

3. sind kleine Gebäude Gebäude mit nicht mehr als 50 Quadratmetern Nutzfläche,

3a. sind Baudenkmäler nach Landesrecht geschützte Gebäude oder Gebäudemehrheiten,

4. sind beheizte Räume solche Räume, die auf Grund bestimmungsgemäßer Nutzung direkt oder durch Raumverbund beheizt werden,

5. sind gekühlte Räume solche Räume, die auf Grund bestimmungsgemäßer Nutzung direkt oder durch Raumverbund gekühlt werden,

6. sind erneuerbare Energien **solare Strahlungsenergie, Umweltwärme, Geothermie, Wasserkraft, Windenergie und Energie aus Biomasse,**

7. ist ein Heizkessel der aus Kessel und Brenner bestehende Wärmeerzeuger, der zur Übertragung der durch die Verbrennung freigesetzten Wärme an den Wärmeträger Wasser dient,

8. sind Geräte der mit einem Brenner auszurüstende Kessel und der zur Ausrüstung eines Kessels bestimmte Brenner,

9. ist die Nennleistung die vom Hersteller festgelegte und im Dauerbetrieb unter Beachtung des vom Hersteller angegebenen Wirkungsgrades als einhaltbar garantierte größte Wärme- oder Kälteleistung in Kilowatt,

10. ist ein Niedertemperatur-Heizkessel ein Heizkessel, der kontinuierlich mit einer Eintrittstemperatur von 35 bis 40 Grad Celsius betrieben werden kann und in dem es unter bestimmten Umständen zur Kondensation des in den Abgasen enthaltenen Wasserdampfes kommen kann,

11. ist ein Brennwertkessel ein Heizkessel, der für die Kondensation eines Großteils des in den Abgasen enthaltenen Wasserdampfes konstruiert ist,

11a. sind **elektrische Speicherheizsysteme Heizsysteme mit vom Energielieferanten unterbrechbarem Strombezug, die nur in den Zeiten außerhalb des unterbrochenen**

Betriebes durch eine Widerstandsheizung Wärme in einem geeigneten Speichermedium speichern,

12. ist die Wohnfläche die nach der Wohnflächenverordnung oder auf der Grundlage anderer Rechtsvorschriften oder anerkannter Regeln der Technik zur Berechnung von Wohnflächen ermittelte Fläche,

13. ist die Nutzfläche die Nutzfläche nach anerkannten Regeln der Technik, **die beheizt oder gekühlt wird,**

14. ist die Gebäudenutzfläche die nach Anlage 1 **Nummer 1.3.3** berechnete Fläche,

15. ist die Nettogrundfläche die Nettogrundfläche nach anerkannten Regeln der Technik, **die beheizt oder gekühlt wird.**

Abschnitt 2

Zu errichtende Gebäude

§ 3

Anforderungen an Wohngebäude

(1) Zu errichtende Wohngebäude sind so auszuführen, dass der Jahres-Primärenergiebedarf für Heizung, Warmwasserbereitung, Lüftung **und Kühlung den Wert des Jahres-Primärenergiebedarfs eines Referenzgebäudes gleicher Geometrie, Gebäudenutzfläche und Ausrichtung mit der** in Anlage 1 Tabelle 1 **angegebenen technischen Referenzausführung** nicht überschreitet.

(2) Zu errichtende Wohngebäude sind so auszuführen, dass die Höchstwerte des spezifischen, auf die wärmeübertragende Umfassungsfläche bezogenen Transmissionswärmeverlusts nach Anlage 1 Tabelle **2** nicht überschritten werden.

(3) **Für das zu errichtende Wohngebäude und das Referenzgebäude ist der Jahres-Primärenergiebedarf nach einem der in Anlage 1 Nummer 2 genannten Verfahren zu berechnen. Das zu errichtende Wohngebäude und das Referenzgebäude sind mit demselben Verfahren zu berechnen.**

(4) **Zu errichtende Wohngebäude sind so auszuführen, dass** die Anforderungen an den sommerlichen Wärmeschutz nach Anlage 1 **Nummer 3** eingehalten werden.

§ 4
Anforderungen an Nichtwohngebäude

(1)   Zu errichtende Nichtwohngebäude sind so auszuführen, dass der Jahres-Primärenergiebedarf für Heizung, Warmwasserbereitung, Lüftung, Kühlung und eingebaute Beleuchtung den Wert des Jahres-Primärenergiebedarfs eines Referenzgebäudes gleicher Geometrie, Nettogrundfläche, Ausrichtung und Nutzung einschließlich der Anordnung der Nutzungseinheiten mit der in Anlage 2 Tabelle 1 angegebenen technischen **Referenz**ausführung nicht überschreitet.

(2)   Zu errichtende Nichtwohngebäude sind so auszuführen, dass **die Höchstwerte der mittleren Wärmedurchgangskoeffizienten der wärmeübertragenden Umfassungsfläche nach** Anlage 2 Tabelle 2 nicht überschritten werden.

(3)   Für das zu errichtende Nichtwohngebäude und das Referenzgebäude ist der Jahres-Primärenergiebedarf nach einem der in Anlage 2 **Nummer** 2 oder 3 genannten Verfahren zu berechnen. Das zu errichtende Nichtwohngebäude und das Referenzgebäude sind mit demselben Verfahren zu berechnen.

(4)   **Zu errichtende Nichtwohngebäude sind so auszuführen, dass** die Anforderungen an den sommerlichen Wärmeschutz nach Anlage 2 **Nummer** 4 eingehalten werden.

§ 5
Anrechnung von Strom aus erneuerbaren Energien

Wird in zu errichtenden Gebäuden Strom aus erneuerbaren Energien eingesetzt, darf der Strom in den Berechnungen nach § 3 Absatz 3 und § 4 Absatz 3 von dem Endenergiebedarf abgezogen werden, wenn er

1.   im unmittelbaren räumlichen Zusammenhang zu dem Gebäude erzeugt und

2.   vorrangig in dem Gebäude selbst genutzt und nur die überschüssige Energiemenge in ein öffentliches Netz eingespeist

wird. Es darf höchstens die Strommenge nach Satz 1 angerechnet werden, die dem berechneten Strombedarf der jeweiligen Nutzung entspricht.

§ 6

Dichtheit, Mindestluftwechsel

(1)   Zu errichtende Gebäude sind so auszuführen, dass die wärmeübertragende Umfassungsfläche einschließlich der Fugen dauerhaft luftundurchlässig entsprechend den anerkannten Regeln der Technik abgedichtet ist. Die Fugendurchlässigkeit außen liegender Fenster, Fenstertüren und Dachflächenfenster muss den Anforderungen nach Anlage 4 **Nummer** 1 genügen. Wird die Dichtheit nach den Sätzen 1 und 2 überprüft, **kann der Nachweis der Luftdichtheit bei der nach § 3 Absatz 3 und § 4 Absatz 3 erforderlichen Berechnung berücksichtigt werden, wenn** die Anforderungen nach Anlage 4 **Nummer** 2 eingehalten **sind.**

(2)   Zu errichtende Gebäude sind so auszuführen, dass der zum Zwecke der Gesundheit und Beheizung erforderliche Mindestluftwechsel sichergestellt ist.

§ 7

Mindestwärmeschutz, Wärmebrücken

(1)   Bei zu errichtenden Gebäuden sind Bauteile, die gegen die Außenluft, das Erdreich oder Gebäudeteile mit wesentlich niedrigeren Innentemperaturen abgrenzen, so auszuführen, dass die Anforderungen des Mindestwärmeschutzes nach den anerkannten Regeln der Technik eingehalten werden. **Ist bei zu errichtenden Gebäuden die Nachbarbebauung bei aneinandergereihter Bebauung nicht gesichert, müssen die Gebäudetrennwände den Mindestwärmeschutz nach Satz 1 einhalten.**

(2)   Zu errichtende Gebäude sind so auszuführen, dass der Einfluss konstruktiver Wärmebrücken auf den Jahres-Heizwärmebedarf nach den anerkannten Regeln der Technik und den im jeweiligen Einzelfall wirtschaftlich vertretbaren Maßnahmen so gering wie möglich gehalten wird.

(3)   Der verbleibende Einfluss der Wärmebrücken bei der Ermittlung des **Jahres-Primärenergiebedarfs ist nach Maßgabe des jeweils angewendeten Berechnungsverfahrens** zu berücksichtigen. **Soweit dabei Gleichwertigkeitsnachweise zu führen wären, ist dies für solche Wärmebrücken nicht erforderlich, bei denen die angrenzenden Bauteile kleinere Wärmedurchgangskoeffizienten aufweisen, als in den Musterlösungen der DIN 4108 Beiblatt 2 : 2006-03 zugrunde gelegt sind.**

§ 8

Anforderungen an kleine Gebäude <u>und Gebäude aus Raumzellen</u>

Werden bei zu errichtenden kleinen Gebäuden die in Anlage 3 genannten Werte der Wärmedurchgangskoeffizienten der Außenbauteile eingehalten, gelten die übrigen Anforderungen dieses Abschnitts als erfüllt. **Satz 1 ist auf Gebäude entsprechend anzuwenden, die für eine Nutzungsdauer von höchstens fünf Jahren bestimmt und aus Raumzellen von jeweils bis zu 50 Quadratmetern Nutzfläche zusammengesetzt sind.**

Abschnitt 3

Bestehende Gebäude und Anlagen

§ 9

Änderung, <u>Erweiterung und Ausbau</u> von Gebäuden

(1) Änderungen im Sinne der Anlage 3 **Nummer** 1 bis 6 bei beheizten oder gekühlten Räumen von Gebäuden sind so auszuführen, dass **die in Anlage 3 festgelegten Wärmedurchgangskoeffizienten der betroffenen Außenbauteile nicht überschritten werden. Die Anforderungen des Satzes 1 gelten als erfüllt, wenn**

1. geänderte Wohngebäude insgesamt den Jahres-Primärenergiebedarf **des Referenzgebäudes** nach § 3 **Absatz** 1 und den Höchstwert des spezifischen, auf die wärmeübertragende Umfassungsfläche bezogenen Transmissionswärmeverlusts nach **Anlage 1 Tabelle 2,**

2. geänderte Nichtwohngebäude insgesamt den Jahres-Primärenergiebedarf des Referenzgebäudes nach § 4 **Absatz** 1 und **die Höchstwerte der mittleren Wärmedurchgangskoeffizienten** der wärmeübertragenden Umfassungsfläche **nach Anlage 2 Tabelle 2**

um nicht mehr als 40 vom Hundert überschreiten.

(2)   **In Fällen** des Absatzes 1 **Satz 2** sind die in § 3 **Absatz 3** sowie in § 4 **Absatz** 3 angegebenen Berechnungsverfahren nach Maßgabe der Sätze 2 und 3 **und des § 5** entsprechend anzuwenden. Soweit

1. Angaben zu geometrischen Abmessungen von Gebäuden fehlen, können diese durch vereinfachtes Aufmaß ermittelt werden;

2. energetische Kennwerte für bestehende Bauteile und Anlagenkomponenten nicht vorliegen, können gesicherte Erfahrungswerte für Bauteile und Anlagenkomponenten vergleichbarer Altersklassen verwendet werden;

hierbei können anerkannte Regeln der Technik verwendet werden; die Einhaltung solcher Regeln wird vermutet, soweit Vereinfachungen für die Datenaufnahme und die Ermittlung der energetischen Eigenschaften sowie gesicherte Erfahrungswerte verwendet werden, die vom Bundesministerium für Verkehr, Bau und Stadtentwicklung im Einvernehmen mit dem Bundesministerium für Wirtschaft und Technologie im Bundesanzeiger bekannt gemacht worden sind. Bei Anwendung der Verfahren nach § 3 **Absatz 3** sind die Randbedingungen und Maßgaben nach Anlage 3 **Nummer** 8 zu beachten.

(3) Absatz **1 ist** nicht anzuwenden auf Änderungen von Außenbauteilen**, wenn die Fläche der geänderten Bauteile nicht mehr** als **10** vom Hundert der **gesamten** jeweiligen Bauteilfläche **des Gebäudes** betreffen.

(4) Bei der Erweiterung und dem Ausbau eines Gebäudes um beheizte oder gekühlte Räume mit zusammenhängend mindestens 15 und höchstens 50 Quadratmetern Nutzfläche sind die betroffenen Außenbauteile so auszuführen, dass die in Anlage 3 festgelegten Wärmedurchgangskoeffizienten nicht überschritten werden.

(5) Ist in Fällen des Absatzes **4** die hinzukommende zusammenhängende Nutzfläche größer als 50 Quadratmeter, sind die betroffenen Außenbauteile so auszuführen, dass der neue Gebäudeteil die Vorschriften für zu errichtende Gebäude nach § 3 oder § 4 einhält.

§ 10
Nachrüstung bei Anlagen und Gebäuden

(1) Eigentümer von Gebäuden **dürfen** Heizkessel, die mit flüssigen oder gasförmigen Brennstoffen beschickt werden und vor dem 1. Oktober 1978 eingebaut oder aufgestellt worden sind, **nicht mehr betreiben**. Satz 1 ist nicht anzuwenden, wenn die vorhandenen Heizkessel Niedertemperatur-Heizkessel oder Brennwertkessel sind, sowie auf heizungstechnische Anlagen, deren Nennleistung weniger als vier Kilowatt oder mehr als 400 Kilowatt beträgt, und auf Heizkessel nach § 13 **Absatz** 3 **Nummer** 2 bis 4.

(2) **Eigentümer von Gebäuden müssen dafür sorgen, dass bei heizungstechnischen Anlagen bisher ungedämmte, zugängliche Wärmeverteilungs- und Warmwasserleitungen sowie Armaturen, die sich nicht in beheizten Räumen befinden, nach Anlage 5 zur Begrenzung der Wärmeabgabe gedämmt sind.**

(3)   Eigentümer von Wohngebäuden sowie von Nichtwohngebäuden, die nach ihrer Zweckbestimmung jährlich mindestens vier Monate und auf Innentemperaturen von mindestens 19 Grad Celsius beheizt werden, müssen dafür sorgen, dass bisher ungedämmte, nicht begehbare, aber zugängliche oberste Geschossdecken beheizter Räume so gedämmt sind, dass der Wärmedurchgangskoeffizient der Geschossdecke 0,24 Watt/(m²·K) nicht überschreitet. Die Pflicht nach Satz 1 gilt als erfüllt, wenn anstelle der Geschossdecke das darüber liegende, bisher ungedämmte Dach entsprechend gedämmt ist.

(4)   Auf begehbare, bisher ungedämmte oberste Geschossdecken beheizter Räume ist Absatz 3 nach dem 31. Dezember 2011 entsprechend anzuwenden.

(5)   Bei Wohngebäuden mit nicht mehr als zwei Wohnungen, von denen der Eigentümer eine Wohnung am 1. Februar 2002 selbst bewohnt hat, **sind die Pflichten nach den Absätzen 1 bis 4** erst im Falle eines Eigentümerwechsels nach dem 1. Februar 2002 von dem neuen Eigentümer zu erfüllen. Die Frist **zur Pflichterfüllung** beträgt zwei Jahre ab dem ersten Eigentumsübergang. **Sind im Falle eines Eigentümerwechsels vor dem 1. Januar 2010 noch keine zwei Jahre verstrichen, genügt es, die obersten Geschossdecken beheizter Räume so zu dämmen,** dass der Wärmedurchgangskoeffizient der Geschossdecke 0,30 Watt/(m²·K) nicht überschreitet.

(6)   Die Absätze 2 bis 5 sind nicht anzuwenden, soweit die für die Nachrüstung erforderlichen Aufwendungen durch die eintretenden Einsparungen nicht innerhalb angemessener Frist erwirtschaftet werden können.

§ 10a

Außerbetriebnahme von elektrischen Speicherheizsystemen

(1)   In Wohngebäuden mit mehr als fünf Wohneinheiten dürfen Eigentümer elektrische Speicherheizsysteme nach Maßgabe des Absatzes 2 nicht mehr betreiben, wenn die Raumwärme in den Gebäuden ausschließlich durch elektrische Speicherheizsysteme erzeugt wird. Auf Nichtwohngebäude, die nach ihrer Zweckbestimmung jährlich mindestens vier Monate und auf Innentemperaturen von mindestens 19 Grad Celsius beheizt werden, ist Satz 1 entsprechend anzuwenden, wenn mehr als 500 Quadratmeter Nutzfläche mit elektrischen Speicherheizsystemen beheizt werden. Auf elektrische Speicherheizsysteme mit nicht mehr als 20 Watt Heizleistung pro Quadratmeter Nutzfläche einer Wohnungs-, Betriebs- oder sonstigen Nutzungs-

einheit sind die Sätze 1 und 2 nicht anzuwenden.

(2)   Vor dem 1. Januar 1990 eingebaute oder aufgestellte elektrische Speicherheiz-systeme dürfen nach dem 31. Dezember 2019 nicht mehr betrieben werden. Nach dem 31. Dezember 1989 eingebaute oder aufgestellte elektrische Speicherheizsysteme dürfen nach Ablauf von 30 Jahren nach dem Einbau oder der Aufstellung nicht mehr betrieben werden. Wurden die elektrischen Speicherheizsysteme nach dem 31. Dezember 1989 in wesentlichen Bauteilen erneuert, dürfen sie nach Ablauf von 30 Jahren nach der Erneuerung nicht mehr betrieben werden. Werden mehrere Heizaggregate in einem Gebäude betrieben, ist bei Anwendung der Sätze 1, 2 oder 3 insgesamt auf das zweitälteste Heizaggregat abzustellen.

(3)   Absatz 1 ist nicht anzuwenden, wenn

1.   andere öffentlich-rechtliche Pflichten entgegenstehen,

2.   die erforderlichen Aufwendungen für die Außerbetriebnahme und den Einbau einer neuen Heizung auch bei Inanspruchnahme möglicher Fördermittel nicht innerhalb angemessener Frist durch die eintretenden Einsparungen erwirt-schaftet werden können oder

3.   wenn

   a) für das Gebäude der Bauantrag nach dem 31. Dezember 1994 gestellt wor-den ist,

   b) das Gebäude schon bei der Baufertigstellung das Anforderungsniveau der Wärmeschutzverordnung vom 16. August 1994 (BGBl. I S. 2121) eingehal-ten hat oder

   c) das Gebäude durch spätere Änderungen mindestens auf das in Buchstabe b bezeichnete Anforderungsniveau gebracht worden ist.

Bei der Ermittlung der energetischen Eigenschaften des Gebäudes nach Satz 1 Nummer 3 Buchstabe b und c können die Bestimmungen über die vereinfachte Da-tenerhebung nach § 9 Absatz 2 Satz 2 und die Datenbereitstellung durch den Eigen-tümer nach § 17 Absatz 5 entsprechend angewendet werden. § 25 Absatz 1 und 2 bleibt unberührt.

§ 11
Aufrechterhaltung der energetischen Qualität

(1)   Außenbauteile dürfen nicht in einer Weise verändert werden, dass die energetische Qualität des Gebäudes verschlechtert wird. Das Gleiche gilt für Anlagen und Einrichtungen nach dem Abschnitt 4, soweit sie zum Nachweis der Anforderungen energieeinsparrechtlicher Vorschriften des Bundes zu berücksichtigen waren.

(2)   Energiebedarfssenkende Einrichtungen in Anlagen nach Absatz 1 sind vom Betreiber betriebsbereit zu erhalten und bestimmungsgemäß zu nutzen. Eine Nutzung und Erhaltung im Sinne des Satzes 1 gilt als gegeben, soweit der Einfluss einer energiebedarfssenkenden Einrichtung auf den Jahres-Primärenergiebedarf durch andere anlagentechnische oder bauliche Maßnahmen ausgeglichen wird.

(3)   Anlagen und Einrichtungen der Heizungs-, Kühl- und Raumlufttechnik sowie der Warmwasserversorgung sind vom Betreiber sachgerecht zu bedienen. Komponenten mit wesentlichem Einfluss auf den Wirkungsgrad solcher Anlagen sind vom Betreiber regelmäßig zu warten und instand zu halten. Für die Wartung und Instandhaltung ist Fachkunde erforderlich. Fachkundig ist, wer die zur Wartung und Instandhaltung notwendigen Fachkenntnisse und Fertigkeiten besitzt.

§ 12
Energetische Inspektion von Klimaanlagen

(1)   Betreiber von in Gebäude eingebauten Klimaanlagen mit einer Nennleistung für den Kältebedarf von mehr als zwölf Kilowatt haben innerhalb der in den Absätzen 3 und 4 genannten Zeiträume energetische Inspektionen dieser Anlagen durch berechtigte Personen im Sinne des Absatzes 5 durchführen zu lassen.

(2)   Die Inspektion umfasst Maßnahmen zur Prüfung der Komponenten, die den Wirkungsgrad der Anlage beeinflussen, und der Anlagendimensionierung im Verhältnis zum Kühlbedarf des Gebäudes. Sie bezieht sich insbesondere auf

1.   die Überprüfung und Bewertung der Einflüsse, die für die Auslegung der Anlage verantwortlich sind, insbesondere Veränderungen der Raumnutzung und -belegung, der Nutzungszeiten, der inneren Wärmequellen sowie der relevanten bauphysikalischen Eigenschaften des Gebäudes und der vom Betreiber geforderten Sollwerte hinsichtlich Luftmengen, Temperatur, Feuchte, Betriebszeit sowie Toleranzen, und

2.   die Feststellung der Effizienz der wesentlichen Komponenten.

Dem Betreiber sind Ratschläge in Form von kurz gefassten fachlichen Hinweisen für Maßnahmen zur kostengünstigen Verbesserung der energetischen Eigenschaften der Anlage, für deren Austausch oder für Alternativlösungen zu geben. Die inspizierende Person hat **dem Betreiber** die Ergebnisse der Inspektion unter Angabe **ihres Namens sowie ihrer** Anschrift und Berufsbezeichnung zu **bescheinigen.**

(3)   Die Inspektion ist erstmals im zehnten Jahr nach der Inbetriebnahme oder der Erneuerung wesentlicher Bauteile wie Wärmeübertrager, Ventilator oder Kältemaschine durchzuführen. Abweichend von Satz 1 sind die am 1. Oktober 2007 mehr als vier und bis zu zwölf Jahre alten Anlagen innerhalb von sechs Jahren, die über zwölf Jahre alten Anlagen innerhalb von vier Jahren und die über 20 Jahre alten Anlagen innerhalb von zwei Jahren nach dem 1. Oktober 2007 erstmals einer Inspektion zu unterziehen.

(4)   Nach der erstmaligen Inspektion ist die Anlage wiederkehrend mindestens alle zehn Jahre einer Inspektion zu unterziehen.

(5)   Inspektionen dürfen nur von fachkundigen Personen durchgeführt werden. Fachkundig sind insbesondere

1. **Personen mit berufsqualifizierendem Hochschulabschluss** in den Fachrichtungen Versorgungstechnik oder Technische Gebäudeausrüstung mit mindestens einem Jahr Berufserfahrung in Planung, Bau, Betrieb oder Prüfung raumlufttechnischer Anlagen,

2. **Personen mit berufsqualifizierendem Hochschulabschluss** in

    a) den Fachrichtungen Maschinenbau, Elektrotechnik, Verfahrenstechnik, Bauingenieurwesen oder

    b) einer anderen technischen Fachrichtung mit einem Ausbildungsschwerpunkt bei der Versorgungstechnik oder der Technischen Gebäudeausrüstung

    mit mindestens drei Jahren Berufserfahrung in Planung, Bau, Betrieb oder Prüfung raumlufttechnischer Anlagen.

Gleichwertige Ausbildungen, die in einem anderen Mitgliedstaat der Europäischen Union, einem anderen Vertragsstaat des Abkommens über den Europäischen Wirtschaftsraum oder der Schweiz erworben worden sind und durch einen Ausbildungsnachweis belegt werden können, sind den in Satz 2 genannten Ausbildungen gleichgestellt.

(6)   Der Betreiber hat die Bescheinigung über die Durchführung der Inspektion der nach Landesrecht zuständigen Behörde auf Verlangen vorzulegen.

Abschnitt 4

Anlagen der Heizungs-, Kühl- und Raumlufttechnik

sowie der Warmwasserversorgung

§ 13

Inbetriebnahme von Heizkesseln <u>und sonstigen Wärmeerzeugersystemen</u>

(1)   Heizkessel, die mit flüssigen oder gasförmigen Brennstoffen beschickt werden und deren Nennleistung mindestens vier Kilowatt und höchstens 400 Kilowatt beträgt, dürfen zum Zwecke der Inbetriebnahme in Gebäuden nur eingebaut oder aufgestellt werden, wenn sie mit der CE-Kennzeichnung nach § 5 **Absatz** 1 und 2 der Verordnung über das Inverkehrbringen von Heizkesseln und Geräten nach dem Bauproduktengesetz vom 28. April 1998 (BGBl. I S. 796) oder nach Artikel 7 **Absatz** 1 Satz 2 der Richtlinie 92/42/EWG des Rates vom 21. Mai 1992 über die Wirkungsgrade von mit flüssigen oder gasförmigen Brennstoffen beschickten neuen Warmwasserheizkesseln (ABl. Nr. L 167 **vom 22.6.1992**, S. 17, L 195 S. 32), die zuletzt durch die Richtlinie 2005/32/EG des Europäischen Parlaments und des Rates vom 6. Juli 2005 (ABl. L 191 **vom 22.7.2005,** S. 29) geändert worden ist, versehen sind. Satz 1 gilt auch für Heizkessel, die aus Geräten zusammengefügt werden, soweit dabei die Parameter beachtet werden, die sich aus der den Geräten beiliegenden EG-Konformitätserklärung ergeben.

(2)   Heizkessel dürfen in Gebäuden nur dann zum Zwecke der Inbetriebnahme eingebaut oder aufgestellt werden, wenn die Anforderungen nach Anlage 4a eingehalten werden. In Fällen der Pflicht zur Außerbetriebnahme elektrischer Speicherheizsysteme nach § 10a sind die Anforderungen nach Anlage 4a auch auf sonstige Wärmeerzeugersysteme anzuwenden, deren Heizleistung größer als 20 Watt pro Quadratmeter Nutzfläche ist. Ausgenommen sind bestehende Gebäude, wenn der**en** Jahres-Primärenergiebedarf den **Wert des Jahres-Primärenergiebedarfs des Referenzgebäudes** um nicht mehr als 40 vom Hundert überschreitet.

(3)   Absatz 1 ist nicht anzuwenden auf

1.   einzeln produzierte Heizkessel,

2.   Heizkessel, die für den Betrieb mit Brennstoffen ausgelegt sind, deren Eigenschaften von den marktüblichen flüssigen und gasförmigen Brennstoffen erheblich abweichen,

3.   Anlagen zur ausschließlichen Warmwasserbereitung,

4.   Küchenherde und Geräte, die hauptsächlich zur Beheizung des Raumes, in dem sie eingebaut oder aufgestellt sind, ausgelegt sind, daneben aber auch Warmwasser für die
Zentralheizung und für sonstige Gebrauchszwecke liefern,

5.   Geräte mit einer Nennleistung von weniger als sechs Kilowatt zur Versorgung eines
Warmwasserspeichersystems mit Schwerkraftumlauf.

(4)   Heizkessel, deren Nennleistung kleiner als vier Kilowatt oder größer als 400 Kilowatt
ist, und Heizkessel nach Absatz 3 dürfen nur dann zum Zwecke der Inbetriebnahme in Gebäuden eingebaut oder aufgestellt werden, wenn sie nach anerkannten Regeln der Technik
gegen Wärmeverluste gedämmt sind.

§ 14
Verteilungseinrichtungen und Warmwasseranlagen

(1)   Zentralheizungen müssen beim Einbau in Gebäude mit zentralen selbsttätig wirkenden
Einrichtungen zur Verringerung und Abschaltung der Wärmezufuhr sowie zur Ein- und Ausschaltung elektrischer Antriebe in Abhängigkeit von

1.   der Außentemperatur oder einer anderen geeigneten Führungsgröße und

2.   der Zeit

ausgestattet werden. Soweit die in Satz 1 geforderten Ausstattungen bei bestehenden Gebäuden nicht vorhanden sind, muss der Eigentümer sie nachrüsten. Bei Wasserheizungen, die
ohne Wärmeübertrager an eine Nah- oder Fernwärmeversorgung angeschlossen sind, gilt
Satz 1 hinsichtlich der Verringerung und Abschaltung der Wärmezufuhr auch ohne entsprechende Einrichtungen in den Haus- und Kundenanlagen als eingehalten, wenn die Vorlauftemperatur des Nah- oder Fernwärmenetzes in Abhängigkeit von der Außentemperatur
und der Zeit durch entsprechende Einrichtungen in der zentralen Erzeugungsanlage geregelt
wird.

(2)   Heizungstechnische Anlagen mit Wasser als Wärmeträger müssen beim Einbau in Gebäude mit selbsttätig wirkenden Einrichtungen zur raumweisen Regelung der Raumtemperatur ausgestattet werden. Satz 1 gilt nicht für Einzelheizgeräte, die zum Betrieb mit festen oder
flüssigen Brennstoffen eingerichtet sind. Mit Ausnahme von Wohngebäuden ist für Gruppen
von Räumen gleicher Art und Nutzung eine Gruppenregelung zulässig. Fußbodenheizungen
in Gebäuden, die vor dem 1. Februar 2002 errichtet worden sind, dürfen abweichend von
Satz 1 mit Einrichtungen zur raumweisen Anpassung der Wärmeleistung an die Heizlast aus-

gestattet werden. Soweit die in Satz 1 bis 3 geforderten Ausstattungen bei bestehenden Gebäuden nicht vorhanden sind, muss der Eigentümer sie nachrüsten.

(3) In Zentralheizungen mit mehr als 25 Kilowatt Nennleistung sind die Umwälzpumpen der Heizkreise beim erstmaligen Einbau und bei der Ersetzung so auszustatten, dass die elektrische Leistungsaufnahme dem betriebsbedingten Förderbedarf selbsttätig in mindestens drei Stufen angepasst wird, soweit sicherheitstechnische Belange des Heizkessels dem nicht entgegenstehen.

(4) Zirkulationspumpen müssen beim Einbau in Warmwasseranlagen mit selbsttätig wirkenden Einrichtungen zur Ein- und Ausschaltung ausgestattet werden.

(5) Beim erstmaligen Einbau und bei der Ersetzung von Wärmeverteilungs- und Warmwasserleitungen sowie von Armaturen in Gebäuden ist deren Wärmeabgabe nach Anlage 5 zu begrenzen.

(6) Beim erstmaligen Einbau von Einrichtungen, in denen Heiz- oder Warmwasser gespeichert wird, in Gebäude und bei deren Ersetzung ist deren Wärmeabgabe nach anerkannten Regeln der Technik zu begrenzen.

§ 15
Klimaanlagen und sonstige Anlagen der Raumlufttechnik

(1) Beim Einbau von Klimaanlagen mit einer Nennleistung für den Kältebedarf von mehr als zwölf Kilowatt und raumlufttechnischen Anlagen, die für einen Volumenstrom der Zuluft von wenigstens 4 000 Kubikmeter je Stunde ausgelegt sind, in Gebäude sowie bei der Erneuerung von Zentralgeräten oder Luftkanalsystemen solcher Anlagen müssen diese Anlagen so ausgeführt werden, dass

1. die auf das Fördervolumen bezogene elektrische Leistung der Einzelventilatoren oder
2. der gewichtete Mittelwert der auf das jeweilige Fördervolumen bezogenen elektrischen Leistungen aller Zu- und Abluftventilatoren

bei Auslegungsvolumenstrom den Grenzwert der Kategorie SFP 4 nach DIN EN 13779 : **2007-09** nicht überschreitet. **Der Grenzwert für die Klasse SFP 4 kann um Zuschläge** nach DIN EN **13779 : 2007-09 Abschnitt 6.5.2 für Gas- und HEPA-Filter sowie Wärmerückführungsbauteile der Klassen H2 oder H1 nach DIN EN 13053 erweitert werden.**

(2) Beim Einbau von Anlagen nach Absatz 1 Satz 1 in Gebäude und bei der Erneuerung von Zentralgeräten solcher Anlagen müssen, soweit diese Anlagen dazu bestimmt sind, die

Feuchte der Raumluft unmittelbar zu verändern, diese Anlagen mit selbsttätig wirkenden Regelungseinrichtungen ausgestattet werden, bei denen getrennte Sollwerte für die Be- und die Entfeuchtung eingestellt werden können und als Führungsgröße mindestens die direkt gemessene Zu- oder Abluftfeuchte dient. **Sind solche Einrichtungen in bestehenden Anlagen nach Absatz 1 Satz 1 nicht vorhanden, muss der Betreiber sie bei Klimaanlagen innerhalb von sechs Monaten nach Ablauf der jeweiligen Frist des § 12 Absatz 3, bei sonstigen raumlufttechnischen Anlagen in entsprechender Anwendung der jeweiligen Fristen des § 12 Absatz 3, nachrüsten.**

(3)   Beim Einbau von Anlagen nach Absatz 1 Satz 1 in Gebäude und bei der Erneuerung von Zentralgeräten oder Luftkanalsystemen solcher Anlagen müssen diese Anlagen mit Einrichtungen zur selbsttätigen Regelung der Volumenströme in Abhängigkeit von den thermischen und stofflichen Lasten oder zur Einstellung der Volumenströme in Abhängigkeit von der Zeit ausgestattet werden, wenn der Zuluftvolumenstrom dieser Anlagen je Quadratmeter versorgter Nettogrundfläche, bei Wohngebäuden je Quadratmeter versorgter Gebäudenutzfläche neun Kubikmeter pro Stunde überschreitet. Satz 1 gilt nicht, soweit in den versorgten Räumen auf Grund des Arbeits- oder Gesundheitsschutzes erhöhte Zuluftvolumenströme erforderlich sind oder Laständerungen weder messtechnisch noch hinsichtlich des zeitlichen Verlaufes erfassbar sind.

(4)   Werden Kälteverteilungs- und Kaltwasserleitungen und Armaturen, die zu Anlagen im Sinne des Absatzes 1 Satz 1 gehören, erstmalig in Gebäude eingebaut oder ersetzt, ist deren Wärmeaufnahme nach Anlage 5 zu begrenzen.

(5)   Werden Anlagen nach Absatz 1 Satz 1 in Gebäude eingebaut oder Zentralgeräte solcher Anlagen erneuert, müssen diese mit einer Einrichtung zur Wärmerückgewinnung ausgestattet sein, die mindestens der Klassifizierung H3 nach DIN EN 13053 : 2007-09 entspricht. Für die Betriebsstundenzahl sind die Nutzungsrandbedingungen nach DIN V 18599-10 : 2007-02 und für den Luftvolumenstrom der Außenluftvolumenstrom maßgebend.

Abschnitt 5

Energieausweise und Empfehlungen

für die Verbesserung der Energieeffizienz

§ 16

Ausstellung und Verwendung von Energieausweisen

(1)   Wird ein Gebäude errichtet, hat der Bauherr sicherzustellen, dass ihm, wenn er zugleich Eigentümer des Gebäudes ist, oder dem Eigentümer des Gebäudes ein Energieausweis nach dem Muster der Anlage 6 oder 7 unter Zugrundelegung der energetischen Eigenschaften des fertig gestellten Gebäudes ausgestellt wird. Satz 1 ist entsprechend anzuwenden, wenn

1. an einem Gebäude Änderungen im Sinne der Anlage 3 **Nummer** 1 bis 6 vorgenommen oder

2. die Nutzfläche der beheizten oder gekühlten Räume eines Gebäudes um mehr als die Hälfte erweitert wird

und dabei **unter Anwendung des § 9 Absatz 1 Satz 2** für das gesamte Gebäude Berechnungen nach § 9 **Absatz** 2 durchgeführt werden. Der Eigentümer hat den Energieausweis der nach Landesrecht zuständigen Behörde auf Verlangen vorzulegen.

(2)   Soll ein mit einem Gebäude bebautes Grundstück, ein grundstücksgleiches Recht an einem bebauten Grundstück oder Wohnungs- oder Teileigentum verkauft werden, hat der Verkäufer dem potenziellen Käufer einen Energieausweis mit dem Inhalt nach dem Muster der Anlage 6 oder 7 zugänglich zu machen, spätestens unverzüglich, nachdem der potenzielle Käufer dies verlangt hat. Satz 1 gilt entsprechend für den Eigentümer, Vermieter, Verpächter und Leasinggeber bei der Vermietung, der Verpachtung oder beim Leasing eines Gebäudes, einer Wohnung oder einer sonstigen selbständigen Nutzungseinheit.

(3)   Für Gebäude mit mehr als 1 000 Quadratmetern Nutzfläche, in denen Behörden und sonstige Einrichtungen für eine große Anzahl von Menschen öffentliche Dienstleistungen erbringen und die deshalb von diesen Menschen häufig aufgesucht werden, sind Energieausweise nach dem Muster der Anlage 7 auszustellen. Der Eigentümer hat den Energieausweis an einer für die Öffentlichkeit gut sichtbaren Stelle auszuhängen; der Aushang kann auch nach dem Muster der Anlage 8 oder 9 vorgenommen werden.

(4)   Auf kleine Gebäude sind die Vorschriften dieses Abschnitts nicht anzuwenden. Auf Baudenkmäler **sind die Absätze 2 und 3** nicht anzuwenden.

§ 17
Grundsätze des Energieausweises

(1)   Der Aussteller hat Energieausweise nach § 16 auf der Grundlage des berechneten Energiebedarfs oder des erfassten Energieverbrauchs nach Maßgabe der Absätze 2 bis 6 sowie der §§ 18 und 19 auszustellen. Es ist zulässig, sowohl den Energiebedarf als auch den Energieverbrauch anzugeben.

(2)   Energieausweise dürfen in den Fällen des § 16 **Absatz** 1 nur auf der Grundlage des Energiebedarfs ausgestellt werden. In den Fällen des § 16 **Absatz** 2 sind ab dem 1. Oktober 2008 Energieausweise für Wohngebäude, die weniger als fünf Wohnungen haben und für die der Bauantrag vor dem 1. November 1977 gestellt worden ist, auf der Grundlage des Energiebedarfs auszustellen. Satz 2 gilt nicht, wenn das Wohngebäude

1.   schon bei der Baufertigstellung das Anforderungsniveau der Wärmeschutzverordnung vom 11. August 1977 (BGBl. I S. 1554) eingehalten hat oder

2.   durch spätere Änderungen mindestens auf das in Nummer 1 bezeichnete Anforderungsniveau gebracht worden ist.

Bei der Ermittlung der energetischen Eigenschaften des Wohngebäudes nach Satz 3 können die Bestimmungen über die vereinfachte Datenerhebung nach § 9 **Absatz** 2 Satz 2 und die Datenbereitstellung durch den Eigentümer nach Absatz 5 angewendet werden.

(3)   Energieausweise werden für Gebäude ausgestellt. Sie sind für Teile von Gebäuden auszustellen, wenn die Gebäudeteile nach § 22 getrennt zu behandeln sind.

(4)   Energieausweise müssen nach Inhalt und Aufbau den Mustern in den Anlagen 6 bis 9 entsprechen und mindestens die dort für die jeweilige Ausweisart geforderten, nicht als freiwillig gekennzeichneten Angaben enthalten; sie sind vom Aussteller unter Angabe von Name, Anschrift und Berufsbezeichnung eigenhändig oder durch Nachbildung der Unterschrift zu unterschreiben. Zusätzliche Angaben können beigefügt werden.

(5)   Der Eigentümer kann die zur Ausstellung des Energieausweises **nach § 18 Absatz 1 Satz 1 oder Absatz 2 Satz 1 in Verbindung mit den Anlagen 1, 2 und 3 Nummer 8 oder nach § 19 Absatz 1 Satz 1 und 3, Absatz 2 Satz 1 oder 3 und Absatz 3 Satz 1** erforderlichen Daten bereitstellen. **Der Eigentümer muss dafür Sorge tragen, dass die von ihm nach Satz 1 bereitgestellten Daten richtig sind.** Der Aussteller darf **die vom Eigentümer bereitgestellten Daten** seinen Berechnungen nicht zugrunde legen, soweit begründeter An-

lass zu Zweifeln an **deren** Richtigkeit **besteht. Soweit der Aussteller des Energieausweises die Daten selbst ermittelt hat, ist Satz 2 entsprechend anzuwenden.**

(6) Energieausweise sind für eine Gültigkeitsdauer von zehn Jahren auszustellen. **Unabhängig davon verlieren Energieausweise ihre Gültigkeit, wenn nach § 16 Absatz 1 ein neuer Energieausweis erforderlich wird.**

§ 18

Ausstellung auf der Grundlage des Energiebedarfs

(1) Werden Energieausweise für zu errichtende Gebäude auf der Grundlage des berechneten Energiebedarfs ausgestellt, sind die Ergebnisse der nach den §§ 3 **bis 5** erforderlichen Berechnungen zugrunde zu legen. Die Ergebnisse sind in den Energieausweisen anzugeben, soweit ihre Angabe für Energiebedarfswerte in den Mustern der Anlagen 6 bis 8 vorgesehen ist.

(2) Werden Energieausweise für bestehende Gebäude auf der Grundlage des berechneten Energiebedarfs ausgestellt, ist auf die erforderlichen Berechnungen § 9 **Absatz** 2 entsprechend anzuwenden. Die Ergebnisse sind in den Energieausweisen anzugeben, soweit ihre Angabe für Energiebedarfswerte in den Mustern der Anlagen 6 bis 8 vorgesehen ist.

§ 19

Ausstellung auf der Grundlage des Energieverbrauchs

(1) Werden Energieausweise für bestehende Gebäude auf der Grundlage des erfassten Energieverbrauchs ausgestellt, ist der witterungsbereinigte Energieverbrauch (Energieverbrauchskennwert) nach Maßgabe der Absätze 2 und 3 zu berechnen. Die Ergebnisse sind in den Energieausweisen anzugeben, soweit ihre Angabe für Energieverbrauchskennwerte in den Mustern der Anlagen 6, 7 und 9 vorgesehen ist. Die Bestimmungen des § 9 **Absatz** 2 Satz 2 über die vereinfachte Datenerhebung sind entsprechend anzuwenden.

(2) Bei Wohngebäuden ist der Energieverbrauch für Heizung und zentrale Warmwasserbereitung zu ermitteln und in Kilowattstunden pro Jahr und Quadratmeter Gebäudenutzfläche anzugeben. Die Gebäudenutzfläche kann bei Wohngebäuden mit bis zu zwei Wohneinheiten mit beheiztem Keller pauschal mit dem 1,35-fachen Wert der Wohnfläche, bei sonstigen Wohngebäuden mit dem 1,2-fachen Wert der Wohnfläche angesetzt werden. Bei Nichtwohngebäuden ist der Energieverbrauch für Heizung, Warmwasserbereitung, Kühlung, Lüftung und eingebaute Beleuchtung zu ermitteln und in Kilowattstunden pro Jahr und Quadratmeter

Nettogrundfläche anzugeben. Der Energieverbrauch für Heizung ist einer Witterungsbereinigung zu unterziehen.

(3) Zur Ermittlung des Energieverbrauchs sind

1. Verbrauchsdaten aus Abrechnungen von Heizkosten nach der Heizkostenverordnung für das gesamte Gebäude,

2. andere geeignete Verbrauchsdaten, insbesondere Abrechnungen von Energielieferanten oder sachgerecht durchgeführte Verbrauchsmessungen, oder

3. eine Kombination von Verbrauchsdaten nach den Nummern 1 und 2

zu verwenden; dabei sind mindestens **die Abrechnungen aus einem zusammenhängenden Zeitraum von 36 Monaten** zugrunde zu legen, **der die jüngste vorliegende Abrechnungsperiode einschließt.** Bei der Ermittlung nach Satz 1 sind längere Leerstände rechnerisch angemessen zu berücksichtigen. Der **maßgebliche Energieverbrauch ist der durchschnittliche Verbrauch in dem zugrunde gelegten Zeitraum.** Für die Witterungsbereinigung des Energieverbrauchs ist ein den anerkannten Regeln der Technik entsprechendes Verfahren anzuwenden. Die Einhaltung der anerkannten Regeln der Technik wird vermutet, soweit bei der Ermittlung von Energieverbrauchskennwerten Vereinfachungen verwendet werden, die vom Bundesministerium für Verkehr, Bau und Stadtentwicklung im Einvernehmen mit dem Bundesministerium für Wirtschaft und Technologie im Bundesanzeiger bekannt gemacht worden sind.

(4) Als Vergleichswerte für Energieverbrauchskennwerte eines Nichtwohngebäudes sind in den Energieausweis die Werte einzutragen, die jeweils vom Bundesministerium für Verkehr, Bau und Stadtentwicklung im Einvernehmen mit dem Bundesministerium für Wirtschaft und Technologie im Bundesanzeiger bekannt gemacht worden sind.

§ 20
Empfehlungen für die Verbesserung der Energieeffizienz

(1) Sind Maßnahmen für kostengünstige Verbesserungen der energetischen Eigenschaften des Gebäudes (Energieeffizienz) möglich, hat der Aussteller des Energieausweises dem Eigentümer anlässlich der Ausstellung eines Energieausweises entsprechende, begleitende Empfehlungen in Form von kurz gefassten fachlichen Hinweisen auszustellen (Modernisierungsempfehlungen). Dabei kann ergänzend auf weiterführende Hinweise in Veröffentlichungen des Bundesministeriums für Verkehr, Bau und Stadtentwicklung im Einvernehmen

mit dem Bundesministerium für Wirtschaft und Technologie oder von ihnen beauftragter Dritter Bezug genommen werden. Die Bestimmungen des § 9 **Absatz** 2 Satz 2 über die vereinfachte Datenerhebung sind entsprechend anzuwenden. Sind Modernisierungsempfehlungen nicht möglich, hat der Aussteller dies dem Eigentümer anlässlich der Ausstellung des Energieausweises mitzuteilen.

(2) Die Darstellung von Modernisierungsempfehlungen und die Erklärung nach Absatz 1 Satz 4 müssen nach Inhalt und Aufbau dem Muster in Anlage 10 entsprechen. § 17 **Absatz** 4 und 5 ist entsprechend anzuwenden.

(3) Modernisierungsempfehlungen sind dem Energieausweis mit dem Inhalt nach den Mustern der Anlagen 6 und 7 beizufügen.

§ 21
Ausstellungsberechtigung für bestehende Gebäude

(1) Zur Ausstellung von Energieausweisen für bestehende Gebäude nach § 16 **Absatz** 2 und 3 und von Modernisierungsempfehlungen nach § 20 sind **nur** berechtigt

1. **Personen mit berufsqualifizierendem Hochschulabschluss in**

    a) den Fachrichtungen Architektur, Hochbau, Bauingenieurwesen, Technische Gebäudeausrüstung, **Physik,** Bauphysik, Maschinenbau oder Elektrotechnik oder

    b) einer anderen technischen oder naturwissenschaftlichen Fachrichtung mit einem Ausbildungsschwerpunkt auf einem unter Buchstabe a genannten Gebiet,

2. **Personen** im Sinne der Nummer 1 Buchstabe a im Bereich Architektur der Fachrichtung Innenarchitektur,

3. Personen, die für ein zulassungspflichtiges Bau-, Ausbau- oder anlagentechnisches Gewerbe oder für das Schornsteinfegerwesen die Voraussetzungen zur Eintragung in die Handwerksrolle erfüllen, sowie Handwerksmeister der zulassungsfreien Handwerke dieser Bereiche und Personen, die auf Grund ihrer Ausbildung berechtigt sind, eine solches Handwerk ohne Meistertitel selbständig auszuüben,

4. staatlich anerkannte oder geprüfte Techniker, deren Ausbildungsschwerpunkt auch die Beurteilung der Gebäudehülle, die Beurteilung von Heizungs- und Warmwasserbereitungsanlagen oder die Beurteilung von Lüftungs- und Klimaanlagen umfasst,

5. **Personen, die nach bauordnungsrechtlichen Vorschriften der Länder zur Unterzeichnung von bautechnischen Nachweisen des Wärmeschutzes oder der Energieeinsparung bei der Errichtung von Gebäuden berechtigt sind, im Rahmen der jeweiligen Nachweisberechtigung,**

wenn sie **mit Ausnahme der in Nummer 5 genannten Personen** mindestens eine der in Absatz 2 genannten Voraussetzungen erfüllen. Die Ausstellungsberechtigung nach Satz 1 **Nummer** 2 bis 4 in Verbindung mit Absatz 2 bezieht sich nur auf Energieausweise für bestehende Wohngebäude einschließlich Modernisierungsempfehlungen im Sinne des § 20. **Satz 2 gilt entsprechend für in Satz 1 Nummer 1 genannte Personen, die die Voraussetzungen des Absatzes 2 Nummer 1 oder 3 nicht erfüllen, deren Fortbildung jedoch den Anforderungen des Absatzes 2 Nummer 2 Buchstabe b genügt.**

(2)   Voraussetzung für die Ausstellungsberechtigung nach Absatz 1 **Satz 1 Nummer 1 bis 4** ist

1. während des Studiums ein Ausbildungsschwerpunkt im Bereich des energiesparenden Bauens oder nach einem Studium ohne einen solchen Schwerpunkt eine mindestens zweijährige Berufserfahrung in wesentlichen bau- oder anlagentechnischen Tätigkeitsbereichen des Hochbaus,

2. eine erfolgreiche Fortbildung im Bereich des energiesparenden Bauens, die

    a) in Fällen des Absatzes 1 Satz 1 **Nummer** 1 den wesentlichen Inhalten der Anlage 11,

    b) in Fällen des Absatzes 1 Satz 1 **Nummer** 2 bis 4 den wesentlichen Inhalten der Anlage 11 **Nummer** 1 und 2

    entspricht, oder

3. eine öffentliche Bestellung als vereidigter Sachverständiger für ein Sachgebiet im Bereich des energiesparenden Bauens oder in wesentlichen bau- oder anlagentechnischen Tätigkeitsbereichen des Hochbaus.

(3)   § 12 **Absatz** 5 Satz 3 ist auf Ausbildungen im Sinne des Absatzes 1 entsprechend anzuwenden.

Abschnitt 6

Gemeinsame Vorschriften, Ordnungswidrigkeiten

§ 22

Gemischt genutzte Gebäude

(1)   Teile eines Wohngebäudes, die sich hinsichtlich der Art ihrer Nutzung und der gebäudetechnischen Ausstattung wesentlich von der Wohnnutzung unterscheiden und die einen nicht unerheblichen Teil der Gebäudenutzfläche umfassen, sind getrennt als Nichtwohngebäude zu behandeln.

(2)   Teile eines Nichtwohngebäudes, die dem Wohnen dienen und einen nicht unerheblichen Teil der Nettogrundfläche umfassen, sind getrennt als Wohngebäude zu behandeln.

(3)   Für die Berechnung von Trennwänden und Trenndecken zwischen Gebäudeteilen gilt in Fällen der Absätze 1 und 2 Anlage 1 **Nummer 2.6** Satz 1 entsprechend.

§ 23
Regeln der Technik

(1)   Das Bundesministerium für Verkehr, Bau und Stadtentwicklung kann im Einvernehmen mit dem Bundesministerium für Wirtschaft und Technologie durch Bekanntmachung im Bundesanzeiger auf Veröffentlichungen sachverständiger Stellen über anerkannte Regeln der Technik hinweisen, soweit in dieser Verordnung auf solche Regeln Bezug genommen wird.

(2)   Zu den anerkannten Regeln der Technik gehören auch Normen, technische Vorschriften oder sonstige Bestimmungen anderer Mitgliedstaaten der Europäischen Union und anderer Vertragsstaaten des Abkommens über den Europäischen Wirtschaftsraum sowie der Türkei, wenn ihre Einhaltung das geforderte Schutzniveau in Bezug auf Energieeinsparung und Wärmeschutz dauerhaft gewährleistet.

(3)   Soweit eine Bewertung von Baustoffen, Bauteilen und Anlagen im Hinblick auf die Anforderungen dieser Verordnung auf Grund anerkannter Regeln der Technik nicht möglich ist, weil solche Regeln nicht vorliegen oder wesentlich von ihnen abgewichen wird, sind der nach Landesrecht zuständigen Behörde die erforderlichen Nachweise für eine anderweitige Bewertung vorzulegen. Satz 1 gilt nicht für Baustoffe, Bauteile und Anlagen,

1.   die nach dem Bauproduktengesetz oder anderen Rechtsvorschriften zur Umsetzung des europäischen Gemeinschaftsrechts, deren Regelungen auch Anforderungen zur Energieeinsparung umfassen, mit der CE-Kennzeichnung versehen sind und nach diesen Vorschriften zulässige und von den Ländern bestimmte Klassen und Leistungsstufen aufweisen, oder

2.   bei denen nach bauordnungsrechtlichen Vorschriften über die Verwendung von Bauprodukten auch die Einhaltung dieser Verordnung sichergestellt wird.

(4)   Das Bundesministerium für Verkehr, Bau und Stadtentwicklung und das Bundesministerium für Wirtschaft und Technologie oder in deren Auftrag Dritte können Bekanntmachungen nach dieser Verordnung neben der Bekanntmachung im Bundesanzeiger auch kostenfrei in das Internet einstellen.

(5) Verweisen die nach dieser Verordnung anzuwendenden datierten technischen Regeln auf undatierte technische Regeln, sind diese in der Fassung anzuwenden, die dem Stand zum Zeitpunkt der Herausgabe der datierten technischen Regel entspricht.

§ 24
Ausnahmen

(1) Soweit bei Baudenkmälern oder sonstiger besonders erhaltenswerter Bausubstanz die Erfüllung der Anforderungen dieser Verordnung die Substanz oder das Erscheinungsbild beeinträchtigen oder andere Maßnahmen zu einem unverhältnismäßig hohen Aufwand führen, kann von den Anforderungen dieser Verordnung abgewichen werden.

(2) Soweit die Ziele dieser Verordnung durch andere als in dieser Verordnung vorgesehene Maßnahmen im gleichen Umfang erreicht werden, lassen die nach Landesrecht zuständigen Behörden auf Antrag Ausnahmen zu.

§ 25
Befreiungen

(1) Die nach Landesrecht zuständigen Behörden **haben** auf Antrag von den Anforderungen dieser Verordnung **zu** befreien, soweit die Anforderungen im Einzelfall wegen besonderer Umstände durch einen unangemessenen Aufwand oder in sonstiger Weise zu einer unbilligen Härte führen. Eine unbillige Härte liegt insbesondere vor, wenn die erforderlichen Aufwendungen innerhalb der üblichen Nutzungsdauer, bei Anforderungen an bestehende Gebäude innerhalb angemessener Frist durch die eintretenden Einsparungen nicht erwirtschaftet werden können.

(2) Eine unbillige Härte im Sinne des Absatzes 1 kann sich auch daraus ergeben, dass ein Eigentümer zum gleichen Zeitpunkt oder in nahem zeitlichen Zusammenhang mehrere Pflichten nach dieser Verordnung oder zusätzlich nach anderen öffentlich-rechtlichen Vorschriften aus Gründen der Energieeinsparung zu erfüllen hat und ihm dies nicht zuzumuten ist.

(3) Absatz 1 ist auf die Vorschriften des Abschnitts 5 nicht anzuwenden.

§ 26
Verantwortliche

(1)   Für die Einhaltung der Vorschriften dieser Verordnung ist der Bauherr verantwortlich, soweit in dieser Verordnung nicht ausdrücklich ein anderer Verantwortlicher bezeichnet ist.

(2)   **Für die Einhaltung der Vorschriften dieser Verordnung sind im Rahmen ihres jeweiligen Wirkungskreises auch die Personen verantwortlich, die im Auftrag des Bauherrn bei der Errichtung oder Änderung von Gebäuden oder der Anlagentechnik in Gebäuden tätig werden.**

§ 26a
Private Nachweise

(1)   **Wer geschäftsmäßig an oder in bestehenden Gebäuden Arbeiten**

1.   **zur Änderung von Außenbauteilen im Sinne des § 9 Absatz 1 Satz 1,**

2.   **zur Dämmung oberster Geschossdecken im Sinne von § 10 Absatz 3 und 4, auch in Verbindung mit Absatz 5, oder**

3.   **zum erstmaligen Einbau oder zur Ersetzung von Heizkesseln und sonstigen Wärmeerzeugersystemen nach § 13, Verteilungseinrichtungen oder Warmwasseranlagen nach § 14 oder Klimaanlagen oder sonstigen Anlagen der Raumlufttechnik nach § 15 durchführt, hat dem Eigentümer unverzüglich nach Abschluss der Arbeiten schriftlich zu bestätigen, dass die von ihm geänderten oder eingebauten Bau- oder Anlagenteile den Anforderungen dieser Verordnung entsprechen (Unternehmererklärung).**

(2)   **Mit der Unternehmererklärung wird die Erfüllung der Pflichten aus den in Absatz 1 genannten Vorschriften nachgewiesen. Die Unternehmererklärung ist von dem Eigentümer mindestens fünf Jahre aufzubewahren. Der Eigentümer hat die Unternehmererklärungen der nach Landesrecht zuständigen Behörde auf Verlangen vorzulegen.**

§ 26b
Aufgaben des Bezirksschornsteinfegermeisters

(1)   **Bei heizungstechnischen Anlagen prüft der Bezirksschornsteinfegermeister als Beliehener im Rahmen der Feuerstättenschau, ob**

1. Heizkessel, die nach § 10 Absatz 1, auch in Verbindung mit Absatz 5, außer Betrieb genommen werden mussten, weiterhin betrieben werden und

2. Wärmeverteilungs- und Warmwasserleitungen sowie Armaturen, die nach § 10 Absatz 2, auch in Verbindung mit Absatz 5, gedämmt werden mussten, weiterhin ungedämmt sind.

(2) Bei heizungstechnischen Anlagen, die in bestehende Gebäude eingebaut werden, prüft der Bezirksschornsteinfegermeister als Beliehener im Rahmen der ersten Feuerstättenschau nach dem Einbau außerdem, ob

1. Zentralheizungen mit einer zentralen selbsttätig wirkenden Einrichtung zur Verringerung und Abschaltung der Wärmezufuhr sowie zur Ein- und Ausschaltung elektrischer Antriebe nach § 14 Absatz 1 ausgestattet sind,

2. Umwälzpumpen in Zentralheizungen mit Vorrichtungen zur selbsttätigen Anpassung der elektrischen Leistungsaufnahme nach § 14 Absatz 3 ausgestattet sind,

3. bei Wärmeverteilungs- und Warmwasserleitungen sowie Armaturen die Wärmeabgabe nach § 14 Absatz 5 begrenzt ist.

(3) Der Bezirksschornsteinfegermeister weist den Eigentümer bei Nichterfüllung der Pflichten aus den in den Absätzen 1 und 2 genannten Vorschriften schriftlich auf diese Pflichten hin und setzt eine angemessene Frist zu deren Nacherfüllung. Werden die Pflichten nicht innerhalb der festgesetzten Frist erfüllt, unterrichtet der Bezirksschornsteinfegermeister unverzüglich die nach Landesrecht zuständige Behörde.

(4) Die Erfüllung der Pflichten aus den in den Absätzen 1 und 2 genannten Vorschriften kann durch Vorlage der Unternehmererklärungen gegenüber dem Bezirksschornsteinfegermeister nachgewiesen werden. Es bedarf dann keiner weiteren Prüfung durch den Bezirksschornsteinfegermeister.

(5) Eine Prüfung nach Absatz 1 findet nicht statt, soweit eine vergleichbare Prüfung durch den Bezirksschornsteinfegermeister bereits auf der Grundlage von Landesrecht für die jeweilige heizungstechnische Anlage vor dem [*einsetzen: Datum des Tages des Inkrafttretens dieser Verordnung*] erfolgt ist.

§ 27

Ordnungswidrigkeiten

(1) Ordnungswidrig im Sinne des § 8 **Absatz** 1 **Nummer** 1 des Energieeinsparungsgesetzes handelt, wer vorsätzlich oder **leichtfertig**

1. **entgegen § 3 Absatz 1 ein Wohngebäude nicht richtig errichtet,**

2. **entgegen § 4 Absatz 1 ein Nichtwohngebäude nicht richtig errichtet,**

3. **entgegen § 9 Absatz 1 Satz 1 Änderungen ausführt,**

4. entgegen § 12 **Absatz** 1 eine Inspektion nicht oder nicht rechtzeitig durchführen lässt,

5. entgegen § 12 **Absatz** 5 Satz 1 eine Inspektion durchführt,

6. entgegen § 13 **Absatz** 1 Satz 1, auch in Verbindung mit Satz 2, einen Heizkessel einbaut oder aufstellt,

7. entgegen § 14 **Absatz** 1 Satz 1, **Absatz** 2 Satz 1 oder **Absatz** 3 eine Zentralheizung, eine heizungstechnische Anlage oder eine Umwälzpumpe nicht oder nicht rechtzeitig ausstattet oder

8. entgegen § 14 **Absatz** 5 die Wärmeabgabe von Wärmeverteilungs- oder Warmwasserleitungen oder Armaturen nicht oder nicht rechtzeitig begrenzt.

(2) Ordnungswidrig im Sinne des § 8 **Absatz** 1 **Nummer** 2 des Energieeinsparungsgesetzes handelt, wer vorsätzlich oder **leichtfertig**

1. entgegen § 16 **Absatz** 2 Satz 1, auch in Verbindung mit Satz 2, einen Energieausweis nicht, nicht vollständig oder nicht rechtzeitig zugänglich macht**,**

2. **entgegen § 17 Absatz 5 Satz 2, auch in Verbindung mit Satz 4, nicht dafür Sorge trägt, dass die bereitgestellten Daten richtig sind,**

3. **entgegen § 17 Absatz 5 Satz 3 bereitgestellte Daten seinen Berechnungen zugrunde legt oder**

4. entgegen § 21 **Absatz** 1 Satz 1 einen Energieausweis oder Modernisierungsempfehlungen ausstellt.

(3) Ordnungswidrig im Sinne des § 8 Absatz 1 Nummer 3 des Energieeinsparungsgesetzes handelt, wer vorsätzlich oder leichtfertig entgegen § 26a Absatz 1 eine Bestätigung nicht, nicht richtig oder nicht rechtzeitig vornimmt.

Abschnitt 7

Schlussvorschriften

§ 28

Allgemeine Übergangsvorschriften

(1)   Auf Vorhaben, welche die Errichtung, die Änderung, die Erweiterung **oder den Ausbau von Gebäuden zum Gegenstand haben, ist diese Verordnung in der zum Zeitpunkt der Bauantragstellung oder der Bauanzeige geltenden Fassung anzuwenden.**

(2)   Auf nicht genehmigungsbedürftige Vorhaben, die nach Maßgabe des Bauordnungsrechts der Gemeinde zur Kenntnis zu geben sind, **ist diese Verordnung in der zum Zeitpunkt der Kenntnisgabe gegenüber der zuständigen Behörde geltenden Fassung anzuwenden.**

(3)   Auf sonstige nicht genehmigungsbedürftige, insbesondere genehmigungs-, anzeige- und verfahrensfreie Vorhaben **ist diese Verordnung in der zum Zeitpunkt des Beginns der Bauausführung geltenden Fassung anzuwenden.**

(4)   Auf Verlangen des Bauherrn **ist** abweichend von Ab**satz 1 das neue Recht anzuwenden,** wenn über den Bauantrag oder nach einer Bauanzeige noch nicht bestandskräftig entschieden worden ist.

§ 29

Übergangsvorschriften für Energieausweise und Aussteller

(1)   Energieausweise für Wohngebäude der Baufertigstellungsjahre bis 1965 müssen in Fällen des § 16 **Absatz** 2 erst ab dem 1. Juli 2008, für später errichtete Wohngebäude erst ab dem 1. Januar 2009 zugänglich gemacht werden. Satz 1 ist nicht auf Energiebedarfsausweise anzuwenden, die für Wohngebäude nach § 13 **Absatz** 1 oder 2 der Energieeinsparverordnung in einer vor dem 1. Oktober 2007 geltenden Fassung ausgestellt worden sind.

(2)   Energieausweise für Nichtwohngebäude müssen erst ab dem 1. Juli 2009

1.   in Fällen des § 16 **Absatz** 2 zugänglich gemacht und

2.   in Fällen des § 16 **Absatz** 3 ausgestellt und ausgehängt werden.

Satz 1 **Nummer** 1 ist nicht auf Energie- und Wärmebedarfsausweise anzuwenden, die für Nichtwohngebäude nach § 13 **Absatz** 1, 2 oder 3 der Energieeinsparverordnung in einer vor dem 1. Oktober 2007 geltenden Fassung ausgestellt worden sind.

(3)   Energie- und Wärmebedarfsausweise nach vor dem 1. Oktober 2007 geltenden Fassungen der Energieeinsparverordnung sowie Wärmebedarfsausweise nach § 12 der Wärmeschutzverordnung vom 16. August 1994 (BGBl. I S. 2121) gelten als Energieausweise im Sinne des § 16 **Absatz** 1 Satz 3, **Absatz** 2 und 3; die Gültigkeitsdauer dieser Ausweise beträgt zehn Jahre ab dem Tag der Ausstellung. Das Gleiche gilt für Energieausweise, die vor dem 1. Oktober 2007

1.   von Gebietskörperschaften oder auf deren Veranlassung von Dritten nach einheitlichen Regeln oder

2.   in Anwendung der in dem von der Bundesregierung am 25. April 2007 beschlossenen Entwurf dieser Verordnung (Bundesrats-Drucksache 282/07) enthaltenen Bestimmungen

ausgestellt worden sind.

(4)   Zur Ausstellung von Energieausweisen für bestehende Wohngebäude nach § 16 **Absatz** 2 und von Modernisierungsempfehlungen nach § 20 sind ergänzend zu § 21 auch Personen berechtigt, die vor dem 25. April 2007 nach Maßgabe der Richtlinie des Bundesministeriums für Wirtschaft und Technologie über die Förderung der Beratung zur sparsamen und rationellen Energieverwendung in Wohngebäuden vor Ort vom 7. September 2006 (BAnz. S. 6379) als Antragsberechtigte beim Bundesamt für Wirtschaft und Ausfuhrkontrolle registriert worden sind.

(5)   Zur Ausstellung von Energieausweisen für bestehende Wohngebäude nach § 16 **Absatz** 2 und von Modernisierungsempfehlungen nach § 20 sind ergänzend zu § 21 auch Personen berechtigt, die am 25. April 2007 über eine abgeschlossene Berufsausbildung im Baustoff-Fachhandel oder in der Baustoffindustrie und eine erfolgreich abgeschlossene Weiterbildung zum Energiefachberater im Baustoff-Fachhandel oder in der Baustoffindustrie verfügt haben. Satz 1 gilt entsprechend für Personen, die eine solche Weiterbildung vor dem 25. April 2007 begonnen haben, nach erfolgreichem Abschluss der Weiterbildung.

(6)   Zur Ausstellung von Energieausweisen für bestehende Wohngebäude nach § 16 **Absatz** 2 und von Modernisierungsempfehlungen nach § 20 sind ergänzend zu § 21 auch **Personen** berechtigt, die am 25. April 2007 über eine abgeschlossene Weiterbildung zum Energieberater des Handwerks verfügt haben. Satz 1 gilt entsprechend für Personen, die eine solche Weiterbildung vor dem 25. April 2007 begonnen haben, nach erfolgreichem Abschluss der Weiterbildung.

§ 30

aufgehoben

§ 31

(Inkrafttreten EnEV 2009, Außerkrafttreten EnEV 2007: 01.10.2009)

Hinweis: *Die gesamte Anlage 1 wurde neu gefasst (aus Gründen der Übersichtlichkeit wur-*
de von Fettdruck/Unterstreichung abgesehen).

Anlage 1 (zu den §§ 3 und 9)
Anforderungen an Wohngebäude

1 Höchstwerte des Jahres-Primärenergiebedarfs und des spezifischen Transmissionswärmeverlusts für zu errichtende Wohngebäude (zu § 3 Absatz 1 und 2)

1.1 Höchstwerte des Jahres-Primärenergiebedarfs

Der Höchstwert des Jahres-Primärenergiebedarfs eines zu errichtenden Wohngebäudes ist der auf die Gebäudenutzfläche bezogene, nach einem der in Nr. 2.1 angegebenen Verfahren berechnete Jahres-Primärenergiebedarf eines Referenzgebäudes gleicher Geometrie, Gebäudenutzfläche und Ausrichtung wie das zu errichtende Wohngebäude, das hinsichtlich seiner Ausführung den Vorgaben der Tabelle 1 entspricht.

Soweit in dem zu errichtenden Wohngebäude eine elektrische Warmwasserbereitung ausgeführt wird, darf diese anstelle von Tabelle 1 Zeile 6 als wohnungszentrale Anlage ohne Speicher gemäß den in Tabelle 5.1-3 der DIN V 4701-10 : 2003-08, geändert durch A1 : 2006-12, gegebenen Randbedingungen berücksichtigt werden. Der sich daraus ergebende Höchstwert des Jahres-Primärenergiebedarfs ist in Fällen des Satzes 2 um 10,9 kWh/(m²·a) zu verringern; dies gilt nicht bei Durchführung von Maßnahmen zur Einsparung von Energie nach § 7 Nummer 2 in Verbindung mit Nummer VI.1 der Anlage des Erneuerbare-Energien-Wärmegesetzes.

Tabelle 1
Ausführung des Referenzgebäudes

Zeile	Bauteil/System	Referenzausführung / Wert (Maßeinheit)	
		Eigenschaft (zu Zeilen 1.1 bis 3)	
1.1	Außenwand, Geschossdecke gegen Außenluft	Wärmedurchgangskoeffizient	$U = 0,28$ W/(m²·K)
1.2	Außenwand gegen Erdreich, Bodenplatte, Wände und Decken zu unbeheizten Räumen (außer solche nach Zeile 1.1)	Wärmedurchgangskoeffizient	$U = 0,35$ W/(m²·K)
1.3	Dach, oberste Geschossdecke, Wände zu Abseiten	Wärmedurchgangskoeffizient	$U = 0,20$ W/(m²·K)

Zeile	Bauteil/System	Referenzausführung / Wert (Maßeinheit)	
1.4	Fenster, Fenstertüren	Wärmedurchgangskoeffizient	$U_w = 1{,}30$ W/(m²·K)
		Gesamtenergiedurchlassgrad der Verglasung	$g_\perp = 0{,}60$
1.5	Dachflächenfenster	Wärmedurchgangskoeffizient	$U_w = 1{,}40$ W/(m²·K)
		Gesamtenergiedurchlassgrad der Verglasung	$g_\perp = 0{,}60$
1.6	Lichtkuppeln	Wärmedurchgangskoeffizient	$U_w = 2{,}70$ W/(m²·K)
		Gesamtenergiedurchlassgrad der Verglasung	$g_\perp = 0{,}64$
1.7	Außentüren	Wärmedurchgangskoeffizient	$U = 1{,}80$ W/(m²·K)
2	Bauteile nach den Zeilen 1.1 bis 1.7	Wärmebrückenzuschlag	$\Delta U_{WB} = 0{,}05$ W/(m²·K)
3	Luftdichtheit der Gebäudehülle	Bemessungswert n_{50}	Bei Berechnung nach • DIN V 4108-6 : 2003-06: mit Dichtheitsprüfung • DIN V 18599-2 : 2007-02: nach Kategorie I
4	Sonnenschutzvorrichtung	keine Sonnenschutzvorrichtung	

5	Heizungsanlage	• Wärmeerzeugung durch Brennwertkessel (verbessert), Heizöl EL, Aufstellung:
		  - für Gebäude bis zu 2 Wohneinheiten innerhalb der thermischen Hülle
		  - für Gebäude mit mehr als 2 Wohneinheiten außerhalb der thermischen Hülle
		 • Auslegungstemperatur 55/45 °C, zentrales Verteilsystem innerhalb der wärmeübertragenden Umfassungsfläche, innen liegende Stränge und Anbindeleitungen, Pumpe auf Bedarf ausgelegt (geregelt, Δp konstant), Rohrnetz hydraulisch abgeglichen, Wärmedämmung der Rohrleitungen nach Anlage 5
		 • Wärmeübergabe mit freien statischen Heizflächen, Anordnung an normaler Außenwand, Thermostatventile mit Proportionalbereich 1 K	

6	Anlage zur Warmwasserbereitung	• zentrale Warmwasserbereitung
		 • gemeinsame Wärmebereitung mit Heizungsanlage nach Zeile 5
		 • Solaranlage (Kombisystem mit Flachkollektor) entsprechend den Vorgaben nach DIN V 4701-10 : 2003-08 oder DIN V 18599-5 : 2007-02
		 • Speicher, indirekt beheizt (stehend), gleiche Aufstellung wie Wärmeerzeuger, Auslegung nach DIN V 4701-10 : 2003-08 oder DIN V 18599-5 : 2007-02 als
		  - kleine Solaranlage bei $A_N < 500$ m² (bivalenter Solarspeicher)
		  - große Solaranlage bei $A_N \geq 500$ m²
		 • Verteilsystem innerhalb der wärmeübertragenden Umfassungsfläche, innen liegende Stränge, gemeinsame Installationswand, Wärmedämmung der Rohrleitungen nach Anlage 5, mit Zirkulation, Pumpe auf Bedarf ausgelegt (geregelt, Δp konstant)	

7	Kühlung	keine Kühlung	
8	Lüftung	zentrale Abluftanlage, bedarfsgeführt mit geregeltem DC-Ventilator	

1.2 Höchstwerte des spezifischen, auf die wärmeübertragende Umfassungsfläche bezogenen Transmissionswärmeverlusts

Der spezifische, auf die wärmeübertragende Umfassungsfläche bezogene Transmissionswärmeverlust eines zu errichtenden Wohngebäudes darf die in Tabelle 2 angegebenen Höchstwerte nicht überschreiten.

Tabelle 2

Höchstwerte des spezifischen, auf die wärmeübertragende Umfassungsfläche bezogenen Transmissionswärmeverlusts

Zeile	Gebäudetyp		Höchstwert des spezifischen Transmissionswärmeverlusts
1	Freistehendes Wohngebäude	mit $A_N \leq 350\,m^2$	$H'_T = 0{,}40\ W/(m^2{\cdot}K)$
		mit $A_N > 350\,m^2$	$H'_T = 0{,}50\ W/(m^2{\cdot}K)$
2	Einseitig angebautes Wohngebäude		$H'_T = 0{,}45\ W/(m^2{\cdot}K)$
3	alle anderen Wohngebäude		$H'_T = 0{,}65\ W/(m^2{\cdot}K)$
4	Erweiterungen und Ausbauten von Wohngebäuden gemäß § 9 Absatz 5		$H'_T = 0{,}65\ W/(m^2{\cdot}K)$

1.3 Definition der Bezugsgrößen

1.3.1 Die wärmeübertragende Umfassungsfläche A eines Wohngebäudes in m^2 ist nach Anhang B der DIN EN ISO 13789 : 1999-10, Fall „Außenabmessung", zu ermitteln. Die zu berücksichtigenden Flächen sind die äußere Begrenzung einer abgeschlossenen beheizten Zone. Außerdem ist die wärmeübertragende Umfassungsfläche A so festzulegen, dass ein in DIN V 18599-1 : 2007-02 oder in DIN EN 832 : 2003-06 beschriebenes Ein-Zonen-Modell entsteht, das mindestens die beheizten Räume einschließt.

1.3.2 Das beheizte Gebäudevolumen V_e in m^3 ist das Volumen, das von der nach Nr. 1.3.1 ermittelten wärmeübertragenden Umfassungsfläche A umschlossen wird.

1.3.3 Die Gebäudenutzfläche A_N in m^2 wird bei Wohngebäuden wie folgt ermittelt:

$$A_N = 0{,}32\ m^{-1} \cdot V_e$$

mit A_N Gebäudenutzfläche in m^2

      V_e beheiztes Gebäudevolumen in m^3.

Beträgt die durchschnittliche Geschosshöhe h_G eines Wohngebäudes, gemessen von der Oberfläche des Fußbodens zur Oberfläche des Fußbodens des darüber liegenden Geschosses, mehr als 3 m oder weniger als 2,5 m, so ist die Gebäudenutzfläche A_N abweichend von Satz 1 wie folgt zu ermitteln:

$$A_N = \left(\frac{1}{h_G} - 0,04 \text{ m}^{-1} \right) \cdot V_e$$

mit A_N Gebäudenutzfläche in m²

     h_G Geschossdeckenhöhe in m

     V_e beheiztes Gebäudevolumen in m³.

2   Berechnungsverfahren für Wohngebäude (zu § 3 Absatz 3, § 9 Absatz 2 und 5)

2.1   Berechnung des Jahres-Primärenergiebedarfs

2.1.1 Der Jahres-Primärenergiebedarf Q_p ist nach DIN V 18599 : 2007-02 für Wohngebäude zu ermitteln. Als Primärenergiefaktoren sind die Werte für den nicht erneuerbaren Anteil nach DIN V 18599-1 : 2007-02 zu verwenden. Dabei sind für flüssige Biomasse der Wert für den nicht erneuerbaren Anteil „Heizöl EL" und für gasförmige Biomasse der Wert für den nicht erneuerbaren Anteil „Erdgas H" zu verwenden. Für flüssige oder gasförmige Biomasse im Sinne des § 2 Absatz 1 Nummer 4 des Erneuerbare-Energien-Wärmegesetzes kann für den nicht erneuerbaren Anteil der Wert 0,5 verwendet werden, wenn die flüssige oder gasförmige Biomasse im unmittelbaren räumlichen Zusammenhang mit dem Gebäude erzeugt wird. Satz 4 ist entsprechend auf Gebäude anzuwenden, die im räumlichen Zusammenhang zueinander stehen und unmittelbar gemeinsam mit flüssiger oder gasförmiger Biomasse im Sinne des § 2 Absatz 1 Nummer 4 des Erneuerbare-Energien-Wärmegesetzes versorgt werden. Für elektrischen Strom ist abweichend von Satz 2 als Primärenergiefaktor für den nicht erneuerbaren Anteil der Wert 2,6 zu verwenden. Bei der Berechnung des Jahres-Primärenergiebedarfs des Referenzwohngebäudes und des Wohngebäudes sind die in Tabelle 3 genannten Randbedingungen zu verwenden.

Tabelle 3

Randbedingungen für die Berechnung des Jahres-Primärenergiebedarfs

Zeile	Kenngröße	Randbedingungen
1	Verschattungsfaktor F_S	$F_S = 0,9$ soweit die baulichen Bedingungen nicht detailliert berücksichtigt werden.
2	Solare Wärmegewinne über opake Bauteile	- Emissionsgrad der Außenfläche für Wärmestrahlung: $\varepsilon = 0,8$ - Strahlungsabsorptionsgrad an opaken Oberflächen: $\alpha = 0,5$; für dunkle Dächer kann abweichend $\alpha = 0,8$ angenommen werden.

2.1.2 Alternativ zu Nr. 2.1.1 kann der Jahres-Primärenergiebedarf Q_p für Wohngebäude nach DIN EN 832 : 2003-06 in Verbindung mit DIN V 4108-6 : 2003-06[*] und DIN V 4701-10 : 2003-08, geändert durch A1 : 2006-12, ermittelt werden; § 23 Absatz 3 bleibt unberührt. Als Primärenergiefaktoren sind die Werte für den nicht erneuerbaren Anteil nach DIN V 4701-10 : 2003-08, geändert durch A1 : 2006-12, zu verwenden. Nummer 2.1.1 Satz 3 bis 6 ist entsprechend anzuwenden. Der in diesem Rechengang zu bestimmende Jahres-Heizwärmebedarf Q_h ist nach dem Monatsbilanzverfahren nach DIN EN 832 : 2003-06 mit den in DIN V 4108-6 : 2003-06[*] Anhang D.3 genannten Randbedingungen zu ermitteln. In DIN V 4108-6 : 2003-06[*] angegebene Vereinfachungen für den Berechnungsgang nach DIN EN 832 : 2003-06 dürfen angewendet werden. Zur Berücksichtigung von Lüftungsanlagen mit Wärmerückgewinnung sind die methodischen Hinweise unter Nr. 4.1 der DIN V 4701-10 : 2003-08, geändert durch A1 : 2006-12, zu beachten.

2.1.3 Werden in Wohngebäude bauliche oder anlagentechnische Komponenten eingesetzt, für deren energetische Bewertung keine anerkannten Regeln der Technik oder gemäß § 9 Absatz 2 Satz 2 Halbsatz 3 bekannt gemachte gesicherte Erfahrungswerte vorliegen, so sind hierfür Komponenten anzusetzen, die ähnliche energetische Eigenschaften aufweisen.

2.2 Berücksichtigung der Warmwasserbereitung

Bei Wohngebäuden ist der Energiebedarf für Warmwasser in der Berechnung des Jahres-Primärenergiebedarfs wie folgt zu berücksichtigen:

---

[*] Geändert durch DIN V 4108-6 Berichtigung 1 2004-03.

a) Bei der Berechnung gemäß Nr. 2.1.1 ist der Nutzenergiebedarf für Warmwasser nach Tabelle 3 der DIN V 18599-10 : 2007-02 anzusetzen.

b) Bei der Berechnung gemäß Nr. 2.1.2 ist der Nutzwärmebedarf für die Warmwasserbereitung Q_W im Sinne von DIN V 4701-10 : 2003-08, geändert durch A1 : 2006-12, mit 12,5 kWh/(m²·a) anzusetzen.

2.3 Berechnung des spezifischen Transmissionswärmeverlusts

Der spezifische, auf die wärmeübertragende Umfassungsfläche bezogene Transmissionswärmeverlust H'_T in W/(m²·K) ist wie folgt zu ermitteln:

$$H'_T = \frac{H_T}{A} \text{ in W/(m}^2\text{·K)}$$

mit

H_T nach DIN EN 832 : 2003-06 mit den in DIN V 4108-6 : 2003-06[*] Anhang D genannten Randbedingungen berechneter Transmissionswärmeverlust in W/K. In DIN V 4108-6 : 2003-06[*] angegebene Vereinfachungen für den Berechnungsgang nach DIN EN 832 : 2003-06 dürfen angewendet werden;

A   wärmeübertragende Umfassungsfläche nach Nr. 1.3.1 in m².

2.4 Beheiztes Luftvolumen

Bei der Berechnung des Jahres-Primärenergiebedarfs nach Nr. 2.1.1 ist das beheizte Luftvolumen V in m³ gemäß DIN V 18599-1 : 2007-02, bei der Berechnung nach Nr. 2.1.2 gemäß DIN EN 832 : 2003-06 zu ermitteln. Vereinfacht darf es wie folgt berechnet werden:

-   $V = 0,76 \cdot V_e$ in m³   bei Wohngebäuden bis zu drei Vollgeschossen

-   $V = 0,80 \cdot V_e$ in m³   in den übrigen Fällen

mit V_e beheiztes Gebäudevolumen nach Nr. 1.3.2 in m³.

2.5 Ermittlung der solaren Wärmegewinne bei Fertighäusern und vergleichbaren Gebäuden

Werden Gebäude nach Plänen errichtet, die für mehrere Gebäude an verschiedenen Standorten erstellt worden sind, dürfen bei der Berechnung die solaren Gewinne so er-

---

[*] Geändert durch DIN V 4108-6 Berichtigung 1 2004-03.

mittelt werden, als wären alle Fenster dieser Gebäude nach Osten oder Westen orientiert.

2.6   Aneinandergereihte Bebauung

Bei der Berechnung von aneinandergereihten Gebäuden werden Gebäudetrennwände

a) zwischen Gebäuden, die nach ihrem Verwendungszweck auf Innentemperaturen von mindestens 19 Grad Celsius beheizt werden, als nicht wärmedurchlässig angenommen und bei der Ermittlung der wärmeübertragenden Umfassungsfläche A nicht berücksichtigt,

b) zwischen Wohngebäuden und Gebäuden, die nach ihrem Verwendungszweck auf Innentemperaturen von mindestens 12 Grad Celsius und weniger als 19 Grad Celsius beheizt werden, bei der Berechnung des Wärmedurchgangskoeffizienten mit einem Temperatur-Korrekturfaktor F_{nb} nach DIN V 18599-2 : 2007-02 oder nach DIN V 4108-6 : 2003-06[*)] gewichtet und

c) zwischen Wohngebäuden und Gebäuden mit wesentlich niedrigeren Innentemperaturen im Sinne von DIN 4108-2 : 2003-07 bei der Berechnung des Wärmedurchgangskoeffizienten mit einem Temperatur-Korrekturfaktor $F_u = 0,5$ gewichtet.

Werden beheizte Teile eines Gebäudes getrennt berechnet, gilt Satz 1 Buchstabe a sinngemäß für die Trennflächen zwischen den Gebäudeteilen. Werden aneinandergereihte Wohngebäude gleichzeitig erstellt, dürfen sie hinsichtlich der Anforderungen des § 3 wie ein Gebäude behandelt werden. Die Vorschriften des Abschnitts 5 bleiben unberührt.

2.7   Anrechnung mechanisch betriebener Lüftungsanlagen

Im Rahmen der Berechnung nach Nr. 2 ist bei mechanischen Lüftungsanlagen die Anrechnung der Wärmerückgewinnung oder einer regelungstechnisch verminderten Luftwechselrate nur zulässig, wenn

a) die Dichtheit des Gebäudes nach Anlage 4 Nr. 2 nachgewiesen wird und

b) der mit Hilfe der Anlage erreichte Luftwechsel § 6 Absatz 2 genügt.

Die bei der Anrechnung der Wärmerückgewinnung anzusetzenden Kennwerte der Lüftungsanlagen sind nach anerkannten Regeln der Technik zu bestimmen oder den all-

---

[*)] geändert durch DIN V 4108-6 Berichtigung 1 2004-03.

gemeinen bauaufsichtlichen Zulassungen der verwendeten Produkte zu entnehmen. Lüftungsanlagen müssen mit Einrichtungen ausgestattet sein, die eine Beeinflussung der Luftvolumenströme jeder Nutzeinheit durch den Nutzer erlauben. Es muss sichergestellt sein, dass die aus der Abluft gewonnene Wärme vorrangig vor der vom Heizsystem bereitgestellten Wärme genutzt wird.

2.8   Energiebedarf der Kühlung

Wird die Raumluft gekühlt, sind der nach DIN V 18599-1 : 2007-02 oder der nach DIN V 4701-10 : 2003-08, geändert durch A1 : 2006-12, berechnete Jahres-Primärenergiebedarf und die Angabe für den Endenergiebedarf (elektrische Energie) im Energieausweis nach § 18 nach Maßgabe der zur Kühlung eingesetzten Technik je m² gekühlter Gebäudenutzfläche wie folgt zu erhöhen:

a) bei Einsatz von fest installierten Raumklimageräten (Split-, Multisplit- oder Kompaktgeräte) der Energieeffizienzklassen A, B oder C nach der Richtlinie 2002/31/EG der Kommission zur Durchführung der Richtlinie 92/75/EWG des Rates betreffend die Energieetikettierung für Raumklimageräte vom 22. März 2002 (ABl. L 86 vom 3.4.2002, S. 26) sowie bei Kühlung mittels Wohnungslüftungsanlagen mit reversibler Wärmepumpe

der Jahres-Primärenergiebedarf um 16,2 kWh/(m²·a) und der Endenergiebedarf um 6 kWh/(m²·a),

b) bei Einsatz von Kühlflächen im Raum in Verbindung mit Kaltwasserkreisen und elektrischer Kälteerzeugung, z. B. über reversible Wärmepumpe,

der Jahres-Primärenergiebedarf um 10,8 kWh/(m²·a) und der Endenergiebedarf um 4 kWh/(m²·a),

c) bei Deckung des Energiebedarfs für Kühlung aus erneuerbaren Wärmesenken (wie Erdsonden, Erdkollektoren, Zisternen)

der Jahres-Primärenergiebedarf um 2,7 kWh/(m²·a) und der Endenergiebedarf um 1 kWh/(m²·a),

d) bei Einsatz von Geräten, die nicht unter den Buchstaben a bis c aufgeführt sind,

der Jahres-Primärenergiebedarf um 18,9 kWh/(m²·a) und der Endenergiebedarf um 7 kWh/(m²·a).

3   Sommerlicher Wärmeschutz (zu § 3 Absatz 4)

3.1   Als höchstzulässige Sonneneintragskennwerte nach § 3 Absatz 4 sind die in DIN 4108-2 : 2003-07 Abschnitt 8 festgelegten Werte einzuhalten.

3.2   Der Sonneneintragskennwert ist nach dem in DIN 4108-2 : 2003-07 Abschnitt 8 genannten Verfahren zu bestimmen. Wird zur Berechnung nach Satz 1 ein ingenieurmäßiges Verfahren (Simulationsrechnung) angewendet, so sind abweichend von DIN 4108-2 : 2003-07 Randbedingungen zu beachten, die die aktuellen klimatischen Verhältnisse am Standort des Gebäudes hinreichend gut wiedergeben.

Anlage 3 (zu den §§ 8 und 9)

**Anforderungen bei Änderung von Außenbauteilen und bei Errichtung kleiner Gebäude;
Randbedingungen und Maßgaben für die Bewertung bestehender Wohngebäude**

1   Außenwände

Soweit bei beheizten oder gekühlten Räumen Außenwände

a)   ersetzt, erstmalig eingebaut

oder in der Weise erneuert werden, dass

b)   Bekleidungen in Form von Platten oder plattenartigen Bauteilen oder Verschalungen sowie Mauerwerks-Vorsatzschalen angebracht werden,

c)   Dämmschichten eingebaut werden **oder**

d)   bei einer bestehenden Wand mit einem Wärmedurchgangskoeffizienten größer 0,9 W/(m²·K) der Außenputz erneuert wird,

sind die jeweiligen Höchstwerte der Wärmedurchgangskoeffizienten nach Tabelle 1 Zeile 1 einzuhalten. Bei einer Kerndämmung von mehrschaligem Mauerwerk gemäß Buchstabe **c** gilt die Anforderung als erfüllt, wenn der bestehende Hohlraum zwischen den Schalen vollständig mit Dämmstoff ausgefüllt wird. **Beim Einbau von innenraumseitigen Dämmschichten gemäß Buchstabe c gelten die Anforderungen des Satzes 1 als erfüllt, wenn der Wärmedurchgangskoeffizient des entstehenden Wandaufbaus 0,35 W/(m²·K) nicht überschreitet. Werden bei Außenwänden in Sichtfachwerkbauweise, die der Schlagregenbeanspruchungsgruppe I nach DIN 4108-3 : 2001-06 zuzuordnen sind und in besonders geschützten Lagen liegen, Maßnahmen gemäß Buchstabe a, c oder d durchgeführt, gelten die Anforderungen gemäß Satz 1 als erfüllt, wenn der Wärmedurchgangskoeffizient des entstehenden Wandaufbaus 0,84**

W/(m²·K) nicht überschreitet; im Übrigen gelten bei Wänden in Sichtfachwerkbauweise die Anforderungen nach Satz 1 nur in Fällen von Maßnahmen nach Buchstabe b. Werden Maßnahmen nach Satz 1 ausgeführt und ist die Dämmschichtdicke im Rahmen dieser Maßnahmen aus technischen Gründen begrenzt, so gelten die Anforderungen als erfüllt, wenn die nach anerkannten Regeln der Technik höchstmögliche Dämmschichtdicke (bei einem Bemessungswert der Wärmeleitfähigkeit λ = 0,040 W/(m·K)) eingebaut wird.

2   Fenster, Fenstertüren, Dachflächenfenster <u>und Glasdächer</u>

Soweit bei beheizten oder gekühlten Räumen außen liegende Fenster, Fenstertüren, Dachflächenfenster **und Glasdächer** in der Weise erneuert werden, dass

a)   das gesamte Bauteil ersetzt oder erstmalig eingebaut wird,

b)   zusätzliche Vor- oder Innenfenster eingebaut werden oder

c)   die Verglasung ersetzt wird,

sind die Anforderungen nach Tabelle 1 Zeile 2 einzuhalten. Satz 1 gilt nicht für Schaufenster und Türanlagen aus Glas. Bei Maßnahmen gemäß Buchstabe c gilt Satz 1 nicht, wenn der vorhandene Rahmen zur Aufnahme der vorgeschriebenen Verglasung ungeeignet ist. **Werden Maßnahmen nach Buchstabe c ausgeführt und ist die Glasdicke im Rahmen dieser Maßnahmen aus technischen Gründen begrenzt, so gelten die Anforderungen als erfüllt, wenn eine Verglasung mit einem Wärmedurchgangskoeffizienten von höchstens 1,30 W/(m²·K) eingebaut wird.** Werden Maßnahmen nach Buchstabe c an Kasten- oder Verbundfenstern durchgeführt, so gelten die Anforderungen als erfüllt, wenn eine Glastafel mit einer infrarot-reflektierenden Beschichtung mit einer Emissivität $\varepsilon_n \leq 0{,}2$ eingebaut wird. Werden bei Maßnahmen nach Satz 1

1.   Schallschutzverglasungen mit einem bewerteten Schalldämmmaß der Verglasung von $R_{w,R} \geq 40$ dB nach DIN EN ISO 717-1 : 1997-01 oder einer vergleichbaren Anforderung oder

2.   Isolierglas-Sonderaufbauten zur Durchschusshemmung, Durchbruchhemmung oder Sprengwirkungshemmung nach anerkannten Regeln der Technik oder

3.   Isolierglas-Sonderaufbauten als Brandschutzglas mit einer Einzelelementdicke von mindestens 18 mm nach DIN 4102-13 : 1990-05 oder einer vergleichbaren Anforderung

verwendet, sind abweichend von Satz 1 die Anforderungen nach Tabelle 1 Zeile 3 einzuhalten.

3   Außentüren

Bei der Erneuerung von Außentüren dürfen nur Außentüren eingebaut werden, deren Türfläche einen Wärmedurchgangskoeffizienten von 2,9 W/(m²· K) nicht überschreitet. Nr. 2 Satz 2 bleibt unberührt.

4   Decken, Dächer und Dachschrägen

4.1   Steildächer

Soweit bei Steildächern Decken unter nicht ausgebauten Dachräumen sowie Decken und Wände (einschließlich Dachschrägen), die beheizte oder gekühlte Räume nach oben gegen die Außenluft abgrenzen,

a)   ersetzt, erstmalig eingebaut

oder in der Weise erneuert werden, dass

b)   die Dachhaut bzw. außenseitige Bekleidungen oder Verschalungen ersetzt oder neu aufgebaut werden,

c)   innenseitige Bekleidungen oder Verschalungen aufgebracht oder erneuert werden,

d)   Dämmschichten eingebaut werden,

e)   zusätzliche Bekleidungen oder Dämmschichten an Wänden zum unbeheizten Dachraum eingebaut werden,

sind für die betroffenen Bauteile die Anforderungen nach Tabelle 1 Zeile 4a einzuhalten. Wird bei Maßnahmen nach Buchstabe b oder d der Wärmeschutz als Zwischensparrendämmung ausgeführt und ist die Dämmschichtdicke wegen einer innenseitigen Bekleidung **oder** der Sparrenhöhe begrenzt, so gilt die Anforderung als erfüllt, wenn die nach anerkannten Regeln der Technik höchstmögliche Dämmschichtdicke eingebaut wird. **Die Sätze 1 und 2 gelten nur für opake Bauteile.**

4.2   Flachdächer

Soweit bei beheizten oder gekühlten Räumen Flachdächer

a)   ersetzt, erstmalig eingebaut

oder in der Weise erneuert werden, dass

b)   die Dachhaut bzw. außenseitige Bekleidungen oder Verschalungen ersetzt oder neu aufgebaut werden,

c)   innenseitige Bekleidungen oder Verschalungen aufgebracht oder erneuert werden,

d)   Dämmschichten eingebaut werden,

sind die Anforderungen nach Tabelle 1 Zeile 4b einzuhalten. Werden bei der Flachdacherneuerung Gefälledächer durch die keilförmige Anordnung einer Dämmschicht aufgebaut, so ist der Wärmedurchgangskoeffizient nach DIN EN ISO 6946 : 1996-11 Anhang C zu ermitteln. Der Bemessungswert des Wärmedurchgangswiderstandes am tiefsten Punkt der neuen Dämmschicht muss den Mindestwärmeschutz nach § 7 **Absatz 1** gewährleisten. **Werden Maßnahmen nach Satz 1 ausgeführt und ist die Dämmschichtdicke im Rahmen dieser Maßnahmen aus technischen Gründen begrenzt, so gelten die Anforderungen als erfüllt, wenn die nach anerkannten Regeln der Technik höchstmögliche Dämmschichtdicke (bei einem Bemessungswert der Wärmeleitfähigkeit λ = 0,040 W/(m·K)) eingebaut wird. Die Sätze 1 bis 4 gelten nur für opake Bauteile.**

5   **Wände und Decken gegen unbeheizte Räume, Erdreich <u>und nach unten an Außenluft</u>**

Soweit bei beheizten Räumen Decken **oder** Wände, die an unbeheizte Räume, an Erdreich **oder nach unten an Außenluft** grenzen,

a)   ersetzt, erstmalig eingebaut

oder in der Weise erneuert werden, dass

b)   außenseitige Bekleidungen oder Verschalungen, Feuchtigkeitssperren oder Drainagen angebracht oder erneuert,

c)   Fußbodenaufbauten auf der beheizten Seite aufgebaut oder erneuert,

d)   Deckenbekleidungen auf der Kaltseite angebracht oder

e)   Dämmschichten eingebaut werden,

sind die Anforderungen nach Tabelle 1 Zeile 5 einzuhalten, wenn die Änderung nicht von Nr. 4.1 erfasst wird. **Werden Maßnahmen nach Satz 1 ausgeführt und ist die Dämmschichtdicke im Rahmen dieser Maßnahmen aus technischen Gründen begrenzt, so gelten die Anforderungen als erfüllt, wenn die nach anerkannten Regeln**

der Technik höchstmögliche Dämmschichtdicke (bei einem Bemessungswert der Wärmeleitfähigkeit λ = 0,040 W/(m·K)) **eingebaut** wird.

6   Vorhangfassaden

Soweit bei beheizten oder gekühlten Räumen Vorhangfassaden in der Weise erneuert werden, dass das gesamte Bauteil ersetzt oder erstmalig eingebaut wird, sind die Anforderungen nach Tabelle 1 **Zeile 2d** einzuhalten. Werden bei Maßnahmen nach Satz 1 Sonderverglasungen entsprechend Nr. 2 Satz 2 verwendet, sind abweichend von Satz 1 die Anforderungen nach Tabelle 1 Zeile 3 c einzuhalten.

7   Anforderungen   *Hinweis: Änderungen der Tabelle 1 sind nicht markiert.*

Tabelle 1
Höchstwerte der Wärmedurchgangskoeffizienten
bei erstmaligem Einbau, Ersatz und Erneuerung von Bauteilen

Zeile	Bauteil	Maßnahme nach	Wohngebäude und Zonen von Nichtwohngebäuden mit Innentemperaturen ≥ 19 °C	Zonen von Nichtwohngebäuden mit Innentemperaturen von 12 bis < 19 °C
			Höchstwerte der Wärmedurchgangskoeffizienten U_{max} [1]	
1	2	3	4	
1	Außenwände	Nr. 1 a bis d	0,24 W/(m²·K)	0,35 W/(m²·K)
2a	Außen liegende Fenster, Fenstertüren	Nr. 2 a und b	1,30 W/(m²·K) [2]	1,90 W/(m²·K) [2]
2b	Dachflächenfenster	Nr. 2 a und b	1,40 W/(m²·K) [2]	1,90 W/(m²·K) [2]
2c	Verglasungen	Nr. 2 c	1,10 W/(m²·K) [3]	keine Anforderung
2d	Vorhangfassaden	Nr. 6 Satz 1	1,50 W/(m²·K) [4]	1,90 W/(m²·K) [4]
2e	Glasdächer	Nr. 2a und c	2,00 W/(m²·K) [3]	2,70 W/(m²·K) [3]
3a	Außen liegende Fenster, Fenstertüren, Dachflächenfenster mit Sonderverglasungen	Nr. 2 a und b	2,00 W/(m²·K) [2]	2,80 W/(m²·K) [2]
3b	Sonderverglasungen	Nr. 2 c	1,60 W/(m²·K) [3]	keine Anforderung
3c	Vorhangfassaden mit Sonderverglasungen	Nr. 6 Satz 2	2,30 W/(m²·K) [4]	3,00 W/(m²·K) [4]

Zeile	Bauteil	Maßnahme nach	Wohngebäude und Zonen von Nichtwohngebäuden mit Innentemperaturen $\geq 19\,°C$	Zonen von Nichtwohngebäuden mit Innentemperaturen von 12 bis $< 19\,°C$
			Höchstwerte der Wärmedurchgangskoeffizienten U_{max} [1]	
	1	2	3	4
4a	Decken, Dächer und Dachschrägen	Nr. 4.1	$0,24\ \mathrm{W/(m^2 \cdot K)}$	$0,35\ \mathrm{W/(m^2 \cdot K)}$
4b	Flachdächer	Nr. 4.2	$0,20\ \mathrm{W/(m^2 \cdot K)}$	$0,35\ \mathrm{W/(m^2 \cdot K)}$
5a	Decken und Wände gegen unbeheizte Räume oder Erdreich	Nr. 5 a, b, d und e	$0,30\ \mathrm{W/(m^2 \cdot K)}$	keine Anforderung
5b	Fußbodenaufbauten	Nr. 5 c	$0,50\ \mathrm{W/(m^2 \cdot K)}$	keine Anforderung
5c	Decken nach unten an Außenluft	Nr. 5 a bis e	$0,24\ \mathrm{W/(m^2 \cdot K)}$	$0,35\ \mathrm{W/(m^2 \cdot K)}$

[1] Wärmedurchgangskoeffizient des Bauteils unter Berücksichtigung der neuen und der vorhandenen Bauteilschichten; für die Berechnung opaker Bauteile ist DIN EN ISO 6946 : 1996-11 zu verwenden.

[2] Bemessungswert des Wärmedurchgangskoeffizienten des Fensters; der Bemessungswert des Wärmedurchgangskoeffizienten des Fensters ist technischen Produkt-Spezifikationen zu entnehmen oder gemäß den nach den Landesbauordnungen bekannt gemachten energetischen Kennwerten für Bauprodukte zu bestimmen. Hierunter fallen insbesondere energetische Kennwerte aus europäischen technischen Zulassungen sowie energetische Kennwerte der Regelungen nach der Bauregelliste A Teil 1 und auf Grund von Festlegungen in allgemeinen bauaufsichtlichen Zulassungen.

[3] Bemessungswert des Wärmedurchgangskoeffizienten der Verglasung; der Bemessungswert des Wärmedurchgangskoeffizienten der Verglasung ist technischen Produkt-Spezifikationen zu entnehmen oder gemäß den nach den Landesbauordnungen bekannt gemachten energetischen Kennwerten für Bauprodukte zu bestimmen. Hierunter fallen insbesondere energetische Kennwerte aus europäischen technischen Zulassungen sowie energetische Kennwerte der Regelungen nach der Bauregelliste A Teil 1 und auf Grund von Festlegungen in allgemeinen bauaufsichtlichen Zulassungen.

[4] Wärmedurchgangskoeffizient der Vorhangfassade; er ist nach anerkannten Regeln der Technik zu ermitteln.

8 Randbedingungen und Maßgaben für die Bewertung bestehender Wohngebäude (zu § 9 <u>Absatz</u> 2)

Die Berechnungsverfahren nach Anlage 1 Nr. 2 **sind** bei bestehenden Wohngebäuden mit folgenden Maßgaben anzuwenden:

8.1 Wärmebrücken **sind in dem Falle, dass** mehr als 50 vom Hundert der Außenwand mit einer innen liegenden Dämmschicht und einbindender Massivdecke versehen sind, durch Erhöhung der Wärmedurchgangskoeffizienten um $\Delta U_{WB} = 0,15\ \mathrm{W/(m^2 \cdot K)}$ für die gesamte wärmeübertragende Umfassungsfläche zu berücksichtigen.

8.2   Die Luftwechselrate ist bei der Berechnung abweichend von DIN V 4108-6 : 2003-06[*]
Tabelle D.3 Zeile 8 bei offensichtlichen Undichtheiten, **wie** bei Fenstern ohne funktions-
tüchtige Lippendichtung **oder** bei beheizten Dachgeschossen mit Dachflächen ohne luftdichte Ebene, mit 1,0 h^{-1} anzusetzen.

8.3   Bei der Ermittlung der solaren Gewinne nach **DIN V 18599 : 2007-02 oder** DIN V 4108-
6 : 2003-06[*] Abschnitt 6.4.3 **ist** der Minderungsfaktor für den Rahmenanteil von Fenstern
mit $F_F = 0,6$ anzusetzen.

Anlage 4 (zu § 6)

Anforderungen an die Dichtheit und den Mindestluftwechsel

1   **Anforderungen an außen liegende Fenster, Fenstertüren und Dachflächenfenster**

Außen liegende Fenster, Fenstertüren und Dachflächenfenster müssen den Klassen nach
Tabelle 1 entsprechen.

Tabelle 1

Klassen der Fugendurchlässigkeit von außen liegenden Fenstern,

Fenstertüren und Dachflächenfenstern

Zeile	Anzahl der Vollgeschosse des Gebäudes	Klasse der Fugendurchlässigkeit nach DIN EN 12207-1 : 2000-06
1	bis zu 2	2
2	mehr als 2	3

2   **Nachweis der Dichtheit des gesamten Gebäudes**

Wird **bei Anwendung des § 6 Absatz 1 Satz 3** eine Überprüfung der Anforderungen
nach § 6 **Absatz** 1 durchgeführt, darf der nach DIN EN 13829 : 2001-02 bei einer
Druckdifferenz zwischen innen und außen von 50 Pa gemessene Volumenstrom - bezogen auf das beheizte oder gekühlte Luftvolumen - bei Gebäuden

-    ohne raumlufttechnische Anlagen   3,0 h^{-1} und

-    mit raumlufttechnischen Anlagen   1,5 h^{-1}

nicht überschreiten.

---

[*] Geändert durch DIN V 4108-6 Berichtigung 1 2004-03.

Anlage 4a (zu § 13 Absatz 2)

Anforderungen an die Inbetriebnahme von Heizkesseln
und sonstigen Wärmeerzeugersystemen

In Fällen des § 13 Absatz 2 sind der Einbau und die Aufstellung zum Zwecke der Inbetriebnahme nur zulässig, wenn das Produkt aus Erzeugeraufwandszahl e_g und Primärenergiefaktor f_p nicht größer als 1,30 ist. Die Erzeugeraufwandszahl e_g ist nach DIN V 4701-10 : 2003-08, Tabellen C.3-4b bis C.3-4f zu bestimmen. Soweit Primärenergiefaktoren nicht unmittelbar in dieser Verordnung festgelegt sind, ist der Primärenergiefaktor f_p für den nicht erneuerbaren Anteil nach DIN V 4701-10 : 2003-08, geändert durch A1 : 2006-12, zu bestimmen. Werden Niedertemperatur-Heizkessel oder Brennwertkessel als Wärmeerzeuger in Systemen der Nahwärme-versorgung eingesetzt, gilt die Anforderung des Satzes 1 als erfüllt.

Anlage 5 (zu § 10 Absatz 2, § 14 Absatz 5 und § 15 Absatz 4)
Anforderungen an die Wärmedämmung von Rohrleitungen und Armaturen

1 In Fällen des § 10 Absatz 2 und des § 14 Absatz 5 sind die Anforderungen der Zeilen 1 bis 7 und in Fällen des § 15 Absatz 4 der Zeile 8 der Tabelle 1 einzuhalten, soweit sich nicht aus anderen Bestimmungen dieser Anlage etwas anderes ergibt.

Tabelle 1

Wärmedämmung von Wärmeverteilungs- und Warmwasserleitungen, **Kälteverteilungs- und Kaltwasserleitungen** sowie Armaturen

Zeile	Art der Leitungen/Armaturen	Mindestdicke der Dämmschicht, bezogen auf eine Wärmeleitfähigkeit von 0,035 W/(m·K)
1	Innendurchmesser bis 22 mm	20 mm
2	Innendurchmesser über 22 mm bis 35 mm	30 mm
3	Innendurchmesser über 35 mm bis 100 mm	gleich Innendurchmesser
4	Innendurchmesser über 100 mm	100 mm
5	Leitungen und Armaturen nach den Zeilen 1 bis 4 in Wand- und Deckendurchbrüchen, im Kreuzungsbereich von Leitungen, an Leitungsverbindungsstellen, bei zentralen Leitungsnetzverteilern	1/2 der Anforderungen der Zeilen 1 bis 4
6	Leitungen von Zentralheizungen nach den Zeilen 1 bis 4, die nach dem 31. Januar 2002 in Bauteilen zwischen beheizten Räumen verschiedener Nutzer verlegt werden	1/2 der Anforderungen der Zeilen 1 bis 4
7	Leitungen nach Zeile 6 im Fußbodenaufbau	6 mm
8	Kälteverteilungs- und Kaltwasserleitungen sowie Armaturen von Raumlufttechnik- und Klimakältesystemen	6 mm

Soweit in Fällen des § 14 Absatz 5 Wärmeverteilungs- und Warmwasserleitungen an Außenluft grenzen, sind diese mit dem Zweifachen der Mindestdicke nach Tabelle 1 Zeile 1 bis 4 zu dämmen.

2 **In Fällen des § 14 Absatz 5 ist Tabelle 1 nicht anzuwenden,** soweit sich Leitungen von Zentralheizungen nach den Zeilen 1 bis 4 in beheizten Räumen oder in Bauteilen zwischen beheizten Räumen eines Nutzers befinden und ihre Wärmeabgabe durch frei liegende Absperreinrichtungen beeinflusst werden kann. **In Fällen des § 10 Absatz 2 und des § 14 Absatz 5 ist Tabelle 1 nicht anzuwenden** auf Warmwasserleitungen **bis zu einer**

Länge von 4 m, die weder in den Zirkulationskreislauf einbezogen noch mit elektrischer Begleitheizung ausgestattet sind **(Stichleitungen)**.

3 Bei Materialien mit anderen Wärmeleitfähigkeiten als 0,035 W/(m·K) sind die Mindestdicken der Dämmschichten entsprechend umzurechnen. Für die Umrechnung und die Wärmeleitfähigkeit des Dämmmaterials sind die in anerkannten Regeln der Technik enthaltenen Berechnungsverfahren und Rechenwerte zu verwenden.

4 Bei Wärmeverteilungs- und Warmwasserleitungen **sowie Kälteverteilungs- und Kaltwasserleitungen** dürfen die Mindestdicken der Dämmschichten nach Tabelle 1 insoweit vermindert werden, als eine gleichwertige Begrenzung der Wärmeabgabe **oder der Wärmeaufnahme** auch bei anderen Rohrdämmstoffanordnungen und unter Berücksichtigung der Dämmwirkung der Leitungswände sichergestellt ist.

5.2   Wichtige Adressen

Nachfolgend finden Sie einige wichtige Adressen rund um die Themen EnEV und Energie.

Beuth Verlag GmbH
(Bezug von Normen)
Burggrafenstraße 6
10787 Berlin
Telefon: (0 30) 26 01-0
Telefax: (0 30) 26 01-12 60
Internet: www.beuth.de, siehe auch www.enev-normen.de

Bundesamt für Bauwesen und Raumordnung (BBR), darin auch Bundesinstitut für Bau-, Stadt- und Raumforschung (BBSR)
(EnEV, Auslegung der EnEV, gute Anlaufstelle bei grundsätzlichen Fragen)
Deichmanns Aue 31–37
53179 Bonn
Telefon: (02 28 99) 4 01-0
Telefax: (02 28 99) 4 01-12 70
Internet: www.bbr.bund.de; www.bbsr.bund.de

Bundesanzeiger Verlagsgesellschaft mbH
(Bekanntmachung der EnEV und begleitender Bundesvorschriften, Bezug des Bundesgesetzblatts)
Amsterdamer Straße 192
50735 Köln
Telefon: (02 21) 9 76 68-0
Telefax: (02 21) 9 76 68-2 78
Internet: www.bundesanzeiger.de

Bundesministerium für Umwelt, Naturschutz und Reaktorsicherheit
(Energie allgemein)
Alexanderstraße 3
10178 Berlin
Telefon: (0 30) 1 83 05-0
Telefax : (0 30) 1 83 05-20 44
Internet: www.bmu.de

Bundesministerium für Verkehr, Bau und Stadtentwicklung
(EnEV, Bekanntmachungen zur Datenerhebung und Verbrauchsermittlung)
Invalidenstraße 44
10115 Berlin
Telefon: (0 30) 1 83 00-0
Telefax: (0 30) 1 83 00-19 42
Internet: www.bmvbs.de

Bundesministerium für Wirtschaft und Technologie
(Energie allgemein, Förderung)
Scharnhorststraße 34–37
10115 Berlin
Postanschrift: 11019 Berlin
Telefon: (0 30) 1 86 15-0

Telefax: (0 30) 1 86 15-70 10
Internet: www.bmwi.de

Deutsche Energie-Agentur GmbH (dena)
(umfassende Infos zur EnEV, Energieeffizienz)
Chausseestraße 128 a
10115 Berlin
Telefon: (0 30) 72 61 65–6 00
Telefax: (0 30) 30 72 61 65–6 99
Internet: www.dena.de, siehe auch www.zukunft-haus.info und
www.thema-energie.de

Deutscher Wetterdienst
(Herausgabe von Klimafaktoren zur Witterungsbereinigung)
Frankfurter Straße 135
63067 Offenbach
Telefon: (0 18 05) 9 13-9 13
Telefax: (0 18 05) 9 13-9 14
Internet: www.dwd.de; www.dwd.de/klimafaktoren

Deutsches Institut für Bautechnik
(Auslegungsfragen zur EnEV, Produktzulassungen, Bauregelliste)
Kolonnenstraße 30 L
10829 Berlin
Telefon: (0 30) 7 87 30-0
Telefax: (0 30) 7 87 30-3 20
Internet: www.dibt.de

KfW Bankengruppe
(Förderprogramme)
Palmengartenstraße 5–9
60325 Frankfurt am Main
Telefon: (0 69) 74 31-0
Telefax: (0 69) 74 31-29 44
Internet: www.kfw.de

Bundesamt für Wirtschaft und Ausfuhrkontrolle (BAFA)
(Förderprogramme)
Frankfurter Straße 29–35
65760 Eschborn
Telefon: (0 61 96) 9 08-0
Telefax: (0 61 96) 9 08-8 00
Internet: www.bafa.de

5.3   Übersicht und Bedeutung wichtiger Rechengrößen

Name	Kurz-zei-chen	Einheit	Kurzerklärung	Berechnung, Bestimmung
Anlagenaufwandszahl (primärenergetisch)	e_p	–	Maß für die Energieeffizienz einer Heizanlage; gibt das Verhältnis von eingesetzter Primärenergie zu bereitgestellter Nutzenergie an	software-gestützt
A/V-Verhältnis	A/V_e	1/m; m^{-1}	Verhältnis zwischen wärme-übertragender Umfassungsfläche und beheiztem Volumen eines Gebäudes; wichtiger geome-trischer Kennwert	Seite 62
Diffusionsstromdichte	g	kg/(m^2 · h)	Intensität der Diffusion; Menge der in einer Stunde durch einen m^2 eines Bauteils diffundierende Dampfmenge; Zwischengröße im Tauwassernachweis	Seite 149
Diffusionswiderstand (gegenüber Wasserdampf)	Z	m^2 · h · Pa/kg	quantitativer (zahlenmäßiger) Widerstand einer oder mehrerer Baustoffschichten gegenüber Was-serdampfdiffusion; Zwischengröße im Tauwassernachweis	Seite 149
Diffusionswiderstandszahl	μ	–	Widerstand eines Stoffes gegen-über Dampfdiffusion im Vergleich zu Luft; Wert gibt an, wie viel mal höher der Diffusionswiderstand des Stoffes als derjenige von Luft ist	Seite 146
Endenergiebedarf (Wärme- und Hilfsenergie)	Q_E q_E	kWh/a kWh/(a · m^2)	Energie- bzw. Brennstoffmenge, die beim Verbraucher angeliefert wird und aus der die Nutzenergie (Wärme) gewonnen wird; *siehe auch Seite 43*	software-gestützt
Gebäudenutzfläche (nicht Nutzfläche)	A_N	m^2	Gebäudenutzfläche im Sinne und nach Definition der EnEV; nicht gleich Nutzfläche, nicht gleich Wohnfläche	Seite 232
Gesamtenergiedurchlass-grad	g	–	Maß für die Strahlungsdurchläs-sigkeit (Sonnenstrahlung) von Verglasungen (z. B. von Fenstern); gibt das Verhältnis von durchge-lassener zu auftreffender Strah-lung an; Wert ist stets kleiner als 1	Hersteller-angabe
Heizwärmebedarf (Jahres-Heizwärmebedarf)	Q_h q_h	kWh/a kWh/(a · m^2)	Wärmebedarf, der vom Heiz-system bereitgestellt werden muss, um nach Berücksichtigung von internen und solaren Wär-megewinnen den Wärmebedarf zu decken	Seite 41, software-gestützt

Name	Kurz-zei-chen	Einheit	Kurzerklärung	Berechnung, Bestimmung
Lüftungswärmeverlust (spezifisch)	H_V	W/K	Wärmeverlust aufgrund von Luftaustausch zwischen Raum- und Außenluft	Seite 41, software-gestützt
Nutzfläche (nach DIN 277, nicht Gebäudenutzfläche)	–	m²	Nutzfläche des Gebäudes; i. d. R. größer als Wohnfläche, nicht gleich Gebäudenutzfläche	Seite 205
Primärenergiebedarf (Jahres-Primärenergie-bedarf)	Q_p''	kWh/(a · m²)	Energiebedarf für Heizung und Warmwasser unter Berücksich-tigung der gebäudeinternen Verluste und der vorgelagerten Prozesskette (Förderung Umwand-lung, Transport des Energieträgers, z. B. Erdöl bzw. Heizöl)	Seite 42, software-gestützt
sd-Wert (= wasserdampfdiffusions-äquivalente Luftschicht-dicke)	s_d	m	Sperrwert einer Schicht gegen-über Dampfdiffusion als Vergleich zu einer Luftschicht bestimmter Dicke	Seite 148
Tauwassermenge (aus-fallend)	$m_{W,T}$	kg/m²	rechnerische Tauwassermenge, die in einer Tauperiode in einem Bauteil ausfällt	Seite 152 ff.
Tauwassermenge (verduns-tend)	$m_{W,V}$	kg/m²	rechnerische Tauwassermenge, die in einer Verdunstungsperiode aus einem Bauteil verdunstet	Seite 152 ff.
Transmissionswärmeverlust (spezifisch)	H_T	W/K	Wärmeverlust bei Wohngebäuden aufgrund von Wärmeleitung (Transmission) durch die wärme-übertragende Umfassungsfläche von innen nach außen;	Seite 43, software-gestützt
auf Umfassungsfläche bezogen	H_T'	W/(m² · K)		
Volumen (beheiztes Gebäu-devolumen)	V_e	m³	Direkt oder indirekt beheiztes Volumen, welches von der wärme-übertragenden Umfassungsfläche eingeschlossen wird; Außenmaße sind maßgebend	Seite 230
Wärmedurchgangskoef-fizient = U-Wert (früher k-Wert)	U	W/(m² · K)	Maß für den Wärmedurchgang durch ein Bauteil aufgrund Wärmeleitung (Transmission); *siehe auch Seite 44*	Seite 109 ff.
Wärmedurch**gangs**wi-derstand	R_T	m² · K/W	Maß für den Widerstand eines Bauteils gegenüber Wärmedurch-gang aufgrund Wärmeleitung (Transmission) einschließlich der Wärmeübergangswiderstände	Seite 109 ff.
Wärmedurch**lass**wider-stand	R	m² · K/W	Maß für den Widerstand einer oder mehrerer Bauteilschichten gegenüber Wärmedurchgang aufgrund Wärmeleitung (Trans-mission) ohne Wärmeübergangs-widerstände	Seite 109 ff.

Name	Kurz-zei-chen	Einheit	Kurzerklärung	Berechnung, Bestimmung
Wärmegewinn, intern	Q_i	kWh/a	Wärmegewinn aufgrund gebäudeinterner Wärmequellen (Personen und elektrische Geräte)	Seite 41, Seite 56, softwaregestützt
Wärmegewinn, solar	Q_s	kWh/a	Wärmegewinn aufgrund Sonnenstrahlung durch verglaste Flächen (z. B. Fenster)	Seite 41, Seite 56, softwaregestützt
Wärmeleitfähigkeit (Bemessungswert)	λ	$W/(m \cdot K)$	Fähigkeit eines Stoffes, Wärme zu leiten; wichtiger Materialkennwert in der U-Wert-Berechnung	Seite 87, Seite 89
Wärmeübergangswiderstand innen (i) und außen (e)	$R_{si}; R_{se}$	$m^2 \cdot K/W$	Widerstand, den die Wärme am Übergang von der Raumluft in das Bauteil (innen) und am Übergang vom Bauteil in die Außenluft überwinden muss	Seite 88, Seite 89, Seite 111

5.4   Verzeichnis der Bilder

5.5   Verzeichnis der Diagramme

5.6 Verzeichnis der Tabellen

5.7 Verzeichnis der Formblätter und Formblattsätze

Element	Nummer	Titel	Seite
Formblatt	2-8	U-Wert-Berechnung thermisch homogener Bauteile	Seite 112
Formblatt	2-11	U-Wert-Berechnung thermisch inhomogener Bauteile	Seite 116
Formblatt	2-18	Korrektur der U-Wert-Berechnung	Seite 124
Formblatt	2-21	Berechnung des U-Wertes von Gefälledämmungen	Seite 132
Formblatt	2-24	U-Wert-Optimierung	Seite 140
Formblattsatz	2-29	Tauwassernachweis nach DIN 4108-3	Seite 155
Formblatt	3-2	Fachunternehmererklärung zur EnEV für Bauteilsanierungen	Seite 214
Formblattsatz	3-13	Energieausweis für Wohngebäude	Seite 239
Formblattsatz	3-14	Energieausweis für Nichtwohngebäude	Seite 244
Formblatt	3-15	Aushang eines bedarfsbezogenen Energieausweises für Nichtwohngebäude	Seite 249
Formblatt	3-16	Aushang eines verbrauchsbezogenen Energieausweises für Nichtwohngebäude	Seite 250
Formblatt	3-17	Modernisierungsempfehlungen für bestehende Gebäude	Seite 252
Formblatt	3-19	Verbrauchskennwertermittlung für Wohngebäude	Seite 256

5.8   Verzeichnis der Beispiele und Beispielsätze

Element	Nummer	Titel	Seite
Beispiel	4-54	Verbrauchskennwertermittlung Bauernhaus Variante 1	Seite 347
Beispielsatz	4-55	Energieausweis Bauernhaus Variante 1	Seite 348
Beispielsatz	4-60	Energieausweis Bauernhaus Variante 2	Seite 354
Beispiel	4-61	Verbrauchskennwertermittlung für ein Dreifamilienhaus	Seite 358
Beispielsatz	4-62	Energieausweis für ein Dreifamilienhaus	Seite 359

5.9 Übersicht der Normen

Nachfolgende Aufstellung enthält wichtige, mit der EnEV und dem Wärmeschutz in Verbindung stehende Normen. (Es sind nicht alle im Zusammenhang mit der EnEV relevanten Normen aufgeführt.) Berücksichtigt ist jeweils die zum Zeitpunkt der Drucklegung dieses Buches aktuelle Ausgabe bzw. diejenige Ausgabe, auf welche die EnEV verweist.

Norm	Titel	Ausgabe
DIN 277-1	Grundflächen und Rauminhalte von Bauwerken im Hochbau – Teil 1: Begriffe, Ermittlungsgrundlagen	2005-02
DIN 4108-2	Wärmeschutz und Energie-Einsparung in Gebäuden – Teil 2: Mindestanforderungen an den Wärmeschutz	2003-07
DIN 4108-3	Wärmeschutz und Energie-Einsparung in Gebäuden – Teil 3: Klimabedingter Feuchteschutz, Anforderungen, Berechnungsverfahren und Hinweise für Planung und Ausführung	2001-07
DIN 4108-3 Berichtigung 1	Berichtigungen zu DIN 4108-3 : 2001-07	2002-04
DIN V 4108-4	Wärmeschutz und Energie-Einsparung in Gebäuden – Teil 4: Wärme- und feuchteschutztechnische Bemessungswerte	2007-06
DIN V 4108-6	Wärmeschutz und Energie-Einsparung in Gebäuden – Teil 6: Berechnung des Jahresheizwärme- und des Jahresheizenergiebedarfs	2003-06
DIN V 4108-6 Berichtigung 1	Berichtigungen zu DIN V 4108-6 : 2003-06	2004-03
DIN 4108-7	Wärmeschutz und Energie-Einsparung in Gebäuden – Teil 7: Luftdichtheit von Gebäuden, Anforderungen, Planungs- und Ausführungsempfehlungen sowie -beispiele	2001-08

Norm	Titel	Ausgabe
DIN V 4108-10	Wärmeschutz und Energie-Einsparung in Gebäuden – Anwendungsbezogene Anforderungen an Wärmedämmstoffe – Teil 10: Werkmäßig hergestellte Wärmedämmstoffe	2008-06
DIN 4108 Beiblatt 2	Wärmeschutz und Energie-Einsparung in Gebäuden – Wärmebrücken – Planungs- und Ausführungsbeispiele	2006-03
DIN EN ISO 6946	Bauteile – Wärmedurchlasswiderstand und Wärmedurchgangskoeffizient – Berechnungsverfahren (ISO 6946:2007); Deutsche Fassung EN ISO 6946:2007	2008-04
DIN EN ISO 13370	Wärmetechnisches Verhalten von Gebäuden – Wärmeübertragung über das Erdreich – Berechnungsverfahren (ISO 13370 : 2007); Deutsche Fassung EN ISO 13370 : 2007	2008-04
DIN EN ISO 13789	Wärmetechnisches Verhalten von Gebäuden – Spezifischer Transmissions- und Lüftungswärmedurchgangskoeffizient – Berechnungsverfahren (ISO 13789 : 2007); Deutsche Fassung EN ISO 13789 : 2007	2008-04
DIN EN ISO 10077-1	Wärmetechnisches Verhalten von Fenstern, Türen und Abschlüssen – Berechnung des Wärmedurchgangskoeffizienten – Teil 1: Allgemeines (ISO 10077-1 : 2006); Deutsche Fassung EN ISO 10077-1 : 2006	2006-12
DIN EN ISO 10077-2	Wärmetechnisches Verhalten von Fenstern, Türen und Abschlüssen – Berechnung des Wärmedurchgangskoeffizienten – Teil 2: Numerisches Verfahren für Rahmen (ISO/DIS 10077-2 : 2003); Deutsche Fassung EN ISO 10077-2 : 2003	2008-08
DIN EN ISO 10211	Wärmebrücken im Hochbau – Wärmeströme und Oberflächentemperaturen – Detaillierte Berechnungen (ISO 10211 : 2007); Deutsche Fassung EN ISO 10211 : 2007	2008-04
DIN EN 410	Glas im Bauwesen – Bestimmung der lichttechnischen und strahlungsphysikalischen Kenngrößen von Verglasungen; Deutsche Fassung EN 410 : 1998	1998-12
DIN EN 673	Glas im Bauwesen - Bestimmung des Wärmedurchgangskoeffizienten (U-Wert) - Berechnungsverfahren (enthält Änderung A1 : 2000 + Änderung A2 : 2002); Deutsche Fassung EN 673 : 1997 + A1 : 2000 + A2 : 2002	2003-06
DIN EN 12207	Fenster und Türen - Luftdurchlässigkeit - Klassifizierung; Deutsche Fassung EN 12207 : 1999	2000-06
DIN V 4701-10	Energetische Bewertung heiz- und raumlufttechnischer Anlagen – Teil 10: Heizung, Trinkwassererwärmung, Lüftung	2003-08

Norm	Titel	Ausgabe
DIN V 4701-10/A1	Energetische Bewertung heiz- und raumlufttechnischer Anlagen – Teil 10: Heizung, Trinkwassererwärmung, Lüftung	2006-12
DIN V 4701-10 Beiblatt 1	Energetische Bewertung heiz- und raumlufttechnischer Anlagen – Teil 10: Diagramme und Planungshilfen für ausgewählte Anlagensysteme mit Standardkomponenten	2007-02
DIN V 4701-12	Energetische Bewertung heiz- und raumlufttechnischer Anlagen im Bestand – Teil 12: Wärmeerzeuger und Trinkwassererwärmung	2004-02
DIN V 4701-12 Berichtigung 1	Energetische Bewertung heiz- und raumlufttechnischer Anlagen im Bestand - Teil 12: Wärmeerzeuger und Trinkwassererwärmung; Berichtigungen zu DIN V 4701-12 : 2004-02	2008-06
DIN V 18599-1	Energetische Bewertung von Gebäuden – Berechnung des Nutz-, End- und Primärenergiebedarfs für Heizung, Kühlung, Lüftung, Trinkwarmwasser und Beleuchtung – Teil 1: Allgemeine Bilanzierungsverfahren, Begriffe, Zonierung und Bewertung der Energieträger	2007-02
DIN V 18599-2	Energetische Bewertung von Gebäuden – Berechnung des Nutz-, End- und Primärenergiebedarfs für Heizung, Kühlung, Lüftung, Trinkwarmwasser und Beleuchtung – Teil 2: Nutzenergiebedarf für Heizen und Kühlen von Gebäudezonen	2007-02
DIN V 18599-3	Energetische Bewertung von Gebäuden – Berechnung des Nutz-, End- und Primärenergiebedarfs für Heizung, Kühlung, Lüftung, Trinkwarmwasser und Beleuchtung – Teil 3: Nutzenergiebedarf für die energetische Luftaufbereitung	2007-02
DIN V 18599-4	Energetische Bewertung von Gebäuden – Berechnung des Nutz-, End- und Primärenergiebedarfs für Heizung, Kühlung, Lüftung, Trinkwarmwasser und Beleuchtung – Teil 4: Nutz- und Endenergiebedarf für Beleuchtung	2007-02
DIN V 18599-5	Energetische Bewertung von Gebäuden – Berechnung des Nutz-, End- und Primärenergiebedarfs für Heizung, Kühlung, Lüftung, Trinkwarmwasser und Beleuchtung – Teil 5: Endenergiebedarf von Heizsystemen	2007-02
DIN V 18599-6	Energetische Bewertung von Gebäuden – Berechnung des Nutz-, End- und Primärenergiebedarfs für Heizung, Kühlung, Lüftung, Trinkwarmwasser und Beleuchtung – Teil 6: Endenergiebedarf von Wohnungslüftungsanlagen und Luftheizungsanlagen für den Wohnungsbau	2007-02

Norm	Titel	Ausgabe
DIN V 18599-7	Energetische Bewertung von Gebäuden – Berechnung des Nutz-, End- und Primärenergiebedarfs für Heizung, Kühlung, Lüftung, Trinkwarmwasser und Beleuchtung – Teil 7: Endenergiebedarf von Raumlufttechnik- und Klimakältesystemen für den Nichtwohnungsbau	2007-02
DIN V 18599-8	Energetische Bewertung von Gebäuden – Berechnung des Nutz-, End- und Primärenergiebedarfs für Heizung, Kühlung, Lüftung, Trinkwarmwasser und Beleuchtung – Teil 8: Nutz- und Endenergiebedarf von Warmwasserbereitungssystemen	2007-02
DIN V 18599-9	Energetische Bewertung von Gebäuden – Berechnung des Nutz-, End- und Primärenergiebedarfs für Heizung, Kühlung, Lüftung, Trinkwarmwasser und Beleuchtung – Teil 9: End- und Primärenergiebedarf von Kraft-Wärme-Kopplungsanlagen	2007-02
DIN V 18599-10	Energetische Bewertung von Gebäuden – Berechnung des Nutz-, End- und Primärenergiebedarfs für Heizung, Kühlung, Lüftung, Trinkwarmwasser und Beleuchtung – Teil 10: Nutzungsrandbedingungen, Klimadaten	2007-02
DIN V 18599-100	Energetische Bewertung von Gebäuden - Berechnung des Nutz-, End- und Primärenergiebedarfs für Heizung, Kühlung, Lüftung, Trinkwarmwasser und Beleuchtung - Teil 100: Änderungen zu DIN V 18599-1 bis DIN V 18599-10	2009-10
DIN EN 12524	Baustoffe und -produkte – Wärme- und feuchteschutztechnische Eigenschaften – Tabellierte Bemessungswerte	2000-07
DIN EN 13829	Wärmetechnisches Verhalten von Gebäuden – Bestimmung der Luftdurchlässigkeit von Gebäuden – Differenzdruckverfahren (ISO 9972 : 1996, modifiziert); Deutsche Fassung EN 13829 : 2000	2001-02
DIN 68800-2	Holzschutz – Teil 2: Vorbeugende bauliche Maßnahmen im Hochbau	1996-05
DIN EN 13162	Wärmedämmstoffe für Gebäude – Werkmäßig hergestellte Produkte aus Mineralwolle (MW) – Spezifikation; Deutsche Fassung EN 13162:2008	2009-02
DIN EN 13163	Wärmedämmstoffe für Gebäude – Werkmäßig hergestellte Produkte aus expandiertem Polystyrol (EPS) – Spezifikation; Deutsche Fassung EN 13163:2008	2009-02
DIN EN 13164	Wärmedämmstoffe für Gebäude – Werkmäßig hergestellte Produkte aus extrudiertem Polystyrolschaum (XPS) – Spezifikation; Deutsche Fassung EN 13164:2008	2009-02

Norm	Titel	Ausgabe
DIN EN 13165	Wärmedämmstoffe für Gebäude – Werkmäßig hergestellte Produkte aus Polyurethan-Hartschaum (PUR) – Spezifikation; Deutsche Fassung EN 13165:2008	2009-02
DIN EN 13166	Wärmedämmstoffe für Gebäude – Werkmäßig hergestellte Produkte aus Phenolharzschaum (PF) – Spezifikation; Deutsche Fassung EN 13166:2008	2009-02
DIN EN 13167	Wärmedämmstoffe für Gebäude – Werkmäßig hergestellte Produkte aus Schaumglas (CG) – Spezifikation; Deutsche Fassung EN 13167:2008	2009-02
DIN EN 13168	Wärmedämmstoffe für Gebäude – Werkmäßig hergestellte Produkte aus Holzwolle (WW) – Spezifikation; Deutsche Fassung EN 13168:2008	2009-02
DIN EN 13169	Wärmedämmstoffe für Gebäude – Werkmäßig hergestellte Produkte aus Blähperlit (EPB) – Spezifikation; Deutsche Fassung EN 13169:2008	2009-02
DIN EN 13170	Wärmedämmstoffe für Gebäude – Werkmäßig hergestellte Produkte aus expandiertem Kork (ICB) – Spezifikation; Deutsche Fassung EN 13170:2008	2009-02
DIN EN 13171	Wärmedämmstoffe für Gebäude – Werkmäßig hergestellte Produkte aus Holzfasern (WF) – Spezifikation; Deutsche Fassung EN 13171:2008	2009-02

5.11   Stichwortverzeichnis